蔬菜栽培实用技术

主 编

刘世琦

副主编

徐 坤 马 红

编著者

（以姓氏笔画为序）

于贤昌 马 红 王秀峰 王学军

艾希珍 刘世琦 李 滨 徐 坤

郭洪云 傅连海 谢 冰

金盾出版社

内 容 提 要

本书主要内容包括:蔬菜栽培基本知识,白菜类、根菜类、葱蒜类、绿叶菜类、茄果类、瓜类、豆类、薯芋类、多年生蔬菜、水生蔬菜、无公害蔬菜的栽培技术,蔬菜病虫草害防治等。为适应全国蔬菜生产发展新形势的需要,全书综合介绍了蔬菜栽培新技术、新品种、新材料和新方法,集理论性与实践性于一体,内容充实,知识丰富,具有很强的可操作性。适合广大菜农和蔬菜科技人员阅读参考,也可作为农业院校专业教材使用。

图书在版编目(CIP)数据

蔬菜栽培实用技术/刘世琦主编 . — 北京:金盾出版社,1998.12(2019.1 重印)

ISBN 978-7-5082-0773-5

Ⅰ.①蔬… Ⅱ.①刘… Ⅲ.①蔬菜园艺 Ⅳ.①S63

中国版本图书馆 CIP 数据核字(98)第 22686 号

金盾出版社出版、总发行

北京市太平路 5 号(地铁万寿路站往南)

邮政编码:100036 电话:68214039 83219215

传真:68276683 网址:www.jdcbs.cn

北京军迪印刷有限责任公司印刷、装订

各地新华书店经销

开本:787×1092 1/32 印张:17.25 字数:383 千字

2019 年 1 月第 1 版第 13 次印刷

印数:87 001～90 000 册 定价:49.00 元

目　　录

绪　论

一、蔬菜生产在国民经济中的地位和作用

近年来,随着我国经济建设的持续高速、稳定发展和人民生活水平的日益提高,以及对外贸易的不断扩大,蔬菜生产作为农业的重要支柱产业,发展极为迅速。蔬菜种植面积和产量不断扩大,到 1995 年,全国瓜菜种植面积达 1061.6 万公顷,占总耕地面积的 11.18%。蔬菜栽培技术水平日渐提高,产品向种类多样化、品质优良化发展,并可基本做到周年均衡供应,不仅充分满足了我国人民群众日益增长的需求,而且在国际市场上也占有重要地位,在我国农产品出口创汇中占有很大份额。同时,蔬菜生产的发展也极大地促进了农村经济、贮藏加工及交通运输等行业的发展,农村剩余劳动力得以充分利用,许多农民靠种植蔬菜走上了小康之路,由此而产生的经济效益和社会效益是非常显著的。

二、蔬菜的营养价值

蔬菜是人类不可缺少的重要食物,也是人类维生素、矿物质、碳水化合物、蛋白质等营养物质的重要来源,而且有刺激食欲,调节体内酸碱平衡,促进肠的蠕动帮助消化等多种功能,因而在维持人体正常生理活动和增进健康上具有重要的作用。

(一)蔬菜中的营养成分

1. 维生素 维生素是维持人类机体代谢必需,而自身代谢中又不能产生的一类靠食物供给的化合物。蔬菜是人类日常获得多种维生素的重要来源,蔬菜中含量较多的是维生素A、维生素C和一部分B族维生素等。

富含维生素C的蔬菜有辣椒、甜椒、蒜苗、菠菜、韭菜、芹菜、菜心、白菜、豌豆苗、乌塌菜、青花菜、花椰菜、番茄、苋菜等。其中鲜辣椒、青花菜、苋菜100克鲜重中含维生素C可高达$100\sim200$毫克,一般叶菜中的含量也都在40毫克以上。蔬菜、水果等新鲜食物供应不足时,人们常常会因维生素C缺乏而患坏血病,使毛细血管的通透性和脆性增加,胶元蛋白合成受阻,伤口和溃疡不易愈合,身体抗性减弱,机体的解毒和造血机能降低,不能正常代谢,发育不良。

蔬菜中并不含有维生素A,但胡萝卜、辣椒、青菜豆、青豌豆、青花菜、老南瓜、芥菜、青菜(白菜)、荠菜、苋菜、菠菜、茼蒿、蕹菜、葱、韭菜等蔬菜中都含有丰富的"类胡萝卜素"。类胡萝卜素有α、β、γ等异构体,在人体内每分子的β-胡萝卜素可以分解为两分子的维生素A。各种结构的胡萝卜素在蔬菜中含量的比例,因种类、品种和栽培环境的不同而有差异。人体缺少这一类维生素常引起夜盲、干眼、皮肤角质化等疾病;若摄入过量也会引起中毒症状。

维生素B_1(硫胺素)、维生素B_2(核黄素)、维生素B_6(吡哆醇)、维生素PP(尼克酸)、维生素B_7(生物素)、维生素B_{11}(叶酸)、维生素B_3(泛酸)、胆碱、维生素P(芦丁)等B族维生素也广泛存在于各种新鲜蔬菜中。其中,含维生素B_1较多的蔬菜有豌豆、菜豆、香椿、毛豆、青豌豆、黄花菜。含维生素B_2较多的蔬菜有黄豆、蚕豆、金针菜、紫菜、韭菜、洋葱、婆罗门参、羽衣甘蓝、西葫芦、苋菜、番杏、芥菜、石刁柏等。尼克酸含量较多的蔬菜有蘑菇、酸浆、树番茄、金针菜、豌豆、茄干、辣椒干、香菇、紫菜、芹菜、萝卜干、豇豆、菜豆、青豌豆、苋菜、甜玉米等。富含维生素 B_6 的蔬菜有豌豆、马铃薯、花生、白菜、绿叶蔬菜等。

维生素 E(生育酚)和维生素 K 是两类脂溶性维生素,在绿叶蔬菜中有一定的含量。维生素 K 在菠菜、苜蓿等绿叶蔬菜中含量较丰富,民间常有用藕节和绿叶植物止血的验方。

2. **矿质元素** 矿质元素约占人体质量的 $2.2\% \sim 4.3\%$,有些元素是组成人体骨骼、牙齿、脑等组织的结构物质,如钙、磷、镁;有些矿质元素的盐类是细胞内液及细胞间质的重要成分,在维持组织渗透压、构成缓冲体系和保持体内酸碱平衡上有重要作用,如钠、钾、钙、镁、氯、硫、磷等;还有一些元素是组成体内多种酶系和其他生理活性物质的重要成分,如多酚氧化酶中的铜、维生素 B_{12} 中的钴、细胞色素和血红蛋白中的铁、甲状腺中的碘和胰岛素中的锌等。人体对这些元素的需要量并不多,但必须经常得到补充,只要在日常生活中多吃蔬菜和吃多种蔬菜,完全可以满足人们对多种矿质元素的需要。最近又发现钼可抑制人体内亚硝胺类致癌物质的合成和吸收。

3. **碳水化合物和蛋白质** 人体的热能物质和蛋白质主要来源于粮食和动物食品,但有许多蔬菜,如马铃薯、山药、芋、豆薯、莴苣、菱、藕、南瓜、甘薯等都含有较多的淀粉。菊芋、牛蒡中含有菊淀粉;魔芋中含有葡聚甘露糖;西瓜、甜瓜中还含有许多单糖和双糖;豆类蔬菜和瓜类种子及食用菌中还含有较多的蛋白质、氨基酸和油脂。每 100 克干菜中蛋白质含量高达 22 克,干豌豆中达 24 克。

(二)纤维素的来源

纤维素虽然不能被人体消化吸收,本身没有营养价值,但它的存在能加速胆固醇降解为胆酸的反应,从而降低心血管病的发病率。大肠杆菌能利用纤维素合成泛酸、尼克酸、谷维素、肌醇、维生素 K 和生物素等,食物中缺少纤维素,人体就会因为这些维生素合成受阻而致病。富含纤维素的食品体积大,可以使食物在肠内呈疏松状态,增加肠的蠕动,不但可防止便秘,而且可降低结肠癌的发病率,所以也有人把纤维素列为已确定的六大营养素(碳水化合物、蛋白质、脂肪、维生素、矿物质、水)以外的第七类营养素。蔬菜,特别是一些绿叶蔬菜和竹笋、石刁柏中都含有较多的纤维素。

(三)维持人体酸碱平衡

在人体的胃中,肉类和米、面等食物消化后产生的酸性,可由蔬菜或水果的消化水解来中和。因为矿物质是调节体液反应的主要物质,有些矿物质呈酸性反应,有些呈碱性反应。如磷及硫可以形成磷酸及硫酸;钙、镁及钾等则是形成盐基的主要元素,可以中和这些酸性。而蔬菜正是一种盐基性的食物,所以蔬菜中的矿物质,对于维持人体内酸碱平衡起着重要作用。如当血液盐基稍多时,人体就能更好地利用蛋白质食物。因此,为维持人体的健康,蔬菜是必不可少的。

三、我国蔬菜业的发展现状及趋势

改革开放以来,蔬菜业的发展势头方兴未艾,产销两旺,市场繁荣,价格趋向合理,生产规模、布局和市场基本适应,新品种、新材料、新技术在生产中得到广泛应用。其发展呈现以下几个特点。

（一）设施蔬菜栽培的规模在壮大

近年来,由于冬暖棚的出现,带动春暖型大、中、小拱棚及遮阳棚等全面发展,从根本上改变了我国北方地区蔬菜生产的状况,为蔬菜业的发展注入了新的生机和活力。保护地蔬菜生产的发展,极大地丰富了冬春蔬菜供给的花色品种,使各种蔬菜的供应期显著延长,并将成为我国蔬菜业发展的中坚力量,推动蔬菜生产向新的更高水平迈进。

（二）以加工企业为龙头的外向型生产基地迅速发展

随着国际市场对速冻蔬菜以及脱水蔬菜的需求增长,全国各地建成了一批出口蔬菜加工基地,形成了以加工企业为龙头带动周边地区蔬菜发展的又一新兴模式。它是促进我国蔬菜生产发展的又一新生力量。

（三）开始注重提高蔬菜产品的技术含量

商品菜和外向型蔬菜生产的发展,使蔬菜业开始由传统生产方式和技术向采用新技术、新品种、新材料以提高产品的质量和产量转变。各地通过实施"丰收计划"、高新技术开发、高产协作攻关、新品种及新技术引进等活动,极大地提高了蔬菜生产的技术含量,并且使观念发生了根本转变,对蔬菜生产由原高产型向优质高效型转变。如生物技术、微滴灌技术、嫁接育苗技术、科学配方施肥技术、二氧化碳施肥技术、无土栽培技术、无公害栽培技术等的应用和绿色食品蔬菜区的建设,由国外大量引进的新稀蔬菜种类、品种和技术等,使古老的中国蔬菜业焕发了青春,充满了活力。

（四）充分利用区位及资源优势发展规模化商品蔬菜基地

全国各地充分发挥各自的地理和资源优势,开发地区性专业蔬菜生产基地已初具规模,并显示出规模化生产基地的极大优越性和较高的经济效益。如山东寿光的综合蔬菜基地等。

(五)建立起较为完善的产、供、销一体化服务体系

全国各地在实施"菜篮子"工程建设和农村发展优质高产高效农业过程中,建立了专门的蔬菜业管理和服务机构,充实了专业技术力量,初步理顺了产、供、销管理体系,并建立和完善了产、供、销一体化的经济实体,为农民开展产前、产中、产后服务,极大地促进了蔬菜商品生产的发展。

(六)蔬菜批发市场建设成效显著

商品蔬菜生产依赖于流通,而市场是流通的主要形式。大型蔬菜批发市场的建立,极大地促进了蔬菜产品向更广泛的地域流通;也进一步带动了市场所在地的蔬菜规模化生产,使菜农从市场上获得各种信息,生产品质优良适销对路的产品,以获得更大的经济效益。

(七)粮、棉、菜立体种植技术广泛应用

我国人多地少的矛盾日益突出。为能在较少的耕地面积上生产出更多的农业产品,发展粮菜、棉菜立体种植技术,势在必行。在平原农业区,将粮食作物和棉花分别与洋葱、大蒜、胡萝卜、马铃薯等蔬菜实行立体种植(间作、套作),可显著增加经济效益。

(八)绿色(无公害)蔬菜产品备受青睐

随着人们生活水平的提高和环保意识及自我保健意识的增强,具有食疗保健作用的绿色(无公害)蔬菜产品以及不施或少施农药、少施化肥的低公害产品,越来越受到国内外消费者的欢迎,并将成为今后蔬菜生产的主要方向。与此同时,建立完善的蔬菜产品品质检验监督机制,使广大消费者吃上"放心菜",是确保蔬菜业健康发展的重要保障。

(九)食用菌生产方兴未艾

食用菌作为一种富含蛋白质,并具有食疗价值的食品,深受人们的喜爱,畅销国内外市场。我国是个农业大国,可用于培养食用菌的原料十分丰富,加之农村劳力充裕,食用菌生产在全国各地发展迅速,已成为广大农村脱贫致富的重要支柱产业,经济效益显著。其发展前景尤为广阔。

四、蔬菜栽培学与其他学科的关系

蔬菜栽培学是建立在植物学、植物生理学、生物化学、生物工程学、土壤学、农业化学、气象学、微生物学、农业工程学、商品学、遗传学及植物保护学等学科基础上,融合蔬菜栽培学最新研究成果和先进生产经验而形成的一门综合性应用学科,它的发展也有赖于化学、物理学、数学、计算机应用技术的发展。蔬菜栽培学的研究对象是所有蔬菜植物及其生存环境因素。其任务是协调好天(气候)、地(土壤营养、水分等)、物(蔬菜植物)之间的关系,使蔬菜植物处于最佳生长发育状态,以达到优质高产高效的目的。

第一章　蔬菜栽培基础

第一节　蔬菜植物的分类

一、蔬菜植物的多样性

蔬菜植物种类繁多,凡有多汁产品器官作为副食品的植物,均可以列为蔬菜植物的范围。这些产品器官中,有的是柔嫩的叶子,有的是新鲜的种子和果实,有的是膨大的肉质根或块茎,还有的是嫩茎、花球或幼芽,因此,蔬菜植物的范围很广。我国是世界栽培植物的起源地之一,幅员广大,物产丰富,除人工栽培的蔬菜外,还有许多野生或半野生的蔬菜种类。如荠菜、清明菜、马齿苋、枸杞、紫背天葵、马兰、菊花脑等。许多真菌和藻类植物如蘑菇、草菇、香菇、木耳、紫菜、海带等等,也作为蔬菜食用。有时人们把调味品用的八角、茴香、花椒、胡椒等亦归为蔬菜植物的范围。

从利用的角度来看,有些蔬菜也作为粮食或粮菜兼用。如大豆是一种油料作物,但它的新鲜种子,在长江流域也是一种蔬菜。豌豆、蚕豆、菜豆、豇豆的老熟种子以及马铃薯、芋等既可作为粮食,同时也是蔬菜。不少种类的蔬菜,如胡萝卜、南瓜、芜菁等,都有适于作为饲料的品种,成为饲料作物。

二、蔬菜植物的分类

我国栽培的蔬菜有 100 多种,其中普遍栽培的有 40~50 种,在同一种类中,又有许多变种,每一变种还有许多品种。为了便于学习和研究,需要把这些种类进行系统的分类。这里介绍 3 种分类法:①植物学分类;②食用器官分类;③农业生物学分类。从栽培上讲,以农业生物学分类较为适宜。

(一)植物学分类

根据植物学的形态特征,按照科、属、种、变种来分类。我国的蔬菜植物总共有 20 多科,其中绝大多数属于种子植物,双子叶和单子叶的都有。在双子叶植物中,以十字花科、豆科、茄科、葫芦科、伞形科、菊科为主。单子叶植物中,以百合科、禾本科为主。

植物学分类的优点,一是可以明确科、属、种间在形态、生理上的异同,二是可以明确它们在遗传上、系统发育上的亲缘关系。如结球甘蓝与花椰菜,虽然前者利用它的叶球,后者利用它的花球,但同属于一个种,彼此容易杂交。榨菜、大头菜、雪里蕻,也有类似的情况,形态上虽然相差很大,但都同属于芥菜一个种,可以相互杂交。又如番茄、茄子及辣椒同属于茄科,西瓜、甜瓜、南瓜、黄瓜都属于葫芦科,它们不论是生物学特性还是栽培技术,都有共同的地方,甚至有许多病原也是可以相互传染的。

植物学分类也有它的缺点。如番茄和马铃薯同属茄科,而在栽培技术上却相差很大。不管怎样,认识每一种蔬菜在植物学分类上的地位,对于一个蔬菜生产者及科学工作者,都是很必要的。

我国主要蔬菜的植物学分类如下:

真菌门

1. 伞菌科 Agaricaceae

（1）蘑菇 *Agaricus bisporus* Sing.

（2）香菇 *Lentinus edodes* Sing.

（3）平菇 *Pleurotus ostreatus* Quel.

（4）草菇 *Volvariella volvacea* Sing.

2. 木耳科 Auriculariaceae

（1）木耳 *Auricularia auricula* Ybderw.

（2）银耳 *Tremella fuciformis* Berk.

种子植物门

双子叶植物纲

1. 蓼科 Polygonaceae

食用大黄 *Rheum officinale* Baill

2. 藜科 Chenopodiaceae

（1）根用甜菜 *Beta vulgaris* var. *rapacea* Koch.

叶用甜菜 *B. v.* var. *cicla* Koach.

（2）菠菜 *Spinacia oleracea* L.

3. 番杏科 Aizoaceae

番杏 *Tetragonia expensa* Murray.

4. 落葵科 Basellaceae

（1）红花落葵 *Basella rubra* L.

（2）白花落葵 *B. alba* L.

5. 苋科 Amaranthaceae

苋菜 *Amaranthus mangoslanus* L.

6. 睡莲科 Nymphaeacea

（1）莲藕 *Nelumbo nucifera* Gaertn

（2）芡实 *Euryale ferox* Salisb.

（3）莼菜 *Brasenia schreberi* Gmel.

7. 十字花科 Cruciferae

（1）萝卜 *Raphanus sativus* L.

（2）芜菁 *Brassica rapa* L.

（3）芜菁甘蓝 *B. napobrassica* Mill.

（4）芥蓝 *B. alboglabra* Bailey

（5）甘蓝类 *B. oleracea* L.

羽衣甘蓝 var. *acephala* DC.

结球甘蓝 var. *capitata* L.

抱子甘蓝 var. *gemmifera* Zenk

花椰菜 var. *botrytis* L.

青花菜 var. *italica* Plench.

球茎甘蓝 var *caulorapa* DC.

（6）小白菜 *B. campestris* ssp. *chinensis*(L.) Makino

（7）大白菜 *B. campestris* ssp. *pekinensis* Olsson

（8）芥菜 *B. juncea* Coss.

叶芥菜 var. *foliosa* Bailey.

子芥菜 *var. gracilis* Tsen et Lee

根芥菜 *var. megarrhiza* Tsen et Lee

榨菜 var. *tsatsai* Mao.

（9）辣根 *Armoracia rusticana* Gaertn.

（10）豆瓣菜 *Nasturtum officinale* R. Br.

（11）荠菜 *Capsella bursa-pastoris*(L.)

8. 豆科 Laguminosae

（1）豆薯(凉薯) *Pachyrrhizus arosus* Urban.

（2）菜豆 *Phaseolus vulgaris* L.

矮菜豆 *P.* var. *humilis* Alef.

（3）葛 *Pueraria hirsuta* Schnid

（4）绿豆 *Phaseolus aureus* Roxb.

（5）豌豆 *Pisum sativum* L.

（6）蚕豆 *Vicia faba* L.

（7）豇豆 *Vigna sesquipedalis* Wight.

（8）大豆(毛豆) *Glycine max* Merr.

（9）扁豆 *Lablab purpureus* (L.)Sweet

（10）蔓生刀豆 *Canavalia gladiata* DC.

（11）矮刀豆 *C. ensiformis* DC.

（12）金花菜 *Medicago hispida* Gaertn.

9. 楝科 Maliaceae

香椿 *Toona Sinensis* (A. Juss)Roem

10. 锦葵科 Malvaceae

（1）黄秋葵 *Hibiscus esculentus* L.

（2）冬寒菜 *Malva crispa* L.

11. 菱科 Trapaceae

二角菱 *T. spinosa* Roxb.

四角菱 *T. quadrispinosc* Roxb.

无角菱 *T. natans var. inermis* Maa.

12. 伞形科 Umbelliferae

（1）芹菜 *Apium gravcolens* L.

根芹菜 *A. g.* var. *rapaceum* DC.

（2）水芹菜 *Oenanthe*

stolonifera wall.

（3）芫荽 *Coriandrum sativum* L.

（4）胡萝卜 *Daucus carota* L. *sativa* DC.

（5）小茴香 *Foeniculum vulgare* Mill.

（6）大茴香 *F. dulce* Mill.

（7）美洲防风 *Pastinaca sativa* L.

（8）香芹菜 *Patroselinum hortense Heffm*

13. 旋花科 Convolvi aceae

（1）蕹菜 *Ipomoea aquatica* Forsk.

（2）甘薯 *I. batatas* Lam.

14. 唇形科 Labiatae

草石蚕 *Stachys sieboldii* Miq.

薄荷 *Mentha arvensis* L.

紫苏 *Perilla frutescens* L.

15. 茄科 Solanaqceae

（1）马铃薯 *Solanum tuberosum* L.

（2）茄子 *S. melongena* L.

（3）番茄 *Lycopersicon esculentum* Mill.

（4）辣椒 *Capsicum annuum* L.

（5）枸杞 *Lycium chinense*

Mill.

（6）酸浆 *Physalis pubescens* L.

16. 葫芦科 Cucurbitaceae

（1）黄瓜 *Cucumis sativus* L.

（2）甜瓜 *C. melo* L.

香瓜 var. *makuwa* Makino

网纹甜瓜 var. *reticulatus* Naud.

越瓜 var. *conomon* Makino

（3）南瓜 *Cucurbita moschate* Duch. ex Poir.

（4）笋瓜（印度南瓜）*C. maxima* Duch.

（5）西葫芦（美国南瓜）*C. pepo* L.

（6）黑籽南瓜 *C. ficifolia*

（7）西瓜 *Citrillus lanatus* Mansfald

（8）冬瓜 *Benincasa hispida* Cogn.

（9）瓠瓜 *Lagenaria siceraria* (Malina)Standl.

（10）丝瓜 *Luffa cylindrica* Roem.

（11）苦瓜 *Momordica charanlia* L.

（12）佛手瓜 *Sechium edule* Swartz.

（13）蛇瓜 *Trichosanthes an-*

guina L.

17. 菊科 Compositae

（1）莴苣 *Lactuca sativa* L.

莴苣笋 var. *angustana* Irish.

长叶莴苣 var. *longifolia* Lam

皱叶莴苣 var. *crispa* L.

结球莴苣 var. *capitata* L.

（2）茼蒿 *Chrysanthemum coronarium* L. var. *spatiosum* Bailey

（3）菊芋 *Helianthus tuberosus* L.

（4）苦苣 *Cichorium endivia* L.

（5）牛蒡 *Arctium lappa* L.

（6）朝鲜蓟 *Cynara scolymus* L.

（7）婆罗门参 *Tragopogon porrifolius* L.

（8）菊花脑 *Chrysanthemum nankingensis* H. M.

单子叶植物纲

18. 禾本科 Gramineae

（1）毛竹笋 *Phyllostachys pubescens* Mazel.

（2）甜玉米 *Zea mays* var. *rugosa* Bomaf.

（3）茭白（茭笋）*Zizania caducifflora* Hand Mozz（*Z. latifo-*

lia Turcz.）

19. 泽泻科 Alismataceae

慈姑 *Sagitaria sagittifolia* L.

20. 沙草科 Cyperaceae

荸荠（马蹄）*Eleocharis tuberosa*（*Roxb.*）*Roem. et* Schult.

21. 天南星科 Araceae

（1）芋 *Colocasia esculenta* Schott.

（2）蘑芋 *Amorphophalus* Blume ex Decne

22. 香蒲科 Typhaceae

蒲菜 *Typha latifolia* L.

23. 百合科 Liliaceae

（1）金针菜 *Hemerocallis flava* L.

（2）石刁柏 *Asparagus officinalis* L.

（3）卷丹百合 *Lilium lancifolium* Thunb.

（4）兰州百合 *L. davidii* Duch.

（5）龙芽百合 *L. brownii* var. *viridulum* Bakar.

（6）洋葱（圆葱）*Allium cepa* L.

（7）韭葱 *A. porrum* L.

（8）大蒜 *A. sativum* L.

(9)大葱 *A. fistulosum* L.

(10)细香葱 *A. schoenoprasum* L.

(11)韭菜 *A. schoenoprasum* L.

(12)薤 *A. chinensis* G. Don.

24. 薯蓣科 Duoscoreaceae

(1)山药 *Dioscoreas batata* Decne.

(2)田薯 *D. alata* L.

25. 襄荷科 Zingiberaceae

(1)姜 *Zingiber officinale* Roscoe.

(2)襄荷 *Z. mioga* Roscoe.

(二)食用器官分类

不管植物学及栽培上的关系,按照食用部分的器官形态分类,可分为根、茎、叶、花、果、种子等6类。这种分类方法不包括食用菌等特殊的种类。

1. 根菜类

(1)肉质根类——萝卜、胡萝卜、根用芥菜、芜菁甘蓝、根用甜菜等。

(2)块根类——豆薯、葛等。

2. 茎菜类

(1)地下茎类

块茎类——马铃薯、菊芋等。

根状茎类——藕、姜等。

球茎类——荸荠、慈姑、芋等。

(2)地上茎类

嫩茎——莴苣、菜薹(菜心)、茭白、石刁柏、竹笋等。

肉质茎——榨菜、球茎甘蓝等。

3. 叶菜类

(1)普通叶菜:小白菜、芥菜、菠菜、芹菜、莴苣、苋菜、叶甜菜等。

(2)结球叶菜:结球甘蓝、大白菜、结球莴苣、包心芥菜等。

(3)香辛叶菜：葱、韭菜、芫荽、茴香等。

(4)鳞茎类(形态上是由叶鞘基部膨大而成)：洋葱、大蒜、百合等。

4. 花菜类　花椰菜、金针菜、朝鲜蓟等。

5. 果菜类

(1)瓠果类：南瓜、黄瓜、西瓜、甜瓜、冬瓜、瓠瓜、丝瓜、苦瓜等。

(2)浆果类：茄子、番茄、辣椒等。

(3)荚果类：菜豆、豇豆、刀豆、毛豆、豌豆、蚕豆等。

6. 种子类　籽粒苋、籽用芥菜等。

这种分类方法的特点是它们的食用器官相同,可以了解彼此在形态、生理上的关系。凡食用器官相同者,其栽培方法及生物学特性也大体相同。如根菜类中的萝卜、胡萝卜、大头菜,虽然它们分别属于十字花科及伞形科,但它们对于外界环境及土壤的要求,都很相似。但有的类别,食用的器官相同,而生长习性及栽培方法未必相同。如根茎类的藕和姜,茎菜类中的莴苣和茭白,花菜类中的花椰菜和金针菜,它们的栽培方法都相差很远。还有一些蔬菜,在栽培方法上虽然很相似,但食用部分大不相同。如甘蓝、花椰菜、球茎甘蓝,三者要求的外界环境都相似,但分属于叶菜、花菜、茎菜。

(三)　农业生物学分类

农业生物学分类系以蔬菜的农业生物学特性作为根据,将蔬菜分为 11 类。它综合了上面两种方法的优点,比较适合生产上的要求。

1. 根菜类　包括萝卜、胡萝卜、大头菜、芜菁甘蓝、芜菁、根用甜菜等,以其膨大的直根为食用部分。生长喜冷凉的气候,在生长的第一年形成肉质根,贮藏大量的水分和养分,到第二年开花结实。在低温下通过春化阶段,长日照通过光照阶段。栽培上要求疏松而深厚的土壤。

2. **白菜类** 包括白菜、芥菜及甘蓝等,以柔嫩的叶丛或叶球为食用部分。生长期间需要湿润冷凉的气候和较多的水分及肥料,如果温度过高,气候干燥,则生长不良。在生长的第一年形成叶丛或叶球,到第二年才抽薹开花。栽培上,除采收花球及菜薹(花茎)者以外,要避免先期抽薹。

3. **绿叶蔬菜** 以幼嫩的绿叶或嫩茎为食用器官的蔬菜,如莴苣、芹菜、菠菜、茼蒿、苋菜、蕹菜等。这类蔬菜,大都生长迅速,其中的蕹菜、落葵等,能耐炎热,而莴苣、芹菜则好冷凉。栽培上要求充足的土壤水分及不断的氮肥供应。

4. **葱蒜类** 包括洋葱、大蒜、大葱、韭菜等。叶鞘基部能形成鳞茎,所以也叫做“鳞茎类”。其中洋葱及大蒜的叶鞘基部可以发育成为膨大的鳞茎,而韭菜、大葱、分葱等则不特别膨大。葱蒜类蔬菜性耐寒,除了韭菜、大葱、细香葱以外,到了炎热的夏天地上部都会枯萎。在长光照下形成鳞茎,而要求低温通过春化。可种子繁殖(如洋葱、大葱、韭菜等),亦可营养繁殖(如大蒜、分葱及韭菜)。

5. **茄果类** 包括茄子、番茄及辣椒。要求肥沃的土壤及较高的温度,不耐寒冷,对日照长短的要求不严格。

6. **瓜类** 包括南瓜、黄瓜、西瓜、甜瓜、瓠瓜、冬瓜、丝瓜、苦瓜等。茎为蔓性,雌雄异花同株,有特定的开花结果习性,要求较高的温度及充足的阳光。适于昼热夜凉的大陆性气候及排水好的土壤。

7. **豆类** 包括菜豆、豇豆、毛豆、刀豆、扁豆、豌豆及蚕豆。除豌豆及蚕豆要求冷凉气候以外,其他的都要求温暖的环境。

8. **薯芋类** 包括一些地下根及地下茎的蔬菜,如马铃薯、山药、芋、姜等。富含淀粉,耐贮藏,均营养繁殖。除马铃薯生长期较短,不耐过高的温度外,其他的薯芋类,都能耐热,生长期亦较长。

9. **水生蔬菜** 主要的有藕、茭白、慈姑、荸荠、菱和水芹菜等。栽培上要求在浅水中生长。除菱和芡实以外,都用营养繁殖。生长期间,要求较高的温度及肥沃的土壤。

10. **多年生蔬菜** 包括竹笋、金针菜、石刁柏、食用大黄、百合等。一次繁殖以后,可以连续采收数年。除竹笋以外,地上部每年枯死,以地下根或茎越冬。

11. **食用菌类** 包括蘑菇、草菇、平菇、香菇、木耳等,其中有的是人工栽培的,有的是野生或半野生状态。

第二节 蔬菜生长发育对环境条件的要求及其调控

一、环境条件的内容与相互作用

蔬菜植物生长发育及产品器官的形成,一方面决定于植物本身的遗传特性,另一方面决定于外界环境条件。在生产上,要通过育种技术来获得具有新的遗传性状的品种;同时也要通过优良的栽培技术及适宜的环境条件,来控制生长与发育,达到高产优质的目的。

主要的环境条件包括:①温度。空气温度及土壤温度;②光照。光的组成、光的强度及光周期;③水分。空气湿度及土壤湿度;④土壤。土壤肥力、化学组成、物理性质及土壤溶液的反应;⑤空气。大气及土壤空气中氧气(O_2)及二氧化碳

（CO_2）的含量，有毒气体的含量，风速及大气压；⑥生物条件。土壤微生物、杂草及病虫害，以及作物本身的自行遮荫。

所有这些条件，都不是孤立存在，而是相互联系的，对于生长发育的影响，往往是综合作用的结果。例如阳光充足，温度就随着上升。温度升高，土壤水分的蒸发及植物的蒸腾就会增加。但当茎叶生长繁茂以后，又会遮盖土壤表面，降低土壤水分的蒸发，同时也增加了地表层空气的湿度，从而对土壤微生物的活动也有不同程度的影响。栽培措施，如翻耕、施肥、灌溉、中耕、除草以及密植程度等等，也可改变土壤耕作层的湿度及温度，以及作物群体的小气候。因此，生产上必须全面地考虑各个环境条件的作用，从而对其做出科学合理的调控，以满足蔬菜植物生长发育之需。

二、温度条件及其调节

在影响蔬菜生长发育的环境条件中，以温度最为敏感。每一种蔬菜的生长发育，对温度都有一定的要求，都有温度的"三基点"，即最低温度，最适温度和最高温度。而一般的"生活温度"（即生长适应的温度）的最高、最低温度，比"生长温度"（即生长适宜的温度）要宽些。超出了最高或最低的范围，生理活动就会停止，甚至全株死亡。认识每一种蔬菜对温度的适应范围，以及温度与生长发育的关系，是安排生产季节，获得高产的重要依据。

（一）蔬菜的需温规律

1. **不同蔬菜种类对温度的要求**　根据蔬菜对温度的不同要求，可以将蔬菜分为5类：

（1）耐寒性多年生宿根蔬菜：如金针菜、石刁柏（芦笋）、茭白等。它们的地上部分能耐高温。但冬季地上部分枯死，而以地下的宿根越冬(能耐 0℃以下,甚至到 −10℃的低温)。

(2)耐寒蔬菜:如菠菜、大葱、大蒜以及白菜类中的某些耐寒品种,能耐 −1～−2℃的低温,短期内可以忍耐 −5～−10℃。同化作用最旺盛的温度为 15～20℃。

(3)半耐寒蔬菜:如萝卜、胡萝卜、芹菜、莴苣、豌豆、蚕豆,以及甘蓝类、白菜类。不能长期忍耐 −1～−2℃的低温。它们同化作用的最适温度为 17～20℃;超过 20℃时,同化机能减弱;超过 30℃时,同化作用所积累的物质几乎全为呼吸所消耗。

(4)喜温蔬菜:如黄瓜、番茄、茄子、辣椒、菜豆等。同化作用的最适温度为 20～30℃;超过 40℃,生长几乎停止;而当温度在 10～15℃以下时,授粉不良,引起落花。

(5)耐热蔬菜:如冬瓜、南瓜、丝瓜、西瓜、豇豆、刀豆等。其同化作用的最适温度为 30℃左右,其中西瓜、甜瓜及豇豆等,在 40℃的高温下,仍能生长。

2. 不同生育时期对温度的要求 同一种蔬菜的不同生育时期对温度也有不同的要求。如种子发芽时,要求较高的温度。幼苗时期的最适宜生长温度,往往比种子发芽时低些。而营养生长时期,比幼苗期要稍为高些。如果是 2 年生的蔬菜,如大白菜、甘蓝,则在营养生长的后期,即贮藏器官开始形成的时期,温度又要低些。生殖生长时期(在开花结果时期),要求较高的温度,到种子成熟时,又要更高的温度。

在谈到温度对作物的影响时,还要注意土温、气温及作物体温之间的关系。土温与气温相比是比较稳定的,距离土壤表面愈深,温度变化愈小,所以作物根的温度变化也较小。根的温度与土壤的温度之间差异不大,但是地上部的温度则由于气温的变化而变化很大。当阳光直晒在叶面或果实的表面时,其温度可以比周围的气温高出 2～10℃。这是阳光对许多果实如西瓜、冬瓜、番茄、辣椒等造成"日灼"(或称"日烧")的原因。但到了夜间,叶片及果实表面的温度可以比气温低些。

植物的根,一般都不耐寒,但越冬的多年生蔬菜,往往地上部已经有冻害,而根部可以正常地活着。薄膜覆盖,或增施农家肥,对早熟栽培有明显的促进作用,就是因为这些措施增加了土壤的温度。

应当说明,温度对于作物生长量及生长速率的影响并不都是一致的。温度超过最适温度时,生长的速度增加了,但最后的生长量反而比最适温度的小些。许多喜温蔬菜,如番茄、茄子、黄瓜等,在高温下单叶面积反而较小。这并不是由于这时生出的叶片初始生长率低,而是由于生长率很快的下降。

3. **温周期的作用**　环境的温度总是变化的,包括季节的变化及昼夜的变化。在 1 天中白天温度高些,晚上温度低些。植物的生活也适应了这种昼热夜凉的环境,白天有阳光,光合作用旺盛,夜间无光合作用,但仍然有呼吸作用。如果夜间温度低些,可以减少呼吸作用对能量的消耗。因而 1 天中有周期性的温度变化,对作物的生长与发育反而有利。许多蔬菜都要求有这样变温的环境,才能正常生长。如热带植物的昼夜温差应在 3～6℃;温带植物在 5～7℃,而对沙漠植物则要相差10℃以上。这种现象,称为温周期。

一般地讲,适宜于光合作用的温度比适宜于生长的温度要高些。在自然条件下,夜间及早晨,往往生长得较快。据试验(Want,1944),番茄的生长,以日温 26.5℃ 和夜温 17℃ 为最适宜,如果在昼夜温度不变的条件下,即使 26.5℃ 的恒温,其生长率反而会比变温的低些。

当然,对昼夜温差的要求也有一定的范围。如果日温高,而夜温过低,也生长不好。Hussey(1965)发现,番茄幼苗生长的最适日间温度为25℃,而夜间温度在18~20℃。如果昼温低,夜温也要降低。

昼夜的温度变化,也影响到开花及结实。有许多要求低温通过春化的植物,仅仅是夜间的低温,就有与昼夜连续低温相同的作用。

4. **春化作用** 春化作用是指由低温所引起的植物发育上的变化,低温的这种影响是诱导性的,而不是直接的。2年生的蔬菜,包括许多白菜类、根菜类、鳞茎类及一些绿叶蔬菜,都要经过一段低温春化,才能开花结子。这些蔬菜通过春化的方式有所不同,可以分为两大类:

一是萌动种子的低温春化,如白菜、芥菜、萝卜、菠菜、莴苣等。

二是绿体植物(在幼苗时期)的低温春化,如甘蓝、洋葱、大蒜、芹菜等。

(1)种子春化:种子春化处理的条件首先是种子处在萌动状态,如果是干燥的种子,即处在休眠状态的种子,对低温就没有感应。要使种子开始萌发,就得吸收水分,所以在人工春化处理时,为了控制芽的长度,而种子又处于萌动状态,控制水分的吸收量是控制萌动状态的一个有效的方法。

在人工春化处理时,先浸种催芽,等到有1/3~1/2的种子露胚根时,才放入一定的低温下处理。在低温春化期间仍要维持一定的湿度,同时还要有一定的氧的供给。

什么温度才算"低温",是要讨论的关键问题。关于白菜类及芥菜的春化温度,在0~8℃的范围内都有效果(李曙轩、寿诚学,1954);对萝卜而言,则在5℃左右的效果最好(荻屋薰,1955)。

温度处理的时间通常是在10～30天左右。对于大多数白菜及芥菜品种,处理20天就够了。其中有些春化要求不严格的蔬菜如菜心,春化5天就有诱导开花的效果。对于秋播的萝卜,在幼苗期低温处理3天,就有促进抽薹的作用,足见春化处理的时间并不需要很长。

此外,低温处理时的植株年龄与处理的时间长短有关。因为所谓"种子春化",并不是只有在种子萌动时才对低温敏感。如果幼苗已长大,对低温的反应可能更敏感些。大白菜就有这样的情况。

(2)绿体植物的春化:绿体植物春化的主要条件是要求植株生长到一定大小,才能对春化有反应。如果没有达到一定的大小,没有一定的生长量,即使遇到低温,也没有春化的反应。这个所谓"一定大小"的植株的标志,可以用日历年龄来表示,也可以用生理年龄,如植株茎的直径、叶的数目或叶面积来表示。

至于温度范围及处理时间的长短,与蔬菜的种类及品种有关。有要求严格的品种,也有要求不严格的品种。如甘蓝及洋葱要在0～10℃以下,20～30天或更长些才会有效果。

还应说明,绿体植物春化时,主要的是要有生长点,但也要求有一部分的根或叶,如果在低温期间把幼苗的叶片全部或大部分剪除,会影响春化的效果。亦即绿体植物春化时,虽然局限在生长点上,但也要求其一定的完整性。因为春化的影响,只能以细胞到细胞的方式,即有丝分裂的方式传递下去。

春化作用对于花芽分化及植物体的生物化学组成甚至生长锥的形态建成均有影响。许多2年生蔬菜,通过春化阶段以后,在较长日照及较高的温度下,促进了花芽分化及随后的抽薹开花。在生物化学上,经过春化以后生长点的染色特性发生变化,用5％氯化铁及5％亚铁氰化钾处理,已经完成春化的,其生长点为深蓝色;而未经春化的,或者不染色,或者呈黄色或绿色。

5. **高温及低温障碍**　蔬菜生长发育要求适宜的温度,但是自然气候的变化是不以人们的意志为转移的。温度过高或过低,都会造成生产上的损失。

在温度过低的环境,生理活性停止,甚至死亡。低温受冻的原因,主要是由于植物组织内的细胞间隙结冰,而使细胞内含物、原生质失去水分,引起原生质理化性质改变。

蔬菜的种类不同,细胞液的浓度也不同,甚至同一种蔬菜在不同的生长季节及不同栽培条件下,细胞液的浓度也不同,因而它们的抗寒性(耐寒性)也不同。细胞液的浓度高、冰点低的,较耐寒。

利用温床、温室、风障、阳畦以及塑料薄膜覆盖等,都是提高温度,防止冻害的措施。而通过低温锻炼增加植物本身的抗寒能力,也是一个重要方面。

高温障碍同强烈的阳光及急剧的蒸腾作用相关联。当气温升高到生长的最适温度以上时,生长速度降低。高温下直接把茎、叶晒死的情况是少有的,但由于高温易引起植物体的失水,因而产生原生质的脱水和原生质中蛋白质凝固,则是较常见的。

高温产生的障碍,主要包括果实的"日灼"、落花落果、雄性不育、生长瘦弱等现象,高温引起落花落果的原因是由于高温妨碍了花粉的发芽与伸长。如果高温是短期的(1小时以内),对产量影响不大;如果高温持续10小时以上,就会大大降低其着果率。温度越高,时间越长,减产的程度越显著。

(二)设施内温度分布及调控

在保护地生产中,人们首先注意调节保护地内的温度条件。这固然是由于温度是植物生命活动的最基本的要素之一,也是由于保护地内的温度条件较之其他环境条件容易调节控制。在蔬菜保护地栽培史上,首先是利用保护地的保温性能,在寒冷季节进行新鲜蔬菜生产。为避免低温危害,生产上采用了保温和加温设施,但由于保护地是一种半封闭空间,不易与外界进行热量交换,因而高温障碍也常常发生,故而又相继出现了通风降温设备,以保持保护地的适温。

理论研究和生产实践都表明:保护地内地温对蔬菜作物的生长发育的影响,也是不可忽视的。如果地温过低,即使气温适宜,定植后的幼苗也不易发根、发棵,甚至引起病害(番茄的根腐病等),降低根吸收养分能力;地温过高,则根呼吸旺盛,消耗大。

综上所述,应当根据蔬菜作物的要求不断调节保护地内的温度,使保护地内温度分布比较均匀,以利于蔬菜作物的生长。

1. 保护地内的热状况

(1)保护地的热收支状况:保护设施结构及其所包围的空间、作物、土壤等不断地与外界进行着能量与物质的交换。根据热量平衡原理,在一定的环境条件下,只要增大传入的热量或减少传出的热量,就能使保护地系统内维持较高的温度水平;反之,保护地内便会出现较低的温度水平。因此,对不同地区、不同季节以及不同用途的保护地,可采取不同的措施,或保温加温,或降温,以调节保护地内的温度。

保护地内的热量来自两方面,一是太阳辐射能,二是人工加热。而热量的支出则包括如下几个方面:①地面、覆盖物、作物表面有效辐射失热;②保护地内土壤表面与空气之间,空气与覆盖物之间,以对流方式进行热交换,并通过覆盖物外表面失热;③保护地内土壤表面蒸发、作物蒸腾、覆盖物表面蒸发,以潜热形式失热;④保护地内通风排气将显热和潜热排出;⑤土壤传导失热。

(2)保护地内的某些热特性

①温室效应:温室效应表示,在没有人工加温的条件下,保护地内获得或积累太阳辐射能,从而使保护地内的气温高于外界环境气温的一种能力。

温室效应是由两个原因引起的,一个原因是玻璃或塑料薄膜等透明覆盖物可以让短波辐射透射进保护地内,又能阻止保护地内长波辐射透射出保护地而失散于大气之中。另一个原因是,保护地为半封闭空间,保护地内外空气交换微弱,从而使蓄积热量不易失散。

②日温差:保护地内的日温差是保护地内一日最高温度与最低温度之差。

③温度逆转现象:塑料棚内于午后2~4小时气温开始下降,日落后降温迅速,比露地降温快,经常会出现棚内气温反而低于棚外的现象,称为温度逆转现象。温度逆转现象各季都可出现,但以早春危害最大。

2. 保护地内的温度分布

(1)保护地内温度分布不均匀的原因

①太阳入射量的影响:保护地内接受直射光的部位随着太阳位置的变化而不同,同时由于屋面结构、倾斜角度和方位以及侧墙高度的不同,建材的遮荫,引起各部位透光率的差异,使白天保护地内各部位形成温差。

②保护地内气流运动的影响:保护地内的气流运动,是

引起保护地内温差的重要原因。在一个不加温,也不通风的温室内,气流的运动决定于温室内的对流和外界风向的影响。

保护地内,近地面空气增热而产生上升气流。靠近透明覆盖物下部的空气,由于受外界低温的影响而较冷,于是沿透明覆盖物分别向两侧下沉,此下沉气流在地表面水平移动,形成了两个对流圈,将热空气滞留在上部,形成了垂直温差和水平温差。室内外温差越大,保护地内温度分布越不均匀。

③保护地设施结构的影响:双屋面温室比单屋面温室温度分布均匀,这显然是由于双屋面温室受热面、散热面都比较均匀的缘故。

(2)管理技术对保护地温度分布的影响

①加温技术的影响:加温设备的种类有点热源、线热源和面热源之分。在这几种热源下,保护地内的温度分布均匀性的次序是:面热源、线热源、点热源。

加温设备的安置地点,对保护地内温度分布的均匀性影响亦很大。

②通风技术的影响:通风除掌握通风量及通风时间外,还要注意通风的方法,如早春中午前后塑料棚内会产生高温,所以在中午前后要进行通风。通风时,一般先敞开天窗,随气温升高再开地窗。仅开地窗时,在大棚顶部形成"热盖",顶窗和侧窗同时敞开,高温区在两肩部。关闭时顺序相反,先闭地窗,再闭天窗。

3. **保护地内温度的调节控制** 保护地内温度的调节和控制包括保温、加温和降温 3 个方面。保护地内温度调控要达到能维持适宜于作物生育的设定温度,温度的空间分布均匀,时间变化平缓。

(1)保温:在不加温情况下,夜间保护地内空气的热量来源是地中供热,热量失散是贯流放热和换气放热。夜间地中供热量的大小,取决于日间地中吸热量和土壤面积,土壤对太阳能辐射吸收率和射入温室的太阳辐射能。保护地内贯流放热和换气放热,则主要取决于热贯流率和通风换气量。

由上述可知,保温的途径应有下述 3 个方面:①减少贯流放热和通风换气量;②增大保温比;③增大地表热流量。

增大地表热流量的措施有:增大保护地的透光率,使用透光率高的玻璃或薄膜,正确地调节保护地方位和屋面坡度,尽量减少建材的阴影,经常保持覆盖材料干净;减少土壤蒸发和作物蒸腾量,增加保护地内白天土壤贮存的热量,保护地内土壤表面不宜过湿;设置防寒沟防止地中热量横向流出,在保护地周围挖一条宽 30 厘米、深 50 厘米的沟,沟中填入稻壳、麦草等保温材料。

增大保温比,缩小夜间保护地的散热面积,主要是适当降低保护地的高度,提高保护地内昼夜的气温和地温。

减少贯流放热和通风量,要尽量使门窗密闭,防止保护地内热量失散;采取多层覆盖的方法,减少热贯流率。

(2)加温:我国北方地区,自深秋至初春,为了维持保护地内一定的温度水平,以保证作物的正常生育,必须进行补充加温。为了既能使保护地内的作物正常生长发育,又保证有最大的经济效益,在加温设计上必须满足如下要求:①加温设备的容量,应能经常保持室内的设定温度(地温、气温);②设备费、加温费要尽量少;③为使保护地内温度空间分布均匀、时间变化平稳,要求加热设备配置合理,调节能力高;④遮荫少,占地少,便于栽培作业操作。

(3)降温:保护地内的降温与保温相反,根据保护地的热收支状况,降温措施从下述 3 个方面考虑:减少进入温室中的太阳辐射能;增大温室的潜热消耗;增大温室的通风换气量。

(4)保护地内土温的调节:地面接受太阳热或人工加热以后,一部分热量传导到地中,到夜间随着气温的下降又散发出来提高气温;一部分热量用于土壤水分的蒸发;一部分热量用于增热保护地内气温;还有一部分热量用于土壤横向失热。所以地温的提高速度较慢,造成地温与气温的温差较大。冬季温室内由于加温,气温往往较高,但地温却较低;春季大棚生产中,往往气温已达生育适温,但地温尚低,从而影响发根和对养分的吸收,使植株生长缓慢。这与露地正好相反,这一点在保护地生产中要引起特别注意。但是随着外界太阳辐射能的增强,保护地内的地温也逐渐增高。

(三)变温管理

1. **变温管理的理论基础** 以黄瓜为例的研究证明,在上午形成的光合产物,大部分到傍晚运转完了,夜间主要运转下午的光合产物。在高温情况下,物质运转迅速;低温情况下,物质运转缓慢。试验证明:在夜间气温较高的情况下,黄瓜同化产物才能顺利地运转出去。夜间将全部同化产物从叶片中运转出去,气温 20℃,需 2 小时;16℃,需 4 小时;13℃,需 6～8 小时;10℃,需 12 小时。因此,夜间如果保护地内温度过低,则第二天的光合作用便不能正常进行。如此持续数天,叶片变厚反卷、呈紫色,茎停止生长,即出现一种碳水化合物过剩症。植物在高夜温下,虽可促进物质运转,但呼吸作用旺盛,容易消耗白天形成的光合产物。试验证明,夜间 20℃经过 12 小时,同化产物的运转量全部被呼吸消耗完,有时消耗比再生产还大,使黄瓜植株发生衰老现象。在夜温 16℃经 12 小时,呼吸消耗运转总量的 3/4。夜温 13℃经 12 小时,呼吸消耗运转总量的 1/2。

由于不能同时满足"运转"、"消耗"两个相反的温度条件，为此，必须将1昼夜分成上午、下午、前半夜、后半夜4个时间带，进行变温管理，以适应各种生理作用。

2. 果菜变温管理中应注意的问题　变温管理，对果菜不仅有增产效果，同时还能节约能源。在实行变温管理中应注意以下两个问题。

（1）气温与地温的关系：在果菜变温管理中，除了对气温进行1天4段变温，或夜间两段变温外，还要注意地温的变化，处理好地温与气温之间的关系。研究认为，温度对番茄生育的影响，气温大于地温，育苗期在20℃以上的高气温条件下，低地温比高地温的幼苗壮而优质，地上部重量与株高的比值大，定植后生育也好。定植缓苗期地温比气温影响大；结果期地温影响减小。黄瓜对地温的反应比番茄要敏感，育苗期气温16～24℃，地温20℃，幼苗生育较好；如果气温高，则地温较低的生育好。定植后以地温较高的生育好；地温低，则以昼夜高气温的生育好。总之，果菜要求有一定的地温气温差。当气温高时，要求地温低些，当地温高时，要求气温低些，以控制果菜植株的地上部与地下部、营养生长与生殖生长达到平衡。

（2）光照与变温管理的关系：在光照充足的条件下，较高的温度，可提高同化作用，多制造同化产物；光照不足的条件下，则气温较低，减少呼吸消耗。例如，在光照充足的条件下，黄瓜保护地栽培，上午气温可提高至27～30℃，下午降至23～25℃为宜；而在严冬季节，阴雨雪天光照不足时，白天控制在23℃为宜。

三、光照条件及其调节

在蔬菜生产上，人们对光的作用，往往没有像对温度、水分那样注意。因为温度的高低，水分的多少，会在很短的时期内，影响到植物的生长与发育，而光的影响，没有这样明显。但是，光的强度、光的组成以及光照时间的长短，对于蔬菜生长及发育，都是很重要的。

（一）蔬菜的需光规律

1. **蔬菜对光照强度的要求** 光照的强度依地理位置、地势高低以及云量、雨量等的不同而不同。在同一大田里，光照强度的变化，与栽植密度、行的方向、植株调整，以及套种、间作有关。光照强度不仅直接影响到光合作用的强弱，也影响到一系列的形态及解剖变化，如叶的厚薄，叶肉的结构，节间的长短，叶片的大小，茎的粗细等等，从而影响植株的生长及产量。根据对光照强度的要求不同，一般可以将蔬菜分为 3 大类：

（1）强光照蔬菜：主要是一些瓜类和茄果类，如西瓜、甜瓜、南瓜、黄瓜、番茄、茄子等。有些耐热的薯芋类如芋、豆薯等，也要求强的光照。西瓜、甜瓜等在光照不足的条件下，果实的产量及含糖量都会降低。

（2）中等光照蔬菜：主要是一些白菜类及根菜类，如白菜、甘蓝、萝卜、胡萝卜、芜菁等。葱蒜类也要求中等的光照。

（3）弱光照蔬菜：主要是一些绿叶蔬菜。它们的光饱和点及光合强度都较低，如莴苣、菠菜、茼蒿等。此外，生姜、芹菜也不耐强光。

在栽培上，光照的强弱，必须与温度的高低相互配合，才有利于植物的生长及器官的形成。如果光照减弱，温度也要相应的降低，从而使呼吸作用降低，以利于植物代谢的平衡。如果光照增强，温度也要相应的增加，以利于光合产物的积累。如果在弱光环境下，而温度又高，会引起呼吸作用的增强，增加能量的消耗。因此,当利用温室栽培黄瓜或番茄时,遇到阴天或下雪,温室中的温度必须适当的降低,才有利于生长和结实。

2. **光质对蔬菜生长与发育的影响** 光质,或称为光的组成,对蔬菜的生长发育,有一定的作用。据测定,太阳光的可见部分占全部太阳辐射的 52%,红外线占 43%,而紫外线只占 5%。

太阳光中被叶绿素吸收最多的是红光,黄光次之;蓝光、紫光的同化作用效率仅为红光的 14%。在太阳散射光中,红光和黄光占 50%~60%,而在直射光中,红光和黄光最多只有 37%,所以散射光对在弱光下生长的蔬菜有较大的效用。但由于散射光的强度总是比不上直射光,因而光合产物不如直射光的多。

一年四季中光的组成有明显的变化。在春季的太阳光中,紫外线的成分比秋季的少。夏季中午的紫外线的成分增加。这种差异,会影响到同一种蔬菜在不同生长季节的产量及品质。

红光能加速长日照植物和延迟短日照植物的发育;而蓝紫光能加速短日照植物和延迟长日照植物的发育。有些产品器官如马铃薯、球茎甘蓝等,其块茎及球茎的形成也与光质有关。如球茎甘蓝膨大的球茎,在蓝光下容易形成,而在绿光下不易形成。

光的组成也与蔬菜品质的形成有关。许多水溶性的色素如花青苷,都要求有强的红光。而许多试验都证明,紫外光有利于维生素 C 的合成。在温室栽培的番茄或黄瓜的果实,它们的维生素 C 的含量,往往没有露地栽培的高,是因为在玻璃温室中,紫外光较少的缘故。

一般地讲,在长的光波下栽培的植物,节间较长而茎较细;短的光波下栽培的植物,节间较短而茎较粗。这一点在培育壮苗及决定栽植密度时,有特别重要的意义。

(二)光周期的作用

植物的光周期现象是指日照的长短对植物生长发育的影响,它是植物发育的一个重要因素,不论是 1 年生还是 2 年生蔬菜的开花结实,都与光周期有关。它不仅影响到花芽分化、开花结实、分枝习性,甚至一些地下贮藏器官如块茎、块根、球茎、鳞茎等的形成,也受光周期的影响。

其实,人们对于植物,尤其是农作物的开花结实受季节的影响,是早有认识的事实。我国古代农书强调庄稼要"不违农时",也就是认识到农作物的播种、育苗、收获都有季节性,都要求一定的气候条件。

1. 光周期现象

(1)光周期反应与分类:所谓的光周期,是指一天中,日出至日落的理论日照时数,而不是实际有阳光的时数。前者与某一地区的纬度有关,后者则受降雨频率及云雾多少的影响。纬度越高,夏季日照越长,而冬季日照越短。

一般把植物对光周期的反应分为 4 类:

①长光性植物:较长的光照条件(一般 12~14 小时以上)促进开花;在较短的光照下,则不开花或延迟开花。在蔬菜中包括白菜、甘蓝、芥菜、萝卜、胡萝卜、芜菁、芹菜、菠菜、莴苣、蚕豆、豌豆以及大葱、大蒜等,在春季长日照下抽薹开花。

②短光性植物:较短的光照条件(一般在 12~14 小时以下)促进开花结实;在较长的光照下,不开花或延迟开花。在蔬菜中包括大豆(晚熟种)、豇豆、茼蒿、扁豆、刀豆、苋菜、蕹菜等,它们大都在秋季短日照下开花结实。

③中光性植物:对光照长短的适应范围很大,在较长或

较短的光照下，都能开花。在理论上，属于短光性的蔬菜，如菜豆、黄瓜、番茄、辣椒，以及大豆的早熟品种，它们在短光照条件下促进开花的作用不大，只要温度适宜，可以在春季或秋季开花结实，在温室里冬季也可开花结实，实际上可看作中光性植物，或近于中光性植物。

④限光性植物：这种植物要在一定的光照长度范围内才能开花结实，而日照长些或短些都不开花，如野生菜豆(*Phaseolus polystachus*)只能在每天 12～16 小时的光照条件下才能开花。不过这种"限光性"的现象，在蔬菜种类中很少见到。

(2)临界日长：长光照或短光照，是按 24 小时内(1 昼夜)光照时间的长短来区分的。长光性植物在短光照环境下，或短光性植物在长光照环境下，都不会开花或延迟开花。这个短到足以引起花原基发生的光照长度(对于短光性植物)，叫做"临界日长"或"临界光周期"。这个区别长光照与短光照的"临界日长"，一般为 12～14 小时，但可以短于 12 小时或长于 14 小时。

其实，短光性植物，并不要求较短的光照而是要求较长的黑暗，所以黑暗期的长短，对发育的影响更为重要。对于长光性植物，光照是重要的，而黑暗是不重要的，甚至是不必要的。长光性植物，在一个生长周期中，可以在完全没有黑暗的条件下，即在连续光照条件下，也能开花。

利用光周期处理，可以诱导开花。但要处理多少个周期，才能引起花芽分化，种类之间差异很大。对于绝大多数的蔬菜，只有一二次的光周期处理是不会引起花原基的分化的，一般都要十几次或更多的光周期处理才能引起开花。

(3)光周期质的反应与量的反应：极少数的植物必须在

严格的临界日长条件下才能开花。短于(长日照作物)临界日长就不会开花,可称为"质的光周期反应"。绝大多数蔬菜植物对光的反应没有这样严格。例如白菜、芥菜等在长光照下可以很快地开花,而在短光照下(8~10小时)也可以开花,而不是不开花,不过开花的时间迟一些罢了。这种现象可称为"量的光周期反应"。

差不多所有蔬菜的种类,都有对光周期要求严格的品种及不严格的品种,正是利用了这种量的反应特性,可以选育成早、中、晚熟品种。品种之间对日照长短的反应,差异很大。长光性与短光性之间的临界日长,可以互相交叉。有些长光性植物的临界日长可以短于14小时,而有些短光性植物的临界日长可以长于12小时。但有一点是基本的,即长光性植物可以在不断的光照下开花,但短光性植物必须有一定的黑暗时期。

2. **外界条件对光周期的影响** 植物的发育,在受光周期影响的同时,也受光周期以外的条件的影响,即使在适当的光周期条件下,也要有一定的温度、营养条件和一定的植株大小。

许多长光性蔬菜,如白菜、萝卜、菠菜、芹菜等,如果温度很高,即使在长光照条件下,也不会开花,或者开花期大为延迟。相反地,如果温度很低,整个植物的生长很缓慢,尽管光周期是合适的,也不会开花。但是,如果日照时数相同,在一定温度范围内,温度升高,可以促进花芽分化及开花。

植株年龄也与光周期反应有很大关系。因为不论是短光性还是长光性植物,都不是在种子发芽以后,立刻对光周期起反应,而是要生长到一定的大小(年龄)以后才对光周期起反应。一般地讲,植株的年龄越大,对光周期的反应越敏感。

3. **光强及光质对光周期反应的影响** 光周期效应,并不依据太阳辐射的总能量,而是依据日照时间的长短。从生理上看,光周期的效应与光合作用是不同的,两者之间没有直接的关系。正是利用了这一特性,当人工补充光照时,用一般的电灯光源即可满足,而不需要很强的光源。

虽然弱光对光周期的效应有与强光相似的作用,但并不是全部光照时间用弱光都有同样的效应,而是要在暗期以前,有一段时期的强光,然后用弱光。如果作为补充光照时,强光比弱光的效应大些。

不同光质的光周期效应有很大的差别。在可见光中,红光和橙黄光效应最显著,蓝光较差,而绿光几乎没有效果。

4. **光周期对生长习性及营养器官形成的影响** 光周期的效应,在诱导花芽分化,即影响植物发育的同时,也影响到植株的生长习性,如叶的生长、叶片形状、色素的形成,以及许多贮藏器官的形成。

蔬菜中不少食用器官的形成,要求有一定的光周期。如马铃薯、菊芋的块茎,甘薯的块根,荸荠的球茎,洋葱及大蒜的鳞茎等,都要求有一定的光照长度才能形成。一般地讲,马铃薯、菊芋、芋以及许多水生蔬菜,如荸荠、慈姑等,它们的食用器官形成,都要求较短的光照。不过温度的高低也有很大的影响,且品种 之间差异很大。一些早熟品种,对光照长短的反应不敏感。不少鳞茎类蔬菜,如洋葱、大蒜等则要求有较长的光照,才能形成鳞茎,同时也要有一定的温度。

此外,光周期也影响到植株的分枝、结果习性,以及地上部与地下部的比例。许多短光性的豆类蔬菜,在短光照下为矮生,在主茎基部着生许多侧枝;而在长光照下,侧枝着生节位及第一花序着生节位显著提高。一些瓜类在短光照及较低温度下,雌雄花的比例也明显增加。

短光照虽然可以促进某些蔬菜地下贮藏器官的形成,但从生产上来看,并不希望在植株生长很小的时候,就遇到短的光照,而是在营养生长的前期,要求有较长的光照及较高的温度,以促进茎叶的生长,然后才转入较短的日照环境,促进地下贮藏器官的形成。因为在不徒长的情况下,这些地下贮藏器官的大小,与地上部同化器官的大小是成正比的。

(三)设施内光照条件及其调节

1. **保护地内的光照条件** 保护地内的光照条件除受时刻变化着的太阳位置和气象要素影响外,也受本身结构和管理技术的影响。其中光照时数主要受纬度、季节、天气情况和防寒保温等管理技术的影响,光质主要受透明覆盖材料光学特性的影响,变化比较简单;只有光照强度及其分布是随着太阳位置的变化和受保护地结构的影响不断地变化的,情况比较复杂。保护地内光照条件要求最大限度的透过光线、受光面积大和光线分布均匀。

(1)保护地的透光率:保护地的透光率是指保护地内的太阳辐射能或光照强度与室外的太阳辐射能或自然光强之比。太阳光由直射光和散射光两部分组成,保护地的透光率,相应的区分为对直射光的透光率和对散射光的透光率。

太阳辐射中,散射辐射的比重与太阳高度和天空云量有关。太阳高度为 0°时散射辐射占 100%,20°时占 90%,50°时占 18%。散射辐射还随云量增多而增大。散射辐射是太阳辐射的重要组成成分,在设计保护地结构时要考虑到如何充分利用散射光的问题。保护地对直射光的透光率,主要与投射光的入射角有关,即与温室方位、屋面坡度和太阳高度有密切关系。

(2)覆盖材料的透光特性:投射到保护地覆盖物上的太

阳辐射能,一部分被覆盖材料吸收,一部分被反射,另一部分透过覆盖材料射入保护地内。这3部分有如下关系:

$$吸收率＋反射率＋透射率＝1$$

因此覆盖材料的吸收率小,就可通过调节光的入射角增加透射率,增强保护地内的光照。此外,覆盖材料还能使保护地内光质发生改变。

(3)污染和老化对透明覆盖材料透光性的影响:保护地覆盖材料的内外表面,经常被灰尘、烟粒污染,表面经常附着一层水滴或水膜,使保护地内光强大为减弱,光质也有所改变。灰尘、水滴和水膜主要削弱红外线部分。覆盖材料老化也会使透光率减小,老化的消光作用主要在紫外线部分。覆盖材料不同,容易老化的程度也不同。如钢化玻璃比玻璃易老化,聚氯乙烯比聚乙稀易老化。

(4)保护地结构与透光率的关系

①建筑方位:目前我国蔬菜温室,大都属于单屋面温室,这类温室仅向阳面受光,两山墙和北侧墙为土墙或砖墙。显然,这类温室的方位应是东西延长,坐北朝南,以达到充分采光,严密防寒保温的目的。

对单栋温室、塑料棚而言,如是单屋面的,则应以东西延长、坐北朝南为优。如是双屋面的,以冬季生产为主时,东西延长的比南北延长的光照强,而且可以通过调整屋面坡度、减少水平构架材料等措施,减少床面上的弱光带,克服床面光照分布不均匀的缺点。如以春、秋栽培为主或全年栽培,则应以南北延长为优。

关于单屋面温室,现在看法还不一致,有人主张屋面应面向正南,使中午前后射入温室内的太阳光多些;有人则主张,温室要东偏北几度到十几度,使上午吸收阳光多些,避免西北方向寒风;也有人主张因上午揭帘晚或雾大,温室应西偏北几度或十几度。原则上,作物光合作用主要在上午进行,且上午光质好,宜东偏北充分利用上午弱光,如北京地区主张东偏北5°~10°。但在高纬度地区,清晨气温极低,光照很弱,有些地方有雾,不如西偏北为好,以充分利用下午的弱光,如内蒙古地区主张西偏北 5°~10°。

东西延长的连栋温室或塑料棚,冬季光照强,但床面上光量分布不均匀,且室内温度变化较大,调节有些困难;而南北延长的,虽冬季光照差些,但受光均匀,室内温度变化缓慢,容易调节管理。所以生产上连栋温室和连栋塑料棚一般是南北延长的。对于东西延长的连栋温室,为了减少屋脊或天沟的阴影,可以适当调整屋面倾斜角,使它们的投影落在没有作物的散热器位置上,以增加透光的均匀性。

②屋面倾斜角:在一定范围内,温室屋面的倾斜角越大,温室的透光率越高,而且具有最大透光率的倾斜角度,因季节而异。坐北朝南的温室,屋面倾斜角对透光率的影响更突出。因此,对于我国传统的单屋面温室而言,为了增大其透光率,选择合理的屋面倾斜角是十分重要的。

在我国北方高纬度地区修建冬季生产用温室,如果屋面角过大,后墙要修建得很高,使造价高、栽培床面积小、遮荫面积大,保温性能差。透光率与入射角的关系并不呈单调线性关系,只要温室屋面与阳光入射角不超过45°,温室内光照不会有显著减弱。在北京地区,实际建造温室时,可按冬至节正午时入射角在 40°~45°以内考虑。这样温室屋面坡度大致在18°~23°,既可保证温室内冬季有较强的光照,又可保证一定的栽培床面积。连栋温室的屋面角不应超过冬至正午时的太阳高度角。如在北纬 40°地区,不应超过 27.5°。现在国际标准规定,连栋温室屋面倾斜角为 26.5°。

③建筑形状:温室或塑料棚的建筑形状包括单栋式或连栋式、连栋数、温室长度及屋面形状等。这些因素对保护地内的光强和光照分布的均匀性都有一定的影响。

冬季双屋面单栋温室直射光日总量透光率比连栋温室高,夏季则相反。传统的一面坡温室,东西北三面不透光,因此基本上越靠南光线越强。

拱圆形屋面的塑料棚内部光线较斜屋面塑料棚均匀。东西延长温室的屋面为拱形时,以中部光照最强。

在实际生产中,除阴天外,散射光和直射光同时进入保护地内,但由于薄膜表面被污染,内部又受水滴的影响,使薄膜变成半透明状态,不仅影响透光率,而且由于水滴的反射扩散,使屋内散射光增多,所以离屋面越远或离半圆形拱棚中心越近,光照越弱。

④相邻温室或塑料棚的间隔:为了保证相邻温室北边的温室内有充分的日照,不致被南面的温室遮光而使室内光照强度减弱,相邻温室间必须保持一定距离。相邻温室之间的距离大小主要应考虑温室的檐高以及草帘卷起来的高度。例如在北纬 40°地区,东西延长的单栋温室的相邻间距,应不小于温室高的两倍,这样相邻的北边温室,即使在太阳高度最低的冬至前后,也有充足的光照。南北延长温室,相邻间距要求为檐高的 1 倍左右。

2. **保护地内光照的调节** 保护地内对光照条件的要求:一是光照充足,二是光照分布均匀。冬季阴天多和日照时数少的地区,保护地内光照不足,需要补光;相反,在夏季光照强的季节或进行软化等特殊方式栽培时,须用遮荫的方法进行调节。遮荫设备简单易行,但补光成本高,在生产上尚未普遍应用,绝大多数情况还要依靠自然光。因此保护地内光照条件的调节主要有两个方面:一是改进保护地的结构与管理技术,增强保护地内的自然光照;二是人工补光与遮光。目前我国温室、塑料大棚的透光率,一般只有 40%～60%,在结构上和管理上改进的潜力很大。

(1)改进保护地结构与管理技术

①覆盖物:提高玻璃和薄膜的透光性能,解决薄膜上挂水滴、落沙尘等问题,除工业部门解决(如生产无滴膜、长寿膜)外,在管理上要勤打扫玻璃面和冲洗薄膜面,增加透光率。双层薄膜覆盖白天影响光照,应把固定式双层覆盖改为拉帘式覆盖,解决白天遮光问题。

②屋面角度与方位:根据保护地对光照条件的要求调节方位和屋面倾斜角。

③建材和作物的遮光:使用材料应尽量减少遮光,如选用强度较大的钢材,可以缩小材料尺寸,减少阴影面积。另外,应用结构力学原理,简化建筑结构或把建材的阴影投射到栽培床面以外。

对于植株高的作物,还要考虑畦垄的方向。一般在冬季,东西延长温室内,东西畦比南北畦的作物受光总量大。但要注意行距大小,以免互相遮荫。南北向温室,应以南北畦栽种。南北畦作物受光总量不如东西畦,但在正午前后,即使在作物的行间床面上也能受到直射光,对作物下部受光,提高地温都很有利。

④利用反射光:室内反射光利用得好,不仅能增加光照强度还能改善光照分布情况,是廉价补光措施。最简单的方法是在建材和墙上涂白,涂白不仅能增加反射光,还能保护建材,延长使用年限,这项工作是不能忽视的。

此外,还可在后墙的内侧设置反射镜(或反射板)增加反射光。反射镜一般使用铝板、铝箔或把银灰色反光膜贴在轻质薄板上,轻便,反光率高达80%,而且还可以提高温度。反射光的距离大致能达到反射板高度的两倍。反射板可垂直安置于北侧墙上,也可倾斜安置,后者反射光可达距离更远,也可将反射镜分上下两段,随太阳高度调节反射镜的倾斜度,使反射板始终把直射光反射在植株上。

(2)遮光:保护地遮光主要有两个目的,一是减弱保护地内的光照强度;二是降低保护地内的温度。

保护地遮光20%～40%能使室内温度下降2～4℃。初夏中午前后,光照过强,温度过高,超过蔬菜作物光饱和点,对生育有影响时应进行遮光;在幼苗移栽后,为了促进缓苗,通常也需要进行遮光。遮光材料要求有一定的透光率、较高的反射率和较低的吸收率。遮光方法有如下几种:①玻璃面涂白;②覆盖各种遮荫物,如苇帘、竹帘、遮光纱网、不织布等,可遮光50%～55%,降低室温3.5～5.0℃;③玻璃面流水,可遮光25%,降低室温4.0℃。

(3)人工补光:人工补光的目的有两个。一个目的是人工补充光照,用以满足作物光周期的需要,特别是在光周期的临界时期,当黑夜过长而影响作物生育时,应进行补充光照。有时为了抑制或促进花芽分化,调节开花期,也需要补充光照。这种补充光照,要求的光照强度较低,称为低强度补光。这种补光一般用于花卉、草莓等开花期的调节。另一目的是作为光合作用的能源,补充自然光的不足。但这种补光要求光照强度大,约为30千勒,所以成本较高,生产上很少采用,主要用于育种、引种、育苗。由于光能利用率随光照强度的增强而降低,因此适当降低光强,可以提高光能利用率,同时适当增加光照时间,以补偿光合产物的不足。

人工补光的光源是电光源。对电光源有 3 点要求:①要求有一定的强度,使床面上光强在光补偿点以上;②要求光照强度具有一定的可调性;③要求有一定的光谱能量分布,可以模拟自然光照,具有太阳光的连续光谱。

四、气体条件及其调节

影响植物生长发育的气体,主要为氧气(O_2)及二氧化碳(CO_2)。一般大气中,含氧气约 21%,含氮气约 79%,含二氧化碳约 0.03%,以及一些其他微量气体。大气中二氧化碳虽然很少,但在植物生活中作用很大,因为它是光合作用的原料,缺乏它就会影响蔬菜的生长。至于氧气在大气中的含量是足够的,但在土壤中,会由于水涝或土壤板结而缺氧,从而影响到根的呼吸。

(一)二氧化碳

1. **大气二氧化碳** 大气中的二氧化碳含量只有 300 微升/升,远不能满足光合作用的要求。增加大气中二氧化碳,会增加光合作用强度,因而可以增加产量。多数作物的二氧化碳饱和点在 1500 微升/升左右,故而二氧化碳不是越多越好,而应有最适值,一般认为维持 1000~1500 微升/升的二氧化碳较为适宜。

大气中的二氧化碳含量为 300 微升/升左右,这是指其平均数值。事实上,在不同高度,尤其是作物群体的不同垂直高度,二氧化碳的浓度都不同。一年中的不同季节及一天中的不同时刻,浓度也不同。

在一个植物群体中,冠层内的空气成分与冠层外的空气成分相差很大。一般情况下,冠层的中、上部由于光合作用的消耗,二氧化碳的含量在整个冠层剖面中数值最小,近地面处,浓度高些,而到冠层的最上层浓度又逐渐增加。这样的二氧化碳剖面分布,刚好与温度的变化相反,而这些变化又受风速的影响。在大田里,风速是影响作物群体二氧化碳含量以及温度、湿度的主要因素。如果风速小,空气不流通,则冠层中的二氧化碳就会由于光合作用的消耗而变得稀少,这对于光合作用的加强及物质的积累都不利。如果有一定的风速,可以增加冠层中二氧化碳的含量。因为新鲜的空气(即冠层外的空气)中,二氧化碳的浓度比冠层内的高些。这对于夏季栽培的果菜,尤其是搭架栽培的瓜类、豆类及番茄更为重要。通风、透光是获得高产的两个重要因素。

但是通风的程度,也有一个范围,不是风速越大越好。有试验表明(Wilson,1958),当风速在200厘米/秒以内时,风速增加,生长率也增加(由于增加了二氧化碳的供应);但风速高于200厘米/秒,生长率又由于风速过大而引起的干燥及机械的倒伏而下降。所以一般以风速200厘米/秒大约相当于气象上的二、三级风左右为适宜。

2. **保护地内的二氧化碳**　在半封闭或完全封闭的保护地内,蔬菜作物不断地从有限的空气中吸收二氧化碳,如果外界大气中二氧化碳又不能及时补充,就会造成保护地内二氧化碳浓度很低,不能充分满足作物生育需要,从而减产。

由于保护地的类型、面积、空间大小、通风换气状况以及所栽培的作物种类、生育阶段和栽培条件等不同,保护地内二氧化碳浓度日变化有很大差异。例如塑料温室内,在日出前二氧化碳浓度高达450微升/升左右,日出后二氧化碳浓度迅速下降。密闭不通风时,晴天室内二氧化碳浓度可下降到85微升/升左右,使作物几乎不能进行光合作用;通风换气时,则室内二氧化碳浓度迅速上升,但晴天仅能升到 260 微升/升左右,阴天可升到 300 微升/升左右。

保护地各部位的二氧化碳浓度分布也不均匀。晴天当室内天窗和一侧出入口都打开,作物冠层内部二氧化碳浓度低到 135～150 微升/升,比上层低 50～65 微升/升,仅为大气二氧化碳标准浓度的 50% 左右。但在傍晚阴雨天则相反,冠层内二氧化碳浓度高,上层浓度低。保护地内二氧化碳浓度分布不均匀,使作物植株各部位的产量和质量也不一致。

(二)设施二氧化碳浓度的调控

1. 调控目标 关于二氧化碳浓度对光合强度的影响,迄今已有许多研究报道,但对光合作用过程中二氧化碳饱和浓度尚不能笼统断定。实际生产上考虑,1000～1500 微升/升为作物适宜的浓度;从经济效益、设施结构考虑,600～1000 微升/升也有良好效果。

2. 二氧化碳施肥技术

(1)二氧化碳施用量:根据保护地大小、二氧化碳设定浓度、保护地换气率、作物的二氧化碳吸收量、床面二氧化碳发生量等而定。计算公式为:

$$
\begin{aligned}
\frac{\text{二氧化碳施用量}}{(\text{克}/\text{米}^2 \cdot \text{小时})} =\ & \frac{\text{保护地容积}(\text{米}^3)}{\text{保护地床面积}(\text{米}^2)} \times \text{换气次数}/\text{小时} \\
& \times [\text{二氧化碳设定浓度}(\text{克}/\text{米}^3) - \text{外} \\
& \ \text{界大气中二氧化碳浓度}(\text{克}/\text{米}^3)] + \\
& [\text{作物的二氧化碳浓度吸收量}(\text{克}/ \\
& \ \text{米}^3) - \text{床面二氧化碳发生量}(\text{克}/ \\
& \ \text{米}^3)]
\end{aligned}
$$

(2)二氧化碳施用时期:二氧化碳施用时期应当根据蔬菜种类、栽培方式、栽培床状况以及天气变化等而定。在比较肥沃的土壤上栽培果菜作物,往往在开花结果以后开始施用,一直到产品收获终了前几天停止施用。叶菜作物在幼苗定植后开始施用。

每天开始施用时间,取决于作物光合作用强度和当时保护地内二氧化碳浓度状况。一般从日出后1小时开始施用。停止施用时间取决于保护地内气温、通风换气和同化产物的运输情况。一般在保护地内气温上升到30℃左右,开始通风换气前1小时停止施用。但在严寒季节或阴雨天,保护地密闭不通风或通风量很小时,到中午才停止施用。

(3)二氧化碳的施用方法:二氧化碳主要来源:①酒精酿造副产品:气态二氧化碳、液态二氧化碳或固态二氧化碳(干冰);②空气分离:将空气在低温下液化蒸发分离二氧化碳,再经低温压缩成液态二氧化碳;③化学分解:将强酸和碳酸盐反应放出二氧化碳;④碳素或碳氢化合物(煤、煤油、液化石油气、沼气等)充分燃烧产生二氧化碳;⑤利用有机物(厩肥蒿草等)分解发酵放出二氧化碳。选用农用二氧化碳源时,必须根据我国能源结构和经济状况,选用资源丰富、取材方便、成本低廉、设备简单、便于调控且二氧化碳纯净无害的碳源。

(三)有毒气体的危害和防止方法

1. **氨和二氧化氮** 如果在保护地内氮肥施用过多,在密闭条件下分解出来的氨(NH_3)和二氧化氮(NO_2)气体达一定浓度后会危害作物。

保护地内氨达到5微升/升,二氧化氮气体达到2微升/升时,从蔬菜外观上就可看出危害症状。这些气体是从气孔和水孔侵入细胞的。氨主要危害叶绿体,使其逐渐变成褐色,直至枯死;二氧化氮主要危害叶肉,先侵入的气孔部分成为漂白斑点状,严重时,除叶脉外叶肉都漂白致死。由于蔬菜种类不同,造成的危害也不一样,番茄易受氨危害,黄瓜、茄子等易受二氧化氮气体危害。

如果1次使用有机质肥料和尿素过多,容易分解出氨,栽培床局部变成碱性,引起氨的挥发。因此,为避免发生氨的挥发,氮肥每次要少施,最好和过磷酸钙混合施用,施用后多浇水可以抑制氨的挥发。

2. 二氧化硫和一氧化碳 如果煤中含硫化物多,燃烧后产生二氧化硫(SO_2)气体;未经腐熟的粪便及饼肥等在分解过程中,也释放出二氧化硫。二氧化硫遇水(或空气湿度大)时产生亚硫酸(H_2SO_3),它能直接破坏作物叶绿体。

当保护地内空气中二氧化硫含量达到 0.2 微升/升,经3~4天,有些蔬菜作物就表现出受害症状;达到1微升/升左右,经4~5小时后,敏感的蔬菜作物就表现出明显受害症状;达到10~20微升/升并且有足够的湿度时,大部分蔬菜作物受害,甚至死亡。二氧化硫经叶片气孔侵入叶肉组织,生理活动旺盛的叶片先受害。受害的叶片先在气孔多的部位呈现斑点,进而褪色。浓度低时,仅在叶背出现斑点;浓度高时,整个叶片弥漫呈水浸状,逐渐褪绿。褪绿程度因作物种类而异,呈现白色斑点的有白菜、萝卜、葱、菠菜、黄瓜、番茄、辣椒、豌豆、芜菁等;呈现褐色斑点的有茄子、胡萝卜、南瓜、马铃薯、甘薯等;呈现黑烟色斑点的有蚕豆、西瓜等。

一氧化碳(CO)是由于煤炭燃烧不完全和烟道有漏洞缝隙而排出的毒气,对保护地栽培管理人员危害最大,浓度高时造成人员死亡。应当注意燃料充分燃烧,经常检查烟道,搞好保护地的通风换气。

3. 乙烯和氯气 保护地内乙烯($CH_2{=}CH_2$)气体达到1

微升/升以上,可使绿叶发黄而后变白枯死。

乙烯气体来源于有毒的塑料薄膜或有毒的塑料管。农用塑料制品主要原料是聚氯乙烯树脂,它的增塑剂是邻苯二甲酸二异丁酯,其在使用过程中经过阳光暴晒或在高温条件下挥发出有毒气体。

当塑料薄膜大棚内乙烯为 0.05 微升/升时,6 小时之后,对其反应敏感的黄瓜、番茄和豌豆等开始受害。如果其浓度为 0.1 微升/升时,2 天之后,番茄叶片下垂弯曲,叶片发黄褪色,几天后变白而死。黄瓜受害症状与番茄相似,芹菜、韭菜对乙烯的耐性强。

有毒塑料薄膜的原料不纯,含有少量氯气(Cl_2),当氯气浓度在 0.1 微升/升时,2 小时后即可危害十字花科蔬菜作物。氯气也能分解叶绿素,使叶片变黄,危害症状与乙烯危害相似。因此,农用塑料制品一定要采用安全无毒的原料。

(四)土壤气体及其调控

1. **土壤气体条件** 作物根系有支持植株,吸收水分、无机养分,并将其输送到作物地上部分和贮藏有机物质等多种功能,所以应当保持根的正常呼吸作用,提高作物根系的活性。土壤气体环境是作物生育的重要条件。在根际环境中,要求土壤有良好的通气性,土壤气体中二氧化碳浓度不可过高。

一般土壤表层的气体组成与大气的组成基本相同。但二氧化碳浓度有时高达 3000 微升/升以上,这是土壤有机物被微生物分解和根的呼吸作用放出二氧化碳所造成的。

土壤气体存在于土粒间隙内。正常土粒和间隙的比例大约为 1:1,间隙内充满着气体和水分,其比例也大约为 1:1。如果间隙太小、空隙率和含水量发生变化,则土壤的容气量也发生变化。要使土壤中保持一定比例的气体,土壤应具有良好的团粒结构,在团粒内空隙保持水分,在团粒间空隙进行气体交换,使土壤气体的二氧化碳浓度维持较低水平。

2. **土壤气体的调控** 土壤条件除了有充足的全面营养成分之外,要求土质疏松、透气、透水性良好,有一定的保水力和保肥力。因此栽培土壤不是自然土壤,而是人工配制的混合土壤(培养土)。为了正确地配制培养土,首先必须熟悉培养土的主要组成、土壤的物理特性。

有许多方法可提高土壤的通气性。一般土壤中施入多量的有机物可改善土壤结构。中耕作业可恢复灌水或降雨所破坏的表土团粒结构,增强土壤通气性。促使好气的瓜类作物根系生长,要重视灌水,但不可破坏表土的团粒结构,为此可采用地下灌溉方法。

五、湿度条件及其调节

(一)蔬菜对水分的要求

蔬菜产品多是柔嫩多汁的器官,含水量在 90% 以上。水分参与光合作用、呼吸作用及有机物质合成和分解的整个过程,水还是植物对物质吸收和运输的溶剂,细胞中也只有含有大量水分,才能保持细胞的紧张度,使植物枝叶挺立,得以进行正常生理活动。水的比热大,汽化热高,植物体温也才能保持稳定。

各种蔬菜对水分的要求,主要受吸收水分的能力和对水分消耗量的多少来决定。凡根系强大,能从较大土壤体积中吸收水分的蔬菜,抗旱力强;凡叶面积大,组织柔嫩,蒸腾作用旺盛的蔬菜,抗旱力弱。但也有水分消耗量较小,却因根系弱而不能耐旱的蔬菜。

根据蔬菜对水分需要程度的不同,可以把蔬菜分为 5 类:

第一类,消耗水分很多,但对水分吸收力弱的蔬菜。如白菜、芥菜、甘蓝、绿叶菜类、黄瓜、四季萝卜等,这些蔬菜叶面积较大而组织柔嫩,但根系入土不深,所以要求较高的土壤湿度和空气湿度。在栽培上宜选择保水力强的土壤,要经常灌溉。

　　第二类,消耗水分较多,对水分吸收力强的蔬菜。如西瓜、甜瓜、苦瓜等,这些蔬菜的叶片虽大,但其叶片有裂刻(如西瓜)或表面有茸毛,能减少水分的蒸腾,并有强大的根系,能深入土中吸收水分,抗旱力很强。

　　第三类,消耗水分少,根系吸收力很弱的蔬菜。如葱、蒜、石刁柏等,这类蔬菜叶很小,而且表皮被有蜡质,蒸腾作用很小,故从它们的地上部特征来看都很耐旱。但它们根系分布范围小,入土浅而几乎没有根毛,所以吸收水分的能力弱,对土壤水分的要求也比较严格。

　　第四类,水分消耗量中等,吸收水分也是中等的蔬菜。如茄果类、根菜类、豆类等,这些蔬菜的叶面积比白菜类、绿叶菜类小,而其根系比白菜类发达,但又远不如西瓜、甜瓜等,故抗旱力不很强。

　　第五类,消耗水分很快,吸收水分能力很弱的蔬菜。如莲藕、荸荠、茭白、菱等。这些蔬菜的茎叶柔嫩,在高温下蒸腾作用旺盛,但它们的根系不发达,根毛退化,所以吸收能力很弱。这类蔬菜的全部或大部都需浸在水中才能生活,因此,只有在经常蓄水的地方才能栽培。

　　蔬菜除了对土壤湿度有不同的要求以外,对于空气相对湿度的要求也不相同,大体上可以分为4类:

　　适于85%～90%的空气相对湿度:白菜类、叶菜类、水生蔬菜等。

　　适于70%～80%的空气相对湿度:马铃薯、黄瓜、根菜类、蚕豆、豌豆等。

适于55%～65%的空气相对湿度:茄果类、菜豆、豇豆等。

适于45%～55%的空气相对湿度:西瓜、甜瓜、南瓜以及葱蒜类等。

蔬菜在不同生育时期对水分的要求也不相同。如各种蔬菜在种子萌发时,对水分的要求很大,所以播种后,需采用灌溉、覆土、盖草等措施,尽量保持土壤中的水分。蔬菜苗期因根系小,虽吸水量不多,但对土壤湿度要求严格,应经常浇水。移苗后要多浇水。形成柔嫩多汁的食用器官时则要大量浇水,使土壤含水量达到80%～85%。开花时水分不宜过多,果实生长时需要较多的水分,种子成熟时要求适当干燥。

(二)空气湿度及其调控

保护地是一种半封闭系统,有空间较小和气流基本稳定等特点,因而保护地内空气湿度与露地有所不同。在冬春两季密闭条件下,晴天白天温室内温度较高,容易干燥,在夜间不加温则低温而湿度较大。虽然一般作物对湿度有某种程度的适应性,但极端的干燥或潮湿,使作物生理失调,易遭病虫害。因此,保护地内应当保持适宜的湿度环境。而露地为开放系统,对空气湿度调节难以进行。

1. 空气湿度状况 白天温室通风换气时,水分移动的主要途径是土壤→作物→室内空气→外界空气。早晨或傍晚温室密闭时,外界气温低,引起室内空气骤冷而发生"雾"。白天通风换气时,室内空气饱和差可达1.33～2.67千帕(10～20毫米汞柱),作物容易发生暂时缺水;如果不进行通风换气,则室内蓄积蒸腾的水蒸气,空气饱和差降为0.13～0.67千帕(1～5毫米汞柱),作物虽不致缺水,但易引发病害。因此,调节温室内湿度条件达到适宜范围,与作物生长关系密切。

保护地内经常是多湿环境,不仅相对湿度高,而且"作物沾湿"。因此,保护地"除湿"不仅仅是"降低相对湿度",也可使沾湿的作物干燥。造成温室多湿环境主要有两方面:一方面是作物、室壁内面、床面等沾湿;另一方面是空气相对湿度高、水蒸气饱和差小,或绝对湿度高。作物沾湿是从屋面或保湿幕落下的水滴、作物表面的结露、由于根压使作物体内的水分从叶片水孔排出"溢液"(吐水现象)及雾等4种原因造成的。

2. **空气湿度调节方法** 调节空气湿度,主要有防止作物沾湿和降低空气湿度两个目的。防止作物沾湿是为了抑制病害(表1-1)。

表1-1　保护地除湿的目的

	直 接 目 的	发生时间	最 终 目 的
防止作物沾湿	1. 防止作物结露	早晨、夜间	防止病害
	2. 防止屋面、保湿幕上水滴下降	全天	防止病害
	3. 防止发生雾	早晨、傍晚	防止病害
	4. 防止溢液残留	夜间	防止病害
调控空气湿度	1. 调控饱和差(叶温或空气饱和差)	全天	促进蒸发蒸腾、控制徒长、增大着花率、防止裂果、促进养分吸收、防止生理障害
	2. 调控相对湿度	全天	促进蒸发蒸腾、防止徒长、改善植株生长势、防止病害
	3. 调控露点温度、绝对湿度	全天	防 止 结 露
	4. 调控湿球温度	白天	调控叶温

表1-2 被动除湿法

方　法	原　理	特　征
1. 覆盖地膜	抑制土壤表面蒸发,提高室温和饱和差	抑制土壤表面蒸发
2. 控制灌水	同上	使土壤表面蒸发和作物蒸腾都受到抑制
3. 用不透湿性材料使壁面断热	提高壁面温度,控制壁面及作物表面结露	壁面结露受到抑制,同量相对湿度上升与饱和差减少。白天随着室温上升,可以加大通风换气,使绝对湿度下降
4. 用透湿性、吸湿性的保温幕材料减少显热散失	在保温幕材料里面促进潜热移动,抑制显热移动	防止在保温幕里面的结露水落在作物体上
5. 透过日射量加大	室温上升(饱和差上升)	室温上升,采取通风换气,可达到绝对湿度下降的目的
6. 除去覆盖材料上的结露	使覆盖材料里面的露水排出室外	绝对湿度下降,促进蒸发蒸腾
7. 加大覆盖材料的界面活性	促进向覆盖材料上结露,抑制雾的发生	室内覆盖材料的界面活性发生难易尚不清楚
8. 自然吸湿	用固体自然吸附水蒸气或雾	稻草、麦草、吸水性保湿幕(聚乙烯乙醇系材料)放出吸附水分

除湿方法有被动除湿法和主动除湿法。被动除湿法是不用人工动力(电力等),靠水蒸气或雾自然流动,使保护地内保持适宜的湿度环境。被动除湿法的具体方法见表1-2。应当注意各种方法能达到的目的和除湿效果。

主动除湿法包括普通换气、热交换除湿换气、暖气加温、强制空气流动、冷却除湿以及强制除湿等方法(表1-3)。

表1-3 主动除湿法

方 法	原 理	特 征
1. 通风换气	强制排出室内水蒸气,使显热、潜热都减少损失	一般可使绝对湿度下降,如果在换气的同时室温下降,则相对湿度上升或饱和差减少
2. 热交换型除湿换气	强制排出室内水蒸气,放出潜热	一般可使绝对湿度下降。防止早晨作物体表面结露
3. 暖气加温	室温上升	一般可使相对湿度下降。但由于饱和差加大,促进蒸发蒸腾而使绝对湿度上升。绝对湿度或露点温度上升而使壁面结露加大
4. 强制空气流动	促进水蒸气扩散	防止作物沾湿。在一般情况下,空气湿度加大
5. 冷却除湿	使室内水蒸气结露,再强制排出。由潜热转化为显热	一般可使绝对湿度下降,在绝对湿度下降的同时室温不下降。相对湿度和饱和差不会大幅度的下降
6. 强制吸湿	将水蒸气液化后强制吸收,或用固体强制吸收	吸收或吸附的水分可以排出的吸湿物质有:氯化钠、稻草、活性白土、活性矾土、氧化硅胶等

(三)土壤湿度及其调节

1. 土壤湿度状况 保护地为封闭、半封闭结构,其土壤湿度只能由灌水量、土壤毛细管上升水量、土壤蒸发量以及作物蒸腾量的大小来决定。而露地菜田除受上述因素影响外,还受降雨的影响。

地面覆盖是最简单的保护地,其覆盖边缘流入和流失的水量变化不大,所以地面覆盖下的土壤耕作层湿度比较稳定。中小棚覆盖因内部增加了土壤蒸发和作物蒸腾的水分,而这些蒸发蒸腾的水分在塑料薄膜内表面结露,不断地顺着薄膜流向棚的两侧,逐渐使棚内中部的土壤干燥而两侧的土壤湿润,引起土壤局部湿差和温差,所以在中部一带需多灌水。温室大棚的宽度较大,所以干燥部分更大一些。温室大棚与露地相比,由于前者的蒸发和蒸腾量小、灌水多,其土壤湿度比露地大。

2. 土壤湿度的调控 土壤湿度的调控应当依据天气状况、土壤湿度状况及作物各生育期需水量、体内水分状况而定。目前我国蔬菜栽培的土壤湿度调控仍然依靠传统经验,主要凭人的观察感觉,调控技术的差异很大。但随着栽培技术的发展,要求科学合理地对土壤湿度进行调节。

(1)灌水期:当土壤水分下降到某一数值时,农作物因缺水而丧失膨压以致萎蔫,即使在蒸腾最小的夜间膨压也不能恢复,这时的土壤含水量称为"萎蔫系数"或"凋萎点"。一般灌水都是在凋萎点以前,但该点在同一土壤上,因作物根系大小、栽培方式和是否有覆盖等差异很大。

灌水期依蔬菜种类、品种、栽培季节、生育阶段、天气状况、土壤状况、根系范围、地下水位、栽植密度以及施肥方法等而异,所以应当在试验研究之后决定灌水期。

（2）灌水量：灌水量应当根据保护地内栽植作物生理需要和土壤湿度而定。灌水量与作物种类、气象条件、土壤条件等有关。灌水量还受作物的生育状况、通风、加温、地面覆盖等的影响。如黄瓜等果菜，1次灌溉量较少、间隔日数较短，比1次灌溉量较多、间隔日数较长的产量高。但在寒冷季节，1次多灌，间隔时间要长，以免频繁灌水降低地温。

（四）干旱与涝害

1. 干旱　蔬菜作物因缺水而受的危害称为旱害。缺水的现象可分为大气干旱与土壤干旱两种。

大气干旱是指空气过分干燥，加速植物的蒸腾作用。大气干旱常常伴随着空气的高温，在这种情况下植物加强蒸腾来发散体温，但在干旱时根系又来不及吸收足够的水分供应蒸腾，给蔬菜的生长发育造成不良的影响。但只要土壤水分充足，单纯因为空气湿度低，不至于造成植物的死亡。土壤干旱严重时，蔬菜作物不能从土壤中得到所需要的水分弥补因蒸腾散失的水分，就会因失水过多，正常的代谢活动不能进行而受害，严重者全株枯死。

土壤干旱可分为两种，第一种是由于长期大气干旱引起土壤可利用水缺乏而造成的。第二种是土壤中有可利用的水，由于作物生理功能受影响，如土温低，通气不良，酸度与盐分过高等因素，使植物根系不能正常进行生命活动，因而不能吸收土壤中的水分，以致造成蔬菜作物受害。

干旱使植物致死的原因，是由于酶促反应的影响，破坏植物正常代谢，光合作用受抑制，呼吸加强，这样体内营养物质大量水解及消耗，时间过久会引起植物死亡。此外，由于干旱，水分供应不足，蒸腾缓慢，植物体温增高，达到植物生存的极限温度时，原生质变性凝聚致死。也有人认为在凝聚前由于体内聚积了有毒物质如氨等而使植物死亡。还需要指出的是,细胞脱水变形也会使原生质受到机械伤害而死。这是由于干旱脱水时,原生质与细胞壁紧紧贴在一起收缩,整个细胞被折叠起来,这样细胞壁便会对原生质产生挤压,使原生质受到机械的伤害。

2. **涝害**　陆生蔬菜土壤水分过多,或植株的一部分被水淹,影响正常的代谢活动,这就叫做涝害。水分过多对植物的危害主要不是水分本身所引起的,而是由水分过多引起的一系列间接影响所造成的。

一是水分过多使土壤中氧气不足,使根部缺乏氧气,根系进行无氧呼吸,以致水分和矿质元素的吸收受到阻碍,造成生理性的土壤干旱和营养不足现象。

二是引起嫌气性细菌活跃,在土壤中积累过量有机酸和无机酸,增大土壤溶液浓度,影响植物对矿质养料吸收,同时产生一些有毒的还原物质,直接毒害根部,如硫化氢、氨等,使根部中毒而死亡。

(五)现代灌溉技术

传统的蔬菜灌水多为明沟灌溉。明沟占用部分生产用地,同时水分浪费严重;在保护地条件下,明沟灌水还会增加空气湿度,作物下部叶片也容易沾水而引起病害;灌水量不均匀,影响品质和产量。随着蔬菜栽培技术的发展及保护地的永久化大型化,要求有固定的灌水设备。现介绍几种灌水设备。

1. **水龙带浇灌法**　将胶皮水龙带接上水源进行浇灌。此法省去运水的劳力,但水龙带装满水后也相当笨重,使用不方便。现改用无毒塑料薄壁水龙带,因其成本低可固定在畦面上,通过主管道接上水源。塑料薄壁水龙带上每隔 $30\sim40$ 厘米处开 0.6 毫米的水孔两个,每畦在作物根际两侧各放一条,用低水压也能灌水均匀。

2. 多孔水管喷洒法 在直径 20～40 毫米无毒聚氯乙烯管上,每隔 15～40 厘米开两排直径 0.6～1.0 毫米的水孔,把管子放在畦面上或架在 50～100 厘米高的空中。如果管内水压一定时,两排向上的水孔喷洒不匀,如果是变压就可普遍喷洒均匀。此法的工作压力为 2.45～29.42 帕(0.25～3 千克/厘米^2),每个水孔出水量为 0.03～1.81 升/分。其结构简单、加工方便,可调控水压集中喷洒作物根区。但喷水孔较小,易堵塞,对水质要求较高。水管过长时,始末端压力差较大,喷洒水不均匀。

3. 自动喷灌系统 在温室的骨架横梁上悬挂多孔塑料管,管上每隔 1 米安装一个喷嘴,每个喷嘴可喷灌范围为直径 3.2 米,每分钟每平方米栽培床灌水量为 1.2 毫米左右,每喷灌 10 分钟,相当 1 次中雨的水量。该自动系统是在控制台上有灌水开关控制板,在温室内有电磁阀由控制台上的仪表控制,它可调整为时间程序控制喷灌。在控制盘上还有一个喷灌水加热用的混合阀门调节器,可使喷灌水与锅炉内热水混合成温水进行喷灌。喷灌系统还可用于喷肥液和喷农药,在控制板上测出水肥、农药配比的电导度和需要加入的稀释水量,从肥料、农药两个贮存罐中,将肥料液、农药液压入自动灌溉系统施用。

总之,喷灌是用动力把水喷洒在保护地空间,充分雾化成为小水滴,然后像降小雨一样缓慢地落在栽培床上。其优点是省水、喷灌均匀、土壤不易板结,不但土壤湿润适度,还可使保护地内空气降温保湿,并减少肥料流失,减少土壤盐分上升,水肥管理与防治病虫害的综合效果良好。为保证喷灌设备安全,对水质要求严格,要进行软化过滤;还要注意自动系统保养维修防漏,提高喷灌效能。

4. **滴灌法** 在栽培床面的多孔水管处再接上小细塑料管,用 $1.96\sim4.90$ 帕($0.2\sim0.5$ 千克/厘米^2)的低压使水滴滴到土中,防止土壤表面板结,也可防止作物下部叶片发病。但要注意灌溉水量,采用连续地或间断地小定额供水,使土壤经常保持最优的含水量,创造出作物良好的根际环境。还要注意滴管头与作物根际保持一定距离,以免根际太湿而引起腐烂。滴灌省水省力,但要求水质更严格,必须过滤防止滴管堵塞。对滴灌成套设备、构件以及滴灌技术也有待进一步完善。

5. **地下灌溉** 地下灌溉有 3 种方法:一种是带小孔的塑料水管埋在地下 10 厘米处,直接浇到作物根系里。但在耕翻土壤时需要取出,比较费工。另一种是用瓦管(直径 8 厘米)或其他管埋在地下深处,利用毛细管现象经常供给一定水分。第三种方法是利用一般水管,每隔 20 厘米处开对称的两个小孔(直径 2 毫米)穿过尼龙丝束索(每条束索约 28 根尼龙丝组成),把束索的尖端安置在地下 $30\sim40$ 厘米处,使水或液肥缓慢地顺着束索流到土层深处。地下灌溉可使土壤保持适宜湿度,防止土壤过湿板结,降低空气湿度而减少发病率。

六、土壤营养与施肥

土壤是作物生长发育的场所,研究土壤营养条件,是蔬菜生产上的重要环节。

(一)菜田土壤营养的基本特点

作物所需要的水分、养料、空气、热量等,有的直接靠土壤供给,有的受土壤所制约,它们的关系十分复杂而密切。作物对土壤总的要求是:具有适宜的土壤结构和土壤肥力,能够不断地提供足够的水分、养料、空气和热量,保证作物不同生育

阶段对土壤的需求。具体来说,菜田土壤必须具备以下特点:

第一,深厚的土层和耕层。土层深达 1 米以上,耕层至少在 25 厘米以上,使水、肥、气、热等有一个保蓄的地下空间,使作物根系有适当伸展和活动的场所。

第二,耕层应该松紧适宜而相对稳定。耕层的松紧程度,即固相、液相、气相三者比例,决定着土壤的水、肥、气、热状况,并随当地气候、栽培作物及土壤本身特性等而变化。

第三,耕层养分充足全面。蔬菜复种指数高,产品产出量大,对养分要求严格,除含有足够的大量元素外,还应保证微量元素的供应。

第四,土壤质地沙粘适中。较多的有机质和良好的团粒结构或团聚体,是耕层相对稳定的基础,也是保证土壤良好结构的重要条件。

第五,土壤酸碱度适度。

第六,地下水位适宜。

第七,土壤中不含有过多的重金属及其他有毒物质。

生产过程中,太阳辐射、降水、风、温度等气候条件及人类农业活动时刻在影响着土壤结构及特性。例如,在耕种过程中作物本身要从土壤中吸收大量水分和养料;根系深入土层会对土壤发生理化、生物等作用;病虫杂草对耕层将不断感染;耕作、施肥、灌溉、排水等,既有调节、补充土壤中水、肥、气、热有利的一面,又有破坏表土结构,压实耕层不利的一面。因此,经过一季或一年生产活动之后,耕层土壤总是由松变紧,孔隙度越来越小。基于以上原因,在作物生产过程中,根据作物要求和当地气候、土壤特点,进行正确的土壤耕作管理,就成为必不可少的了。

(二)蔬菜对土壤营养的要求

1. 蔬菜对土壤条件的要求　虽然菜园土具备了上述的特点,但各地菜园土的物理化学性质差异很大,对蔬菜的生长及施肥措施也有极大的影响。粘质土肥力较高,但通透性差;壤土肥力高,通透性强,适于各种蔬菜的生长;沙土通透性强,但保水保肥能力差。蔬菜对土壤的具体要求见表1-4。

表1-4　蔬菜对土壤条件的要求

土 壤 性 质	种　菜　评　价				
	优	良	中	差	劣
土壤质地	壤土	粘壤	砂壤	沙土	粘土
熟土层(厘米)	50	40～50	30～40	20～30	15～20
地下水(米)	2.5～3.5	3.5～5.0	1.5～2.5	1～1.5	<1.0
有机质(%)	>2.5	2～2.5	1.5～2.0	1～1.5	<1.0
全氮(%)	>0.15	0.12～0.15	0.1～0.12	0.08～0.1	<0.08
全磷(%)	>0.3	0.25～0.3	0.2～0.25	0.15～0.2	<0.15
速效磷(毫克/千克)	>130	90～130	60～90	30～60	<30
速效钾(毫克/千克)	>180	150～180	120～150	100～120	<100
总孔隙度(%)	>55	>55	50～55	45～50	<45
大孔隙度(%)	>15	10～15	10～15	<10	<10
蚯蚓粪	多	较多	有	少	无

大多数蔬菜最适于中性或弱酸性溶液反应的土壤,菠菜、蒜、菜豆、莴苣、黄瓜等对土壤溶液酸碱度的反应很敏感,要求中性反应的土壤。甜菜、胡萝卜和豌豆在土壤弱酸性(pH 6.0)时生长良好。甘蓝、花椰菜、四季萝卜和番茄,当土壤酸碱度达 pH 5.0 时,仍生长良好。

2. 蔬菜对矿质营养的要求　蔬菜是高度集约栽培的作物,菜田需要肥沃的土壤。不同蔬菜对土壤营养元素的吸收量不同,并且与根系吸收能力的强弱、产量的高低、生长时期的长短、生长速度的快慢以及其他环境条件的好坏,有密切关系。

由于系统发育与遗传上的关系,各种蔬菜对土壤营养元素的吸收量是不同的。

(1)吸收量大的蔬菜:甘蓝、大白菜、胡萝卜、马铃薯等。

(2)吸收量中等的蔬菜:番茄、茄子等。

(3)吸收量小的蔬菜:菠菜、芹菜和结球莴苣等。

(4)吸收量很小的蔬菜:黄瓜、水萝卜等。

蔬菜对土壤营养元素含量的要求与它对土壤营养元素的吸收之间的关系并不完全一致。例如南瓜具有强大的根系,其吸收面积大,除吸收表层土壤中的营养元素,还能吸收深层土壤中的营养物质。而黄瓜所吸收的营养元素虽然较少,但因其根系浅,只有表层土壤肥沃,才能吸收足够的营养元素,所以栽培黄瓜必须选用肥沃的土地,并要多施肥料。

产量高的蔬菜在吸收营养元素的数量上,要比产量低的蔬菜多。同种蔬菜当它的产量增高时,从单位面积土壤中吸收的矿物盐数量有所增加,但其单位产量所需的矿质营养数量则相对减少。所以单位面积的产量越多,肥料的生产效率越高。

在一般情况下,蔬菜生长的时间愈长,它所吸收的矿质营养愈多,但是栽培时间长的种类,常是生长发育缓慢的蔬菜,它们在单位时间内所吸收的营养物质比生长期短的蔬菜少,蔬菜早熟品种吸收的营养物质比晚熟品种在相同时期的吸收量多。所以栽培早熟品种,需要早施速效肥料。

蔬菜不同生育期对营养元素的吸收也不同。幼苗期吸收营养元素较少,但幼龄蔬菜对土壤条件要求较高,要求数量多、浓度低而易被吸收的元素。在形成食用器官时,对土壤营养元素的需要量最大。

(三)土壤调控

1. 土壤耕作

(1)土壤耕作的目的:土壤耕作就是在作物生产过程中,通过农具的物理机械作用,改善土壤的耕层构造和地面状况,协调土壤中水、肥、气、热等因素,为作物播种出苗、根系生长、丰产丰收,采取的一系列改善土壤环境的技术措施。它包括耕翻、耙地、耢地、中耕等。土壤耕作的主要目的:

一是改善耕层。改变耕层土壤的固相、液相、气相比例,调节土壤中水、肥、气、热等因素存在状况,增加土壤的透水性、通气性和容水量,提高土壤温度,促进土壤微生物活动,使有机物质迅速分解,提高土壤中有效养料含量。

二是保持耕层的团粒结构。在作物生产过程中,表层土壤结构首先遭到破坏,逐渐变得紧实,而下层土壤由于作物根系的活动及有机质的嫌气性分解,结构性能逐渐得以恢复。通过土壤耕作,把下层具有较好结构性的土壤翻上来。

三是翻压绿肥及有机、无机肥料,创造肥土相融的耕层,促进养分分解转化,以期减少损失,增进肥效。

四是清除田间根茬、杂草。

五是掩埋带菌体及害虫,改变其生活环境,减轻作物病虫危害,保持田间清洁。

六是为作物播种、种子发芽或秧苗定植创造上松下实的优良土壤条件。

(2)菜地耕作的时间与方法:菜地耕作的时间与方法,因时、因地而异,总的说来都要求深耕。从耕作的时间上来看,大体上可分为春耕与秋耕。

①深耕:"深耕细耙,旱涝不怕","耕地深一寸,强如施遍粪"等农谚,说明深耕的好处很多,它不仅加厚活土层,使土地变成肥料库和蓄水库,增强抗旱、抗涝能力,而且有利于消灭杂草和病虫害。只有深耕,才能充分发挥肥水作用,发掘良种和密植的潜力,实现增产增收。

深耕增产并不是越深越好。实践证明,在0～50厘米范围内,作物产量随耕作深度的增加而有不同程度的提高。超过这一范围,再继续加深,则效果大减,因为作物根系的分布,一般表现为50%的根量集中在0～20厘米范围内,80%的根量集中在0～50厘米范围内。这种现象可能与土壤空气中氧的含量由上而下逐渐减少有关。因此在加深耕层时应注意以下几点:

一是不要把大量的生土翻上来,底层生土有机质缺乏,养分少,物理性质差,有的甚至还含有亚氧化物,翻上来对作物生长发育不利。因此,加深耕层应遵守"熟土在上,生土在下,不乱土层"的原则。机耕时可采取逐渐加深,每年加深2～3厘米或头年先松底层,次年再行深翻等办法。

二是深耕的良好作用可延续1～2年,深度超过25～30厘米的后效有2～3年。因此,深耕并不需要每年进行,一般应结合茬口情况,有计划地加以安排,实行深耕与浅耕配合使用。

三是深耕应与土壤改良措施相结合,如增施农家肥料,翻沙压淤或翻淤压沙等,使肥土相融,加厚活土层。

四是具体的耕翻深度要根据土壤特性、种植作物种类以及深耕后效等情况灵活掌握。如土层深厚可深一些,土层浅的不宜太深,土层粘重的宜深一些。栽培根菜类、茄果类、瓜类、豆类蔬菜可深一些,绿叶菜类可以浅些。

五是深耕要以恢复或改善土壤结构,有利于增产为目的。

②秋耕与春耕:秋耕是在秋菜收获后,土壤尚未冻结前进行。秋耕可以使土壤经过冬季冰冻,质地疏松,增加土壤的吸水力,消灭土壤中的虫卵、病菌孢子等,并可提高翌年春季土壤温度。在南方则大多进行冬耕。

北方的秋耕在土壤冻结前以早进行为宜。首先,这样有利于积蓄秋墒,防止春旱。其次,深度要适当加深,因为此时距离栽种的时间尚远,翻出的土有充分的时间进行熟化。第三,深耕前最好能施用农家肥,翻入土层作基肥。第四,进行深耕一般要掌握土壤的宜耕性,太干、太湿都会形成很多土块,降低耕作质量和效果。因而在生产实践中,应根据地势、土质、前茬收获期等因素,合理地安排田块秋耕的顺序。土质粘重的宜耕期短,必须优先考虑及时进行,土质轻松的可适当提早或推迟。地势高的地块宜早耕,地势低的可迟耕。

春耕的主要目的是给已秋耕过的地块耙地、镇压、保墒,给未秋耕的地块补耕,为春播或秧苗定植作好准备。上年已秋耕过的地块,土壤开始解冻5厘米左右,即应开始耙地。

因春季北方气候干旱,耕翻很容易失墒,所以春耕应注意以下几点:

一是要争取早期进行,因早春气温低,土壤湿度较大,影响较少。

二是宜浅耕16~18厘米左右,不宜深耕。

三是应随耕、随耙,以减少水分损失。

③中耕:蔬菜生产中,中耕是田间管理的重要环节。中耕不但可以消灭杂草,同时可以改善土壤的物理性质,增强通气保水能力,促进养分分解与根系吸收,还有利于土壤二氧化碳的释放,有助于光合作用的进行。冬季与早春中耕,还有利于

提高地温,减少土壤水分蒸发,促进根系生长。

中耕时期可随作物生长,视土壤状况、作物长势进行。一般播种出苗或降雨、灌水后,土壤条件适宜就要中耕,而不以田间杂草有无而定。

中耕的深度因蔬菜种类而异,黄瓜、葱蒜类及绿叶蔬菜等浅根性作物,中耕宜浅,番茄、南瓜等深根性作物,中耕宜深;最初及最后的中耕宜浅,中间的中耕宜深;距根株近处宜浅,距根株远处宜深。一般的深浅范围为5～10厘米左右。

中耕的次数依作物种类、生长期长短及土壤性质而定。生长期长的作物中耕次数多,生长期短的中耕次数少,且必须在植株未封垄前进行,后期中耕主要是以消灭杂草为目的。

2. **整地做畦** 土壤翻耕之后要整地做畦。做畦的主要目的是控制土壤中的含水量,便于灌溉和排水;对土壤温度和空气条件也有一定的改进作用。

(1)畦的形式:栽培畦的形式,视当地气候条件(主要是雨量)、土壤条件及作物种类等而异。一般常见的有平畦、高畦、低畦及垄等。

①平畦:畦面与通路相平,地面整平后,不特别筑成畦沟和畦面。适宜于排水良好、雨量均匀、不需要经常灌溉的地区。平畦可以节约畦沟所占的面积,提高土地利用率,增加单位面积产量。

②低畦:畦面低于地面,畦间走道比畦面高,以便蓄水和灌溉。需要经常灌溉的地区种植蔬菜,大都采用这种方式做畦。

③高畦:在降雨多、地下水位高或排水不良的地方,须采用畦面凸起的畦,称为"高畦"。高畦暴露在空气中的土壤面积大,水分蒸发量增加,可以减少土壤中水分的含量,提高土壤

的温度,降低土壤表面湿度,高畦还是增厚耕层的一种有效办法。

④垄:垄是一种底宽上窄的高畦,其优点是便于水分排灌。

(2)畦的方向:畦的方向不同,蔬菜植物受光状况不同,同时还影响通风散湿等。这种情况与高秆和搭架蔓性蔬菜关系较大,与植株较矮的蔬菜关系较小。行的方向与风向平行,有利于行间通风及减少台风的吹袭。在倾斜地,依畦的方向可控制土壤的冲刷,有利于水土的保持。

蔬菜栽培的行向与畦长平行时,冬季宜做东西向畦,蔬菜植株可受较多的阳光和较小的冷风,夏季以南北做畦,可使植株接受较多的阳光。

3. **地 面 覆 盖** 地面覆盖干草、厩肥、落叶、沙及塑料薄膜等,不但可以得到中耕、除草的同样效果,而且更能造成适合于植物生长发育的小气候,促进蔬菜早熟丰产。

我国农民在地面覆盖方面具有丰富的经验,能因地制宜地对越冬蔬菜覆盖碎草、落叶;北方农民对早春定植留种的白菜母根常用马粪覆盖;炎夏季节用麦秸覆盖刚播种的萝卜,能降低地温,促进植株发育良好。

由于塑料工业的迅速发展,利用塑料薄膜进行地面覆盖日益增加,对蔬菜的早熟增产有良好作用。地面覆盖的塑料薄膜种类很多,有透明的、灰色的、具有黑色条纹的、黑色的等;还有混有除草剂的除草膜,可以不用人工除草或稍加人工辅助除草,就可收到良好的效果。

应用薄膜覆盖地面后,无论是播种或定植秧苗,均可按一定的距离在其上打洞,定植后一般不浇水,这样可保持土壤疏松,有机质分解的能力增强。薄膜下的土壤水分横向运动的速度很快,只要有 4 毫米的雨量,12 小时就可以从畦沟横向扩散到植株生长的地方,同时可以防止土壤水分蒸发。

薄膜覆盖对土壤增温的效应,据测定气温在零下时,可以提高土温 2～3℃;零上 10℃ 以下者,可使土壤增温 4～5℃;10℃ 以上者,可以增温 6～8℃。因此,采用塑料薄膜进行地面覆盖可以提前收获。

4. 菜地土壤改良　菜地是人工培育的肥沃土壤,但并不是所有的菜地土壤都很肥沃,因此必须进行土壤改良,即使是老菜区,也存在肥力不足、有机质含量不高的问题,需要进一步改良,以提高土壤的肥沃性,适应蔬菜生产发展的要求。

(1)沙质土壤的改良:沙性重的土壤主要特点是过分疏松、漏水漏肥、有机质缺乏、蒸发量大、保温性能低。大量施用有机质肥料是改良沙质土最有效的办法,即把各种厩肥、堆肥及饼肥在春耕或秋耕时翻入土中。由于有机质肥料的缓冲作用,可溶性化学肥料,特别是氮素肥料,能够保存在土壤中不致流失。大量施用河泥、塘泥,也是改变沙土过度疏松,提高保水保肥能力的措施,如能每年施河泥,每亩 5000 千克,则几年后土壤肥力必然会大为提高。

如果沙层不厚,可以采用深翻的办法,使底层的粘土与沙掺合。也可以在两季作物间隔的空余时间或休闲季节种植豆科绿肥,并翻入土中,或与豆科作物多次轮作,以增加土壤中的腐殖质。

(2)瘠薄粘重土壤的改良:粘重土壤的耕作层很浅,缺乏有机质,通透性极差。湿时软如海绵,干时硬似石头,保水保肥能力差,不能适应蔬菜的良好生长。增施有机肥料是改良瘠薄粘重土壤最有效的方法。年复一年,则土壤有机质会逐年增加。有条件者每年每亩施入 10000 千克细沙,连续 3～4 年就可以改善土壤结构。此外,也可以利用根系较深且耐瘠薄土壤的作物如玉米等与蔬菜轮作、间作或套作,逐步改良这种粘重的土壤。

(3)低洼盐碱土壤的改良:低洼盐碱土的 pH 值常达 8 以上,妨碍作物的正常生长。改良盐碱土的最基本方法是切断表土与底土间的毛细管联系,把有害盐类经过雨水或灌溉,洗入底层。但这种办法必须结合大量施用有机肥料,使表土造成团粒结构,才能有效。否则,单靠深耕,表土结构不稳定,遇水即行分散,还有可能产生返碱现象。此外,铺沙盖草减少蒸发可防止盐分上升;实行密植,增加地面覆盖,减少蒸发,与铺沙盖草能起到同样的作用。

雨后或灌水后及时中耕,切断土壤毛细管,防止盐分上升,以及与大田作物轮作,或者多栽植耐碱蔬菜,如甘蓝、球茎甘蓝、莴苣、菠菜、南瓜、芹菜、大葱等,都可以收到改良之效。

(4)老菜园土的改良:老菜园土壤经过长期的精耕细作和培肥,土壤性质已基本上得到改造,具有较好的物理结构与较高的肥力。但现实中仍然存在耕作层浅,肥力不足问题。有的老菜园土虽肥力较高,但盐分积累严重,病菌虫卵多,也不利于蔬菜生长。因此老菜园主要应该深翻土地,大量增施有机肥料,及时排灌,注意环境保护,配合各种优良的农业技术措施,才能使蔬菜的产量不断提高。

5. **土壤盐浓度及其调节**　保护地不受雨淋,在特定季节里生产特定作物,并且连续大量施用同样肥料,形成了高度连作栽培方式,因此,保护地的土壤理化性质和土壤生物状况等发生较大变化,其中较为严重的是土壤盐浓度过高,土壤生物条件恶化,不利于蔬菜的生长发育。

(1)土壤盐类状况:保护地的土壤盐类积累是两方面原

因造成的。一方面是保护地作物大量施肥,作物不能吸收肥料中的硫酸盐和经过土壤硝化作用产生的硝酸盐,在连续施用下,硫酸盐和硝酸盐大量残留积累起来。另一方面保护地内土壤淋不到雨水,使残留积累的肥料盐类不仅很少流失,反而随着水分向上移动积累在土壤表层。

土壤中盐类浓度对蔬菜作物的影响,依作物种类和土壤种类不同而异。一般沙土出现生育障碍临界点较低,而粘壤土较高。耐盐较强的是甘蓝、萝卜、菠菜等,较弱的为黄瓜、番茄等。作物盐类障碍一般表现为植株矮小、生育不良、叶色浓而有时表面覆盖一层蜡质,严重时从叶缘开始枯干或变褐色向内卷,根变褐以至枯死。

保护地内土壤盐类浓度,虽因栽培管理方法多少有差异,但大体上与保护地使用年限成正比。多年使用的保护地土壤中积累大量的盐类,容易造成蔬菜生育障碍。

土壤溶液浓度与化学肥料的种类有关。一般化学肥料是由阳离子和阴离子结合而成的盐类。例如硫酸铵〔$(NH_4)_2SO_4$〕、氯化铵(NH_4Cl)、硝酸铵(NH_4NO_3)、硫酸钾(K_2SO_4)、磷酸氢二铵〔$(NH_4)_2HPO_4$〕等。这些盐类中的 K^+、NH_4^+ 等阳离子对土壤溶液的盐类浓度影响较小,但 Cl^-、SO_4^{2-}、HPO_4^{2-} 等阴离子对土壤溶液的盐类浓度影响较大。其原因是土壤胶体粒子带负电荷,可以吸附阳离子而不能吸附阴离子,这些阴离子溶解于土壤溶液中,使其盐分浓度升高。但硫酸盐、磷酸盐分别与土壤中钙、铁、铝等所形成的化合物溶解度低,所以对土壤溶液浓度影响较小。硝酸盐、氯化物易溶于水,对土壤溶液浓度影响较大。

在保护地生产中,一般认为对作物生育影响最大的是土壤溶液的硝态氮含量。土壤溶液的硝态氮达到 $200\sim300$ 毫克/升时是蔬菜作物生育最适浓度。保护地的土壤溶液中,硝态氮含量大多在 300~1000 毫克/升,有的高达 1500 毫克/升。因此,必须对保护地蔬菜作物整个生育期的土壤溶液浓度变化规律进行调查研究,改进施肥方法及栽培管理技术,使土壤溶液中的盐类保持适宜浓度。

(2)土壤溶液盐浓度调控:为了减轻或防止发生盐类障碍,可采取以下几种方法:

①合理施肥:选择肥料种类、准确的施肥量及施肥位置。

②土壤改良:深耕,改进理化性质。

③防止表层土壤积累盐类:地面覆盖,切断土壤毛细管,灌水,雨季拆除空中覆盖物,使土壤淋雨等。

④除盐:埋设排水管,冬闲期大量灌水。

⑤更新:换土,迁移保护地到新场地。

其中最根本的是正确地施用化学肥料和有机肥料,改进土壤的理化性质和灌溉方法。在施用化学肥料时,注意防止土壤溶液的盐类浓度上升,最好施用硝酸铵或磷酸铵和硝酸钾等复合肥料,但特别注意化肥施用量不可过多。另一方面在使用有机质肥料时,由于其肥效缓慢,应多施腐熟厩肥,它不易引起盐类浓度上升,还有改进土壤的物理性质,增加土壤盐基置换容量而提高土壤缓冲能力的作用。

土壤含水量不同,土壤溶液浓度也发生变化,应当根据施肥量调节灌水量,这也是防止盐类浓度升高的一个重要措施。

6. 土壤生物条件及其调控　　土壤中既有病原菌,也有固氮菌等有益生物。正常情况下,这些微生物在土壤中保持一定平衡。但多年连作时,由于作物根系分泌物质或病株的残留,引起土壤生物条件发生变化而失去了平衡状态,造成连作危害。保护地的土壤温湿度较高,对土壤生物的繁殖有利,土壤中病原菌的增殖迅速,其密度变大,就容易诱发病害,严重影响作物产量。

对土壤生物条件的调控,主要有以下措施:

(1)土壤更换:改善保护地土壤生物条件最简单方法是更换新的培养土。一般每隔3~4年进行1次换土或更换一部分新土,或拆迁保护地到新场地(露地)进行轮换栽培。但随着保护地结构大型化和固定化,换土是一项劳动强度很大的作业,实施较为困难。

(2)土壤消毒:用药剂或热处理进行土壤消毒,而达到消灭或减少有害生物的目的。

①药剂消毒:根据药剂的性质,有的灌入土壤中,有的洒在土壤表面使之汽化。

甲醛:用于床土消毒,消灭土壤中的病原菌,使用浓度为50~100倍液。使用前先将床土翻松,然后用喷雾器把药液均匀喷洒在地面上再稍翻一翻,使耕作层土壤都能沾着药液,并用塑料布覆盖地表2天,使甲醛充分发挥杀菌作用。2天后,揭开塑料布,打开保护地的门窗,使甲醛蒸气散发出去,2周后才能使用床土。

硫磺粉:一般在播种前或定植前2~3天进行熏蒸。消灭床土或保护地设施的白粉虱、红蜘蛛等。具体方法是每1000立方米的温室内,用硫磺粉和锯末各500克放在几个花盆内分散数处,然后点燃成烟雾状。熏蒸时要密闭温室门窗,熏蒸一昼夜即可。

棉隆:用于防治土壤中病菌和线虫,也能抑制杂草种子发芽。将床土翻松,按行距50厘米开沟,沟深20厘米左右,沟内施药,每亩用量5千克左右,随后覆土,然后用塑料薄膜覆盖7天(夏)或10天(冬)。熏蒸结束后,将塑料薄膜打开松土、放风 10 天(夏)或 30 天(冬),待没有刺激性气味后方可使用。

使用棉隆能杀死硝酸细菌,抑制氨的硝化作用,但在短时间内可以恢复,所以在生育初期要施用硝态氮肥料。本药剂对人体有毒害,使用时药剂勿与皮肤接触。使用后密闭保护地的门窗,提高温度,以提高药效,缩短消毒时间。

药剂消毒在使用时都需提高保护地内温度,使土温达到 15～20℃以上。如果在 10℃以下则不易汽化,效果较差。

②蒸气消毒:蒸气消毒是土壤消毒中最有效的方法,它以杀灭土壤中有害微生物为目的。蒸气消毒的优点是:无药剂的毒害;不用移动土壤,消毒时间短;因通气能形成团粒结构,提高土壤通气性、保水性和保肥性;能使土壤中不溶态养分变为可溶态,促进有机物的分解;能和加温锅炉兼用;消毒后即可栽培作物。

普通蒸气消毒法:用锅炉发生的蒸气,通过管道送到消毒场地的土壤中去。以蒸气的高温,杀灭土壤中的病菌虫卵。

混合空气蒸气消毒法:因普通蒸气消毒温度超过 70℃,虽能杀死病菌,但也杀死了土壤中的有益微生物,同时还会使铵态氮增多,酸性土壤中的锰、铝溶出量增加,易使作物产生生理障碍。为此,可采取在 60℃蒸气中混入 1∶7 的空气,进行土壤消毒 30 分钟的办法。这样既可杀死病菌虫卵,又使有益微生物有一定残存量,还会使可溶性锰锌溶出量减少。

(四)菜田施肥技术

施肥是人为地向土壤中补充 1 种或多种营养元素,从而弥补土壤供肥能力的不足。这是蔬菜的主要营养来源。肥料种类很多,但大致上可分为有机肥和无机肥两种。

1. **施肥种类和数量**　施肥过多,不仅造成浪费,而且会影响植株的正常生长发育。植株对肥料的反应因蔬菜种类、土壤类型、前茬种植情况而变化。即使这些因素都相同,它还要受当地气候和生长季节的影响。因此,需要根据当地具体情况和蔬菜种类(甚至不同品种)来进行施肥量试验,不能完全照搬外地的试验结果。

生产中在进行土壤、植株诊断的基础上,可根据下面几点来确定施肥量。

(1)栽培方式及集约化程度:当产量较低时,对施肥量的要求不明显。随着单位面积产量的增加,栽培方式和集约化程度越高,对肥料的种类和数量要求越高。

(2)前茬蔬菜农家肥、化肥的施用量及土壤保肥能力:例如,土壤中的无机氮一般只能保持一季,而磷和钾则能保持几季甚至几年。因此,确定施肥量时就要注意这些特点。

(3)耕作制度:轮作、栽培方式以及有机肥的施用与否,都影响到施肥量。

(4)天气情况:雨水较多地区,土壤养分流失严重,就应考虑增加施肥量。

(5)肥料种类:不同肥料养分含量不同,因此,施肥量要根据肥料种类而定。

2. 施肥时期　施肥的时期主要根据施肥目的及肥料种类而定。

(1)基肥:所谓基肥,就是在播种或定植之前施到土壤中的肥料,它为植株的生产提供最基础的营养。作基肥施用的肥料多为农家肥。农家肥种类很多,菜田普遍应用的有土杂肥、厩肥、牲畜粪便、鸡粪、人粪尿、各种饼肥、绿肥等。其共同特点是矿质养分含量较低;在发挥肥效之前,都要经过一段腐熟腐烂过程,因而肥效比较慢,但养分供应期持久,生产中施用量较大,作追肥不方便。由于农家肥的这些特点,生产中多把农家肥作基肥施用。但在生产中农家肥也不一定完全作基肥来施,也可留一部分作追肥施用。例如人粪尿、饼肥等就可作追肥。以农家肥作追肥时,施用时期要掌握在植株生长的前半期进行,以充分发挥农家肥的肥效。

(2)追肥:追肥是基肥的补充,应根据不同蔬菜不同生长时期的需肥特点,适时适量地分期追施,既满足蔬菜各个生长时期的需要,也避免施肥过分集中而产生不良效果。追肥施用的肥料多为化学肥料,具体来说又分为:

①壮苗肥:直播蔬菜的壮苗肥一般于团棵期施用;育苗移栽的,则在定植缓苗后施用。

②发棵肥:对果菜类来说,发棵肥的目的是促使植株在坐果前生长健壮,且能正常地进入结果期。

③催果肥:催果肥是促进果实发育膨大的肥料。第一次追肥于果实坐住后进行,第二次于果实膨大盛期前进行。

追肥的方法很多,可以条施、环施、穴施、沟施或顺水冲施,应根据肥料的种类和耕作情况、土壤性质而定。当然,化肥也可作基肥施用,其施肥时期一般与农家肥相同。有时可把化肥作种肥或定植肥施用,随播种、定植进行。

(3)叶面施肥:叶面施肥是将一种无毒无害的含有多种营养成分的有机或无机肥料水溶液,按一定剂量和浓度,喷施在植物的叶面上,起到直接或间接供给养分的作用,也称根外施肥。叶面施肥对养分针对性强,吸收快、肥效好,可避免土壤对养分的固定、淋溶,是对根系吸肥不足的补充措施,具有省肥、省工、简便快捷的优点。叶面肥种类很多,普通的化肥尤其微肥是最常用的,此外还有很多复合制剂及植物生长调节剂。

叶面施肥的效果受外界因素影响很大,包括温度、光照、湿度、雨量等,另外也受叶片结构及生长状况的影响,因此叶面施肥应掌握好施用的种类、浓度、时间、次数、方法。

3. **施肥方法**

(1)农家肥:一般作基肥施用,也可作追肥。作基肥时通常先撒施,然后耕地和整地。但对种植行距比较大的蔬菜种类,如果菜类基肥最好集中条施。在集中施肥时,还应注意分层施用,以及充分与各层土壤拌匀。这样,一方面有利于植株根系在不同生长时期都能吸收到养分,另一方面不至于因施肥过多、过于集中而导致"烧根"现象。当农家肥施用量比较多时,可以将其中的一半于耕地前撒施,另一半于播种前或定植前开沟集中撒施。用农家肥作追肥时,要开沟或挖穴施,但在有些情况下,如葱、蒜田也可于冬季进行地表撒施,稀释后的人粪尿等可以于地表施用。

(2)氮肥:氮肥是速效肥,其利用率一般为25%～50%,所以速效氮肥不宜作基肥一次施用,而要分期施用,只有当土壤中速效氮不充足时,才以一小部分氮肥作基肥。氮肥作追肥时,一般施入地表以下5～10厘米深。如果于地表撒施,不仅碳酸氢铵会挥发损失,就是比较稳定的尿素、硝酸铵等,在阳离子交换能力小的干热土壤上表面撒施,也能挥发损失。

氮肥的施用,要安排在每个需肥关键期(或高峰期)3～5天前施用,不要过早或过晚。对于速生叶菜类蔬菜,最好于播种或移栽时施氮肥总量的1/2～2/3。对于生长期较长的蔬菜来说,则要分期追肥,保证整个生长期内氮素的均衡供应。对于行距大、收获又比较早的蔬菜,应尽可能地将氮肥穴施于根系附近。

(3)磷肥:磷肥在土壤中分解速度较慢,且在土壤溶液中的扩散距离较短,所以,磷肥一般作基肥集中施用。需要追施磷肥时,可追施速效含磷肥料,如磷酸氢二铵。为提高磷的肥效,一定要靠近根系进行穴施。

(4)钾肥：土壤中钾离子能被吸附在土壤胶体表面而不易被淋洗掉,而土壤溶液中钾离子浓度较低,所以土壤中钾被淋溶损失较少。被吸附的钾离子只有被交换到土壤溶液后,才能被根系吸收利用。因此,钾肥可以作基肥,也可以作追肥。

钾肥作追肥时,其施用方法与磷肥和氮肥相似,即挖穴地下施肥。钾肥的溶解性以及移动性都比氮肥低,所以,一般于植株需钾的关键时期前5～7天施用。

(5)微量元素：微量元素可以根施,也可以叶面喷施。但有些微量元素在土壤中很容易沉淀而失去有效性,所以,生产中最好采用叶面喷施。喷施浓度通常为0.3%～0.5%的水溶液,铜、钼的施用浓度应适当降低。喷施时间一般在傍晚前后,这样可以延缓叶面雾滴的风干速度,有利于离子向叶片内渗透。喷施时要均匀,使叶片正反面都潮湿为好。每亩用液量因植株大小而异,一般为25～50千克/亩。

第三节　常用保护设施的类型、结构与性能

蔬菜保护设施按照由小到大、由简易覆盖到复杂的形式,可分为简易覆盖(包括粪草覆盖、砂石覆盖及稻草覆盖)、地膜覆盖、近地面覆盖、遮荫覆盖、遮阳网覆盖、风障畦、阳畦、酿热温床、电热温床、小、中、大拱棚、土温室、冬暖棚、连栋大棚及连栋温室等。现将在蔬菜生产上常用保护设施的结构与性能分述如下。

一、地膜覆盖

塑料薄膜地面覆盖栽培,简称地膜覆盖栽培,是用很薄(0.004～0.02毫米)的塑料薄膜紧贴地面进行的覆盖栽培。它是世界现代农业生产中最简单有效的增产措施之一。因此,在一些国家中被广泛应用,如日本在50年代已开始大面积应用,法国、意大利、美国、苏联等国家60年代已大面积推广。我国70年代初期,天津、北京、黑龙江、山东、山西等地利用塑料棚的废旧薄膜曾进行了小面积的覆盖试验,1978年从日本引入这项技术,并普遍推广应用。

(一)地膜覆盖栽培的方式

地膜覆盖栽培在蔬菜生产上应用于两个方面,即保护地地膜覆盖栽培(包括温室和塑料棚等)和露地地膜覆盖栽培。

除此之外,一些地区为节省开支,还采取"先盖天,后盖地"的方式,即为了保护幼苗免受霜冻,先把地膜直接盖在苗上,或者盖在弓形骨架上,待天气稍暖苗稍大后,再破膜(撤除骨架)掏苗,把膜盖在地上。例如,南京市用地膜作小棚盖冬瓜15～20天,躲过晚霜,待天气回暖后,将膜划破,就地盖在瓜垄上,这样可提前定植10余天。也有在垄上作成小沟,把苗定植沟内,上盖地膜,待天气回暖后,再将膜划破,苗即从切口处长出,农民称之为改良式地膜覆盖栽培。

(二)地膜覆盖对环境条件的影响

1. 对土壤温度的影响　地膜覆盖后太阳光透过薄膜使地面获得辐射热,地温升高。同时,在空气流动及土壤热辐射时,由于薄膜覆盖,使热损失减少或减慢;因土壤水分蒸发减少而减少一部分热量的损耗。夜里覆盖地膜的土壤温度也略高于露地的地温。据东北农学院观察,地膜覆盖土壤地面日平均增温值达 6.2℃,在一天当中以 14 时的增温值最高;5、15、20 厘米深的各层土壤增温值依次下降,20 厘米深的土壤仅增温 1.8℃。说明耕作层土壤温度比较稳定,有利于作物根系的发育。此外,晴天对地温影响大,阴天 20 厘米深处地温仅提高 0.1℃。

2. **对土壤水分的影响** 土壤耕作层的水分主要来源于雨水及灌溉水的下渗以及深层土壤水分通过毛细管作用上升到表层,而土壤水分的散失是通过地面水分的蒸发、作物蒸腾、向深层土壤渗透。覆盖薄膜后,切断了土壤水分与近地层水分交换通道。因此土壤蒸发水汽遇冷凝结后,只能积于膜下,并不断落入土内,再渗入下层土壤中,如此不断地循环,这就是覆盖薄膜的土壤比不覆盖的多保持一部分水分的主要原因。

地膜除在干旱地区有明显保墒作用外,在雨季及多雨地区还有短期防止雨涝的作用。

3. **对土壤物理性状的影响** 地膜覆盖栽培是采用畦沟灌水,向覆盖畦渗透的办法灌水,这样就可以避免直接灌水及雨水冲刷造成的土壤板结。据北京市朝阳区农业科学研究所测定,地膜覆盖栽培的土壤物理性状比未覆盖栽培有明显的改善,如土壤容重下降,土壤孔隙度增加。覆盖畦的 0～20 厘米土层比未覆盖畦土壤容重降低 0.07～0.11 克/厘米^3,总孔隙度增加 2.6％～3.9％。土壤疏松有利于根系生长及加强其功能。

4. **对土壤养分的影响** 地膜覆盖有利于土壤有机质分解及进行硝化作用;还可减少或防止肥料的淋溶,部分淋下养分可随同毛细管一起上升到表层,一部分随着薄膜凝聚水又返回土壤。所有这些,使覆盖栽培畦比露地土壤养分含量提高。据黑龙江省伊春市农业技术推广站观测,覆盖30天和65天后,覆盖畦硝态氮分别增加了1.56倍和2.3倍,速效磷分别增加了20.1%和37.5%,钾的含量没有变化,但有机质减少0.3%和20.4%,酸碱度无变化。

5. 对土壤盐渍化的影响 地膜覆盖后可以防止土壤无机盐分的淋溶,保持土壤肥力。据各地观察,并未发现有土壤盐渍化的情况。另据江苏农业科学院蔬菜研究所观察,盐碱地覆盖地膜后,还有抑制地下盐碱上升的作用,从而达到保苗增产的效果。一般土壤盐分随着水分蒸发向表层移动,水分蒸发越多,土壤表层盐分也积累越多。但由于覆盖畦土壤水气凝聚在薄膜内侧,形成水滴流进土中,盐分又随之下渗,因此表层土壤盐分反而下降。但覆盖栽培仅是起着抑制土壤耕作层盐分上升的作用,不能减少土壤盐分,故对盐碱土仍需综合治理。

(三)地膜覆盖对蔬菜生长发育的影响

塑料薄膜地面覆盖可以克服早春地温低和干旱的不利气候条件,使种子发芽出土明显比未覆盖地膜栽培的快。菜豆覆盖栽培比露地提前10天发芽,黄瓜提前6天发芽。地温提高,蔬菜苗期缩短,生长发育快;定植后缓苗期短,苗期生长快;开花早,结果早,成熟期提前,始收期一般提早5~13天。

地膜覆盖栽培由于小气候的改变,有利于蔬菜的生长发育。因此在叶片生长速度、叶片数、叶面积、茎高、分枝数、根系发育等方面都比未覆盖露地有所增加。覆盖栽培的黄瓜定植后30天,株高比未覆盖的增加102.7%,茎粗增加59.0%,叶数增加39.8%,叶面积增加124.7%,全株鲜重增加151%,地上部鲜重增加172.1%。其他蔬菜也有类似结果。

在覆盖栽培条件下,植物地上部生长速度快,发育健壮,地下部也表现同样的趋势。

(四)地膜的种类及主要性能

用于地面覆盖的塑料薄膜,由于栽培目的不同,应选用不同的种类。较常见的有以下几种。

1. 无色透明膜

(1)普通无色透明膜:这种膜由于未加任何其他成分,未进行其他处理,因此价格便宜,也是目前使用最广泛的一种。

(2)有孔膜及切口膜:根据播种或定植株行距的要求,在普通无色透明膜上打出直径为3.5~4.5厘米的孔,作为播种或定植蔬菜用,即为有孔膜。"切口膜"专门适用于直播栽培,就是在播种带的部位,将薄膜事先开成一定宽度的梯状切口,幼芽可以从附近任何一个切口伸出薄膜之外,这样可以省去人工逐棵切口的用工。

(3)杀草膜:利用含有除草剂的树脂经过吹塑工艺加工制成。在覆盖地面后,除草剂从膜中析出,溶解在薄膜下的水滴中。水滴滴落在畦面上起杀草作用,或者草长出土壤后碰到薄膜被杀草剂杀死。但目前蔬菜使用的杀草剂较少,并且专用性强,专用于某种蔬菜的杀草膜,对其他蔬菜往往有不良影响,因此,使用时应依作物选择适宜类型。

2. 有色膜　有色膜即在制膜过程中加入各种成分,使膜具有不同的颜色,发挥不同的效果。目前比较常见的有黑色膜、绿色膜、黑白双面膜、乳白膜、银灰色膜等。

(1)黑色膜:此种膜透光率极低,防草效果好。还可减少土壤水分蒸发。

(2)黑白双色膜:这是一种一面乳白色,另一面黑色的复合膜,它弥补了黑色膜的缺点,覆盖时白色向上黑色向下,可以反射阳光,降低土温,并可抑制杂草的生长。

（3）乳白膜：有一定的光透过率，因此可提高土温。抑制杂草功能比透明膜略强，但不如黑色膜。

（4）绿色膜：绿色膜主要用来抑制杂草生长，能透过一定光线，可提高土温。

（5）银灰色膜：这种膜透光率低，可降低土壤温度，对杂草有抑制作用。它最大的优点是有避蚜作用，可减轻病毒病对蔬菜的危害。因其反光性较强，对提高植株光合作用强度也有一定效果。

二、遮阳网覆盖

遮阳网，俗称凉爽纱，又叫遮荫网、遮光网。国产品种大多是以聚烯烃树脂为原料，经加工拉丝后编织而成的一种网状新型农用塑料覆盖材料。它具有重量轻，强度高，耐老化的优点；同时又具有良好的透气性和遮阳、降温、防雨、防虫效果。近几年，上海、江苏、广东、山东等省市把这种新型覆盖材料应用于夏季蔬菜生产和育苗上，都取得了极为明显的效果。

（一）遮阳网的种类、品种、规格和主要性能

农用遮阳网以颜色来分，主要有黑色和银灰色两种，还有少量的绿色、蓝色和黄色等。按产品的幅宽来分，有宽度为90、150、160、200、220 厘米等不同规格。目前生产上使用较多的是 SZW-12 和 SZW-14 两种规格，宽度以 1.6 和 2.2 米的为最多。这两种规格每平方米的重量分别为 45±3 克和 49±3 克。一般使用寿命为 3～5 年。

农用遮阳网的遮光率和纬、经拉伸强度，主要与纬、经每50 毫克的编丝根数呈正相关，即编丝根数越多，遮光率越大，纬向强度越高。不同编丝的质量、厚薄、颜色也会影响遮光率和强度。但不论何种规格，经向强度无大的差别。以武进第二

塑料厂产品为例,其主要性能指标见表1-5。

在实际使用上,选用哪种型号和规格的产品,主要根据当地温度、光照强度和蔬菜种类来确定。黑色网遮阳效果优于银灰色网,在内陆地区7月份播种的芹菜苗,使用SZW-12或SZW-14黑色网为宜。8月份播种的番茄、青花菜、黄瓜、花椰菜、大白菜采用SZW-12或SZW-14银灰色网较好,因这些蔬菜要求光照强度比芹菜高些,而且银灰色网兼有避蚜作用,可减轻病毒病的传播。沿海地区夏季气温较低,为适当减弱光照强度和减少蚜虫传毒的机会,一般采用SZW-12银灰色网即可。

表1-5 武进第二塑料厂农用遮阳网主要性能指标

型 号	遮 光 率(%)		50毫米宽度的拉伸强度(牛顿)	
	黑色网	银灰色网	经向(含一个密度)	纬 向
SZW-8	20～30	20～25	≥250	≥250
SZW-10	25～45	25～40	≥250	≥300
SZW-12	35～55	35～45	≥250	≥350
SZW-14	45～65	40～55	≥250	≥420
SZW-16	55～75	50～70	≥250	≥500

目前遮阳网的幅宽大都不够宽,需要拼接时,可选用尼龙线缝合。

(二)遮阳网覆盖对小气候的影响

1. **减弱光照强度** 夏季育苗障碍之一是强光照。在我国北方地区夏季无云的中午前后,光强常达到80千勒以上,这样的光强度大大超过各种蔬菜的光饱和点。同时,由于高强度的光照,必然伴随着高气温和高地温,即使是喜光和喜温性蔬菜,在幼苗期也难以适应。一些茄果类蔬菜和瓜类蔬菜受强光照还会诱发病毒病。采用黑色遮阳网覆盖透光率大约为40%,银灰色遮阳网约为70%,即可减弱光强30%～60%。

2. **降低温度** 据测定,下午14时地面自然温度为44.4℃时,灰色遮阳网覆盖下地表温度为40.9℃,黑色遮阳网下为36.3℃,降温百分率分别为8%和18%。距地面5厘米高处的最高气温,灰色网下降低2.5℃,黑色网下降低3.3℃,降低百分率为6%和8%。

降温效果,黑色遮阳网优于银灰色网,又以塑料大棚覆盖方式为最好。用黑色遮阳网覆盖大棚,可比不覆盖降低5.5～4.4℃。不同天气降温效果不同,晴天比阴雨天效果好。

3. **减少土壤水分蒸发** 用遮阳网做覆盖材料还有明显地减弱土壤水分蒸发的效果。在连续晴天的条件下,0～10厘米深的土层中的水分含量,覆盖遮阳网的可比不覆盖的多出1倍以上。所以,覆盖遮阳网有较好的保墒防旱、促进种子发芽和植株生长的作用。遇雨,由于遮阳网有部分遮雨作用,网下土壤水分少于露地水分。同时,由于遮阳网对降雨有缓冲作用,可以减轻雨滴机械冲击力,对幼苗叶片的破坏有所减轻,并能减轻大雨对床面土壤的冲刷,从而提高出苗率和成苗率,并能减轻土壤板结,有利于幼苗根系生长。这对于夏季播种的芹菜等小粒种子蔬菜特别重要。

(4)**防虫防病** 使用遮阳网覆盖育苗,银灰色网有避蚜作用。对夏季育苗的大白菜、番茄等减轻蚜虫传播病毒病的作用尤为明显。据试验,小拱棚银灰色遮阳网覆盖,避蚜效果高达88.8%～100%,病毒病防效达到89.9%～95.5%。

(三)遮阳网在夏秋蔬菜育苗及栽培中的作用效果

应用遮阳网在夏秋季育苗明显表现出优于传统遮阳方

法。济南历城区 1990 年在大白菜生产上使用 SZW-14 遮阳网育苗，苗期病害轻，产量高，可增产 40.9％。淄博市 1992 年试验，黑色遮阳网育大白菜苗，病毒病发病率仅为 10.2％，对照区为 65.2％；番茄佳粉一号覆盖区病毒病为 8％，对照区为 40％。

据江苏省江阴市研究、观察，大白菜、秋莴笋、结球甘蓝、花椰菜使用遮阳网育苗，其出苗率、成苗率和秧苗素质都有明显提高。与传统草帘遮阳育苗相比，秋莴笋（7 月 17 日播种）出苗率提高 6.7％，成苗率提高 45.6％。结球甘蓝（秋丰，7 月 4 日播种），出苗率提高 50％，成苗率提高 206％。

三、阳　畦

阳畦，又名冷床、秧畦、洞坑。它是利用太阳的光热，保持畦内的温度，没有人工加温设施，有别于温床，故名冷床。阳畦是由风障畦发展而成，就是把畦埂加高、加宽而成为畦框，并进行严密防寒保温，即成阳畦。因此，阳畦的性能优于风障畦，应用范围更广泛。我国北方地区在晴天多、露地最低温度在 −20℃ 以内的季节里，阳畦畦内的温度可比露地高 12～20℃，尚能维护鲜菜越冬，或种植一些耐寒性强的绿叶蔬菜。

阳畦是由风障、畦框、塑料薄膜或玻璃及不透明覆盖物如草苫、苇毛苫等组成，结构如图 1-1。畦向均采用东西向，坐北朝南。

阳畦除具有风障的性能以外，由于增加了土框和覆盖物，白天可以大量地吸收太阳热，夜间缓慢地有效辐射，可以保持畦内具有较高的畦温和地温。1～2 月份外界最低气温在 −10～−15℃ 时，畦内地表温度可比露地高 13～15.5℃；热盖阳畦比冷盖阳畦温度高 2～3℃。热盖阳畦如果保温严密，

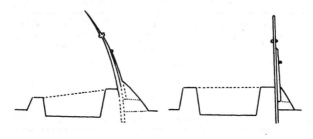

图 1-1　阳畦

严寒季节白天畦温可达到 15～20℃,夜间只有 0～−4℃,表土层会产生短时间的冻结,因此阳畦在冬季只能为耐寒性蔬菜进行防寒越冬。随着天气转暖,阳畦内的气温也随之升高,可比露地高 10～20℃,可进行喜温蔬菜的育苗和栽培。阳畦内的空气湿度,受露地空气湿度变化和不同管理措施的影响,一般白天相对湿度较低,中午前后维持在 10%～20%,夜间湿度最高可达 80%～90%。

四、电热温床

利用特制的电热线加温畦床土壤的方法,叫做电热温床,目前所用的电热温床,主要有两种形式:一是在原有阳畦的基础上,于畦内埋设电热线,成为电热温床;二是在塑料大棚内做育苗畦,并埋设电热线,成为棚内电热温床畦。

电加温的主要设备为电热线、控温仪。目前使用较多的电热线有上海产 DV 系列电热线和北京电热线厂生产的 NQ_2V/V 农用电热线。上海 DV 系列电热线的规格如表 1-6。

表 1-6　DV 系列电热线规格

型　号	电压(V)	电流(A)	功率(W)	长度(米)	允许使用土壤温度(℃)	色标
20410	220	2	400	100	45	黑
20406	220	2	400	60	40	棕
20608	220	3	600	80	40	蓝
20810	220	4	800	100	40	黄
21012	220	5	1000	120	40	绿

电热加温时的功率密度,取决于当地气候、育苗季节和蔬菜种类,如北京地区冬季小棚和阳畦内育苗时选定的功率为 $90 \sim 120$ 瓦/米^2,温室内为 $70 \sim 90$ 瓦/米^2;春季分别为 $80 \sim 100$ 瓦/米^2 和 $50 \sim 70$ 瓦/米^2。育苗时电热线埋设深度 10 厘米左右。营养土块育苗时,电热线埋设在土块下 $1 \sim 2$ 厘米处。

电热线布线的间距依选定的功率而定,功率大时密,反之则稀,平均线距为 10 厘米左右。育苗畦外侧散热快,线距可小些;畦中间散热慢,线距可大些。床底先铺一层 $3 \sim 5$ 厘米厚碎草或锯末作隔离层,上填 3 厘米左右的土再铺电热线。布线和接线方法参考图 1-2。

布线时电线要拉直,不可交叉重叠,电热线的两端放同一个方向,以便接电源及控温仪。布完线后接通电源,检查线路通畅后再覆土。

电热温床采用控温仪自动控制温度,床温升高快,温度分布均匀且稳定,播种后出苗快而整齐,幼苗生长快,苗龄明显比阳畦育苗短。

五、塑料拱棚

塑料拱棚是指由竹木、钢铁件、塑料管等做支撑骨架,塑

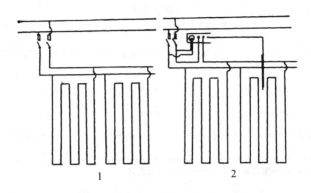

图 1-2 电热线布线和接线示意图

1. 单相接线法 2. 单相加控温仪接线法

料薄膜作覆盖物,形状为拱圆或近拱圆形的一类保护设施。按棚高度和宽度可分为大、中、小型塑料拱棚,简称大棚、中棚、小棚。多个单栋拱棚相互连接,可构成连栋式大棚。各种塑料拱棚的结构与性能见表 1-7。

表 1-7 不同类型塑料拱棚的结构与性能比较

项　　目	小　棚	中　棚	大　棚
高度(米)	0.5～1.3	1.5～1.8	1.8～3
宽度(米)	1.5～3	3～8	8～16
长度(米)	10～20	20～40	40～80
棚体骨架	竹竿、竹片、铁丝	竹竿、钢筋、镀锌管	竹竿、钢筋焊接架、镀锌管
棚体走向	东西或南北	南北为宜	南北
阴天夜晚温度	比露地高1～3℃	比露地高2～3℃	比露地高2～4℃
温度变化速率	快	较快	缓慢

项　目	小　棚	中　棚	大　棚
不透明覆盖物	外覆草苫等	内设保温幕或小拱棚加草苫等	内设保温幕或小拱棚另加草苫等
内设小拱棚	不	可以	可以
操作便利程度	不方便	方便	很方便
塑料薄膜类型	0.08 毫米 PE*	0.08 毫米 PE	0.08～0.12 毫米 PE,PVC＊＊

＊PE——聚乙烯　＊＊PVC——聚氯乙烯

六、冬暖型大棚

(一)类　型

冬暖型大棚(又叫日光温室)的类型有长后坡(宽屋面)、短后坡和无后坡 3 种。各种类型冬暖型大棚又依立柱的有无(主要指采光屋面),分为有立柱和无立柱 2 种。无立柱的有水泥拱梁、菱镁土拱梁和钢架拱梁等。依采光屋面的形式可分为斜面形、拱形 2 种。依外覆盖的有无划分为有覆盖和无覆盖 2 种。无覆盖的有充气大棚和万通板大棚等。常见冬暖型大棚的结构见图 1-3,1-4,1-5。

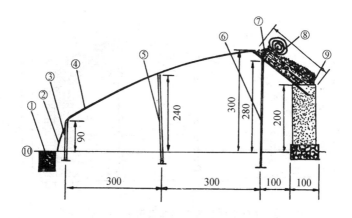

图 1-3 冬暖型大棚横断面结构图 （单位:厘米）

①防寒沟 ②薄膜 ③前立柱 ④拱杆 ⑤中立柱 ⑥后立柱

⑦后斜梁 ⑧草苫 ⑨后墙 ⑩地平面

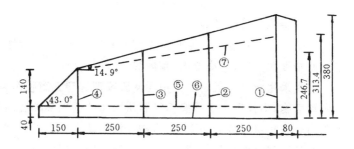

图 1-4 无后坡大棚切面示意图 （单位:厘米）

①后墙 ②后柱 ③中柱 ④前柱 ⑤地平面 ⑥栽培床面

⑦后墙 3 米(包括下挖 0.4 米)时棚面示意

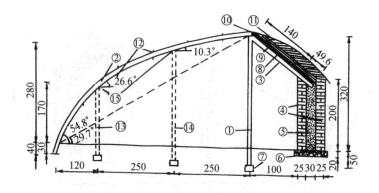

图 1-5　冬暖型塑料大棚剖面结构图　（单位：厘米）

①后柱　②拱架或拱梁　③斜梁　④后墙　⑤夹心层　⑥墙基
⑦柱基　⑧苇箔　⑨草泥层　⑩玉米秸层　⑪草泥及培土层
⑫拉改良琴弦处（最下面标出的距离是琴弦处的投影距，虚线为有柱棚）
⑬前柱　⑭中柱　⑮横梁

（二）结构与性能特点

一是采光面角度大。冬暖型大棚的跨度适中，高度增加，采光面角度大，光透过率增大，室内温、光性能良好。

二是采用新型覆盖物。采用无滴膜或消雾型无滴膜作为透明覆盖物，不仅避免了因膜面结露所引起的透光率降低，而且棚内空气相对湿度大为下降，作物发病率减少。

三是以铁丝等代拉杆减少遮荫。一般大棚是用竹制拉杆，而冬暖型大棚是用 8 号铁丝或钢件代替拉杆，大大减少了其自身的遮光面积，增加透光量；同时，也增加了大棚的牢固性，提高了抗风雪的能力。

四是采用不等双层面结构。冬暖型大棚采用不等双层面结构，后屋面采用多层材料覆盖，相对减少了薄膜覆盖的面积，大大提高了保温比。通常大棚热量的散失有 90% 是在薄膜表面进行的,以热传导和热辐射的形式散失。

五是墙体加厚、挖制防寒沟和盖厚草苫。冬暖棚主体墙加厚至 1 米左右,前沿挖有防寒沟,夜间棚面覆盖较厚的草苫,大大提高了保温性能。

六是冬暖棚热容量大。冬暖棚一般要求面积在 400～700 平方米,大棚脊高 3 米以上,热容量大而相对散热较少。在北纬 38°以南地区,棚内夜间最低温度可维持在 8～10℃以上,确保喜温性蔬菜安全越冬。

(三)建造与施工

1. **地点选择**　选避风向阳、光线充足的地方建棚,南面及东、西两侧不应有高大的建筑物或树木等遮荫,最好北面有天然防风障以挡风。地下水位不宜过浅,土质肥沃疏松,交通便利,水源充足。

2. **方向和排距**　温室为东西延长,如果因实际情况不能采用正南方向时,可稍偏东或偏西。一般冬季不太冷和晴天多的地区,大棚以偏东 5°为好,可提早揭开草苫,延长上午的见光时间,有利于光合产物的制造;早晨烟雾多,或冬季寒冷的地区,上午揭苫不能太早,揭苫后室内膜上易结冰。升温较慢地区,大棚可采用偏西 5°,充分利用下午的日照时间,也有利于晚间的保温。在一个地段内有数排大棚组成大棚群时,南北两排大棚相距 6 米左右,有条件时可扩大到 8 米,以防前排对后排大棚造成遮荫。两排大棚的东西相距为 4～6 米,以便通过汽车等运输工具。

3. **建造材料的准备**　建造冬暖棚所用的材料,必须根据所建大棚的结构及规模认真考虑,包括各种材料的数量和用途。以立柱琴弦式大棚宽度为 8 米、高 3.3 米、长 80 米为例,所需材料可参考表 1-8。

表 1-8 冬暖型大棚(80米长)用料参考表

材料名称	规　　格	单位	数量	用　　途
水泥立柱	1200毫米×100毫米×80毫米	根	22	前柱
	2700毫米×120毫米×100毫米	根	22	中柱
	3300毫米×120毫米×100毫米	根	44	后柱
竹　竿	长7~8米,小径粗8厘米毛竹	根	55	拱杆、拉杆、后檩
	长6~7米,小径粗5厘米毛竹	根	15	小拉杆
	长4~5米,粗2.5厘米淡竹	根	450	夹膜杆
铁　丝	8#	千克	250	东西向拉放,支承棚面,捆绑接头
	12#	千克	30	
	16#	千克	25	
薄　膜	无滴膜厚0.08~0.12毫米	千克	100~120	透明覆盖保温材料
草　苫	长8米、宽1.2米、厚5厘米(不少于6道绳经)	个	80	防寒保温材料
拉　绳	长17毫米、径粗1.5厘米麻绳	根	80	拉放草苫
斜　梁	长2.1~2.3米、粗10厘米	根	44	支撑后坡面
陶瓷管	长1米、径粗15厘米	根	1	墙基内通水道
石　块	重15千克以上的石头	块	46	固定8#铁丝两端
其　他	门及附件、操作房用料,墙基用料			

4. 冬暖棚的规格　适合冬春季用的大棚南北跨度以7~9米为宜。高度是指棚脊的高度,它与跨度和屋面角度有关。大棚有适当的高度,能提高采光效果,进而增加蓄热量。一般7.5~8.0米跨度的大棚高度应为3.3米、后墙高2.2米左右。每排大棚以50~60米长为宜,太短,东西两侧山墙的遮荫面积大,单位造价也高;过长,室内温度不易控制一致,管理和

采收等活动也不方便,也有长 100 米左右的大棚。

5. 墙体的建造 冬暖型大棚一次性投资大、用工多,建造时,牢固耐用应放在首位。为了保证墙不被雨季的大水冲坏,必须打好墙基。建造墙基时,先在划线处用石灰土夯实,再用砖或石料砌墙基。墙基宽 0.9～1.0 米、高 0.4 米,地上、地下各 0.2 米。建墙基时,必须预留出浇水的通道(一般水井多在棚外),最好是在墙基内埋入一径粗 15 厘米左右陶瓷管。墙基建好后,在其上用土打墙(或用土坯垒墙)。墙的厚度为0.8～1.0 米,后墙高 2.2 米,两侧墙(山墙)顶部应按要求做成两坡不等状。土墙应在汛期过后尽早打成,以便在搭设骨架时干透,否则,承受不住大棚上面的压力,易引起坍塌。取土打墙时,应从大棚后离墙 1.5 米以外取土。

6. 棚架搭设

(1)水泥立柱的埋设:埋设水泥立柱时,一般要求立柱下部埋入土中至少 30～50 厘米,下部设柱脚石,以防浇水时下陷。

后立柱是大棚重量的主要支撑者。因此,埋设后立柱时必须严格按要求进行。一般后立柱离后墙内侧 1.0 米距离,东西间距 1.8 米,埋设深度 50 厘米。埋设时,最好使立柱上部向北偏 10 厘米,这样不易被上部的重量向南压歪。离后立柱向南3.0 米,东西间距 3.6 米埋中立柱。离中立柱向南 3.0 米,东西间距 3.6 米埋前立柱。埋设深度 30～40 厘米。立柱埋好后,其地表上的高度分别为:前立柱 0.9 米,中立柱 2.3 米,后立柱 2.8 米。

(2)后坡面斜梁及檩的安放:先取小径粗 8 厘米以上的毛竹,以竹竿的小径端同另一根的粗径端插连在一起,东西向横放在后立柱上作拉杆,用 8 号铁丝将竹竿牢牢地绑扎在立柱上,这样可将后立柱连为一体,甚为坚固,不致因某一后柱倾斜而造成不稳固。然后,取长度 2.2 米左右、直径不低于 10 厘米的木质后斜梁,间隔 1.8 米搭在后立柱的横竹竿与后墙上,上端超出横竿 40 厘米,倾斜角度约 45°。为了便于捆绑,应使后斜梁的上部紧靠后立柱,用铁丝将其固定住,下端压在后墙中心稍偏外处。在距后斜梁顶端 15 厘米处及中部,各打上一个高 10 厘米、宽 8 厘米、长 20 厘米的木楔,横放两趟小径粗 10 厘米以上的竹竿后檩。

(3)前坡拱杆的安放:拱杆采用小端径粗 8 厘米以上的毛竹,粗端向上,担在前立柱、中立柱及后斜梁上面的后檩上,先用 8 号铁丝将上端固定紧,再依次固定中立柱及前立柱。固定好后,前面长出部分锯掉。这样拱杆略带弧形,有利于采光。

(4)8 号铁丝琴弦的拉放:在两侧墙外侧 3 米左右,挖宽 0.7 米、深 1.2 米、长 7 米的坠石沟,方向和山墙的方向相同。将用 8 号铁丝捆绑好的 15 千克以上的石块或水泥预制件,依次排入沟底,埋好压实。一般整个棚面 8 号铁丝的间距为 40 厘米左右,共拉 8 号铁丝约 23 根,共用石块 46 块。拉线时,先将一端固定好,将铁丝拉至另一端,用紧线机依次打紧并固定。在紧线时,应在两侧墙上垫木板。虽然 8 号铁丝拉得很紧并已压在前坡的拱杆上,但仍易于滑动。为此,可再用 16 号细铁丝将其绑在拱杆上。

8 号铁丝拉放时,前坡面拱杆上拉 17 根即可。在前坡面拱杆下,紧靠前立柱、中立柱、后立柱处,东西向再拉 3 根 8 号铁丝。其作用是在栽培黄瓜等蔬菜作物时,在其上南北向拉 12 号铁丝,以便吊蔓时拴绳用。此外,可在后屋面的后檩中间,再拉上两根 8 号铁丝,一则坚固,二则可防止后坡面的保温材料因后檩间距过大而塌下。

(5)后坡面保温材料:在后坡面上,先铺上一层塑料薄膜,将事先捆好的直径约 20 厘米的玉米秸捆,紧紧地排上一层,上面盖一层 10 厘米厚的麦秸,撒上 10 厘米厚的干土,再在后墙的屋面上用麦秸泥垛 30 厘米厚,待其干后,可在上行走。后屋面盖好后,再拉一根 8 号铁丝,作拴拉草苫用绳。至此,23 根 8 号铁丝全部拉放完毕。

(6)绑细竹竿,盖膜封棚:在前坡面拉放的铁丝上,间隔 70 厘米左右,绑上直径 2.5 厘米左右的竹竿。竹竿的上端一定要放在最顶端的后檩上,下端同前立柱齐,用 16 号铁丝将细竹竿固定在 8 号铁丝上。一根竹竿长度不够时,可将两根竹竿重叠接在一起。

将 8 号铁丝上的竹竿绑好后,应根据作物种植时间提前 10 天左右盖膜。盖膜时,应将事先粘合好的无滴膜,一端用竹竿卷紧固定后,从另一端用力拉紧,不能有皱折,再用竹竿将其卷紧固定。由于冬暖型大棚的通风口留在屋脊上,膜的上部必须余有 40 厘米搭在后屋顶上,膜上部边缘内卷固定在直径 0.5~1.0 厘米的绳子上,以免因通气而使边缘破裂。然后从一端开始,与膜下竹竿相对应处,在膜上再加 2 厘米粗的细竹竿,用 16 号铁丝自上而下插膜而过拧紧,其下端与前立柱齐,上端较膜下细竹竿短 40 厘米,以便于通过时开口。也可采用压膜线与压膜杆并用的方式压膜。由于盖膜的时间尚早,故除晴天升温焖棚、消毒杀菌外,顶端的通风口不要封死,前边有膜边也不要埋住,等深冬寒冷时再封。

(7)防寒沟的挖制:在大棚南边离棚前沿 10 厘米处,挖深 50 厘米、宽 50 厘米的防寒沟。沟内填满玉米秸、麦秸等作为隔热层,上面用干土盖好、压实。其作用在于减少大棚内外地热的交流,以利于大棚夜间保温。

(8)草苫的铺设及拉放:为便于拉放,草苫不可过大或过小，一般以 1.2 米宽为宜。铺放草苫前，先在后坡面的 8 号铁丝上，以 1 米的间距拴上 1.5 厘米粗、17 米长的麻绳，而后，以草苫的中央对准麻绳，自大棚屋脊处以拉绳相牵，沿前坡面下放。草苫的长度应完全盖过薄膜，上端应超过后屋面上的薄膜，下端比薄膜长 20 厘米以搭在地面上。

7. **操作房的设置** 操作房间的作用，一是可作看管大棚人的休息所；二是可放置部分农具及蔬菜产品等。重要的是当工作人员在进出大棚时，防止外界冷风直接进入棚内，起缓冲冷风的作用。为此，建操作房时，操作房的门口不得与大棚的门口在同一方向上。操作房的位置，可靠在东西侧墙上，也可靠在后墙上，其大小应根据需要而定。

七、春暖棚

春暖棚是以春季早熟栽培及秋季延迟栽培为主的大棚（参见图1-6），其结构与冬暖型大棚类似，只是棚的长、宽、高

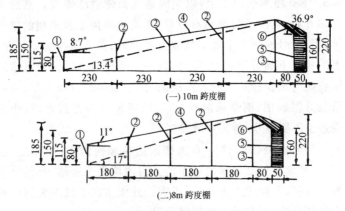

（一）10m 跨度棚

（二）8m 跨度棚

图 1-6 一坡一立单斜面春暖棚结构 （单位：厘米）

①前立柱 ②中立柱 ③后立柱 ④架杆 ⑤土墙 ⑥后屋面

及墙体厚度不同。其温、光性能不及冬暖型大棚。春暖棚的建造与施工,可参照冬暖型大棚进行。

第四节 育 苗

一、育苗的生理基础

育苗是蔬菜生产的一个特色,是争取农时,增多茬口,发挥地力,提早成熟,延长供应,增加产量,以及避免病虫和自然灾害的一项重要措施。中国是运用育苗技术最早的国家之一,最早的记载见于北魏贾思勰著《齐民要术》一书中。目前,随着科学技术的进步和生产水平的提高,育苗技术也发生了极大的变化,已由传统方式育苗开始转向现代化育苗。

育苗都在大田播种或定植的适期以前提早进行,时节或在数九寒天的严冬与早春,或在炎热多雨的盛夏与早秋。所以蔬菜育苗必须遵循这样的原则,即在气候条件不适于蔬菜生长的时期,创造适宜的环境来培养适龄的壮苗。一旦气候条件适合时便能定植于大田,并随即进入营养器官和产品器官的苗壮生长,从而达到早熟、高产和优质的目的。

农谚"苗好三成收"。健壮的秧苗是高产稳产的基础,要在精心照料下,按照秧苗生长规律,从种子收藏、处理、播种、培养直到移植大田,经过一系列相应的措施才能培养成功。

(一)种子的特征特性

1. **种子的涵义** 蔬菜种子是蔬菜育苗的基本条件之一,也是获得优质秧苗的前提。

蔬菜的种类很多,在蔬菜生产上所应用的种子有着更为广泛的涵义。一般来说,凡是可以作为播种材料的植物器官、组织都可以称作"种子"。大体可分为以下 4 类：

第一类是真正的种子，即植物学上的种子，它由胚珠发育而成。在生产上这类种子应用比较多，如茄果类、瓜类、豆类、白菜类等蔬菜的种子均属此类。

第二类种子是各种果实，它由胚珠和子房发育而成。蔬菜生产上应用这类种子也很多，如菊科、伞形科、藜科等蔬菜的种子属于此类。按照果实的类型不同又可分为瘦果（如莴苣）、坚果（菱）、双悬果（芹菜）、聚合果（叶甜菜）等。

第三类种子属于无性繁殖材料的营养器官，如马铃薯的块茎，荸荠的球茎，姜的根茎以及大蒜的鳞茎等。

第四类种子为食用菌类的菌丝体。

本节介绍的育苗技术，只包括第一类和第二类种子。第三类和第四类种子将在有关章节中阐述。

2. 种子的形态与结构

(1)形态特征：由于蔬菜种类的多样性，其种子的形态也是多种多样的。种子的形态特征有：种子的外形、大小、色泽，以及表面的光洁度、沟、棱、毛刺、网纹、突起物、蜡质等。种子的形态是判断种子品质的重要感官标志，也是识别不同蔬菜种类或品种的重要依据。一般说来，成熟度较好的新种子色泽较深，种皮上具有蜡质或鲜亮的光泽，饱满且较大，有的具有香味。而陈种子或生长发育不好的种子则缺乏这些外形特征。种子的大小、成熟度与播种量、种子播前处理与幼苗生长有着密切的关系。

(2)种子结构：种子结构包括种皮、胚，有些种子还有胚乳。种皮是把种子内部组织与外界隔离开来的保护结构，第一类种子的种皮由珠被形成；第二类种子的种皮则主要是由子房形成的果皮。在种子成熟时，细胞壁变成木质化或木栓化的死细胞而硬化,在一定程度上限制水分和气体的通过,保护种子内部。种皮的细胞组成和结构除了作为鉴别蔬菜的种,甚至品种的重要特征之外,在育苗上常作为确定浸种、催芽的温度、时间和方法的重要依据。

在种皮上还有一个重要的构造——种脐,它是种皮与胎座相联结的珠柄的断痕。种脐的一端有一珠孔,种子在发芽时,胚根即从珠孔伸出,所以又叫发芽孔。

胚是种子的主体。它由胚芽、子叶、胚轴、胚根组成,是幼小秧苗的雏体。胚根的前端朝向发芽孔,胚根和胚轴常呈螺旋状弯曲,位于种子中央。胚芽在子叶之间。瓜类、豆类等蔬菜的种子是无胚乳种子,胚的大部分为子叶;番茄、菠菜、大葱、韭菜等蔬菜种子是有胚乳种子,胚埋存于供应养分的胚乳之中。胚乳可分为由胚囊内极核受精发育形成的内胚乳和由珠心细胞发育的外胚乳。优质的种子,它的胚色泽光洁鲜亮,胚乳为白色,可以作为播种材料。凡是胚或胚乳色泽变暗,或出现水渍、油渍状的种子,都是劣质或陈种子,不可用于播种。种子在发芽过程中,幼胚是依靠子叶或胚乳的营养物质生长的;秧苗出土后,首先依靠子叶的光合作用合成有机营养开始自养生活。因此,在催芽和播种育苗过程中应十分注意保护子叶免受机械和病虫害的损伤。

3. **种子的成熟度和寿命** 日本人铃木等用登熟、追熟和后熟3个阶段来表示种子的成熟度。以茄科和葫芦科蔬菜来命名,可将成熟度区分为:登熟,是从亲本植株开花授粉后到收获种子为止的阶段;追熟,是从亲本植株采收种果以后,到从采种果采出种子为止的阶段;后熟,是从采种果取出种子后到休眠消失为止的阶段。番茄和瓜类种子几乎没有休眠期,因此也没有必要进行后熟。而像芹菜种子,收获后有3~4个月的休眠期,所以要经过后熟才会有较高的发芽率。

种子的寿命是指种子保持发芽能力的年限,其长短取决于各种蔬菜的遗传性和收获与贮藏条件;同时也受繁育种子的环境条件、种子成熟度的影响。维持蔬菜种子寿命的贮藏条件,主要是空气中的氧、温度和湿度。而对其生活力影响最大的是湿度。在潮湿的条件下,种皮会大量吸收空气中的水分,引起强烈的呼吸而消耗大量的贮存营养物质,导致发热霉烂,使生活力减弱或完全丧失。

在一般贮藏条件下,贮存的蔬菜种子寿命为1～6年,而使用年限多为1～3年(表1-9)。

表 1-9　一般贮藏条件下蔬菜种子的寿命和使用年限

蔬菜名称	寿命(年)	使用年限(年)	蔬菜名称	寿命(年)	使用年限(年)
大白菜	4～5	2～3	番　茄	4	2～3
结球甘蓝	5	2～3	辣　椒	4	2～3
球茎甘蓝	5	2～3	茄　子	5	2～3
花椰菜	5	2～3	黄　瓜	5	2～3
芥　菜	4～5	2	南　瓜	4～5	2～3
萝　卜	5	2～3	冬　瓜	4	1～2
芜　菁	3～4	2～3	瓠　瓜	2	1～2
根芥菜	4	2～3	丝　瓜	5	2～3
菠　菜	5～6	1～2	西　瓜	5	2～3
芹　菜	6	2～3	甜　瓜	5	2～3
胡萝卜	5～6	2～3	菜　豆	3	1～2
莴　苣	5	2～3	豇　豆	5	1～2
洋　葱	2	1	豌　豆	3	1～2
大　葱	1～2	1	蚕　豆	3	2
韭　菜	2	1	扁　豆	3	2

注:摘自《蔬菜栽培学总论》(1984 年)

综上所述,蔬菜种子质量直接关系到秧苗的素质和栽植大田后的生长状况。因此,要取得育苗的成功,即达到培养出优质秧苗的目的,选用优质种子是首要条件。为保证种子的质量,在播种前要进行种子质量检查。种子质量包括纯度、净度、发芽率和水分含量。各种蔬菜种子的各级良种标准,可参照《中华人民共和国主要蔬菜种子质量分级标准草案》。

4. 种子质量 蔬菜种子的质量优劣,最后应表现在播种后的出苗速度、整齐度、秧苗纯度和健壮程度等方面。这些种子的质量标准,应在播种前确定,以便做到播种、育苗准确可靠。

种子质量一般用物理、化学和生物学方法测定,主要检定内容是纯度、饱满度、发芽率和发芽势,以及生活力的有无。

(1)纯度:种子纯度指的是样本中属于本品种的种子的重量百分数;其他品种或种类的种子、泥沙、花器残体等都属杂质。纯度用下式计算:

$$\text{种子纯度}(\%) = \frac{\text{供试样本总重} - (\text{杂质重} + \text{杂种子重})}{\text{供试样本总重}} \times 100\%$$

蔬菜种子的纯度应达到98%。

(2)饱满度:量度蔬菜种子的饱满程度是用1000粒种子的重量(克)表示,称作种子的"千粒重"或"绝对重量"。它反映种子的繁育水平、收藏情况等。绝对重量越大,种子越饱满充实,播种质量就越高。它也是用来估计播种量的一个依据。

(3)发芽率:种子的发芽率指的是样本种子中发芽种子的百分数,用下式计算:

$$\text{种子发芽率}(\%) = \frac{\text{发芽种子粒数}}{\text{供试种子粒数}} \times 100\%$$

测定发芽率可在垫纸的培养皿中进行,或者在沙盘、苗钵中进行,使发芽更接近大田条件,而具有代表性。实验室发芽率不是田间出苗率的可靠指标,田间出苗率与实验室发芽率比值的变化在 0.2～0.9 之间。

各种蔬菜种子的发芽率可分甲、乙二级,甲级种子要求发芽率达到 90%～98%;乙级种子要求达到 85% 左右。但例外的是伞形科蔬菜种子和甜菜种子,前者为双悬果,在一个果实所含的 2 粒种子中有 1 粒常因授粉不良等原因,发育不好成为秕粒,发芽率只要求达到 65% 左右,甜菜种子为几粒种子包在花萼中而成,为一聚合果,俗你"种球"。因此,发芽率要求高达 165% 以上。

(4)发芽势:这是指种子的发芽速度和发芽整齐度,表示种子生活力的强弱程度。按规定的短时期内,如瓜类、豆类、白菜类、莴苣、根菜类为 3～4 天,葱、韭、菠菜、胡萝卜、芹菜、茄果类等为 6～7 天,来测定发芽的种子的百分数,以表示发芽势。用下列公式计算:

$$种子发芽势(\%)=\frac{规定天数内发芽种子粒数}{供试种子粒数}\times100\%$$

蔬菜种子是否具有生活力,也可以用化学试剂染色的方法测定。一般用 0.2% 的胭脂红溶液(2 克胭脂红加 1000 毫升开水溶解)。测定时先把种子在 30℃ 左右温水中浸泡 2～3 小时,然后剥离出胚并连同子叶,放在 30℃ 染色液中浸泡,经过 3～4 小时,凡具活力的胚,细胞的原生质不着色;死种子的胚则被胭脂红染色,表明没有发芽能力。此外,还可用溴化三基四氮唑或 2,3,5-氯化三苯基四氮唑的 0.25% 溶液,如胭脂红法浸泡被测定的种子,在 40℃ 条件下泡 2 小时,凡胚芽和胚根着色者是活种子。

(二)种子发芽与环境

种子发芽过程的显著特点是可以不靠外来的营养物质,

而是消耗自身的贮藏物质作能源。种子萌发后,体积增加了,干物质不增加,即只发生物质的转变而不发生物质同化。

种子发芽需要适宜的水分、氧气、温度和光照等条件,只有在具备这些条件的前提下,一切生理过程才能完成,胚器官才能利用贮藏营养进行生长而最终完成发芽。

1. **水分**　水分是种子发芽的重要条件,水分对发芽过程的作用有 3 个:一是可使种皮变软,胚容易生长,胚或胚乳吸水后膨胀,种皮破裂;二是增加种皮的透气性,改善胚呼吸的气体交换条件;三是胚和胚乳吸水后,使自由水量增加,原生质由凝胶状态转变成溶胶状态,原生质的溶胶成分增加后,代谢活动才能加强,酶才能成为活化状态而起催化作用。

种子吸水量的多少,与种子内含物的化学组成有关。一般而言,蛋白质含量高的种子,水分吸收量较多,吸收速度较快;以脂肪与淀粉为主要成分的种子,水分吸收量较少,速度较慢。以淀粉为主要成分的种子,吸水量更少,速度更慢。一般种子浸种 4～12 小时可完成吸水过程(豆类种子、十字花科蔬菜种子除外)。

种子吸水速度与水温有关,水温高,则吸水速度加快。因此,在浸种开始时常用提高水温的办法加快吸水。初浸水温的高低要视种子的种皮厚薄而定。种皮较薄的种子,如大白菜、结球甘蓝、萝卜等,只需用 25～30℃ 的温水浸种 1～2 小时;西瓜、冬瓜、蛇瓜种子浸种初温可提高到 60～80℃,经搅拌后水温降至 30℃ 以下浸泡 7～12 小时,种子才能吸足水分。

2. **温度**　各种蔬菜在发芽过程中都要求有一定的温度条件,并且有一个最适宜的温度范围,即发芽适温(表 1-10)。在适宜温度范围内,温度提高,发芽率提高,发芽速度加快。但是,每种蔬菜都有一个高温和低温极限,这是在催芽中必须避免出现的。有些耐寒性的2年生蔬菜,如芹菜、莴苣等,如果经过一段时间的低温处理,反而有利于发芽。如莴苣种子在低温下(5~10℃)处理1~2天,然后播种,可以迅速发芽;而在25℃以上,反而不易发芽。芹菜在15℃的恒温或10~25℃的变温下,发芽反而比高温下为好。

表 1-10　蔬菜种子发芽与温度的关系

（稻川、宫漱,1942 年）

蔬菜名称	发　芽　率（%）							平　均　发　芽　天　数						
	10℃	15℃	20℃	25℃	30℃	35℃	40℃	10℃	15℃	20℃	25℃	30℃	35℃	40℃
莴　苣	40	83	85	69	26	1	0	3.8	2.6	1.8	1.8	2.6	1.4	—
菠　菜	93	95	95	79	53	14	0	6.3	3.8	3.9	4.0	5.4	7.6	—
萝　卜	96	98	99	98	99	92	7	3.8	2.0	1.1	1.2	1.0	1.1	1.5
白　菜	97	99	99	99	100	99	44	4.1	2.4	1.2	1.1	1.0	1.1	2.8
甘　蓝	82	91	92	90	87	84	0	5.1	3.4	2.5	2.1	2.0	3.3	—
芜　菁	49	81	84	78	62	72	24	8.3	5.4	3.9	2.8	3.7	3.0	2.3
胡萝卜	30	38	39	36	33	0	0	11.6	6.3	4.9	4.5	4.3	8.0	—
牛　蒡	2	9	52	75	88	39	0	9.7	9.5	7.3	4.2	3.7	4.5	—
菜　豆	0	91	91	97	93	68	0	—	7.5	4.3	3.6	3.1	3.6	—
番　茄	0	98	97	95	91	62	1	—	8.3	4.3	3.1	3.5	5.0	4.0
黄　瓜	0	80	83	90	91	89	14	—	7.7	4.6	2.7	2.2	2.3	3.3
辣　椒	0	48	56	84	58	28	0	—	9.9	6.4	5.3	4.1	4.7	—
南　瓜	0	39	72	94	90	67	0	—	8.2	6.3	3.1	3.9	—	—
甜　瓜	0	42	97	100	98	100	99	—	7.5	4.0	2.0	2.0	2.0	2.0
西　瓜	0	0	10	79	74	71	64	—	—	8.2	4.7	4.0	4.3	4.8
葱		86	88	86	88	86	72	20	7.4	4.4	3.1	2.9	2.6	3.3	4.8

温度与发芽的关系：一是与各种蔬菜在其系统发育中形成的遗传性有关；二是与酶的活性有关。

变温处理有助于种子的发芽。变温促进发芽的原因可能与促进种子气体交换作用有关。在生产上常用变温处理种子促进种子发芽。如芹菜种子在恒温 15℃ 和 22℃ 下，发芽率分别为 35％ 和 41％；在恒温 27℃ 和 38℃ 下则不发芽；而在夜温 5℃ 和昼温 15℃ 变温条件下，发芽率为 92％。但是，在变温的温度组合中，夜温或昼温过高也阻碍发芽。

变温处理的原则：一是每昼夜内低温处理的时间要比高温处理的时间长一些；二是低温和高温之间要保持相当大的温差。

变温处理的方法：常用的变温范围为 15～30℃、20～30℃ 及 15～25℃。一般每天在低温下处理约 16 小时，高温下处理 8 小时。

变温处理，还有提早成熟和增产效应。这是因为变温处理对于花芽分化及生长发育与产品器官的形成都有影响。如将黄瓜和番茄萌动的种子，每天用 −1℃ 低温处理 12～18 小时，再转到 18℃ 处理 6～12 小时的变温条件下，则可以增加幼苗的抗寒性，加速生长及发育，从而有利于提早结实。

3. **气体**　在发芽过程中，种子中营养物质的分解和运转都是在酶的参与下进行的，酶的旺盛活动需经吸收氧气产生旺盛的呼吸作用而提供能量。如果没有氧的供应，种子就不能发芽。若严重缺氧，种子在缺氧呼吸下则产生并积累乙醇等有害物质而导致胚中毒，发生"烂种"现象。

种子进行呼吸作用的最主要部位是胚，其呼吸强度超过其他部位，可以超过胚乳 3～12 倍。发芽环境中氧气含量在 20％ 以内时，与呼吸强度成直线关系；超过 20％，则无影响。

据试验,一般蔬菜种子的发芽通常需要 10% 以上的氧浓度,至少应有 5% 的氧含量。但各种蔬菜之间也有较大的差异,黄瓜、菜瓜和葱,在较低的氧分压下能发芽。黄瓜属于对氧要求程度最低的种群,研究认为,氧浓度为 2% 时,有 50% 以上的发芽率,平均发芽天数比标准区晚一天;氧浓度为 5% 时,发芽即可正常。芹菜、萝卜对氧分压的降低特别敏感,在 5% 的氧浓度下,几乎不能发芽。番茄要求氧气的浓度在蔬菜中居中间型,15% 的氧气对发芽是充分的,10% 则发芽时间延长,5% 则接近可以发芽的临界浓度。

在呼吸作用中的另一种气体是二氧化碳,它对种子发芽有着抑制作用。

在种子发芽过程中,当胚根从发芽孔露出时,氧的消耗量大为增加,是需氧的临界期。

在生产实践中,为了给种子发芽以良好的气体环境,在浸种之前要搓洗种子,使种皮有良好的透水性和透气性;当浸种结束后,应使种皮表面多余的水分散发,并用透气性较好的湿布包好或置于发芽盘催芽,每天用温水淘洗;播种时,还要注意播种的深度和覆土的厚度、质量等。

4. 光照　种子发芽时,水分、温度与氧是必要条件,对所有蔬菜都没有例外。但是,某些蔬菜在种子发芽时还要有一定的光照条件。光照不是所有蔬菜种子发芽都需要的;有些蔬菜则恰恰相反,在有光条件下对发芽有抑制作用。按照种子发芽对光的要求,可将种子分为 3 类(田口亮平,1958 年):

(1)需光种子:这类种子在黑暗中不能发芽或发芽不良,而在有光条件下发芽良好,如莴苣、紫苏等。伞形科蔬菜,如芹菜、胡萝卜等也属于此类。

(2)嫌光种子:这类种子在有光条件下,发芽不良,而在黑暗中较易发芽,如葱、韭菜及其他百合科蔬菜的种子。

(3)中光种子:这类种子在有光或黑暗环境中均能发芽,豆类蔬菜种子属于此类。

但是,种子发芽对光的要求,常因品种、种子后熟程度及发芽条件的不同而发生变化。如莴苣种子发芽本是需光的,但有的品种则是嫌光的。

二、普通育苗技术

(一)播种前的准备

1. **育苗设施的选择**　根据育苗季节及蔬菜种类选择适宜保护设施,是培育壮苗的基础。通常在冬季(12月中旬至2月中旬)培育瓜类、茄果类等喜温蔬菜秧苗,宜选用可人工加温的设施,如电热温床、加温温室等;若此期间培育甘蓝、莴苣等好冷凉蔬菜秧苗,则可选用阳畦、春暖棚或冬暖棚等不加温设施,以降低育苗成本。若在秋冬(9月至12月上旬)或冬末春初(2月中旬至3月份),培育喜温蔬菜苗也可采用不加温设施。若在炎夏及秋初时节育苗,无论是喜温或喜凉作物,为培育健壮秧苗均应采用能遮阳、降温、防雨,又可防止病虫危害的设施,如遮阳网、防雨棚、芦苇帘等。

2. **育苗时期**　育苗时期根据保护设备的种类、蔬菜种类、定植露地后的防寒条件、苗期是否分苗(即假植)及分苗次数,以及苗龄等决定。例如,加温苗床晚于保温苗床;茄果类早于瓜类、豆类;定植后能防寒保护可早育苗10~30天;增加1次分苗,增加育苗期5~10天。

秧苗不论早育或晚育,应掌握一个原则,即在定植时苗刚好达到适中苗龄和壮苗标准。决不能赶时间,让苗生长过程加快,形成细瘦的徒长苗,俗称"晃秆或拔秆"现象。也不能过早育苗,让秧苗长期停滞生长,形成小老苗,俗称"僵巴苗"现象。

壮苗的标准有二:一是生态的,即长相;二是生理的,即适应力。

生态标准:枝叶完整无损、无病虫。长势健壮,秆粗、节短、着色深;叶厚、坚挺、色泽浓,保护组织(角质、蜡质)形成较好,叶柄短粗具韧性;根粗壮,枝根发达。正好达到适龄形态标准:果菜类中的茄果类、瓜类的产品器官的初始阶段(花蕾、幼果)已基本完成。茄果类秧苗花蕾明显可见,即待开花;瓜类秧苗4片真叶展足(俗称团棵)。豆类具有1对初生叶和1个真叶。叶菜、花椰菜、莴苣则具有2片初生叶(或基生叶)和1个叶序环。

生理标准:根茎叶中含有丰富的营养物质,束缚水含量多,对露地环境(低温、霜冻、病害、干热风等)的适应性、抗性强,生理活动性旺盛,定植大田后能迅速恢复生长。

苗龄长短受温度和光照强度及光照时间影响很大。如同样的甘蓝苗在华北早春育苗要 60～80 天;夏播苗只 30 多天。甜椒达到开花的苗龄,在氮素丰富及 12 小时光照条件下为 34 天,7～15 小时光照为 37 天,24 小时(电灯照明)为 49 天;缺氮或少氮则苗龄增加,12 小时光照的为 70 天、15 小时为 73 天、24 小时为 97 天,7 小时光照则没有形成花蕾。秧苗的营养面积越小,光照削弱越大,则苗龄越长,而且达不到壮苗标准。

根据当前我国一般的育苗设备,在正常育苗的温光条件下,达到上述壮苗标准的苗龄不计移植前的锻炼天数,依蔬菜种类的不同而介于 20～65 天之间,参看表 1-11。

育苗适期可根据表 1-11 中代表性蔬菜的苗龄,再根据当地的断霜期及蔬菜的耐霜力来推断。喜温性蔬菜以断霜期为准,耐寒性蔬菜以断霜前 30 天为准,先推算育苗所需天数,然后确定育苗具体日期。

表 1-11　几种代表性蔬菜秧苗的苗龄和所需积温数*

| 蔬菜种类 | 生 育 过 程 | | | | | | | | 苗龄(天) | 积温(℃) |
	催芽(天)	积温(℃)	出苗(天)	积温(℃)	子叶期(天)	积温(℃)	苗期(天)	积温(℃)		
瓜　类	1～3	30～90	3	70	7	110～120	20	360～380	31～33	570～660
番　茄	4	130	3	70	8	130	35	685	50	1015
茄子、辣椒	6	180	5	110	8	140	41～44	820～880	60～65	1250～1310
豆　类	—	—	3	80	—	—	17	270	20	350
结球甘蓝、花椰菜	1	22	2	50	5	75	38	684	46	831
结球生菜、莴苣	2	40	3	70	5	75	32	545	42	730
芹　菜	5	100	5	100	10	150	40	680	60	1030

*积温数系按培养秧苗时不同生育期的所需温度推算出的

育苗所需天数＝苗龄天数＋秧苗锻炼天数(5～8 天)＋机动天数(3～5 天)

保温苗床育苗,温光条件较差,育苗天数还应增加。耐寒性蔬菜加 10 天;喜温性蔬菜加 20 天。

3. **苗床面积与播种量的计算**　播种前,应根据各种蔬菜的种植面积,推算出所需苗数,然后计划苗床面积和播种量。表 1-12 列出了一个标准播种畦(实际播种面积是 27 平方米)的播种量,需分苗者所需分苗畦,育出的秧苗能栽植大田的面积,可供在计划苗床面积和播种量时参考。为了保证秧苗充足,防止缺苗被动,苗床面积至少要比计划数增加 30％～

50%作为安全系数,种子最好准备两套,并事先作一下发芽试验,以便心中有数。

表 1-12 主要蔬菜一个标准畦苗床的播种量及可供栽植大田的面积

(何启伟等,1978 年)

蔬菜种类	播种量 (克)	需分苗畦数 (标准畦个)	可栽植大田的面积 (亩)
番 茄	100～125	4	2
辣(甜)椒	200～250	2～3	1～1.5
茄 子	125～150	4～5	6～8
结球甘蓝	100	5～6	2(早熟品种) 3(中熟品种) 5～6(中晚熟品种)
花椰菜	100	5～6	3～4
黄 瓜	100	10厘米×10厘米点播不分苗	0.5
西葫芦	400	12厘米×12厘米点播不分苗	1.5
冬 瓜	150	10厘米×10厘米点播不分苗	1.5
架菜豆	1000～1300	同上	0.5
架豇豆	1000	同上	0.5
莴 笋	100	撒播,间苗,不分苗	2
芹 菜	75	同上	0.2
白 菜	100	同上	0.5～1.0

注:标准畦面积27平方米(22.5米×1.2米)

4. **保护根系的措施** 秧苗在苗床生长期间,根系的吸收表面超过叶子的蒸腾与同化表面达到10倍以上。一旦起苗定植田间,根系有90%以上的吸收表面损失掉,叶表面与根系表面的比例猛烈减小,造成水分供应失调。于是秧苗迟迟不能恢复生长，一般要拖7～15天之久。为了保证移植时不伤根或少伤根，须采用保护根系的育苗措施。特别是瓜类、豆类的根系，很易发生木质化，断根后很难恢复，不耐移植。

（1）营养土块：这个方法最简便易行，省工省料。只要运苗时小心，护根效果并不差。制造土块的技术要点是，用培养土垫床土后，浇以透水。趁水将渗完时，立即用薄板刀按所需土块大小（10厘米×10厘米或12厘米×12厘米）切割床土，并随即用棒或其他工具在土块中央捣一个播种用的穴眼，深约0.5～1.5厘米，根据所播种子大小而定。土块也可用特制机械压制，近代的机动压块机，每小时可压制1800～3900个营养土块。

土块也可在秧苗移植前6～7天，在苗床切割。

（2）纸杯：这个方法的护根效果较土块好，取苗、运输时不易松动根系。但制作较费工，排杯到苗床也费时间。

纸杯可利用旧报纸一裁8～12张，用手折叠制成。杯高8～10厘米，直径7～9厘米。杯内装满培养土后放置苗床，要注意使杯高矮一致，杯间空隙要填上土。播种或分苗前要先浇透水，再播种或分苗。覆土时要注意盖土严密，不要让纸杯边缘暴露出来。否则纸杯中土壤的水分，通过纸的毛细管蒸发损失，造成杯土干燥，秧苗发育不好。

（3）草钵：这是杭州菜农利用稻草制成的一种育苗钵。制钵时先取长33厘米左右的稻草20余根，将中部用草扎结紧。把草束作扇形散开来，压入搪瓷钵或陶土钵的模具中，使草均匀分布并紧贴于模具底部和周壁。随即装入培养土，高出模具口约1.5厘米。最后在近模具口处用草箍住，把稻草连同土一起提出模具，就制成了草钵。

装草钵所用土要干湿适宜，并分2次装填。第一次约填一半,要压紧,使钵牢固,第二次只稍压实钵边便可,而且有利于扎根。

近年来我国各地已开始推广利用塑料钵进行育苗,苗钵可以长期使用,方便而省工。

5. **培养土的调制** 培养土最好用肥沃的大田土,不用菜园土调制,以避免重茬和将病原物、虫源带入苗床。可以用充分腐熟的圈肥、马粪,或沤制好的堆肥、用过的温床酿热物等,有条件的可以使用草炭土。以上述材料为主体,再配合一定数量的经过腐熟的大粪干、鸡粪,以及过磷酸钙、草木灰等。土质过于粘重或有机质含量极低时(不足1.5%),应掺入有机堆肥、锯末等;土质过于疏松的,可增加牛粪或粘土;盐碱地要更换土壤,保持床土 pH 值在6~7的范围内。

培养土的调制比例:肥沃的大田土6~7份,腐熟的马粪、圈肥、堆肥3~4份,混合,过筛后每立方米混合土中,另加入腐熟捣细的大粪干或鸡粪15~20千克、过磷酸钙0.5~1千克、草木灰5~10千克、50%多菌灵粉剂80克,充分拌匀。

利用草炭土做培养土,可按草炭土40%、腐熟马粪30%、腐熟大粪干10%、肥沃大田土20%的比例配制。

培养土中切忌施用未经腐熟的生粪、饼肥,也不要施用硫酸铵或碳酸氢铵等化学肥料。

培养土调制后即可填入床内,或装入营养钵内,待播种。

培养土在苗床中的铺垫厚度,播种床5~8厘米;分苗床10~12厘米。

6. **种子处理** 为确保种子发芽迅速、出苗整齐,对播种用的种子应先做发芽率和发芽势的检验。播种前还要对种子进行处理。

(1)种子消毒:蔬菜种子在采种过程中常常感染和携带各

种病原物,带病原的种子会传染给幼苗和成株,而导致病害的发生。因此,播种前应对种子消毒,以减少病害的最初侵染源,特别是对于由外地引进的种子更应进行消毒处理,以减少危险性病虫害的传入。常规种子消毒方法有:

①高温烫种:此法简便易行,并有一定效果。烫种一般可结合浸种进行。

②药液浸种:常用的药剂有磷酸三钠、高锰酸钾、福尔马林等。如番茄、辣椒种子用10％磷酸三钠液浸种20分钟,或1％高锰酸钾溶液浸种20～30分钟,可以钝化种子上带的病毒;1％硫酸铜溶液浸种5分钟,可防辣椒炭疽病和细菌性斑点病。茄子种子用福尔马林100倍液,浸种15分钟,可杀死黄萎病菌。黄瓜种子用福尔马林100倍液浸种20～30分钟,或2％～4％的漂白粉溶液浸种30～60分钟,或0.1％多菌灵浸种20～30分钟,可防止枯萎病。菜豆、豇豆用福尔马林200倍液浸种30分钟,可防止豆类炭疽病。

使用药水浸过的种子,须用清水冲净药液后,方可继续用温水浸种或播种。

③药剂拌种:茄子、辣椒、黄瓜立枯病,可用70％敌克松粉剂拌种,用药量为种子重量的0.3％～0.45％。菜豆用50％福美双拌种,可防叶烧病,药量为种子重量的0.3％。

拌过药的种子可直接浸种、催芽、播种。

(2)浸种催芽

①浸种:浸种的目的是使种子充分吸水,但要防止水温过高烫死种子,或浸种时间过长使种子窒息死亡。主要蔬菜种子的浸种方法是:番茄、辣椒、黄瓜、西葫芦等蔬菜种子,一般用50～55℃温水浸种,种子放入温水后要不断搅拌,水温降到30℃时停止搅拌,浸泡3～4小时。种皮厚、吸水困难的冬

瓜、茄子种子,可用 70～80℃ 的热水浸种,但一定要不断搅拌,水温降到 30℃ 时停止搅拌,冬瓜需浸泡 10～12 小时,茄子 6～8 小时。结球甘蓝、花椰菜、菜豆、豇豆等蔬菜种子的种皮薄,易吸水,可用 20～30℃ 的水,浸种 1～2 小时。种皮易生粘液的种子,如茄子,浸种后要在清水中搓洗干净。种皮较厚的种子用 55℃ 以上的温水浸种,还可以把附着在种皮表面的部分病原菌杀死,兼有消毒作用。

②催芽:浸种后,需要催芽的种子,可先摊开使种皮表面的水分散发,改善催芽期间的通气状况。然后用洁净的湿布或布袋包好。冬春季育苗的置于温暖处或恒温箱中催芽;夏秋季育苗可放在室内洁净的容器中催芽;个别需要低温发芽的种子,需置于温度较低处催芽。

一般喜温蔬菜种子催芽期间的适宜温度为 25～30℃,最低温度不宜低于 10～12℃。催芽期间每天用 25～30℃ 的温水淘洗种子。喜冷凉蔬菜催芽期间的适宜温度为 20℃ 左右。需要变温处理的种子,按变温处理的要求进行。当大部分种子露白时,是播种的适宜时间。

(二)播 种

1. **撒播法** 冬春季育苗,要选择晴暖天气的上午播种;夏秋季育苗宜于傍晚播种。播种前苗床要浇底水,早春育苗,底水要提前几天浇灌,浇后有一定时间"烤畦",提高床内地温。为使已催芽的种子播于湿土上,播种前可再喷点温水,以湿润床面;如床面过湿,可在床面上先撒一薄层细土。

适于用撒播法播种的蔬菜有番茄、茄子、辣(甜)椒、结球甘蓝、花椰菜、莴笋、芹菜、白菜等。撒种前可将种子掺上部分细湿土,以使播种均匀。播后覆盖细土,厚度一般为 1.0～1.5厘米。

2. **点播法** 黄瓜、西葫芦、西瓜、甜瓜以及豆类蔬菜用点播法。用营养钵等容器育苗的,可把营养钵排放于苗床内,浇足底墒水,把种子播于容器中央,每钵内播已发芽的种子 1～2 粒。采用方块育苗的,把培养土填入床内,耙平踏实,浇底水,按 10 厘米×10 厘米见方,用刀切方块或只划出方格,每个方格中央播 1～2 粒种子(豆类播 3～4 粒)。随播种,随用少量细土盖严种子,全畦播完后覆土。覆土厚度:瓜类蔬菜 1.5 厘米左右;豆类蔬菜 2 厘米左右。

播种完成后,冬春季育苗时,用地膜覆盖于床面(开始出苗时揭去),其上不用压土。同时,把畦上的塑料薄膜等透明物覆盖好,四周用泥把薄膜边缘封好。夏秋育苗,需遮荫降温者,苗床上搭盖遮阳网。

(三)苗床管理

1. 发芽期管理

(1)播种后至出苗阶段的管理:从播种至出苗 60% 属于发芽期的第一阶段。此时对环境条件的要求是充足的水分、较高的床温和良好的通气条件。苗床管理的重点是温度管理。在冬春育苗中,喜温性蔬菜床温控制在 25～30℃;喜冷凉蔬菜以 20～25℃ 为宜。如果温度适宜,则出苗较快;反之,则拖延出苗时间。因床温低,拖延出苗时间越长,秧苗越弱。在苗床温度管理上,有加温设备的苗床,可严格控制床温;没有加温设备的苗床,主要通过不透明覆盖物的管理来提高畦温。前者应注意防止床温过高,后者注意防止床温过低,此时一般不通风。

夏秋育苗,温度管理主要是降温。在湿度管理上,一是防止畦面失水干裂,要注意喷水;二是防雨,雨前应在床面上加盖防雨棚,床面还要防止积水。

（2）从子叶微展到第一片真叶显露阶段的管理：此阶段是发芽期的第二阶段，幼苗由依靠种子贮藏营养转向独立自养的过渡阶段。苗床管理的重点是适当降低床温，进行第一次幼苗的低温锻炼。目的在于控制下胚轴因高温引起的徒长，防止出现高脚苗。同时也要避免床温过低、光照不足、湿度较大而引起的苗期病害。茄果类、瓜类蔬菜床温白天控制在 20℃左右，夜间为 12～16℃，甘蓝类蔬菜可稍低一些。方法是自 60%苗子出土起逐步开始通风。晴天中午向床面撒细干土降湿保墒，填补出土造成的裂缝。加温温床要严格控制加温时间，不使床温偏高。

2. 幼苗期管理

（1）分苗前的管理：从破心到 3～4 片真叶展开是幼苗期的第一阶段。在这一阶段内，秧苗单株生长量较小而生长点在大量分化叶原基，番茄、辣椒、黄瓜、西葫芦等蔬菜的幼苗苗端开始花芽分化。因此，管理上的原则是：保持秧苗营养体的正常生长，促进叶原基的发生和花芽分化。

苗床的温度控制，喜温性蔬菜白天为 20～25℃，夜间 13～16℃；喜冷凉蔬菜白天 18～22℃，夜间 8～12℃。应给以较强的光照强度和较长的光照时间。在管理方法上，主要是早揭晚盖不透明覆盖物；适当加大通风量和通风时间；早间苗，保持合理的密度；向床面撒 1～2 次细干土，不使畦面龟裂，减少水分蒸发。

夏秋季育苗床还要及时拔除杂草，喷药防治病虫害，并向畦面喷水降温。

在早春育苗中，分苗是改善秧苗光照和营养状况，培育壮苗的重要措施。必须进行分苗的蔬菜有：番茄、茄子、辣（甜）椒、结球甘蓝、花椰菜等。分苗前 3～5 天，适当降低床内温度，保持在适宜温度的下限,进行分苗前低温锻炼。分苗要选晴暖天气进行。分苗前一天向床内喷水,以利起苗。分苗畦采用阳畦的,整畦方法和营养土配制,可同播种畦。容器育苗,要提前准备培养土或培养基质,并装钵。分苗的株行距,茄果类蔬菜为10厘米×10厘米,甘蓝类蔬菜为8厘米×8厘米。

采用水稳苗法分苗,即先在分苗畦内按行距开深和宽各6～8厘米的沟,用壶在沟内浇水,将苗按株距贴在沟边,水渗后覆土将苗栽好。分苗后立即覆盖塑料薄膜,并密封,以尽量提高畦温,促进秧苗扎根缓苗。如在中午烈日下秧苗发生萎蔫,可覆盖少量苇毛苫或草苫遮花荫,午后揭开,至中午秧苗不再萎蔫时止。

瓜类和豆类蔬菜不分苗,这一阶段结束即可定植。定植前7～10天在床内浇水切块,夜间适当降温,定植前进行低温锻炼。

(2)成龄苗阶段的管理:这是幼苗期的第二阶段。时间是从分苗到定植前。用阳畦分苗的需要30～40天。在此阶段内,秧苗要完成总生长量的90%以上。更为重要的是,早期产量的花芽均在此期分化,如番茄从第三片真叶展开,条件适宜时,每2～3天可分化一个花芽,成苗阶段可完成第四穗花的花芽分化。而花芽分化的多少,花芽素质的好坏,均取决于此时期内苗床管理。因此,此期是苗期管理的重点阶段。在措施上,必须给以适宜的温度,充足的光照和良好的营养条件。适宜的苗床温度:茄子、辣(甜)椒白天25～30℃,夜间15～18℃,地温20℃左右;番茄白天20～25℃,夜间13～15℃,地温18～20℃;结球甘蓝白天20～25℃,夜间10～12℃。

在管理上,要根据天气情况掌握揭盖不透明覆盖物的时间,尽量争取早揭晚盖,延长光照时间。根据床内温度状况掌握通风时间和通风量;特别要注意夜间床内温度的变化,前期防止夜温偏低,中、后期防止夜温偏高。

此阶段容易发生的问题,一是由于光照不足,夜温偏高,氮肥过多和土壤水分过高,形成徒长苗,其形态表现为茎细长,叶变薄,叶色变淡绿,节间明显加长,根系发育不良。这种徒长苗,花芽分化和发育都差,花芽数量也明显减少,移栽后缓苗期长,易落花,不易获得高产。二是由于控制过度,幼苗生长发育受到过分抑制,形成老化苗。主要原因是夜温偏低,床土水分明显不足。其形态、表现与徒长苗相反,节间短、叶量少、叶片小,秧苗生长速度慢,严重者停止生长。老化苗定植后生长缓慢,易落花落果,产量也低。

苗期一般不追肥,为了补充秧苗的营养,可视苗情进行根外追肥。一般喷施浓度为 0.2% 的磷酸二氢钾溶液;如苗叶色偏淡,可混合 0.2% 的尿素溶液一起喷施。苗期喷 2~3 次即可。

夏秋季育苗,成苗期主要是做好防雨和雨后防积水,还要做好喷药防治病虫害,主要虫害有蚜虫、白粉虱、菜青虫等。黄瓜、番茄苗还可喷 1~2 次 83 增抗剂防治病毒病。

(3)移栽前的锻炼:早春育苗对秧苗移栽前的锻炼是苗床管理的最后一个环节。目的在于增加秧苗对大田栽培环境的适应能力。方法是在定植前 7~10 天逐渐降低苗床温度,加大通风量,逐渐撤除床面覆盖物,直到定植前 3~4 天全部撤除覆盖物,使育苗场所的温度接近栽培场所的温度。采用营养土块育苗的,可结合浇水切块一齐进行。在大棚内育苗,大棚定植的秧苗,由于育苗环境与栽培环境变化不大,可以稍行锻炼。

秧苗通过降温进行锻炼,会引起秧苗形态、生态、生理发生适应低温、冷风和断根后失水等一系列的变化：①生长速度减慢，光合作用的产物合成/消耗比值猛增，而大量物质积累；茎、叶组织的纤维增加，增强了抗风性。②茎叶的表皮增厚，有分泌物(角质、蜡质)沉积，使蒸腾量大大降低，在阴天下降 1/2 以上，在晴天下降 1/5～1/3，从而使抗旱和抗风能力增强。③细胞液的亲水胶体增加，自由水量相对减少；淀粉部分转化为还原糖，使细胞液浓度提高，结冰点降低 $0.2℃$ 左右。④锻炼苗根系恢复生长较快，使还苗速度加快，秧苗锻炼的最终结果是获得蔬菜早熟高产。

但锻炼也不可以过度。否则，轻者造成缓苗缓慢，以及茎叶组织过度老化，缓苗后长时间也不发棵；重者造成"僵巴苗"或老苗。果菜类如黄瓜常发生顶部枝的节间聚缩，叶片变小，使花丛聚于顶端，俗称"花包头"。又如番茄第一花序发生残缺，花朵变得细小缩短，或几个子房聚合 1 块形成复房花，俗称"狮子头"等畸形。锻炼过程一般用 7～8 天完成。

秧苗定植前 1～2 天浇透水，以利起苗带土。同时为减少病害发生，喷一次防病农药，结合根外追肥。起苗时注意根、茎部分有无病状，见有病害侵染，应坚决予以淘汰。

3. 早春育苗期间灾害性天气的苗床管理

(1)阴冷天气：冬、春季节常有连续阴天的寒冷天气。采用阳畦育苗，遇到这类天气，若认为天冷、无阳光，而连续几天不揭不透明覆盖物，一旦天晴再突然揭开，常常发生严重倒苗。这是因为秧苗在较长时间的黑暗环境中，体内营养物质消耗很大，秧苗十分虚弱，晴天后突然揭开，秧苗根系吸收的水分少于蒸腾，所以会萎蔫，以至死亡。再者，苗床内施有大量有机肥料，分解中会产生一些有害气体，秧苗呼吸也会产生较多的二氧化碳，几天不揭苫、不透气，会因有害气体积累过多，而使秧苗的呼吸作用受到抑制,引起中毒。

遇连续阴冷天气,在苗床管理上,苇毛苫等不透明覆盖物应适当晚揭早盖,以利保温,使秧苗增加散射光。揭苫后,如果畦温不下降,就不要急于盖苫;揭苫后,若畦温上升,可在下午3时前后盖苫;揭苫后,若畦温下降,可随揭随盖,或趁午间气温较高时,揭苫后略等一会再盖。另外,遇连续阴冷天气时,须加强夜间保温,可以增加覆盖物。在阴冷天气时,可以不通风。

(2)雪、雨天气:白天开始下雪时,要立即覆盖苇毛苫等不透明覆盖物,停雪后立即扫雪。如果夜间降雪,翌日雪停后马上扫雪,并及时揭开苇毛苫等不透明覆盖物。遇到连续阴雪天,不管雪停与否,都要及时扫雪,并趁午间雪暂停时揭苫,或随揭随盖,且不可数日不揭苫。连续阴雪天骤然转晴时,揭苫后要注意观察苗情变化,若发现秧苗有萎蔫现象时,要立即覆盖苇毛苫,待秧苗恢复正常后再揭开,萎蔫时再盖上,恢复后再揭开。经如此揭盖管理,约2~3天后,即可转为正常揭盖。遇此种情况,若不采取盖苫遮荫措施,极易造成倒苗。

育苗中后期,有时遇上雨天。一般说来,白天开始下雨时,可暂不覆盖不透明覆盖物,避免淋湿。如果傍晚雨还不停,而且温度又偏低时,则应盖苫,最好在苫上面盖一层薄膜防雨。如果夜间温度不低于5~8℃,也可以不盖苫。一定要避免雨水淋入畦内,以防影响秧苗生长发育。

(3)大风天气:不论是南风还是北风,凡遇大风天气,白天要注意把塑料薄膜固定好,以免被风吹跑。傍晚盖苫时,要注意顺风向压盖苇毛苫,必要时加盖一层草苫,并将四周压好,防止夜间大风吹跑覆盖物,使苗受冻。

北风天气时,因有风障挡风,如果天气晴朗,仍应适当通风,避免畦温过高。

育苗中后期遇南风天气时,因气温往往偏高,常因急于通风或不注意通风口方向,使风直接吹入畦内,造成伤苗。遇此情况,可在育苗畦的里口通风。另外,大风天气还要注意将薄膜固定好。

(4)中午前后有云天气:进入 3 月份,中午前后阳光较强,苗床内温度变化较快。如果午前为有云天气,常因畦温不高,不行通风;当云过日出,床内气温会迅速上升,如果通风不及时,出现秧苗有萎蔫现象时,不要急于通风,要先降温,后通风。方法是,先用苫子覆盖床面,秧苗恢复正常后再通风。如果未发现秧苗萎蔫,应及时通风。育苗中后期秧苗较高,接近塑料薄膜时,还要注意防止中午前后阳光强烈烤伤秧苗。

三、嫁接育苗技术

(一)嫁接育苗的意义

采用嫁接技术培育蔬菜秧苗的方法称为嫁接育苗。嫁接育苗的优越性在于,既能保持接穗的优良性状,又能发挥砧木的某些有利特性。如砧木对某些土传病害有较强的抗性,对某些不良环境条件有较强的适应性,其根系特别发达,对养分、水分吸收功能或代谢功能较强,从而使嫁接苗获得抗病、早熟丰产的特性。80 年代以来,各地广泛地运用这一技术,以黑籽南瓜为砧木,以黄瓜、西葫芦为接穗和以葫芦或黑籽南瓜为砧木,以西瓜为接穗的嫁接育苗,取得了极大的成功,基本上控制了黄瓜、西瓜因连作引起的枯萎病的危害,发病率控制在5％以下,产量提高 20％以上,采收期提前 5～7 天。特别值得提出的是,嫁接育苗已经成为冬暖大棚越冬茬黄瓜成败的关键技术之一。在茄果类蔬菜上,由于缺乏较好的砧木,目前尚少被生产者所采用。

(二)嫁接的技术原理

嫁接时,接穗与砧木结合。同时,两者切口处的输导组织相邻的细胞也分化形成同型组织,使输导组织相连,进而形成新个体。嫁接育苗,主要是利用砧木的根系。因此,在愈合成活后,要切断接穗的根系,还要注意不使接穗产生不定根伸入土壤中去。否则,接穗仍将感染土传病害,使嫁接无效。还有,要去除砧木的所有叶片,不使其制造养分,否则会影响接穗的果实品质,失去商品价值。

提高嫁接成活率是培养嫁接苗的关键,除了严格按嫁接要求操作外,还应注意以下几个因素:

一是选择亲合力高的砧木。这是确保嫁接苗成活的最基本条件。亲合力的强弱与接穗、砧木两者的亲缘关系远近有关,近者则强,远者则弱或不亲合。

二是培育健壮的接穗和砧木苗,使其具有较强的生活力。壮苗生活力强,嫁接成活率就高;反之,弱苗、徒长苗则不易成活。

三是根据当地嫁接时的气候条件选用适当的嫁接方法。

四是加强嫁接苗的管理,特别是苗床温湿度的管理,为愈伤组织的生成创造适宜条件。

(三)砧木的选择

良好的砧木首先是必须具备与接穗有较好的嫁接亲合力;其次是根据不同的嫁接目的选用具有特殊性状的砧木。目前生产上通常使用的砧木有:黄瓜、西葫芦的砧木为黑籽南瓜,青岛市农业科学研究所分离选育的拉瓜"拉-7-1-4"也是黄瓜的良好砧木。适于作西瓜的砧木有黑籽南瓜、新土佐南瓜和葫芦。根据国外的报道,英国、荷兰已育成多抗性番茄砧木材料,如抗病性砧木 KVFN,可以抗褐色根腐病、萎蔫病、枯萎病、线虫病等病害。日本农林省园艺试验场兴津分场育成BF 兴津 101 号番茄砧木,能抗萎蔫病和青枯病。意大利用红茄作茄子的砧木,日本高知园试验场育成黑铁一号茄子砧木,均可控制枯萎病的发生。

(四)嫁接方法

黄瓜嫁接苗(包括西葫芦、西瓜等瓜类蔬菜),主要有插接法和靠接法两种。其操作技术要点如下:

1. **苗床和播种** 砧木用营养钵育苗,钵体直径不少于 10 厘米,高 10 厘米,装好营养土后紧密排放在苗床内,每亩大棚需占苗床面积 50 平方米。苗床设置视栽培茬口而定,越冬茬黄瓜、西葫芦可在定植大棚南侧;冬春茬大棚黄瓜、西葫芦、西瓜应在大棚内建电热温床。

接穗苗用育苗盘育苗,培养基质可用炭化稻壳或粮田土和清洁河沙各半混合,每立方米中加入 1 千克氮、磷、钾复合肥,配好后装入盘中,厚度 5 厘米。

播种期根据茬口要求的日历苗龄而定,比自根苗的播种期提前 5～7 天。

为使砧木苗与接穗苗的大小便于嫁接,两者的播种期要加以调整,如黄瓜,以砧木苗为准,接穗苗的播种期,采用靠接法,则提前 5 天;采用插接法,则延后 4 天。

砧木和接穗种子,在播种前按一般种子处理要求进行消毒、浸种、催芽。砧木苗每钵播种一粒种子,接穗苗按 2 厘米×2 厘米距离点播。播后苗床管理同一般育苗。

2. **嫁接** 嫁接应在只有散射光和湿度高的环境中进行。嫁接时苗子叶的形态指标:靠接法,砧木苗 2 片子叶展平;黄瓜苗 2 片子叶展平,第一片真叶出现。插接法,砧木苗第一片真叶与 2 分或 5 分硬币相同大小;黄瓜苗 2 片子叶展平,第一片真叶冒出至展平前。

靠接法:将砧木苗营养钵放在方凳上,用新刀片将其生长点挑去,再用刀片顺子叶下方 0.5 厘米处向下斜削一刀口,角度为 40°左右,深为胚轴粗度的一半,长约 1 厘米。然后在黄瓜苗(嫁接前从苗床带根拔出,用清水冲洗去床土,放于碗中,用湿布覆盖备用)子叶一侧下方 1.5～2.0 厘米处向上斜削一刀,深及胚轴的 2/3,长度 1 厘米,将黄瓜苗切口插入砧木苗的切口内,两者的切口要相互吻合,黄瓜苗的子叶要略高于砧木苗子叶,并呈十字状,再用嫁接夹子夹住,把黄瓜苗的根用土埋入砧木苗旁。

插接法:先将砧木苗的生长点用细竹签挑去,再用竹签自一片子叶内侧向另一片子叶下方斜插一孔,深度要达到另一侧表皮,约为 0.5 厘米,但不要插破表皮。砧木苗带竹签放在嫁接工作台上,然后选取黄瓜苗,其胚轴粗度与竹签相同。把黄瓜苗从子叶下 0.5 厘米处,顺子叶向下斜削一刀,深达胚轴的 2/3,然后在对应侧再削一刀,削成楔子形,长约 0.5 厘米,立即将砧木苗中的竹签拔出,把削好的黄瓜苗插入孔内,两者要密切吻合,4 片子叶交叉呈"十"字形。

3. **嫁接后的管理**　边嫁接,边把接好的苗整齐地排入苗床中,边用细土填好钵间缝隙,边扣棚膜,每排满 1 米,即开始灌水,全畦排满后,封好棚膜,白天覆盖草苫遮荫。

嫁接后 3 天内苗床不通风,棚内温度,白天保持 26～28℃;夜间保持 18～20℃。湿度保持在 90%～95%。3 天后视苗情,以不萎蔫为度,进行短时间少量通风,以后逐渐加大通风。放入苗床后的 3～5 天内,晴天早、晚要揭去草苫,使苗子见散射光,其余时间盖好草苫遮荫。

嫁接苗以黄瓜长出新叶为成活的标志,一周后接口即可愈合。靠接法嫁接后 10 天左右,先切断黄瓜的根,再过 3～5 天再拿掉夹子。

番茄、茄子可用靠接法,茄子还可用劈接法。番茄靠接在秧苗 4 片真叶期进行,在第一和第二片真叶处切切口,方法与黄瓜相同。

茄子劈接法,在砧木和接穗苗 3～4 片真叶时进行嫁接。先把砧木苗在第二片真叶处切断,再用刀把茎劈开;接穗苗保留 2 片真叶和生长点,用刀片削成楔形,楔形面长度 1.5～2 厘米。插入砧木切口中,用夹子固定。

番茄和茄子嫁接育苗,砧木和接穗同期播种,可用育苗盘育小苗,嫁接后栽入营养钵内育成苗。播种期要比自根苗播期提前 10～15 天。

四、露地育苗技术

露地育苗技术措施大都与保护地育苗相近,因此本节仅讨论它们之间相异要点。

(一)露地育苗的目的

一般都因有前茬蔬菜或其他作物不能腾出地来,为了抢种一茬蔬菜,或能适时种上后茬蔬菜,必须进行育苗。如高架番茄、豆类、黄瓜之后的大白菜、甘蓝等的育苗;小麦后的茄子、辣椒或晚稻后的甘蓝等的育苗。

苗期占地较长的蔬菜,如大葱、韭菜、洋葱、甘蓝类等,为便于集中管理,节约占地时间,大都露地育苗。

苗期会遇到烈日高温或热雨倾注的天气,以及冬季长期酷寒天气,为避免灾害,安全育苗,也常用露地育苗。如春莴苣、春甘蓝的秋后育苗;秋莴苣、夏播花椰菜、小白菜、芹菜、秋番茄等都忌高温和热雨,需防涝和遮荫保护秧苗,防止过热,才能安全渡过苗期,常露地育苗。

结球生菜遇长日照,加上高温,极易抽薹。为提早秋播,需给予 8 小时的短日照处理 20～30 天(子叶期至 2～3 叶),控制花芽分化,防止先期抽薹。6 小时日照则叶薄、徒长;9 小时则仍有过早抽薹问题。

露地育苗往往和大田栽培不分,如芹菜、洋葱、莴苣、辣椒、小白菜等,常在间苗时利用间出来的苗栽培。苗在畦内的称"老苗",养苗或取苗的畦叫"老苗畦"。

(二)露地育苗季节的确定

露地育苗时期的限制因素,温度是主要的,特别是低温、严寒。所以在我国各地露地育苗季节变化很大,确定的原则概括起来大致有以下几点。

1. **春夏蔬菜** 包括春菜和接早春促成菜后的夏菜及夏秋菜。这茬菜的露地育苗期,对耐寒性菜类如芹菜、莴苣、甘蓝、韭菜、大葱、洋葱等,除东北 3 省和青、疆、蒙、甘、宁等西北高原地区都在早春土壤解冻后播种外,从北向南由白露、秋分延至冬季播种。这类菜在秋冬的播期,一定要严格掌握好,防止先期抽薹。在长期严寒的北方地区,越冬苗要有一定的大小,过大过小都会遭受冻害。在华北地区,这类菜中的甘蓝、葱类、韭菜、芹菜,也可在当地严霜结束后土温稳定在 7～8℃时育苗。

耐热性菜类如辣椒、茄子、高架番茄、瓜类、蔓性菜豆、豇豆等,育苗期掌握在断霜前 10 天左右。

2. **秋冬蔬菜** 包括大田主栽的秋冬蔬菜,如白菜类、芹菜、莴苣,和接替夏菜茬的如瓜类、豆类、茄果类、甘蓝、大葱等茬之后的秋冬菜,以及延迟栽培的果菜类如番茄、黄瓜等。这茬菜的育苗期应掌握在定植适期或接茬期之前育苗。小白菜提前 20～30 天；大白菜、莴苣、结球甘蓝、黄瓜、西葫芦 30 天左右；花椰菜 40 天左右；芹菜 60 天左右；韭菜、葱 90 天左右。

(三)露地育苗的设施

露地育苗畦一般同露地畦，热雨季节要采用高畦，注意排水。早春露地培养喜温蔬菜，为增加气温、土温和稳定气流，可以设临时风障，甚至出苗前铺盖薄膜，夜晚加盖草栅。在热雨季节养苗，可设置防雨棚；干热季节育苗可设置遮荫设备，如遮阳网、架设倒风障、芦帘、尼龙纱等。炎夏培育番茄、芹菜、莴苣的秧苗，常因土温过高引起秧苗根系不舒展，抗性削弱，易染病毒病害。为了降低土温，人们在生产实践中，创造很多好办法。如利用耐热速生菜与番茄混播；行间铺盖碎草；在瓜架、豆架之下养苗；在耐热性夏菜如茄子的宽大行间养苗，兼收降低土温和遮荫的效果。

为控制过早抽薹而进行短日照处理，还需设置暗箱。

(四)播种技术

播种前苗畦要经过充分翻晒，并施足有机肥。播种要掌握天气，选在雨后晴天。切忌在大雨将来临时播种，否则会冲走种子或因土壤板结而闷坏种子，或泥土淤积种子而影响发芽。

播种前先耙平土面，按前述播种方法，或用干播法，或用湿播法。

夏季遇到连绵阴雨天气，对喜红光发芽的芹菜、莴笋、结球莴苣等种子，可直接撒播干籽，无需覆盖。待天晴时刻，再扬撒细土覆盖。

(五)苗期管理

及时做好匀苗工作，以苗不互相接触为原则，保证秧苗充分照光。苗期浇水后或雨后，要注意中耕松土，不便中耕时要经常浇水保持湿润。中耕结合锄草，务求干净彻底。

提早培养的秧苗,为防止定植时苗体过大,可进行 2 次分苗,如在四川成都秋冬培养的春甘蓝苗,在济南夏季培养的秋花椰菜。南方对茄果类露地育苗是分苗 2 次甚至 3 次。西洋芹菜苗期需 3 个月左右,需行 2 次分苗。2 次分苗可促进侧根大量发生。但分苗次数 3 次以上,反而影响苗后期生长,造成减产。2 次分苗者,第一次在 2～3 叶;第二次在 5～7 叶。

夏季育苗,雨涝天气要注意及时排水;炎热干旱天气,可在中午前后喷撒井水冲凉。要控制好病虫灾害。

杂草滋生是夏秋育苗的大敌,必须及时除净。最好在播种后出苗前,喷洒除草剂。

五、初级工厂化育苗技术

工厂化育苗,又称快速育苗,是利用初级育苗工厂人为控制催芽出苗、幼苗绿化、成苗和秧苗锻炼等各阶段的环境条件,按规定流程育苗。其特点是育苗时间缩短,产苗量大,秧苗素质好,适于大批量商品化的秧苗生产。目前各地的育苗工厂设备还比较简陋,多是利用现有塑料大棚或简易温室加以改造而成,管理和环境控制仍以手工操作为主。其机械化、自动化和秧苗商品化的程度仍然较低,为区别于国外现代化育苗工厂,故称为初级工厂化育苗。

(一)育苗设施

主要有催芽室、绿化室、分苗室以及分苗用的大棚或阳畦,还有一些必要电器设备等。菜田为 6.7～16.7 公顷的生产规模,春季栽培黄瓜、番茄、茄子、辣(甜)椒等蔬菜所需秧苗可参照下述要求建育苗工厂。

1. **催芽室** 催芽室是种子播种到发芽出苗的场所。目前使用的催芽室多是在温室的一角搭建。催芽室内部空间容积 6～8

米³,长、宽、高分别为 2 米、1.5 米、2 米。墙体用砖砌成,墙为中空,内填保温隔热材料。设两道拉门,宽 60～70 厘米,高1.6～1.7 米。室内设 2 厘米×2 厘米角钢或木制层架,层间距 15～20 厘米,为放置育苗盘用。底层距地面 30 厘米。室内地面安装 2～3 只功率为 1000 瓦的电炉,炉上盖多孔铁板。在一只电炉上放置一个盛水的锅,通过水蒸发保持室内湿度。电炉由控温仪控制。室顶部安装一只电扇,促使室内空气对流,使温度均匀。在风扇前面设置挡风板,防止强风直吹苗盘。

育苗盘规格:长宽为 40 厘米×30 厘米,高 5～6 厘米。每个催芽室一次可放育苗盘 120 个,可供 1.33 公顷茄果类蔬菜田用苗。

一般情况下,通电加温 1 分钟,停电 8～15 分钟,室温保持 28～30℃,相对湿度保持 85%～90%。

催芽室也可建在分苗室或绿化室内。容积在 1.4 米³ 左右(1 米×0.7 米×2 米)。四壁可用双层玻璃制成,室内设电炉 1 只,功率 1000 瓦,只在夜间加热,称作移动催芽室或催芽箱。

2. **绿化室** 主要用于小苗见光绿化和锻炼。在绿化室内育成小苗。绿化室多为温室或单坡面大棚。绿化室要求有充足光照和适宜的温度,保证幼苗按规定进程生长。绿化室面积需要 100～120 米²。

3. **分苗用大棚和阳畦** 主要供分苗或移苗于营养钵后培育大苗的场所。最好用单坡面大棚或中拱圆棚,棚内做成电热温床。也可用风障阳畦,畦内最好装地热线。分苗面积需用地 667～1334 米²(1～2 亩)。需电器设备:控温仪 4～5 台,220 伏、20～40 安交流接触器 4～5 个,1000 瓦地热线 50～100 根。

(二)育苗的操作流程

工厂化育苗(图1-7)根据所采用的育苗基质不同可分

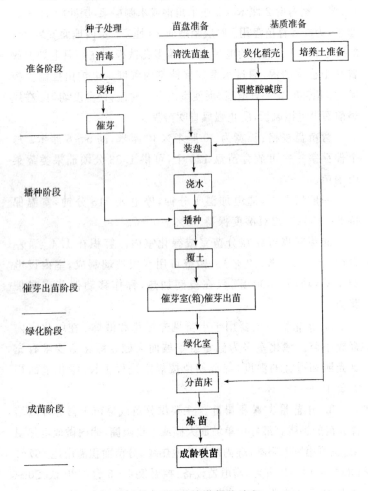

图 1-7　工厂化育苗操作流程

(摘自《山东蔬菜》,1997)

为：一是无土育苗，即育苗期全过程均采用供营养液方法；二是半无土育苗，即分苗前采用营养液培养，分苗后采用营养土育苗。后一方法是根据目前的设施情况和管理水平，同时吸收了无土育苗和培养土育苗的优点，比较切实可行。

第二章 白菜类

白菜类蔬菜在我国分布广泛，栽培面积大，消费量多。大白菜在华北及东北，结球甘蓝在西北、东北、内蒙古等高寒地区可占当地全年蔬菜总消费量的 15%～20%，占冬春蔬菜的 40%～50%。白菜类之所以在蔬菜生产中占如此重要的地位是因为：第一，它们喜温和的气候，而北方温和季节很长，适宜栽培。第二，产量高，生产成本低廉。第三，种类繁多，耐贮藏，对北方冬季的蔬菜供应，繁荣蔬菜市场起很大作用。

白菜类蔬菜在植物分类学上都是十字花科芸薹属的植物。它们分别属于 3 个不同的种。

一是芸薹，包括大白菜、小白菜、乌塌菜、菜薹、薹菜、芜菁等。

二是甘蓝，包括结球甘蓝、皱叶甘蓝、抱子甘蓝、球茎甘蓝、花椰菜、青花菜（木立花椰菜）等。

三是芥菜，包括叶用芥菜、茎用芥菜、根用芥菜等。

根据细胞遗传学的研究，以上 3 个种和同属的其他种各有不同的基本染色体组和不同的染色体数。这一现象是由染色体变异和杂交发生的。染色体组不同的植物之间遗传性差异很大。它们各为独立的种，不易互相天然杂交。

白菜类 3 个种有不同的基本染色体组，也有不同的形态。它们主要的区别如下：

白菜：叶片薄、绿色、无明显的蜡粉、叶缘波状。（AA，n＝10）。

甘蓝：叶片厚、蓝绿色、有明显的蜡粉、叶缘波状。(CC，n＝9)。

芥菜：叶片薄、绿色、无明显的蜡粉、叶缘锯齿状。(AABB，n＝18)。

白菜类蔬菜的生物学特性有基本的共同性，因此栽培技术的要求也基本上相似，但也各有特点。

一是白菜和芥菜起源于亚洲内陆温带地区，甘蓝起源于西欧沿海温带地区。因此，它们都喜温和，最适宜的栽培季节是月均温 15～18℃。多数都有很强的耐寒性，能耐严霜，幼苗甚至可耐短期−8℃的低温，其中大白菜、茎用芥菜和花椰菜等为半耐寒性，只能耐轻霜。它们的耐热性很弱，在旬均温21℃以上的季节生长不良，只有结球甘蓝和球茎甘蓝的一些品种可在较热的夏季栽培。

二是白菜类都是低温通过春化阶段，长日照通过光照阶段的植物，但各种植物通过阶段发育的条件要求和时期不同，大约可分为 3 类：①结球甘蓝、抱子甘蓝、球茎甘蓝对于通过阶段发育的要求比较严格，需要 10℃左右的低温通过春化阶段，也要求 14 小时以上的长日照通过光照阶段，而且植株还必须长到一定大小时才能进行阶段发育，因此它们是 2 年生植物。一般在秋季完成营养生长，经过长期的冬季，到翌年春暖日长时才抽薹、开花、结实。②白菜种和芥菜种的作物植株不需要长到一定大小就可以在 15℃以下的低温下以较少的日数通过春化阶段，并在 12 小时以上的日照下通过光照阶段。因此，它们虽是 2 年生植物，但春播也能在当年开花结实。③以花薹为产品的花椰菜、青花菜、菜薹对阶段发育要求很不严格。它们是 1 年生植物，在播种的当年就可以发生花薹。栽培白菜类蔬菜，掌握它们的阶段发育，防止发生未熟抽薹现象,是关系到栽培成败的重要问题。

三是白菜类的原产地在温和季节里,雨水多,空气湿润,土壤水分充足,因此它们都有很大的叶面积,蒸腾量很大,但因根较浅,利用土壤深层水分的能力不强,因此栽培时要求合理灌溉,保持较高的土壤湿度(70%～80%)。

四是栽培白菜类蔬菜要求肥沃而保肥力强的土壤,施用较多的基肥和追肥。它们的叶丛很大,特别需要较多的氮促进叶的生长。生长嫩茎和叶球的白菜类需要较多的钾,生长花薹的白菜类需要较多的磷,合理施肥是优质高产的基础。

五是白菜类都以种子繁殖。种子圆形、细小、发芽能力很强,在适宜条件下播种后 3～4 天即可出苗,因此可直播,也可育苗移栽。

六是白菜类有共同的病虫害。主要病害有病毒病、霜霉病、软腐病、白斑病、菌核病、黑斑病、根肿病等。虫害有菜蚜、菜青虫、菜螟、黄条跳甲等。

第一节 大白菜

一、类型与品种

(一)类 型

大白菜亚种可以分为"散叶"、"半结球"、"花心"和"结球"等 4 个变种。这些变种的进化过程,现在尚难肯定,可能是经过劳动人民的培育和选择,由顶芽不发达的低级类型进化到顶芽发达的高级类型而形成的所谓"园艺变种"。

1. **散叶变种** 这一变种是大白菜的原始类型。它的顶芽不发达,不形成叶球,以中生叶为产品。它们的耐寒和耐热性较强,主要在春季或夏季作为绿叶蔬菜栽培。代表性品种有北京仙鹤白、济南小白菜等。

2. **半结球变种**　这一变种植物的顶芽较发达,顶生叶抱合成球,但叶球内部空虚,球顶完全开放,呈半结球状态,植株高大直立。一般以叶球及莲座叶同为产品,它们是耐寒性较强的寒冷气候型,生长期60～80天。现在多分布于东北、河北北部、山西北部及西北等高寒地区。代表性品种有山西大毛边、辽宁大矬菜等。

3. **花心变种**　这一变种植株的顶芽发达,形成坚实的叶球。顶生叶褶抱成球,但叶的先端向外翻卷,翻卷的部分颜色较淡,呈白色、淡黄色或黄色,形成所谓"花心"状态,植株矮小。这一变种是由半结球变种加强顶芽的抱合性而形成的。一般都有早熟性,生长期60～80天,为温暖气候型,较耐热。因为生长期短而较耐热,多用于秋季早熟栽培,于夏末播种,秋季收获。也可用于春季栽培,于春季播种,夏初收获。代表性品种有北京翻心白、翻心黄,济南小白心,北京小杂56等。

4. **结球变种**　这一变种顶芽发达,形成坚实的叶球,顶生叶抱合,因此叶球顶端近于闭合或完全闭合。这一变种是由花心变种再进一步加强顶芽的抱合性形成。这是大白菜的高级变种,栽培最为普遍。这个变种因其起源地及栽培中心地区的气候条件不同而产生3个基本的生态型:

(1)卵圆型(海洋性气候生态型):叶球卵圆型,球形指数(叶球高度÷直径)约1.5;球顶尖锐或钝圆,近于闭合。顶生叶倒卵圆形至阔倒卵圆形,褶抱(褶褶),中生叶倒卵圆形至阔倒卵圆形,披张。多数品种生长期100～110天,少数早熟品种70～80天。栽培中心地区在山东半岛,故为海洋气候生态型,适宜于生长在气候温和而变化不激烈,昼夜温差不大,雨水均匀,空气湿润的气候。代表性品种如山东的福山包头、胶县白菜、青杂中丰等。

（2）平头型（大陆性气候生态型）：叶球倒圆锥形，上大下小，球形指数接近于1，球顶平坦，完全闭合，顶生叶横倒卵圆形，叠抱（叠褶）。中生叶阔倒卵圆形，披张。生长期多数品种为90～120天，少数早熟品种70～80天。栽培中心地区在河南中部，故为大陆性气候生态型，能适应气温变化激烈和空气干燥的情况，适宜昼夜温差较大，阳光充足的环境。代表性品种有洛阳包头、太原包头白、山东的冠县包头、菏泽包头、山东四号等。

此外，在福建和江西等地还有一些特别早熟小型的平头品种，称为"皇京白"。

（3）直筒型（交叉气候生态型）：叶球细长圆筒型，球形指数大于4。球顶近于闭合或尖。顶生叶及中生叶皆阔披针形，中生叶第一叶环及第二叶环半直立。第三叶环和顶生叶一同构成叶球，拧抱（旋拧）。这一习性称为"连心壮"。生长期60～90天。栽培中心地区在冀东，当地近渤海湾，基本上为海洋性气候，但因接近内蒙古，常受大陆性气候冲击，因此它是海洋性和大陆性交叉气候生态型，对气候的适应性强，在海洋性气候及大陆性气候地区均能生长良好，分布地区很广。它们又因有"连心壮"的习性，在肥、水条件较差的情形下也能结球，各地引种颇多。代表性品种有天津青麻叶、玉田包尖、河头白菜等。

以上4个变种及结球变种的3个生态型是我国大白菜的基本类型。此外，它们互相杂交而产生了一些杂种，这些杂种中有些是没有栽培价值的。其中有栽培价值的杂种，经过选育后形成了下列的次级类型：①平头直筒型；②平头卵圆型；

③圆筒型；④花心直筒型；⑤花心卵圆型。

大白菜除了上述的分类系统外,在华北白菜栽培发达的地区还可以按栽培季节分为季节型:春型、夏秋型、秋冬型。

结球大白菜还可按叶球的结构分为叶数型、叶重型和中间型。叶数型的球叶数较多而叶较轻,叶的中肋较薄,卵圆型品种多属此型。叶重型的球叶数较少而叶较重,叶的中肋肥厚,平头型品种多属此型。中间型的叶数和叶重介于上述二者之间。天津、冀东的玉田、丰润等地的直筒型品种多属此型。而唐山的河头品种,则趋向于叶重型。

大白菜还可按叶色分为青帮型、白帮型和青白帮型,主要以叶绿素含量的多少为标准。一般说来,青帮品种比白帮品种抗逆性强,干物质含量较多而水分含量较少,也较耐贮藏。

(二)代表性品种简介

1. **鲁春白1号** 青岛市农业科学研究所育成的春大白菜杂种一代。植株莲座叶较披张,叶球炮弹形,球顶稍尖、舒心,球形指数约 1.70,单株叶球重 2.0～2.5 千克,净菜率70.4％。该品种从播种到收获约 60～70 天,较抗病,冬性较强,适于春季栽培,也可用于早秋栽培。

2. **夏阳** 日本产杂交一代。植株莲座叶半直立,叶球头球形,白帮,单株重 1.5～2.0 千克,净菜率 75％以上,品质优良。该品种耐热,抗病毒病、软腐病等病害。早熟,生长期50～55 天。

3. **天津青麻叶** 莲座叶直立,阔披针形,球形指数 2,叶色深绿,叶缘褶皱,叶面明显皱缩呈“核桃纹”。叶球细长圆筒形。本品种对气候适应性极强,中抗病毒病,对霜霉病及软腐病抗性强。本品种生长习性有“连心壮”的特点,对肥水要求不严格。极耐贮藏。该品种有大核桃纹、中核桃纹、小核桃纹及小小核桃纹 4 个品系,生长期 60～95 天,特点各异。

4. **北京新 1 号**　植株较直立,株高 54 厘米,开展度 64 厘米,叶全缘,直筒状,中高桩叠抱,单株净菜重 4.5 千克,品质好,抗病。生长期 85～90 天。

5. **青杂中丰**　山东省青岛市农科所选育。比对照城阳青增产 20%～64.6%,比福山包头增产 21.3%～33.1%。叶球绿色,卵圆形,中晚熟,生长期 85～95 天。

除此之外,生产上常用的品种还有:春夏 50、北京小杂 56、小杂 65、夏丰(50 天)、夏优 2 号(55 天)、鲁白 8 号(70 天)、鲁白 5 号(75 天)、山东 4 号(90～100 天)、青杂 3 号(95 天)、北京 106(90 天)、北京 100 号、冠县包头、福山包头、城阳青等。

(三)品种选择

栽培白菜要获得高产稳产,品质优良,首先要选择适宜的品种。品种的选择,需要依栽培的具体情况而定,而且也要从供销和消费方面来考虑。

从栽培方面来说,一是要求品种能适应当地的气候条件。一般说来,在海洋性气候地区或温和湿润的内地,宜栽培卵圆型的品种;在大陆性气候地区宜栽培平头型的品种。不过,在一个地区每年的气候也有不同,在一个栽培季节里气候也有变化,因此最好栽培对气候适宜性强的品种。二是各地适于白菜生长的栽培季节常有一定的限度。因为白菜对于各种气候条件,特别是温度有一定的适应范围和适应能力,这就必须在一定的季节内栽培。除早熟品种外,主栽品种的生长期不能超过当地的栽培季节;同时又要能充分地利用栽培季节,不能生长期过短。三是当地土壤肥沃,肥料充足,灌溉条件良好,宜栽培需肥需水多的品种;反之宜选用较耐瘠薄和干旱的品种。四是为了减少灾害的损失,要选用抗病性、抗虫性和抗不良气候能力强的品种。五是为了能密植增产,宜选用莲座较小,或莲座叶直立的品种。六是为了提高商品产量,宜选用净菜率(即叶球重量占全株重的百分率)高的品种。

从商品性来说,一是要求适合当地人民的食用习惯,如叶球形状,叶球颜色,风味等。在加工的地区要适合加工的要求。二是要保证均衡供应,除早熟品种外,主栽品种要有良好的贮藏性,长期贮藏不易腐烂而且不失风味。三是要求形状整齐,便于包装和运输。

从消费方面来说,一是要求营养价值高,干物质含量较多,而水分较少。二是要求适合烹调习惯,煮食的宜质地柔软易熟,炒食的宜质脆。三是要求风味良好,无酸味,少纤维。

二、特征与特性

(一)特 征

大白菜成熟植株有相当发达的根系,胚根形成相当肥大的肉质直根,长5～20厘米,直径3～6厘米。主根纤细,可长达60厘米,侧根发达,多数平行生长,长度也可达60厘米。分根很多,形成发达的网状根系。

在营养生长时期,茎部短缩肥大,直径4～7厘米,心髓发达。到生殖生长时期,短缩茎的顶端抽生花茎,高60～100厘米,花茎上分枝1～3次,下部分枝较长,上部的较短,使植株呈圆锥状。花茎淡绿至绿色,表面有明显的蜡粉。

大白菜的叶有明显的"器官异态"现象,全株先后发生的叶有下列各种形态:

一是子叶。子叶两枚,对生,肾脏形至倒心脏形,有叶柄。

二是基生叶。着生于短缩茎基部子叶节以上,两枚对生,与子叶垂直排列成十字形。叶片长椭圆形,有明显的叶柄,无叶翅,长 8～15 厘米。

三是中生叶。着生于短缩茎中部,互生,每株有 2～3 叶环构成植株的莲座叶。每个叶环的叶数依品种而不同,或为 2/5 的叶序(5 叶绕茎 2 周而成一个叶环,叶间开展角为 $360°×2÷5=144°$),或为 3/8 的叶序(8 叶绕茎 3 周而成 1 个叶环,叶间开展角 $360°×3÷8=135°$)。叶片倒披针形至阔倒卵圆形,无明显叶柄,有明显叶翅。叶片边缘波状,叶翅边缘锯齿状。第一个叶环的叶较小,构成幼苗叶;第二至第三叶环的较大,构成发达的莲座叶。叶片软薄,皱而多脉。

四是顶生叶。着生于短缩茎的顶端,互生,构成顶芽,叶环排列如中生叶,但因拥挤,而开展角错乱,外层叶较大,内层渐小。不结球白菜顶芽小;结球白菜的顶芽形成巨大的"叶球"。叶在芽中的抱合方式依品种不同,有褶抱(裥褶)、叠抱(叠褶)、拧抱(旋拧)3 种。

五是茎生叶。着生于花茎和花枝上,互生,叶腋间发生分枝。花茎基部叶片宽大,似中生叶而较小,以上部的叶片渐窄小。表面有明显的蜡粉,有扁阔叶柄,基部抱茎。

花为总状花序,单花为完全花,雌蕊 1 枚,子房上位,两心室,雄蕊 6 枚。异花授粉,自交易发生不亲和现象。果实为长角果,种子着生于两侧膜胎座上。种子圆形微扁,红褐色至灰褐色。千粒重 2.5～3.2 克。

(二)生育周期

大白菜的生育过程,可以依器官发生过程分为营养生长时期和生殖生长时期。

1. **营养生长时期** 这一生长时期,主要生长营养器官。该时期的最后 1 个分期中还孕育生殖器官的雏体,但它们是很微小的。

(1)发芽期：是种子中的胚生长成幼芽的过程。播种后第三天，子叶完全展开，同时两个基生叶显露，这是发芽期结束的临界特征。

(2)幼苗期：大约在播种后7～8天，基生叶生长至与子叶相同大小，并和子叶互相垂直交叉而排列成十字形，农民称这一现象为"拉十字"。接着是植株地上部生长中生叶的第一个叶环而长成幼苗。这些叶子按一定的开展角规则地排列而成圆盘状。农民称这一现象为"开小盘"或"团棵"。这是幼苗期结束的临界特征。

(3)莲座期：这一分期长成中生叶第二至第三叶环的叶子。在莲座叶全部长大时，植株中心幼小的球叶按褶抱、叠抱或拧抱的方式抱合而出现所谓卷心的现象。这是莲座期结束的临界特征。莲座叶很发达，是在结球期制造大量光合产物的器官。

(4)结球期：这一分期内顶生叶生长而形成叶球。结球白菜的结球期还可以分为前期、中期和后期。前期，叶球外层的叶子先迅速生长而构成叶球的轮廓称为抽桶。中期，叶球内的叶子迅速生长而充实内部，这一现象称为灌心。后期，叶球的体积不再增大，只是继续充实内部。这时外叶逐渐衰老，叶缘出现黄色。

(5)休眠期：在冬季贮藏过程中植株停止生长，处于休眠的状态，依靠叶球贮存的养分和水分生活。白菜的结球期，已分化出花原基和一些幼小的花芽。在休眠期内继续形成花芽，有些花芽还长成了花器完备的幼小花蕾。

2. 生殖生长时期　这一时期生长花茎、花枝、花、果实和种子，繁殖后代。包括抽薹期、开花期及结荚期。

（三）生活条件

大白菜对于各种生活条件有一定的要求。但是不同的变种、类型以及品种对生活条件的要求有一定的差异，而且各自在不同的生长期也有一些不同的要求。

1. **温度** 大白菜是半耐寒性植物，相当严格地要求温和的气候。生长期间的适温约在 $10\sim22℃$ 的范围内。它们的耐热能力不强，当温度达 $25℃$ 以上时生长不良；达 $30℃$ 以上则不能适应。它们有一定的耐寒性，但在 $10℃$ 以下生长缓慢，$5℃$ 以下停止生长。短期 $0\sim-2℃$ 虽受冻尚能恢复，$-2\sim-5℃$ 以下则受冻害。它们能耐轻霜而不耐严霜。

2. **光照** 白菜的光合作用与日照强度有密切的关系。以福山包头进行试验的结果是：光补偿点约为 1500 勒，光饱和点为 40000 勒。照度由 1500 勒上升至 40000 勒，光合强度随之迅速增强。

3. **矿质营养** 据试验，每 100 千克白菜约吸收氮（N）150克，五氧化二磷（P_2O_5）70 克，氧化钾（K_2O）200 克。在每亩产菜 5000 千克的情况下，约吸收氮 7.5 千克，五氧化二磷 3.5千克，氧化钾 10.0 千克。当然，养分吸收量是因其他条件而有不同的，这一分析结果只能表明三要素氮、磷、钾大约的吸收量。它们大约的比例是氮 1.00：五氧化二磷 0.47：氧化钾1.33，可见吸收氧化钾最多，其次是氮，五氧化二磷最少。

各个生长期内三要素的吸收量不同，大体上与植株干重增长量成正比。由发芽期至莲座期的吸收量约占总吸收量的10%，而结球期约吸收 90%，还须注意各个时期吸收三要素的比例也不相同。由发芽期至莲座期吸收氮最多，氧化钾次之，五氧化二磷最少。结球期吸收的氧化钾最多，氮次之，五氧化二磷仍最少。这是因为在结球期白菜需要较多的钾促进外叶中光合产物的制造和促进光合产物由外叶向叶球运输并贮藏起来。

4. **水分条件** 白菜叶子很多,叶面积很大,加之叶面角质层很薄,因此蒸腾量很大。据测定体重 10 千克的天津青麻叶白菜在 25℃ 的温度下,每小时蒸腾水分 1.5 千克。

5. **土壤** 白菜对土壤的物理性和化学性有较严格的要求。在轻松的沙土及砂壤土中根系发展迅速,因此幼苗及莲座叶生长迅速,但往往因为保肥及保水力弱,到结球时需要大量养分和水分时生长不良,结球不坚实,产量低。在粘重的土壤中根系发展缓慢,幼苗及莲座叶生长也较慢,但到结球期因为土壤天然肥沃及保肥保水力强,叶球往往高产;不过产品的含水量大,品质较差,而且往往软腐病严重。最适宜的土壤是天然肥沃而物理性良好的粉砂壤土、壤土及轻粘壤土。

三、秋冬大白菜栽培技术

(一)整地、做畦、施用基肥

白菜具有浅根性,宜选择土层深厚而物理性化学性良好的土壤,合理整地、做畦和施肥是促进根系发达的重要措施。

北方秋季栽培白菜,多在小麦或春季栽培的瓜类、豆类、茄果类等蔬菜收获后,即行耕耙和施基肥,以便在白菜播种前有充足的时间耕耙,并使土壤在夏季经过较长时间的暴晒风化和消灭土中病菌。不宜栽培晚熟的前作物而在白菜播种前临时耕耙。特别是在夏季多雨的地区,如果白菜播种前临时深耕耙,遇到大雨将使土壤含水多而不能及时做畦播种。在这种情况下,有时不得不浅耕以防遇雨不能及时做畦播种。

白菜不连作,也不与其他十字花科蔬菜轮作,这是预防发生病虫的重要措施之一。

栽培白菜用平畦或高畦。平畦的宽度依白菜的品种而定。栽培莲座叶披张的大型品种,畦宽等于 1 行或 2 行的行距,每畦种植 1 行或 2 行;栽培莲座叶直立的品种或小型品种,畦宽等于 2 或 3 行的行距,每畦种植 2 或 3 行。白菜的浇水次数多而浇水量大,畦背要牢固坚实,预防冲塌串流,以保证浇水均匀。高畦一般每垄 1 行,有些小型品种也有种植 2 行的。垄高10～20 厘米,依浇水条件而不同。生产实践证明,高畦有许多优越性:①雨后或浇水后土壤表层容易干燥,可以减少软腐病的发生;白菜植株下空气比较流通,低层空气湿度小,能减少霜霉病的发生。②培垄使土层加厚,增进土壤中空气流通,有促进根系发展的效果。③在垄两边的沟中浇水,早期浅浇,使水分由下沿毛细管上升,不致冲坏幼苗及造成土面板结,后期浇水量大,供水充足,干燥也较快。只要水利条件好,或土壤为非漏水严重的沙质土,最好采用高畦。

不论平畦还是高畦都要达到下面的几个要求:①耕耙时要精细平整土面。做畦时畦面和沟底要平。如果高低不平,高处供水不足,白菜生长不良,低处积水而易得软腐病。②畦的倾斜度以上端比下端高 0.3％～0.5％为宜。倾斜度过大,上下端浇水不匀,过小则大雨时排水不良。③从前用人工浇水时水量很小,畦一般以 25～30 株菜为度,近年用机灌水量很大,必须增加畦长,才便于控制灌水。不过畦太长则做畦不易平顺,灌水时下端常易积水。根据生产经验,畦长宜以 50～60株菜为度。④在机灌的情况下,水量很大,必须在畦的下端设排水沟,如不慎浇水过多时可以排除积水,大雨时也便于排水。这对于防治软腐病是极为重要的措施。

白菜生长期长,生长量大,需要大量肥效长而且能加强土壤保肥力的有机肥料。因此大量施用厩肥作为基肥十分重要。

如以每亩产白菜 5 000 千克为目标,厩肥用量为 4 000～5 000 千克。在耕地前先将 60％的厩肥均匀撒在田里,耕地时翻入深土层中。耙地前再把 40％撒在田面,耙入浅土层中,然后做畦。如果劳力充足,最好的方法是耙地后做成平畦,把这 40％的厩肥均匀撒入畦中,再用中耕器或锄拌入土中。做高畦时先在培垄的位置开沟,把这 40％的厩肥施入沟中与土掺和,再在沟上培垄,使厩肥位于垄底。

过磷酸钙分解缓慢而肥效持久,宜在施用厩肥时一并集中施用,施用量为 30～50 千克/亩。

白菜根系发展的习性是"趋肥、趋湿",即向养分和水分丰富之处发展(当然,它也避免向肥料过于集中而土壤溶液浓度过高之处,以及水分过多而空气不足之处发展)。此外,秋播的白菜在夏末秋初的高温季节根系还有"趋凉"的习性,即向土温较低之处发展。选用耕作层深厚的土壤,早进行深耕熟化、深施基肥,改进土壤深层物理性化学性,以及用高垄栽培并在沟底浇水,使土壤深层湿润冷凉,都是诱导根系向较深土层的横向和纵向发展的方法。

(二)播种和育苗移栽

白菜可采用直播和育苗移栽两种方式,一般依前作物的收获期而定。前作物收获早,能及时整地和做畦,就采用直播的方式,否则就采用育苗移栽的方式。

秋季栽培白菜,依各地常年的气候情况常有习惯的播种期。华北各地常在立秋前后播种。为了早播种争取较长的生长期而达到高产,都尽可能提前播种。山东白菜播种适期根据历年经验都在立秋前 3 天至立秋后 3 天,在这个期间内,早播比晚播增产。如 1976 年福山县西关试验,立秋前 3 天播种,产量为 13 784.8 千克/亩,比立秋当天播种增产 6.12％,比立秋后 3 天播种增产 13.8%。不过夏末秋初气温高,早播常多发生病毒病,甚至因此减产。据山西省农科院 1963 年在大同市进行大白菜分期播种试验,牛腿棒品种提早播种虽然生长期延长,但因高温影响病害严重,产量很低。延迟播种虽然避开了高温期而病害很轻,产量仍低,这证明适时播种的重要性(表 2-1)

表 2-1　牛腿棒大白菜播种期对产量及病害的影响

项　　目	播　种　期　(月/日)						
	7/8	7/13	7/18	7/23	7/28	8/2	8/9
产量(千克/亩)	1997	2464	4035	3962	4496	3837	2390
病毒病(%)	27.9	28.7	25.5	25.5	22.6	15.9	6.3
霜霉病(%)	37.5	29.4	16.3	11.0	1.5	1.3	0.5
软腐病(%)	28.8	19.2	1.5	0.5	0.0	0.0	0.0

此外,白菜在温度 5℃ 以下时停止生长。因此在入冬后低温期到来较早的年份,晚播的白菜减产就更为明显。因此,适当的播种期需依下列的具体情况斟酌:①气候。根据当地的气象预报,如在常年播种期(华北为 8 月上旬)的旬均温近于或低于常年,可以适当早播,否则适当晚播。②品种。生长期长的晚熟品种早播,生长期短的中晚熟或中熟品种晚播。③土壤。沙质土壤发苗快,可适当晚播,粘重土壤发苗慢,适当早播。④肥力。土壤肥沃,肥料充足,白菜生长快,可适当晚播,否则适当早播。⑤病虫害。历年病虫害严重的地区,适当晚播,否则可以早播。

近年来,有些菜区为了解决早播多病的问题,采取了用早熟品种适当晚播的方法。这一方法虽然缩短了生长期而不能达到应有的高产,但比较安全,在连年病害严重的情况下也可以保证一定的产量。不过要注意以下几点:一是需用生长期较短的品种,生长期长的品种不能及时成熟;二是晚播的植株生长较小,需增加株数以提高总产量;三是要充分施肥浇水促进生长,使其在较短的时期内有相当高的产量。例如江苏连云港市蔬菜试验站,1974年以早熟品种延迟播种,发病较轻,而单株产量和总产量仍比适时播种低。因此若非病害十分严重,不宜延迟播种。

直播有条播和穴播两种方法。条播是在高畦顶部的中央或平畦中划深约0.6～1.0厘米浅沟,将种子均匀地播在沟中,覆土平沟。穴播是按行距和株距所定的位置做长12～16厘米,深1.0厘米的浅穴,将种子均匀播在穴中,覆土平穴。条播较为省工,但播种量较多,定苗时株距不甚整齐。穴播费工,但播种量较少而株距较均匀。为了保证发芽安全和整齐,可采取下列措施:一是最好是雨后表土相当湿润时播种。如表土干燥宜先浇水造墒或在播种穴或沟中浇水再播种。二是播种沟或穴深度适宜,底部平坦,覆土松细而厚度一致。三是如土质轻松,播种后进行土面镇压,使种子与土壤密接,可减轻雨水冲刷之害。四是播种前将种子用3毫米及1.2毫米的标准孔筛筛去杂质和秕粒,使千粒重达3.5克以上,播种量充足。条播每亩需种125～150克,穴播100～125克。

直播白菜的幼芽出土后最忌强烈日晒及土表高温。据山东胶县的经验,白菜的新鲜种子大约在播后48小时出土,最好在傍晚播种,使幼芽在播后两天的傍晚出土,经过一夜后再受日晒。山东莱芜县种白菜做成南北向的高畦,高畦东坡斜面较大,西坡较陡。将种子播在东坡的中部。幼芽出土后可避免下午的强烈日晒,而且出芽后可在沟底浇小水补充水分和降温。

采用育苗的方法,在发芽期和幼苗期管理比较便利,而且苗床的温度、水分等条件易于控制,也有助于解决早播的问题。但移植有延迟白菜生长和较易发生病害的缺点。若采取适当措施,保证育成强健的苗,仔细移植减少对苗的损伤,并在移植后加强施肥、浇水和管理以促进植株的生长,育苗移植也能得到良好的结果。

华北秋初多雨,苗床应设在排水良好的地点。作为苗床的土地在春夏不宜栽培十字花科蔬菜以防传播病虫,并且要以早熟蔬菜为前作物以便提早整地,使床土能充分日晒和风化。床宽一般为 1.0～1.5 米。栽植白菜每亩需苗床面积 30～35 平方米,依栽植株数而定。幼苗每株吸收的矿质养分虽然不多,但床中幼苗密集,需要养分的总量很大,因此在做畦时应充分施肥。对于 35 平方米的苗床施用充分腐熟的厩肥 200～250 千克使土壤松软肥沃;另施粪干 50～75 千克或硫酸铵 1.0～1.5 千克、过磷酸钙及硫酸钾 0.5～1.0 千克或草木灰 3～5 千克。这些肥料要与床土充分混合均匀,深达 15 厘米为宜。床面要十分平坦,有利于浇水均匀,否则在低洼处容易积水而发生猝倒病及立枯病。最好预先充分浇水 1 次,使土壤自然沉落后再耙平。表土要十分松细以利种子发芽。

由于移植将延迟苗的生长,育苗的白菜的播种期要比直播早 3～5 天。

苗床播种用条播法能使幼苗生长较为均匀。播种前先将床面轻轻镇压,用齿距 10 厘米的划行器划出深约 0.8～1.2 厘米的平行沟。每 35 平方米的苗床用种子 100～120 克,均匀播于沟中,然后顺沟将土耙平,均匀地覆盖种子。如果土壤干燥,应在播种前浇水 1 次,待土壤干湿适度时再开沟播种。

育苗面积较大时可用撒播法以节省劳力。先浇水使床土湿透达 15～20 厘米,待水渗下后播种。为使撒播均匀,将种子与 5～6 倍筛过的细土或沙均匀拌和再撒。撒后再覆盖细土约 0.8～1.0 厘米厚。

在发芽期内遇到阳光强烈使土壤迅速干燥，或大雨冲刷及雨后土面板结，都将造成出芽不齐及损伤幼苗的现象。在可能情况下，最好支棚覆盖芦帘或用其他方法遮荫和防雨。如土壤水分充足或播种前充分浇水，在发芽期内最好不浇水，以防冲坏幼苗及造成土面板结。如发芽期内天气高温干旱，仍需小水勤浇或喷雨灌溉，以降低土面温度。

幼苗在团棵以前移植容易复原，团棵以后进入莲座期再进行移植则严重抑制生长。中晚熟品种以 5～6 叶（连同一对基生叶）时定植为宜。移植前应先在苗床充分浇水，床土较粘重时在前 1 天浇，床土轻松则在移植前 4～6 小时浇。在床土相当湿润而不泥泞时移植，多保存根部所附泥土，移植后容易复原。如用营养土块或切块法育苗，效果更好。移植工作宜在晴天下午或阴天进行，以减轻幼苗的萎蔫。栽苗前先按预定株行距在畦中做穴，每穴栽苗 1 株。栽植的深度，在高畦上以根部土块表面与畦面相平为度；在平畦则要略高于畦面，因为浇水时土块下沉，可能在浇水时淹没菜心而影响生长。栽毕要充分浇水。

移植白菜很费工，而且集中于数日内移植完，往往因劳力不足而不能及时移植，以致减产。为了解决这一困难，可以用分次移植法，即在苗有 2～3 叶时开始每 3～4 株一丛分次移植。这样可以分散使用劳力，而且小苗比大苗更易复原。在前茬作物能及时收完的情况下，可以采用这一方法。

华北地区白菜在夏末秋初播种，此时常有高温，不利于幼芽及幼苗生长，往往造成损失。仔细观察即可发现，由于强烈日晒致使地表的温度高于气温，而幼芽及幼苗贴近地表，受地表温度的影响比受气温的影响大,倘若采取措施降低地表温度,即可达到保护幼苗的目的。降温最简便的方法是在日中高温时,间歇地喷雨灌溉。喷雨后叶面上水分蒸发可以降低植株的体温;同时土面水分蒸发时又降低地表温度。如果在苗床上用拱圆支架覆盖遮阳网或芦帘等遮荫,效果更好。据试验,从 8 月 8 日至 12 日中午的平均地表温度:露地不灌水为 47.2℃;露地灌水为 38.2℃,降温 9℃;覆盖遮荫为 34.2℃,降温 13℃。白菜育苗由播种起覆盖 25 天,比不覆盖增产 20.1%。用覆盖降温的方法还可提前播种。据试验,比播种适期提前 17 天播种,并进行覆盖降温,所得产量比适期播种而不覆盖的增产 26.15%。

(三)合理密植

合理密植是白菜增产的关键之一。一般说来,白菜植株的营养面积等于其莲座面积时,即可达到最高的单株产量。营养面积大于莲座面积,不能增加单株产量从而减少总产量。营养面积小于莲座面积时,限制了植株接受阳光和吸收养分、水分的范围,常认为将降低单株产量,但如果在适当密植的情况下,相应地增加肥水供给,植株在较小的营养面积内也能得到足够的养分、水分;加之白菜植株中下层的叶子对弱光有适应的能力,在不显著降低单株产量的情况下,增加株数可以提高产量。但不可过度密植,致使白菜不能得到足够的阳光,否则即使增加肥水也将减产。

种植密度决定于品种的特性、自然条件和栽培条件。通常,大型晚熟品种株行距为 70～75 厘米×65～70 厘米,中熟品种 60～65 厘米×50～55 厘米,小型早熟品种 45～50 厘米×35～40 厘米。在气候条件适宜而且生长季节较长的地区要加大面积;在土壤肥沃,施肥和浇水条件良好的情况下,营养面积可较大;移植的白菜比直播的生长较小,要较小的面积。

营养面积的形状与光的利用有关。莲座叶披张的卵圆型和平头型品种宜用接近于正方形的营养面积,莲座叶直立的直筒型品种则可用长方形(行距大于株距)的营养面积。

(四)追肥和浇水

白菜在各个生长时期发生不同的器官,有不同的生长量和生长速度,因此各个时期应适时、适量地追肥和浇水,才能达到丰产的目的。

1. **发芽期** 这个分期的生长量约为营养生长时期生长总量的 0.1%,而生长速度则为每天 6.06 倍。此期由土壤中吸收的三要素很少,约只占营养生长时期吸收总量的 0.0088%,因此,即使不追肥,土壤中的天然养分及基肥开始分解的养分也足以供应。此时若在近根处直接集中追肥,使土壤溶液浓度过高,有"烧根"的可能。同时它吸收水分虽不多,但因根系很小,水分供应必须充足,播种前如墒情不好,需要充分浇水造墒。必要时,在幼芽出土及拉十字时,还要浇小水以补充水分。发芽期向幼苗期过渡时,种子中的养分消耗殆尽。在拉十字时用尿素 0.5%的水溶液进行叶面追肥,有良好的效果。

2. **幼苗期** 这一分期植株的生长量仍不大,只约占全期的 0.41%,而生长速度仍很快,每日约增长 2.39 倍。中晚熟品种要在 17~18 天内长成 8 片幼苗叶。它的根系尚不发达,吸收养分和水分的能力很弱,所以吸收的养分和水分的数量虽然不多,但严格要求供应足够的养分和水分。

为了保证幼苗得到足够的养分,需要追施速效性肥料为"提苗肥"。提苗肥每亩用硫酸铵 5~8 千克(或折合同量氮素的其他化肥)于直播前施于播种穴或沟中,并与土壤充分混匀,避免肥料集中,然后浇水播种。一般氮素化肥于施用后5~6天开始生效,并且有效期为20~25天,因此可以正好在发芽期结束、幼苗期开始时供幼苗吸收,并在整个幼苗期保持有效。有时也在拉十字时才在幼苗附近施用提苗肥。

拉十字时及时浇小水1次以供给水分,并使因幼芽出土而裂开的表土沉实以保护根部。在团棵以前采取勤浇小水的原则。一般在拉十字时第一次间苗,3叶时第二次间苗,5~6叶时第三次间苗,要各浇水1次以继续供水和使表土沉落。

3. **莲座期**　这一分期的特点是植株生长量和生长速度都很大,因此对养分和水分的吸收量都增加。这一分期生长的莲座叶是将来在结球期大量制造光合产物的器官,充分施肥浇水保证莲座叶旺盛生长是丰产的重要关键,但同时还要注意防止莲座叶徒长而延迟结球。田间有少数植株开始团棵时,应施用"发棵肥"以供给莲座叶生长所需养分。一般每亩施用粪肥500~1000千克或硫酸铵10~15千克,以供给氮素促进叶的生长,但最好同时施用草木灰50~100千克或含磷、钾的化肥7~10千克,使三要素平衡,以防叶子徒长。直播的白菜这次施肥应施在植株间,在植株边沿以外开8~10厘米深的小沟施入肥料,利用根的趋肥性引导根系向外发展。移栽的白菜将肥料施在沟或穴中,与土壤拌和再栽苗。

施用发棵肥后随即充分浇水。以后在莲座期内浇水以"见干见湿"为原则,即浇水后待土壤表面干了再浇,即保证充分供水,又不浇水过多而使植株徒长。

如前所述,白菜在莲座生长后期开始分化球叶,这是生长过程中的一个重要转折。在北方各地,适于白菜生长的日数是有限的,如此时莲座叶徒长,则球叶的分化和生长延迟,叶球在霜冻前来不及充分成熟。倘若在莲座生长后期有徒长现象，则须采取所谓"蹲苗"的措施。具体的做法是：在包心前约7～10天浇1次大水，然后停止浇水，直到叶片颜色变为深绿，厚而发皱，中午微蔫，植株中心的幼叶也呈绿色时为止。蹲苗以节制水分供给，可以抑制外叶徒长，使光合产物累积起来，有利于叶球的分化。根据生产经验，适当蹲苗可以促进叶球形成而保证及时成熟。必须注意的是，只有在植株有徒长现象时才需要蹲苗。如果在土壤瘠薄，施肥不足，天气干旱或浇水不足和发生病虫害等情况下，植株生长不旺就不可蹲苗，蹲苗也不可过度，否则植株生长停顿，反而延迟成熟。此外，蹲苗使植株中养分累积，还能促进结球期根系迅速发达而增进"翻根"。蹲苗结束后，开始浇水不宜过多，以防叶柄开裂。

4. **结球期**　结球期日数最多，又是同化作用最旺盛、大量累积养分而形成产品的时期，因此需要肥水量最大。在包心前5～7天施用"结球肥"，用大量肥效较为持久的完全肥料，特别是要增施钾肥。这次每亩用粪肥1000～1500千克（或硫酸铵15～25千克），草木灰50～100千克（或过磷酸钙及硫酸钾各10～15千克，或炕土500～1000千克）。为使养分持久而不致因大量浇水淋溶起见，最好将它们与充分腐熟的厩肥1500～2000千克混合。这次施肥，在行间开8～10厘米深的沟，将肥料施在沟中，引导根系全面发展，遍布全田。中熟及晚熟品种的结球期很长，还应在抽筒时施用"补充肥"1次。这次用肥效较快的肥料，粪肥500～1000千克或硫酸铵10～15千克，于抽筒时施用。抽筒后进入结球中期，正是叶球充实内部的时候，这次施肥有促进"灌心"的作用，因此又称"灌心肥"。抽筒时田间白菜已经封垄，须将肥料溶解于水中，顺水冲入沟中或畦中。结球期需要大量浇水。除在施用大追肥后要大浇水外,约 5～6 天浇大水 1 次,始终保持土壤湿润,以保证水分充足供应,并保证翻根后密布于土壤表层的须根得到充足水分。为了使田间水分供给均匀,最好采用隔沟(或隔畦)轮流浇水的方法。即每 3 天浇水 1 次,第一次浇单数的沟(或畦),第二次浇双数的沟(或畦)。在收获前 5～7 天停止浇水,以免叶中水分过多不耐贮藏。

山东农学院曾进行追肥时期的试验,研究分期追肥及各次施肥量对产量的影响。每亩除施猪厩肥 5 000 千克为基肥及在大追肥时施豆粕 50 千克外,用硫酸铵 40 千克为追肥,分别在不同时期施用。处理 I 为大追肥一次施用 40 千克,因幼苗期及莲座期缺肥,外叶生长不良,虽然结球期施肥很多,产量仍低。处理 II 为提苗肥及大追肥各用硫酸铵 20 千克,因苗期肥料多而不能充分利用,莲座期缺肥,产量并不显著增加。处理 III 为发棵肥及大追肥各用硫酸铵 20 千克,虽然幼苗期未施肥,因土壤肥沃而苗需肥不多,幼苗生长尚好,而莲座期则肥料充足,外叶发达,结球期也有充足的肥料(豆粕及硫酸铵),故产量最高。处理 IV 大追肥及补充肥各 20 千克,因为未施发棵肥,莲座叶不发达,结球期虽然肥料很多而不能完全利用,产量最低。处理 V 提苗肥硫酸铵 7.5 千克,发棵肥 12.5 千克,大追肥 20 千克,因各期肥料供应适当,产量也最高。处理 VI 提苗肥 5 千克,发棵肥 7.5 千克,大追肥 20 千克,补充肥 7.5 克,因为发棵肥太少,莲座不发达,产量也不甚高。这一试验说明适期适量追肥的重要性,特别是发棵肥的重要意义。

(五)管 理

白菜在各个生长时期有不同的管理工作。

1. **发芽期** 此期主要创造良好的发芽条件和促进幼芽出土,其管理方法已在播种及育苗一节中述及。

2. **幼苗期** 此期主要管理工作是适时匀苗使幼苗不致拥挤孱弱,并选留优良的幼苗。

第一次匀苗在"拉十字"时,拔除出苗过迟,子叶形状不正常,两个子叶及两个基生叶大小不同,生长弱小和拥挤的幼苗。条播及床播时保持株距 4～6 厘米,穴播每穴留苗 5～7 株。

第二次匀苗在拉十字后 5～7 天约有 2～3 片幼苗叶时,选留幼苗叶形状正常而生长强盛的幼苗。条播及床播每 7～10 厘米留苗 1 株,穴播每穴留苗 3～4 株。

第三次匀苗在约有 5～6 片叶子的时候,选留叶片形状和颜色与本品种的特征相符,叶柄较短而宽,有明显的叶翅的幼苗,淘汰弱小和特征与原品种不符的杂苗。条播每 10～12 厘米留苗一株,穴播每穴留苗 2～3 株。床播在这次匀苗后移栽。

直播的白菜在团棵时定苗。条播按预定株距留苗 1 株,穴播每穴留苗 1 株,都选留生长最强健,形态正常的苗。

每次匀苗以及定苗时淘汰有病虫的苗。为了检查根部有无病虫,应于晴天日中阳光强烈时匀苗,凡根部有病虫的幼苗在这时都有萎蔫的现象,需要拔除。每次匀苗以及定苗后,都要浇小水使土壤沉落以保护根部,并降低土温。

初秋播种白菜,天暖多雨,杂草很多,土面也易板结,应及时中耕除草。一般中耕除草 3 次。第一次在第二次匀苗后,这时幼苗根群浅,宜浅锄深约 3 厘米,以划破土面,造成松细土表和铲除杂草为度。第二次在定苗后,深度 5～6 厘米,促使根系向深处发展。第三次在莲座叶覆满地面以前再浅锄除草,深3 厘米。封垄以后杂草不再发生,而且土面蒸发量小,不需再中耕。菜农的经验是:"头锄浅,二锄深,三锄不伤根",这是中耕的要领。高畦栽培在中耕时还要在畦的两侧培土。

如有缺苗现象,应及时补苗。补苗应在幼苗有 5～6 叶以前进行,大苗移栽复原较慢,将来田间植株生长不整齐。

3. **莲座期** 莲座期尚未封垄时还要中耕除草,但要仔细不伤损叶片,深度亦不宜超过 5 厘米,以免伤根。封垄以后不需中耕。

4. **结球期** 贮藏用的白菜在收获前约 10 天束叶,将外叶扶起包住叶球,然后用浸软的麦秆、稻秆或甘薯蔓等材料束缚上部。束叶可以保护叶球,防止收获前霜冻的损伤及减少收获时的机械损伤,也可使叶球外层的叶子色淡质嫩,收获和贮藏时工作也较方便。但束叶后外叶光合效能大大减低,过早束叶不利于叶球的充实,更不能达到促进结球的目的。

田间白菜植株生长整齐,结球整齐,成熟整齐,叶球大小整齐,是保证丰产的重要关键。为了做到这 4 个整齐,首先要品种纯正,种子成熟整齐。其次是整地深度和精密度一致,地面平整,播种深浅一致,覆土均匀,匀苗及定苗时留苗的大小一致,施肥均匀,追肥对较小的苗适当多施肥料促进其生长。这些也是管理工作中需要注意的。

(六)收　获

中晚熟的白菜生长日数愈多,叶球愈充分成熟,产量也愈高,因此常尽可能延迟收获。但白菜遇到 -2℃ 以下的低温就将受到冻害。因此必须密切注意气象预报,在第一次寒冻以前抢收完毕。

收菜有"砍菜"和"拔菜"两种方法。砍菜是用刀或铲砍断主根,伤口很大,砍后要晒菜,使伤口干燥愈合,以减少贮藏中腐烂损失。拔菜是连同主根拔起,伤口较小也易愈合,但要将根部所带泥土晒干脱落后才能入窖。

白菜收获时含水很多,蕴藏的热量也很大。收获后须经过晾晒处理,以免入窖后发生高温高湿的情况而引起腐烂。晾晒的方法是在晴天将白菜植株整齐地排列在田间,使叶球向北,根部向南先晒 2～3 天,再翻过来晒 2～3 天,以减少外叶所含水分及使根部伤口愈合。晒后再将植株堆砌成两排,根部向内,叶球向外,两排间留 10～15 厘米的空隙通风,继续排除水分和降低体温,待天气寒冷稳定时入窖。

四、春、夏大白菜栽培技术

(一)栽培季节

近几年来,随着春大白菜和夏大白菜品种的育成,春、夏大白菜栽培迅速发展,初步形成大白菜一年多茬栽培、周年供应的局面。

利用春大白菜品种进行春季栽培,山东、河南等地多于 3 月下旬至 4 月上旬直播,5 月中旬至 6 月收获;利用阳畦育苗,播种期可提前 20～30 天,苗龄 30～40 天定植,收获期可提前 15～20 天。春大白菜栽培的关键问题是防止发生先期抽薹。

利用耐热、抗病、早熟的品种,大白菜可以进行夏季栽培,原则上是立夏(5 月上旬)至小暑(7 月上旬)可排开陆续播种,7～9 月份收获供应市场。夏季高温多雨或高温干旱的不良气候,不利于大白菜的生长和结球,且易感病毒病、软腐病等病害。所以,要成功栽培夏季大白菜,除选用耐热、抗病、早熟的品种以外,还要有良好的田间排、灌条件,做到旱能浇,涝能排,并搞好蚜虫、菜青虫等虫害防治。

(二)春大白菜栽培技术

1. **选择适宜品种** 为防止春大白菜发生先期抽薹,选用冬性强的抗抽薹品种是栽培成功的关键。目前,较适宜品种有鲁春白 1 号、春夏 50、春冠、秋优 2 号、日本春大将等品种。

2. **施足底肥,精细整地** 春季栽培大白菜的地块,冬前最好深耕晒垡,翌春土壤解冻后,施腐熟优质圈肥 5 000 千克/亩,耕翻后耙平,做畦,畦宽 1.0～1.2 米,畦长 20 米左右为宜。如果用越冬菠菜等为前茬,越冬菠菜等收获完毕后,要尽快施肥、深耕、耙平、做畦。

3. **适时播种育苗或直播** 目前春大白菜种植面积尚小,且多采用直播种植,早春若土壤墒情不好,可于播种前 7～10天浇水造墒。播种时,每畦种 2～3 行,即行距 40～50 厘米,再按穴距 35～40 厘米开穴,每穴播 5～6 粒种子,每亩用种量 75～100 克,播种后覆土并随即盖上地膜,提高地温,以利苗齐、苗全。实践初步证明,利用保温性能较好的阳畦等育苗设施,可提前播种育苗,须注意苗床夜间最低温不低于 10℃,以免连续低温使秧苗过早通过春化阶段,发生先期抽薹。至幼苗4～5 片真叶时,带土坨起苗定植。

4. **及时进行间苗,合理密植** 播种 4～6 天出苗。出苗后要及时破膜引苗,令子叶露出地膜,并用土将地膜的小洞口压实,以防烧苗。幼苗破心后,3～4 片真叶期各间苗 1 次;待 5～6 片真叶时定苗。鲁春白 1 号等每亩定苗 3 000 株左右;春夏50 等每亩定苗 4 000 株左右。

5. **合理施肥浇水** 春季栽培大白菜,由于前期气温、地温偏低,若播前造墒,播后盖地膜,苗期一般不浇水或少浇水,以利提高地温,促苗早发。如果播前未造墒,苗期可浇 1 次小水。4 月中下旬,天气日渐转暖,植株需水量增加,应适当浇水,并配合追施硫酸铵 10～15 千克/亩,促植株生长。进入 5月上、中旬,随气温、地温升高,应进行第二次追肥,追施硫酸铵 15～20 千克/亩,并加大浇水量。多数春大白菜品种虽有较强冬性,但易缓慢通过春化阶段而发育花薹。所以,合理的肥水管理,使植株营养生长旺盛,有利于结球。否则,常因缺水、缺肥、管理粗放,而发生不同程度的抽薹。

6. **及时治虫,适期早收获** 春大白菜容易受蚜虫、菜青虫为害,应及时喷洒乐果 1000 倍液,辛硫磷 1000～1500 倍液等药剂进行防治。若发现甘蓝夜蛾幼虫为害,可喷布 2.5%功夫乳油 500 倍液防治。

春大白菜结球达 7～8 成,即应适期早收获。因为此时温度已高,收获过晚易发生抽薹,即花薹从叶球中冒出。再者,过于紧实的叶球遇高温或遇雨易发生腐烂。

(三)夏大白菜栽培技术

1. **选择适宜品种** 夏大白菜栽培宜选用耐热、抗病、适应性广的速生早熟品种,如日本的夏阳、小杂 56、夏优 2 号、西白 1 号、优夏王等。

2. **精细整地,施足底肥** 夏季早熟大白菜栽培应特别重视地块和茬口的选择,以控制或减轻病毒病等病害的发生。选择的地块要旱能浇,涝能排,土质疏松肥沃。前茬不要选大白菜、萝卜的采种田和番茄、辣椒、西葫芦等蔬菜病毒病发病重的地块,以避免土壤、残株带毒引起侵染。

夏大白菜生长期短,要结合整地,重施有机肥,最好每亩施腐熟的优质圈肥 5000 千克以上,过磷酸钙 50 千克,或混施部分腐熟的大粪干、鸡粪等。施肥后深耕耙平,并在整地前建好排灌系统。夏大白菜多用小高垄栽培(或半高畦栽培),垄距 55～60 厘米。这样的小高垄浇水能润透垄面,大雨后也便于排水。

3. **适期播种,确保全苗** 夏秋栽培大白菜播期在 6～7月份。夏季冷凉地区也可将播期提前到 5 月上旬至 6 月上旬。

炎热季节播种,应注重提高播种质量,确保苗齐、苗全、苗旺。播种时,可在垄上开浅沟进行条播,也可按确定好的株距进行穴播。每亩播种量是 75～100 克。播种后在垄沟浇水,这一次水不要太大,如果水漫过垄,造成土壤板结,反而影响出苗。2～3 天后再浇 1 次水,以保苗齐。一般不要在大雨前播种,以防"雨拍"。在整个出苗期间应保持土壤湿润,不能使垄面白干,以免地温过高而发生烧苗现象。

4. **管好幼苗,合理密植**　从大白菜出苗至团棵,是夏季早熟大白菜管理上的关键时期。为减轻高温干旱或高温多雨对幼苗的危害,应加强管理。7～8 月间高温干旱时,干燥地面在午间的地表温度有时可达 60℃,而湿润地面的地表温度则明显的较低。因此,旱天要每 2～3 天浇 1 次水,保持垄面湿润,以防地温过高灼伤幼苗。如果雨水偏多,应及时排水,并中耕降湿,避免幼苗根际缺氧。如果雨后天晴,气温又高,应及时用井水串灌,以降低地温,增加土壤氧气含量。于破心期和 2～3 片真叶时定苗。夏阳、夏优 2 号、西白 1 号等品种,每亩定苗4 000 株左右。定苗时注意淘汰病、残、弱苗,保留健壮苗。

蚜虫是传播病毒的媒介,出苗前应在菜田附近的作物及杂草上喷 1～2 次乐果 1000 倍液等药剂,出苗后再喷 1～2次,以严格灭蚜防止病毒病的发生;也可以在菜田周围拉上银灰色塑料薄膜条幅避蚜,或直接在银灰色遮阳网棚内栽培。

5. **合理浇水追肥**　由于夏大白菜生长期短,一般不蹲苗,而是肥水一促到底。为降低地温,幼苗期应勤浇水。定苗后施硫酸铵 15～20 千克/亩,随即浇水。莲座末期或结球初期进行第二次追肥,施硫酸铵 25～30 千克/亩,也可以随水冲施腐熟的人粪尿。结球期应始终保持地面湿润。为预防霜霉病发生,莲座期可喷 1 次瑞毒霉 1000 倍液。软腐病发病重的地区,莲座期应喷 1～2 次农用链霉素或新植霉素。

6. **适期收获** 夏大白菜在叶球基本长成后,应及时收获上市。在叶球六成心时就可以挑选结球好的植株先收获,有时收获期可延缓 7～10 天。收获后将菜棵按商品菜的要求整理上市。如果较远途运销,应于清晨菜凉时收获,或于傍晚收获,凉透后于下半夜装车;有预冷、冷库、保温车等条件的,将菜株收获、整理、包装后,随即进行预冷,然后置于冷库或装保温车远运。

第二节 结球甘蓝

结球甘蓝简称甘蓝,别名包菜、洋白菜、卷心菜、圆白菜、莲花白、苞子白等。

早在 4 000 多年前,野生甘蓝的某些类型就已被古罗马和希腊人所食用,后来逐渐传到欧洲各国栽培和改良。至 13 世纪欧洲开始出现结球甘蓝类型,16 世纪传入加拿大,17 世纪传入美国,18 世纪传入日本。据蒋名川考证,1690 年前甘蓝从俄罗斯经陆路传入我国。

结球甘蓝的适应性及抗逆性较强,易栽培,产量高,耐贮运。其产品营养丰富,球叶质地脆嫩,可炒食、煮食、凉拌、腌渍或干制,外叶可作饲料。结球甘蓝在世界各地普遍种植,是欧、美各国的主要蔬菜,也是我国的主要蔬菜作物之一。

一、类型与品种

(一)类 型

结球甘蓝依叶球形状和成熟期的不同,可分为尖头、圆头和平头 3 类。

1. **尖头类型** 植株较小,叶球小而呈牛心形,叶片长卵形,中肋粗,内茎长。从定植到叶球收获,约50~70天,多为早熟或早中熟品种。冬性较强,不易先期抽薹,如大牛心、小牛心、鸡心甘蓝等。

2. **圆头类型** 叶球顶部圆形,整个叶球成圆球形或高桩圆球形。外叶少而生长紧密,叶球紧实。多为早熟或中早熟品种。如金早生、中甘11号、中甘12号、圆春、庆丰及寒光等。

3. **平头类型** 叶球顶部扁平,整个叶球呈扁圆形。从定植到收获约70~120天,为中晚熟和晚熟品种。如黑叶小平头、黄苗、夏光、京丰1号和晚丰等。

(二)主要品种介绍

1. **中甘11号** 中国农科院蔬菜所育成的早熟春甘蓝F_1(杂种1代)。植株开展度46~52厘米,外叶14~17片,叶色深绿,蜡粉中等。叶球近圆形,品质优良。冬性较强。从定植到收获50天左右。适宜密度4500株/亩,产量可达3000~3500千克/亩。适于我国北方广大地区春季栽培,也可作早熟秋甘蓝栽培。

2. **中甘12号** 中国农科院蔬菜所新育成的极早熟甘蓝F_1。植株开展度40~45厘米,外叶13~16片,叶色深绿,蜡粉中等,叶球圆形,品质优良。定植后45天收获。适宜密度5000~5500株/亩,产量可达3000~3500千克/亩。

3. **京丰1号** 中国农科院蔬菜所和北京市农科院蔬菜所在1973年合作育成。植株开展度70~80厘米,外叶12~14片,叶色深绿,蜡粉中等,叶球扁圆。春季从定植到收获80~90天,秋季90天。适宜密度2500株/亩,产量可达6000~9500千克/亩。适于我国各地春秋种植。

4. **晚丰** 中国农科院蔬菜所与北京市农科院蔬菜所合

作育成的中晚熟秋甘蓝 F_1。植株开展度 65～75 厘米,外叶 15～17 片,叶色灰绿,蜡粉较多,叶球扁圆,抗病性较强。定植后 100～110 天收获。适宜密度 2500 株/亩,产量可达 5000～6000 千克/亩。适于我国各地秋季种植,在内蒙、山西、河北北部等高寒地区可作 1 年 1 熟甘蓝栽培。

5. 夏光　上海农科院园艺所育成的夏甘蓝 F_1。植株开展度 60～63 厘米,外叶 18～20 片,叶色灰绿,蜡粉较多。耐热性较强,适于长江流域及华北南部夏季种植,4～5 月份育苗,8～9 月份上市,产量可达 3000～3500 千克/亩。

6. 寒光　上海农科院园艺所育成的秋冬甘蓝 F_1。植株开展度 55～65 厘米,外叶 20～22 片,深绿色,蜡粉中等、叶球近圆形、紧实,品质好。中晚熟,从定植到收获 90～100 天。耐寒性较强。适宜密度 2500 株/亩,产量可达 4000～4500 千克/亩。适于长江中下游及山东河南南部地区秋冬栽培。

各地还有庆丰、秋丰、内配 2 号、鲁甘 1 号、鲁甘 2 号、理想 1 号、秦菜 3 号、东农 605、东农 606、东农 607、秋锦、夏甘蓝 1 号及 8325 等适用的 F_1 甘蓝,均有相当的栽培面积。

此外,紫叶甘蓝(赤球甘蓝)及皱叶甘蓝也可用于生产。

二、特征与特性

(一)特　征

结球甘蓝主要根群分布在 60 厘米深的土层内,以 30 厘米耕层中最密集,根群横向伸展半径 80 厘米。抗干旱能力不甚强。断根后再生能力很强,适宜育苗移栽。

茎可分为营养生长期的短缩茎和生殖生长期的花茎。短缩茎有在叶球外着生外叶的外短缩茎和叶球内着生球叶的内短缩茎(叶球中心柱)之分。内短缩茎越短,叶球包合越紧密,冬性也越强。花茎高大,可生分枝,主侧枝上形成花序。

甘蓝的叶片在不同时期形态不同,基生叶和幼苗叶具有明显叶柄;莲座期开始,叶柄逐渐变短,直至无叶柄,开始结球。叶色由黄绿、深绿至蓝绿。叶面光滑,叶肉厚,覆有灰白色蜡粉,可减少水分蒸腾,抗旱和耐热力较强。叶序为 2/5 或 3/8,有左旋和右旋两种。

甘蓝花为淡黄色,复总状花序,每株花数 800～2 000 朵。花粉及柱头的生活力以开花当天最强。柱头在开花前 6 天和开花后 2～3 天有受精能力,花粉在开花前 2 天和开花后 1 天均具生活力。甘蓝为异花授粉作物,自然杂交率可达 70%,自交常产生不亲和现象。

果实为长角果,圆柱形,表面光滑,略成念珠状。种子着生在隔膜两侧,授粉后 60 天种子成熟,成熟的种子为红褐色或黑褐色,圆球形,无光泽,千粒重 3.3～4.5 克。种子使用年限为 2～3 年。

(二)生活条件

结球甘蓝对生活条件的适应性比大白菜广,抗性也较强。

结球甘蓝喜温和冷凉气候,但对寒冷和高温也有一定的忍耐力。种子在 2～3℃时开始发芽,但极为缓慢,地温升高到 8℃以上幼芽才能出土,18～25℃时 2～3 天就能出苗。幼苗的耐寒力随苗龄增加而提高,刚出土的幼苗耐寒力弱,具有 6～8 片叶的健壮幼苗能耐较长时间 -1～-2℃及较短期 -3～-5℃的低温,经低温锻炼的幼苗可耐极短期 -8～-10℃的严寒;幼苗也能适应 25～30℃的高温。莲座叶可在 7～25℃下生长,温度超过 25℃及潮湿时莲座叶易徒长而推迟结球。结球期的适温为 15～20℃,中熟品种在 22℃下也能结球,温度过高,呼吸消耗增加,物质积累减少,致使叶片生长不良,叶形狭小,不易结球或使叶球松散。较大的昼夜温差有利于养分积累和叶球充实。球叶生长适温为 13～18℃,10℃左右仍可缓慢生长,成熟叶球有一定的耐寒力,早熟品种可耐短期-3～-5℃,中、晚熟品种能耐短期-5～-8℃的低温。抽薹开花期的抗寒力很弱,10℃以下影响正常结实,花薹遇-1～-3℃的低温受冻。

结球甘蓝的根系分布较浅,且叶片大,蒸腾量较大。要求比较湿润的栽培环境,在 80%～90%的空气相对湿度和 70%～80%的田间最大持水量时生长良好,尤其对土壤湿度的要求比较严格。空气干燥,土壤水分不足时,植株生长缓慢,包心延迟;温度高时易引起基部老叶干枯脱落,茎秃露、叶球小而疏松,严重时不能结球。结球期需较多的水分,但是,如果雨水过多,土壤排水不良,往往使根系因渍水而变褐死亡。

甘蓝为长日照植物,在通过春化前,长日照有利于植株生长。甘蓝对光强的适应范围广,光饱和点较低,为 30～50 千勒,所以在阴雨天多、光照弱的南方和光照充足的北方都能生长良好。在高温季节,与玉米等高秆作物间作适当遮荫降温,可使夏季甘蓝生长良好,比单作提高产量 20%～30%。

结球甘蓝对土壤适应性较强,从砂壤土到粘壤土都能种植。在中性到微酸性(pH 5.5～6.5)的土壤上生长良好。据山西省农科院调查,甘蓝在含盐量达 0.75%～1.20%的盐渍土上能正常生长与结球。结球甘蓝在幼苗期和莲座期需氮较多,磷、钾次之;结球期需要磷、钾相对增多。其吸收比例为氮:五氧化二磷:氧化钾=3:1:4。在氮肥充足,磷、钾配比适当时,净菜率较高;偏施氮肥,则净菜率较低。此外,钙、镁、硫也是甘蓝生长和叶球发育必需的营养元素。缺钙易引起球叶边缘枯萎而成干烧心。

(三)发育条件

结球甘蓝属低温长日照作物,也是典型的绿体春化型蔬菜,通过春化时要求的条件比较严格,需要一定大小的幼苗和一定时期的低温。一般早熟品种长到 3 叶,茎粗 0.6 厘米以上,中、晚熟品种长到 6 叶,茎粗 0.8 厘米以上方可接受低温,通过春化,最终引起苗端花芽分化。甘蓝通过春化的适宜温度为 10℃以下,在 2～5℃完成春化更快,长期在 16.6～17℃以上时不能通过春化,也不会抽薹开花。不同品种对春化温度的要求有差别,早熟品种所需的温度高些,温度范围也宽些,中晚熟品种则相反。

通过春化所需的低温时间,早熟品种为 30～40 天,中熟品种为 40～60 天,晚熟品种为 60～90 天。在适宜春化的温度范围内,温度愈低,通过春化所需的时间愈短。

当结球甘蓝的外叶增长到一定数量,早熟品种 15～20片,中熟品种 20～30 片,晚熟品种 30 片以上时即开始结球。叶球的球叶数,品种间差异较大,早熟品种 30～50 片,中熟品种 50～70 片,晚熟品种 70 片以上。但决定叶球重量的主要球叶为由外向内的 1～4 个叶环。结球具有遗传性。

三、栽培技术

甘蓝是一种耐寒而又适应性广的蔬菜,北方地区露地和保护地结合,1 年可栽培多茬,基本上达到周年供应。其主要栽培茬次有:早熟春甘蓝、露地春甘蓝、夏甘蓝、秋甘蓝、温室甘蓝、越冬甘蓝等。

(一)早熟甘蓝栽培

春季利用不同形式的保护地栽培甘蓝,以提早收获,这对缓解北方早春淡季蔬菜供应有重要作用,经济效益也较高。

春季早熟甘蓝的保护形式有多种,但生产成本较低,早熟效果好,栽培面积较大的是小棚栽培,其次是改良地膜和温室栽培。

1. **播种育苗** 小拱棚甘蓝于 12 月中下旬至 1 月上中旬在温室、温床或改良阳畦内播种育苗,用冬性强的中甘 11 号、83-98、中甘 12 号和鲁甘蓝 1 号等。

培育壮苗是早熟丰产的基础。壮苗的标准是:具有 6～8 片叶,下胚轴和节间短,叶片厚,色泽深,茎粗壮,根群发达。定植后缓苗快,对不良环境和病害抵抗能力强。

苗床应配制肥沃而物理性状良好的营养土,浇透水,干籽播种。播种量为 3～4 克/米^2。覆土 0.5～0.8 厘米。为防治猝倒病发生,撒种及覆土后分别用 50％多菌灵可湿性粉剂或 70％甲基托布津可湿性粉剂 8～10 克/米^{2}进行土壤消毒。

播种后苗床保持 20～25℃;出苗后白天 15～20℃,夜间 5～8℃为宜;分苗后白天 20℃左右,夜间 10℃左右,以利根系生长;缓苗后适当降温,白天 15～20℃,夜间 8～10℃以上,以防幼苗感应低温而进行春化,导致先期抽薹。此外,应尽量加强光照,延长光照时间,使幼苗生长健壮。注意通风降湿,防止病害发生及幼苗徒长。

3～4 片叶时进行分苗,扩大秧苗营养面积,以利培育壮苗。分苗株行距 10～12 厘米见方。分苗床土也应专门配制营养丰富、理化性状优良的营养土。分苗前 3 天适当降温降湿,以增强秧苗抗逆性。分苗应在晴天上午或中午进行。

幼苗长到 6～8 片叶即可定植,定植大苗才能早熟丰产,起苗前 7～10 天要进行降温炼苗,以利栽后缓苗和恢复生长。

2. **定植和管理** 整地时每公顷施有机基肥 75 000 千克、过磷酸钙 750 千克,翻地整平后做畦。1.0～1.4 米宽畦种 3～

4 行,棚高 0.5～0.7 米;2 米宽畦栽 6 行,小棚高 0.8～1.3
米。

3 月上中旬,棚内 10 厘米地温达 5℃时定植,穴栽,株距
30 厘米,穴内施少量种肥,每公顷施尿素 112.5 千克。栽后 1
周左右浇缓苗水并施少量化肥,缓苗后选晴天揭膜中耕,以保
墒和提高地温,开始包心时再追肥浇水,10 天左右后再浇 1
次水。定植后 1 周内不通风,温度低时夜间加盖草席或纸被保
温。以后白天棚温保持 18～20℃,夜间 10℃左右,25℃以上时
通风降温,防止灼苗。棚内温度高,湿度大时,甘蓝外叶容易徒
长,延迟结球,甚至不结球。定植后 25～30 天,少数植株开始
包心时撤棚,撤棚前 1～2 天浇小水,浅锄 1 次。撤棚过迟,包
球不紧,产量低,收获也迟。

小棚栽培甘蓝,棚内气温和地温升高早而快,缓苗期短,
营养生长良好,抽薹少,能提早收获半月左右。棚内甘蓝可与
西葫芦、甜椒和菜豆等进行隔畦间作,先栽甘蓝,后栽果菜,用
甘蓝畦上的小棚覆盖果菜,一棚两用。

温室栽培甘蓝 1 月下旬至 2 月初定植。2～3 月份在大棚
四边低矮处也可种早熟甘蓝。

(二)春甘蓝栽培

春甘蓝为露地栽培,继早熟甘蓝后收获。

1. **播种育苗** 用冬性强的早熟品种。华北大部分地区 1
月底至 2 月初阳畦播种或 2 月上旬温室播种,分苗入阳畦,东
北或西北 2 月上旬温室播种。

阳畦在播前一周盖膜,每 10 平方米左右的阳畦苗床施腐
熟优质马粪等有机肥 100～150 千克,复合肥 1.0～1.5 千克。
苗床垫土和覆盖土应喷多菌灵或托布津消毒。耙平畦面,浇足
底水,水渗下后,撒一薄层细土。播干籽,可用种子重量 0.4%

的福美双或代森锌拌种,以防黑胫病。苗床用种量为5～8克/米²,播后覆土1厘米左右。畦面盖地膜保湿,苗床四周用土封严保温。

出苗后揭去地膜,齐苗后覆薄土一次,保墒,逐渐通风降温,防止幼苗徒长,3～4叶时分苗。幼苗有4～5片叶,茎粗0.5厘米以上时应避免苗床夜温低于8～10℃,白天适量通风,保持15～20℃,加速幼苗生长,又要防止徒长。定植前7～10天起逐渐加强通风,锻炼幼苗,栽前3天,苗床夜间可揭去任何覆盖物。

2. **定植** 春甘蓝用冬闲地栽植,每公顷施有机基肥75 000千克,翻地整平,做成平畦或地膜畦,铺膜前畦面喷48%氟乐灵除草剂防草。

3月底至4月初定植,华北北部和东北等地4月下旬至5月初定植。栽植过早,易遇低温而引起先期抽薹;定植过迟,幼苗在苗床内拥挤,外茎伸长,叶片生长受抑制,定植后缓苗慢。穴栽,早期栽时穴浇定植水,晚栽时畦浇或沟浇水。栽植密度为30～33厘米×30～40厘米。

3. **地膜覆盖** 地膜覆盖在早春可明显起到提高地温、保墒、保持土壤良好结构性、提早成熟及提高产量的作用,是结球甘蓝早熟栽培必备的技术措施。地膜覆盖宜在定植前进行,定植后覆盖也可,但较费工。

4. **田间管理** 浇缓苗水后连续中耕2～3次,促根系生长,蹲苗10天左右,土壤干燥时浇水。春甘蓝缓苗期间因气温低,根系吸收磷素减少,碳水化合物运转受阻,导致花青素的积累而呈现紫苗现象,一般可持续15～20天,紫苗转绿时表明缓苗结束,开始生长新叶。定植锻炼好的壮苗和改进起苗及定植技术可缩短紫苗期,争取早熟。结球初期,外叶和球叶同时生长,需肥水多,小叶球拳头大时浇水追肥,每公顷施尿素300千克或碳酸氢铵750千克,以后每1周左右浇1水,共浇3~4次水,必要时结球中期带肥浇水,促进叶球生长和包球紧实。

5. **收获**　春甘蓝应早收,叶球基本包实,外层球叶发亮时采收,分2~4次收完。

春甘蓝除单作外,还可与玉米、棉花、番茄和冬瓜等进行间作套种。

6. **先期抽薹及其防止**　各地露地春甘蓝生产中不时出现先期抽薹现象,造成严重损失。为防止先期抽薹,需特别注意以下各点。

选用冬性强的品种或杂种一代,如中甘11号、中甘12号和鲁甘蓝2号,经提纯复壮的金早生等。避免采用劣质或混杂种子,可减少抽薹。掌握适宜的播种期,过早播种,苗期接受低温期长通常是先期抽薹的主要原因。育苗期间,幼苗生长前期,苗床温度宜偏低些,防止幼苗生长过快,3~4叶以后适当提高床温,促苗快速生长并防止幼苗感受低温影响。适时定植,栽后加强肥水管理,促进营养生长。利用拱棚或改良地膜等保护,生长前期免受低温影响等均可防止先期抽薹。

(三)夏甘蓝栽培

夏甘蓝一般于3月下旬至5月初分批播种育苗,5~6月份定植,7~9月份收获。可以增加夏秋淡季蔬菜市场的花色品种。

夏甘蓝生长期正处于高温多雨期,病、虫及杂草危害较重,有时又遇高温干旱,极大影响夏甘蓝的生长和产量形成,所以夏甘蓝的栽培面积较小。

栽培夏甘蓝首先应选用抗热、耐旱、具有一定耐涝能力的中熟品种,如夏光、中甘8号、黑叶小平头等。并宜选地势高燥、排灌方便、土壤肥沃的田块。单作,也可与豇豆、茄子等高架蔬菜或玉米等间作。夏甘蓝应重视施有机肥,以防养分流失而造成甘蓝脱肥,并可提高甘蓝的耐涝能力。夏秋季多雨地区用高垄或高畦,少雨地区用平畦,种植密度为45 000~52 500株/公顷。

栽后浇透水,以利缓苗。几天后浇缓苗水时追肥,中耕1~2次。小水勤浇,早晨或傍晚浇水,热雨后浇井水,以降低地温,增加土壤含氧量和改善通气性,促进根系生长。结球前期和中期各追肥1次,以弥补多雨所造成的养分流失,确保植株生长旺盛。夏季杂草多,需多中耕和防治病虫害。叶球成熟后及时收获,避免裂球和腐烂。

(四)秋甘蓝栽培

北方地区秋甘蓝栽培有两种方式。

无霜期较长的地区,多选用早、中熟品种。从6月中、下旬至7月上、中旬播种,露地育苗,在适播期内宁可早播而勿迟播,以免结球期遇阴天或降温而影响包心,导致减产。秋甘蓝育苗期间正处高温多雨或高温干旱季节,为确保育成壮苗,苗床应采用遮阳网、纱网及旧薄膜等遮阳防雨设施。秋甘蓝生长期间,气温地温逐渐降低,植株根系生长较差,开展度也较小,宜适当增加单位面积株数,通常可比春甘蓝增加10%~20%。其他管理与秋大白菜相似,但收获期比秋大白菜稍晚。

无霜期短的高寒地区选用大型晚熟甘蓝,1年栽培1茬。3月下旬到4月中旬阳畦育苗,5月下旬至6月中旬定植。生长前期主要实行中耕、除草、保墒等措施,促进根系发育,生长中期高温多雨季节,注意防涝防虫。秋后进入包心期,需加强肥水管理,促进叶球生长。施肥浇水原则参照一般甘蓝栽培。

(五)温室甘蓝栽培

冬季温室可生产甘蓝的时间较长,选用耐低温弱光的早中熟品种。从10月初到翌年1月初,均可根据接茬安排和市场需求分期栽种甘蓝,其中以9～10月份播种,元旦和春节时收获的甘蓝栽培较多。

早播利用露地育苗床,晚播的阳畦育苗。3～4叶分苗,分苗前适当控制幼苗生长,分苗缓苗后防止幼苗受低温影响。

10月下旬至12月下旬定植有6～8叶带土坨的大苗,1.2～1.3米畦栽3行,株距30～35厘米。栽后覆盖地膜并及时浇水,随水轻施追肥,中耕1～2次。莲座中期浇透水,再中耕。结球初期浇水追肥,每公顷施尿素150～300千克,结球中后期叶面追施0.5%磷酸二氢钾2次,结球期内半月左右浇1次水。缓苗期室温,白天保持20～25℃,夜温15℃左右,促进缓苗,以后白天16～20℃,夜间10℃左右。

叶球基本包紧后分次收获,收时保留适量外叶,以免叶球损伤或污染。

(六)越冬甘蓝栽培

近年来,河南、山东中南部1月份平均气温在−1℃以上的低纬度地区,通过采用抗寒品种及适宜配套技术,可进行甘蓝的越冬栽培。因产品在蔬菜供应淡季3～4月份上市,经济效益良好。加之栽培成本低廉,发展前景广阔。

1. 播种育苗 甘蓝越冬栽培宜选用抗寒及冬性强的品种,如寒光、寒光1号、海丰1号等。于7月下旬至8月上旬用遮阳防雨棚播种育苗。播种宁早勿迟,以确保植株在越冬前形成不太紧实的叶球。播种过晚,冻害严重。

由于育苗期间正处于高温多雨或高温干旱季节,应切实抓好浇水、排水、遮阳、追肥及病虫草害防治等工作,以确保苗全苗壮。通常采用稀播间苗,一次成苗的方法。若播种过密,可于 3～4 叶时分苗,苗距 10～12 厘米见方。幼苗 6～8 叶时定植,苗龄 30～40 天。

2. **定植和管理** 越冬甘蓝的适宜定植期为 8 月下旬至 9 月上旬。定植前土壤应施足有机肥及过磷酸钙,耕翻后做成东西向平畦,按株行距 40～45 厘米×50～60 厘米栽植。越冬甘蓝可单作,也可与冬小麦间作。

定植后应保持土壤湿润,促使甘蓝尽早缓苗。缓苗后随水追施 1 次促苗肥,然后中耕保墒。

到 9 月下旬至 10 月上旬气候适宜时,甘蓝生长量大,需肥需水量增加,应追发棵肥,追施尿素 225 千克/公顷。此后保持土壤见干见湿,促进莲座叶及根系的生长。

至 10 月中下旬,越冬甘蓝进入结球期,需加大肥水供应,每公顷追施硫酸钾复合肥 300 千克,仍保持土壤见干见湿。适当控制叶片长势,促进叶片干物质积累,以提高抗寒能力。至 11 月中下旬,气温下降,甘蓝进入缓慢生长的越冬期。此时植株已包心 6～7 成。应浇冻水 1 次,增强植株抗冻性。然后及时中耕保墒,并将植株外叶扶起,用细土进行根部培土,埋至基部叶柄或稍高一些。在土壤封冻前,用地膜(厚度 0.01 毫米)盖在植株上,四周用土压紧,或搭小拱棚保护越冬。

翌年 2 月中旬土壤解冻,地温回升,甘蓝开始返青时,应及时中耕提高地温。3 月上旬选晴天上午浇水并追尿素 225 千克/公顷。之后多中耕保墒提温。

3. **收获** 越冬甘蓝可于 2 月中下旬至 4 月上旬,根据市场行情,选叶球紧实的植株分批采收,剥去分层冻伤的叶片,即可上市。每公顷可产甘蓝叶球 37500 千克。

第三节 花椰菜及青花菜

一、花椰菜栽培

花椰菜起源于欧洲地中海东部沿岸,19世纪中叶引入我国南部地区,现在全国各地普遍栽培。花椰菜以其丰富的营养、独特的风味和保健作用,产品适合短期贮藏保鲜,深受广大消费者的喜爱。

(一)类型与品种

花椰菜亦称花菜或菜花。其产品器官是着生在短缩茎顶端的花球,花球是由短缩肥嫩的花枝和分化至花序阶段的许多花原基聚合而成。花球白色,少数品种为紫红色。花球横径20~30厘米,纵径10~20厘米,重0.5~2.5千克,最大达5千克以上。花椰菜依生育期长短可分为早熟、中熟及晚熟品种3类。

1. **早熟品种**　从定植到初收花球在70天以内。植株较矮小,叶较小而狭长,色蓝绿,蜡粉较多,花球较小。植株较耐热,但冬性弱。主要品种有:白峰、温州60天、法国菜花、福州60日早等。

2. **中熟品种**　定植至始收花球70~90天。植株较早熟品种高大,叶簇开展或半开展,叶色因品种而异。花球较大而紧实,品质好,产量高。植株稍耐热,冬性较强。主要品种有:日本雪山、福农10号、温州80天、津选3-19-8等。

3. **晚熟品种**　定植后90天以上采收花球。植株高大,生长势强。叶片多而宽阔,叶色较浓,叶缘波状皱褶,花球大,产量高,冬性强,抗寒,耐热性差。主要品种有:杂交100天花椰菜、中白杂交种、兰州大雪球、120天菜花等。

在上述各类型之间还存在着中间型。如瑞士雪球,属中、晚品种之间的一个品种,适于华北地区春季栽培;荷兰雪球属中、早熟类型之间的一个品种,适于华北地区秋季栽培。

花椰菜品种的选择比甘蓝要严格,因为花球的生长发育要求特定的条件。北方地区春花椰菜栽培,宜选用中晚熟品种,如瑞士雪球、日本雪山、耶尔福、杂交 100 天花椰菜等;秋季则宜选用早、中熟品种,如荷兰雪球、津选 3-19-8 等。错用品种,会出现花球形成过早或过迟现象,花球生长发育不良,极大影响产量和品质。

(二) 特征与特性

花椰菜的根系较强大,须根发达,多分布于土壤表层。茎较结球甘蓝长而粗,叶狭长,有蜡粉。在将出现花球时,心叶自然向中心卷曲或扭转,可保护花球免受日光直射而变色或遭霜害。花球系由花薹(轴)、花枝和许多花序原基聚合而成。花球为营养贮藏器官,当温度等条件适宜时,花器进一步发育,花球逐渐松散,花薹、花枝迅速伸长,继而开花结实。种子千粒重 2.5~4.0 克。

花椰菜喜温和气候,属半耐寒性蔬菜,其生育适温范围比较窄,耐寒性和抗热能力均比结球甘蓝差。花椰菜种子在 2~3℃下虽能发芽,但非常缓慢,15~18℃时发芽较快,25℃时发芽最快,播后 2~3 天便可出土。幼苗能耐 0℃和 25℃左右的温度。营养生长适温约为 8~24℃,花球的生育适温为 15~18℃,8℃以下时花球生长缓慢;遇 0℃以下低温,花球易受冻;在 24℃以上高温下,则花球松散,降低产量和品质。开花结荚时期的适宜温度与花球形成期相同。温度超过 25℃或低温时,花粉丧失生活力,不能正常受精结实,常形成空荚。干燥时花蕾易干枯,过湿时又易腐烂。

花椰菜喜好充足光照和较强的光强,但也能耐稍阴的环境。花球在阳光直射下,易由白变黄,降低产品品质,故在花球发育过程中应给予适当遮荫。

花椰菜喜湿润环境。在叶簇旺盛生长和花球形成时期要求有充足的水分,若缺水加之高温,则叶片短缩,叶柄及节间伸长,植株生长不良,影响花球产量及品质。花球生长期水分过大又易引起花球松散,花枝霉烂,甚至沤根。

花椰菜适合在有机质丰富、疏松肥沃、土层深厚、排水保水保肥力较强的壤土或轻砂壤上栽培。最适土壤酸碱度为pH 6～6.7,轻盐碱地上栽种花椰菜也可获得较好收成。

花椰菜为喜肥耐肥性作物,氮、磷、钾及微量元素硼和钼对提高花椰菜的产量和品质都具有重要作用。吸收氮、磷、钾的适宜比例为3.28:1:2.8。对硼、钼等微量元素特别敏感。缺硼时生长点受害萎缩,叶缘卷曲,叶柄产生小裂纹,花茎中心出现空洞,花球变锈褐色,味苦。缺钼时叶易出现畸形,呈酒杯状叶和鞭形叶。缺镁时,叶片变黄色。

花椰菜的生育周期基本上与结球甘蓝相同。但花椰菜要求的发育条件不如结球甘蓝严格。萌动后的种子可在5～20℃较宽的范围内通过春化阶段,以10～17℃和较大的幼苗通过春化最快,在15～18℃下能正常形成花球。

(三)栽培技术

1. 春花椰菜栽培

(1)品种选择及播种育苗:春花椰菜必须选用春季生态型品种,即生长期长和冬性较强的中晚熟品种。而早熟品种的冬性弱,春季育苗时容易在幼苗尚未分化出足够的叶数和形成强大的同化器官之前,就形成很小的花球,极大影响产量和品质。春花椰菜常用的品种有:瑞士雪球、耶尔福、日本雪山等。

华北地区12月下旬至1月上中旬播种。东北等寒冷地区可于2～3月间播种。在日光温室、电热温度或阳畦中育苗。育苗技术与甘蓝大体相似。但要特别注意苗床的温度和水分管理。干旱和较长时间的低温，会使幼苗生长受到抑制或通过春化而形成"小老苗"，引起"早期现球"失去商品价值。

（2）定植和管理：幼苗6～8片叶，5厘米地温稳定在5℃以上时即可定植。若定植过晚，成熟期推迟，形成花球时正处高温期，花枝易伸长而使花球松散，品质下降；定植过早易造成先期显球，影响产量。河南及山东一带于3月上旬前后，华北地区3月中旬至4月初，东北、西北地区4月底至5月初定植。

定植前对栽培田施足基肥做成平畦或地膜小高畦。平畦宽1.0～1.2米，栽3～4行，株距35～40厘米。栽植后浇透水。

栽后3～5天，根据幼苗生长状况、土壤湿度及天气情况，浇1次缓苗水，并及时中耕松土，地膜畦可晚浇缓苗水，尽可能提高地温，促进发根。莲座期结合浇水，追施尿素225～300千克/公顷，防止因缺肥而使营养生长不良，花球早出且易散球。对叶片生长过旺的植株，应及时控水蹲苗，使花椰菜营养体生长健壮，为花球发育奠定良好基础。待部分植株显蕾时再追肥1次，花球膨大中后期可用0.1％～0.5％硼砂液叶面追肥，3～5天1次，连喷3次。营养不足时可喷施0.5％尿素及0.5％磷酸二氢钾的混合液，连喷3次。花球出现后每4～6天浇水1次，收前5～7天停止浇水。

花椰菜的花球在阳光直射下容易由白色变成淡黄色，甚至绿色或成毛球，致使品质下降。在花球直径达8～10厘米时,可折倒花球外不同方向的 3 个叶片盖住花球,以保持花球洁白。

（3）收获:花球充分长大,基部花枝略有疏松,边缘花枝开始向下反卷而尚未散开时采收。迟收,花球易松散变黄,品质变劣。采收时花球外面留 5～6 片小叶,保护花球免受损伤和污染。

2. 秋花椰菜栽培

（1）育苗:秋花椰菜栽培宜选用雪山、白峰、荷兰雪球等早中熟品种。6 月中下旬至 7 月上中旬播种,寒冷地区可于 5 月下旬至 6 月下旬播种。适当稀播,不分苗,避免伤根,以利育壮苗。播种后,苗床应适当遮荫防雨,幼苗长有 2 叶后除去遮荫物。苗期小水勤浇,保持湿润,防干旱和涝害,并及时防治虫害。苗龄 30 天左右。

（2）定植和管理:7 月中下旬至 8 月上旬定植。垄栽或畦栽,株行距 40 厘米×50 厘米,选下午或阴天定植。栽苗时定植穴内可施适量基肥,以防早期缺肥。

秋花椰菜要加强肥水管理,提早追肥,促使叶片充分生长,以利形成大花球。若外叶生长受阻,易引起先期现蕾。对外叶少、现花球早的品种如白峰等,缓苗后不蹲苗,直至现蕾前不能缺水,小水勤浇,保持土壤湿润;对现花蕾较晚的荷兰雪球等可蹲苗 7～10 天。进入莲座期后浇水追肥,促进外叶生长。花球膨大期 4～5 天浇水 1 次。植株封垄后宜减少浇水,以免湿度过大而发生病害或落叶。花球膨大初期和中期各追肥 1 次,结合叶面喷施 0.2%硼酸溶液,防茎轴空心。现花球后折叶盖花球。

（3）收获:秋花椰菜从 9 月中旬左右开始收获,直至气温降至 0～1℃时全部收完。花球临成熟前若骤然降温或遇雾天,可能使花球出现紫色。少数花球尚未充分膨大的植株,连根拔起后可行短期贮藏。

3. **花椰菜设施栽培**:花椰菜的设施栽培主要在早春和秋冬季,利用日光温室或大、中、小拱棚及阳畦等生产,近来在炎夏季节利用遮阳网栽培也获得良好效果。

利用日光温室栽培花椰菜,在冬季至早春期间随时定植。在大、中、小拱棚内 5 厘米地温稳定在 5℃ 以上时定植,山东、河南地区在 2 月下旬至 3 月上旬,东北、西北等地于 3 月下旬左右定植。秋冬季延迟栽培,9 月下旬至 10 月上中旬扣棚膜保护。

设施花椰菜的栽植密度应比露地稀些,以 40～50 厘米见方为宜。

定植后缓苗期间,设施内白天保持 25～30℃,夜间 10℃ 左右;在幼苗开始生长时,应适当通风降温,白天保持 22℃ 左右,不超过 25℃;莲座期白天 15～20℃,夜间 10℃ 左右;花球生育期以 14～18℃ 为最适,不高于 24℃,夜间 5℃ 左右。同时尽量改善光照状况,延长光照时间以及通风换气与排湿。有条件时可施用二氧化碳肥料,以增强光合能力,提高花球产量。浇水原则同露地栽培,但次数可少些。

(四)假植贮藏

花球未长成的花椰菜植株,连根挖起假植在适宜温度条件下,根、茎及叶片中的养分可继续向花器官运输而使花球逐渐膨大成产品。假植在当地最低温度降至 0℃ 时进行,华北地区多于 10 月下旬至 11 月上旬。假植时已长出的花球直径应大于 5 厘米,以 6～8 厘米为宜。花球过小,贮藏后增长不大,商品价值低;花球过大,贮藏过程中易散球或腐烂。

在背阴处挖沟贮藏或在阳畦中短期假植。沟宽 1.0～1.5

米左右,东西向,深 50～80 厘米,挖松底土 10～15 厘米,施入少量氮素化肥。连根挖起准备贮藏的花椰菜植株,除去病叶、黄叶,用稻草轻捆外叶,以避免在搬运过程中伤叶和污染花球,也有利假植后的通风。植株根部应尽可能带大土坨,密集囤栽以棵与棵之间外叶不挤为适度,栽后浇小水,以水漫过松土层为宜。贮藏初期白天囤盖草席遮荫降温,畦温 5℃左右。若畦内高温高湿,叶片呼吸加快将黄化脱落。随气温不断下降,夜间覆盖草苫;气温降至 −5～−4℃ 时,再加盖一层塑料薄膜,以确保畦内温度维持 3～5℃,防止花球受冻害。至元旦或春节时,花球已长大,可收获上市。

二、青花菜栽培

青花菜又名木立花椰菜、绿菜花、茎椰菜和西蓝花等,因其产品为绿色花球而得名。青花菜含有丰富的维生素 A、维生素 C 和蛋白质等,其营养价值为甘蓝类蔬菜之冠。产品经烹调后碧绿清新,质地细嫩,鲜美可口。青花菜是近年来才发展起来的高档蔬菜种类之一,其前景看好。

(一)类型与品种

青花菜按生长期长短可分早、中、晚熟 3 类。早熟品种定植后 60 天可收花球,花球大,以收顶花球为主,收获期短,有些品种也能收侧花球。中晚熟品种现花球迟,幼苗定植后 80～110 天以上才能收花球,收顶花球后,侧芽可萌发长成小花球,陆续采收,收获期长达 30 天以上,侧花球产量可占总产量的 1/3～1/2。但中晚熟品种中也有只收顶花球,不长侧花球的品种,如日本的中生 2 号等。

当前生产上采用的青花菜早熟品种有里绿、绿色哥利斯、加斯达、绿慧星和玉冠等。中早熟品种有碧松、碧杉、哈依姿、上海 1 号、丰青 1 号、绿岭和绿丰等。晚熟品种有里绿王等。

（二）特征与特性

青花菜根系分布较浅，须根发达。营养生长期的茎比花椰菜的茎长而粗，植株较高大，节间距离大。叶深蓝绿色，叶面蜡粉多，叶柄明显，有叶翼，叶片先端较圆。产品花球由肥嫩的肉质花枝和分化到雌雄蕊阶段并已形成萼片的花蕾组成。叶腋间的侧芽比花椰菜活跃，部分品种主茎顶花球采收后，腋芽能长出侧枝形成小的侧花球，可多次收获。有些品种的侧芽不易萌发，不能形成侧花球，只收主花球。

青花菜的耐寒和耐热力比花椰菜稍强，花球发育适温 15～20℃。25～30℃以上高温时叶变细小，成柳叶状，植株徒长，花蕾大小不一，花球易松散。10℃以下花球生长缓慢，5℃以下植株发育受到抑制，能耐短期轻霜，致死温度为 -7.0℃左右。早、中熟品种不需经过低温就可分化花芽，容易形成花球，中晚熟品种经 4～8 周 2～8℃的低温春化期后分化花芽，故不宜在高温季节栽培。从花芽开始分化到大部分花原基发育成花蕾体约需 20～30 天，这时，小花直径约 0.5～1.0 厘米，以后花蕾体和花茎不断发育，使花球增大。

青花菜植株高大，生长旺盛，需水较多，营养生长期缺水会使叶片变小，叶柄及节间伸长或出现先期现蕾，影响产量。花球发育期供水不足，则花球易老化，品质下降，土壤过湿又易引起花球或根腐烂。

（三）栽培技术

露地春、秋两季栽培。春茬 1 月底至 2 月初育苗，3 月底至 4 月初定植，秋茬 6 月下旬至 7 月下旬播种，7 月底至 8 月上中旬定植，10 月至 11 月上旬收获。青花菜的叶丛较花椰菜开展，株行距宜稍大些，一般早熟品种为 40 厘米×50 厘米，中熟品种为 40 厘米×60 厘米,大型晚熟品种为 50 厘米×70 厘米。

青花菜喜肥水,生长发育期内及时浇水追肥是丰产关键。缓苗后和花球形成初期追肥,促进叶生长和花球迅速膨大,花球发育中后期叶面喷 0.2%硼砂液防花蕾变褐,收侧花球期间再追肥 1 次。缓苗后浇水,中耕培土,防植株倒伏。花球发育期 5～6 天浇 1 次水,保持土壤湿润。收获前 1～2 天浇 1 次水,以提高产量和品质,并可延长贮藏期。

花球充分长大,整个花蕾保持紧实完好,鲜绿色,边缘花蕾略有松动时采收,带 10 厘米左右长嫩茎割下,高温期提前1～2 天收获。收侧花球的品种,留上部 2～4 个侧枝长花球,待小花球横径达 3～5 厘米时收获。

收获的青花菜花球不耐贮藏,在常温下呼吸旺盛,失水多,萼片的叶绿素容易分解,花蕾在 1～3 天内就可黄衰,逐渐丧失商品价值。为保持花球鲜嫩品质,收获后的花球应装入塑料袋中在低温下贮藏,在 0～1℃下可贮藏 1 个多月;收花球前向花球喷 40 毫克/升 6-苄基腺嘌呤(BA),晾干后装袋,在1±0.5℃下贮藏 2 个月,商品率达 82.2%。

第四节　抱子甘蓝

抱子甘蓝别名芽甘蓝、汤菜等。植株中心顶芽开展生长,不结叶球,而在茎的叶腋产生小叶球,正如子附母怀,故称抱子甘蓝。原产于欧洲。西方各国自古栽培,尤以英国、法国、比利时等国栽培普遍。

抱子甘蓝的芽球形状珍奇,风味独特,纤维少,甜味浓,品质优良,营养价值高,为一种名贵的高档蔬菜,除鲜食外还可加工或速冻,发展前景广阔。

一、类型与品种

抱子甘蓝一般分为矮生种和普通种两类。矮生种生长快,适于早熟栽培,茎高50厘米左右,生长期较短,芽球密生,球形小。普通种(高生种),茎高100厘米,芽球疏生而大,生长缓慢,多为晚熟品种,单株芽球可达60多个。生产上普遍栽培的多为普通种。我国生产上应用较多的品种有从日本引进的早生子持、增田子持和长冈交配早生等。

二、特征与特性

抱子甘蓝叶较小,近圆形,叶缘上卷,叶柄长,叶面有皱褶,叶40片以上。茎直立,高50~100厘米。节间长短,因品种而异。高生种节间长可达5厘米,矮生种节间短。小叶球的直径2~5厘米。抱子甘蓝生长期很长,一般每株可形成小叶球40个,多者70~100个。喜冷凉湿润的气候,不耐炎热,耐寒性较强,可耐-3~-4℃的低温。短期-13℃下也不至受冻致死。生长期间的适温为18~22℃,芽球形成期以12~15℃为宜,高温强光不利于芽球形成,高温下小叶球易开裂、腐烂。

三、栽培技术要点

(一)播种育苗

抱子甘蓝目前以露地栽培为主,春茬12月至翌年1月份在阳畦育苗,3月份定植。秋茬于4~5月份播种,6~7月份定植,秋末初冬收获芽球。此外,保护地7~9月份播种,冬春采收。

培育壮苗是抱子甘蓝栽培的关键。其采种困难,种子产量低,价格昂贵,所以必须精细育苗,尽可能提高种子出苗率和成苗率,降低生产成本。每亩需种 25 克,苗床面积 4～6 平方米。幼苗 3～4 叶时分苗,6～8 片叶时定植,苗龄 40～50 天。苗期白天 20～23℃,夜间 5～10℃。夏季育苗应遮荫防雨降温。注意幼苗猝倒病等的防治和水分管理,确保幼苗生长健壮,无病虫危害。

(二)栽植和管理

抱子甘蓝生长期长,应施足基肥,每公顷施腐熟有机肥 45 000～75 000 千克、过磷酸钙 750 千克、尿素 225 千克、硫酸钾 225 千克。春季栽培宜用地膜小高畦,夏秋栽培采用平畦。矮生种每公顷栽植 30 000 株,高生种 18 000 株左右,行距 70 厘米,株距 50～70 厘米。

生长期间应多次追肥,定植后 20～30 天施催苗肥,促进植株营养生长,使其在进入结球期前外叶达 40 片以上。进入芽球膨大期施结球肥。芽球采收期施补充肥,每次用尿素 225～300 千克/公顷。浇水不宜过多,防植株徒长。进入芽球膨大期应保持土壤湿润,但需防涝渍。在植株生长过程中,进行中耕及根际培土,以防植株倒伏,影响芽球的形成和膨大。多风地区可用竹竿等设立支架。待茎中部叶腋产生小芽球后,摘除茎基部叶片,以利通风透光,促进芽球发育,也利于采收。小叶球基本形成后摘除顶芽生长点,以减少养分消耗,这对生长季较短的地方尤为有利。

(三)采 收

抱子甘蓝各叶腋所生芽球,自下而上逐渐成熟,一般定植后 3～3.5 个月,当小叶球直径达 2.5～3.8 厘米时可陆续多次采收。采收过迟叶球易开裂,质地变粗硬,失去风味。采收时用刀沿茎将小叶球割下。叶球很容易腐烂,收后应及时预冷,然后分级包装上市。一般 6~7 次可采收完毕,每公顷产量可达 15 000~18 000 千克。

第五节　芥　蓝

　　芥蓝又名白花芥蓝。十字花科芸薹属 1、2 年生草本植物,是我国的名产蔬菜之一。以肥嫩的花薹和嫩叶为食用器官,营养丰富,风味别致,质地脆嫩。芥蓝主要在广东、广西及福建栽培。近年来上海、杭州、昆明、北京和济南等北方地区也已引种,并传入日本、美国及欧洲各国。

一、类型与品种

　　芥蓝可分为白花芥蓝和黄花芥蓝。黄花芥蓝茎秆肥大,不易抽薹,纤维较粗,采食幼嫩苗株,栽培较少。白花芥蓝为主栽品种。按其熟性可分为早、中、晚熟 3 类品种。

　　第一类为早熟品种,较耐热,在较高温度下能迅速生长并形成花薹。主花薹 30~35 厘米,横径 1.5~2.5 厘米,主薹重100~200 克。播种至初采为 45~60 天,延续采收 35~50 天。适于夏秋季栽培。常用的品种有细叶早芥蓝、皱叶早芥蓝和柳叶早芥蓝。

　　第二类为中熟品种,耐热性不如早熟类型,播种至初采60~80 天,延续采收 40~60 天。适于秋季及晚春栽培。常用的品种有荷塘芥蓝、登峰中熟芥蓝、福建芥蓝和台湾中花等。

　　第三类为晚熟品种,不耐热,抗寒性较强,营养生长期长,适于冬春栽培。主花薹高 30~35 厘米,横径 3 厘米左右,主薹重 100~200 克。从播种至初收为 80~100 天,延续采收 50~60 天。品种有迟花芥蓝、铜壳芥蓝、皱叶迟芥蓝和三元里迟芥蓝等。

二、特征与特性

一般株高 40～50 厘米,开展度 35～45 厘米,茎直立,初生花茎肉质,节间较疏,称菜薹。主薹采收后侧芽又可萌发成侧薹。根入土浅,再生能力强,根群主要分布在 15～20 厘米表土中。叶互生,卵圆形或椭圆形,叶面光滑或皱缩,具蜡粉,绿色。花多为白色,少数品种为黄色。花茎叶的叶柄很短或无叶柄。

芥蓝生长发育的适温范围 15～25℃,种子发芽和幼苗生长适温 25～30℃,20℃以下发芽缓慢。幼苗在 28℃的较高温度或 10℃以下的较低温度下,仍可缓慢生长。叶丛生长和菜薹形成适温为 15～25℃,并喜较大的昼夜温差,30℃以上菜薹发育不良,15℃以下发育缓慢。但有些耐热品种,如泰国的白花尖叶种在 30℃以上的高温下仍能正常生长发育。芥蓝的早熟和中熟品种在 27～28℃的较高温度下能迅速分化花芽,降低温度对花芽分化没有明显的促进作用。晚熟品种对温度要求比较严格,在较高温度下虽能分化花芽,但分化迟缓,较低温度和延长低温时间能促进花芽分化。

芥蓝为长日照植物,多数品种对日照长短要求不严。充足的光照,有利于植株的营养生长和提高花薹产量及商品性。

芥蓝耐肥,喜湿,怕旱,忌涝渍。在整个生育期间,氮、磷、钾的比例为 5.2：1：5.4。宜选肥沃而富含有机质的壤土种植。

三、栽培技术要点

（一）播种育苗

芥蓝可春、秋两季栽培。山东及华北南部地区，春茬于1～3月份播种育苗，4～6月份收获；秋茬在6～8月份播种，8～11月份采收。

芥蓝可直播或育苗，但以育苗为多。夏季育苗宜用遮阳网、防雨棚，冬春季则在阳畦或大棚中育苗。每亩苗床需种量500～750克，可供10亩大田定植。苗期注意间苗、肥水管理和病虫害防治等工作。待幼苗长至5～6片真叶，苗龄30天左右时，即可定植。

直播可撒播或条播，条播时行距20～30厘米，最后按20～25厘米株距定苗。

（二）定植和管理

选择排灌方便、富含有机质的田块，施足腐熟有机肥30 000～45 000千克/公顷，耕翻耙平后做畦。春季栽培宜用高畦并覆盖地膜，秋栽多用平畦。栽植密度为早熟芥蓝20～25厘米×30～35厘米，中晚熟品种30～33厘米见方。

在幼苗定植后3～5天浇缓苗水，并加强中耕松土，促进根系迅速生长。芥蓝生育前期主要是促进叶片生长。由于芥蓝栽植密度大，叶片多，且根系吸收力较弱，故对肥水要求严格。定植后1周开始，每隔1周追肥1次，每次追尿素75～112.5千克/公顷，使其在短期内形成庞大的叶面积，提高主薹产量。植株现蕾时增加追肥量，施尿素150千克/公顷，复合肥150～225千克/公顷。主薹采收后，重追肥1次。芥蓝的耐旱和耐涝能力较差，水分供应极为重要。在叶片生长期以见干见湿为度，花薹形成期应保持土壤相对湿度80%～85%为宜。雨天注意排水,以防涝渍。

(三)采 收

芥蓝以薹茎粗大,节间较疏,薹叶较少而细嫩为优质产品。花序充分发育,花蕾尚未开放,花薹顶端与基部叶尖处于同一高度时,为采收适期,此时的菜薹最大,品质也最佳。采收主薹时,基部须保留 4～5 片绿叶,其中要保留 2～3 片健壮老叶,以利于侧芽萌发和生长。主薹采收后 20 天左右,侧薹长至17～20 厘米时,又可采收。保留 2～3 片基叶,以便形成第二次侧薹。每次采薹后要施肥浇水,侧薹的产量和质量可超过主薹。花薹产量可达 22 500～37 500 千克/公顷。

第六节 菜 薹

菜薹又名菜心。是我国著名的特产蔬菜之一。因在广东种植最多,广东人又最喜爱食用,故又称为"广东菜"。

菜薹,以花薹为主食部分。它品质柔嫩,风味独特,不论是用来做普通肉类的汤料还是做山珍海味的配菜,都非常清新可口,除家常便饭外,高级宴会也是不可少的配菜,每年都有大量运销港澳,成为出口的主要蔬菜,被人们誉为"菜中之后。"

一、类型与品种

(一)四九菜心-19 号

是广州市蔬菜研究所从"四九菜心"品种中,经过系统选育而成的新品种。其特点为早熟,从播种至初收为 33 天左右。株形整齐,根系发达,叶柄较短,叶片适中,薹高约 18 厘米左右,淡绿色有光泽,菜心匀称,品质优良。适宜夏秋种植,能耐热、耐湿,对霜霉病、软腐病抗性较强。每亩产薹1000～1500千克。

(二)宝青60天

由广东农科院经济作物研究所蔬菜室选育,属中早熟类型。薹片及菜薹浓绿色,富有光泽,菜薹较粗,横径约1.8厘米,薹高30厘米左右、长短整齐,具有食味清甜、优质高产、适应性强等特点。其叶绿素和可溶性糖含量高于进口的同类60天菜心,出口合格率较高,优于其他品种。

(三)一刀齐菜心

上海宝山区的特产。植株高约48厘米,叶片呈卵圆形,绿色,叶面平滑、无茸毛、全缘。叶柄细长、浅绿色。主薹绿色。生长期80天左右,抗寒力中等,侧枝生长势极弱。品质佳,味鲜美,纤维少,质地嫩脆。在上海10月上旬播种,11月中旬左右定植,行株距17厘米×5厘米,翌年2月中旬到3月上旬采收。每亩产薹1500千克左右,高产的可达2500千克以上。

(四)红菜薹

武汉地区特产蔬菜之一。色泽鲜艳,品质脆嫩。其品种有早熟种"十月红一号、二号",中熟种有"大肢子"、中晚熟种有"胭脂红"。如品种搭配,分期播种,可从10月底分次采收供应,长达5个月之久。红菜薹食用方法很多,不论是素炒、荤爆,还是用开水烫过凉拌,味皆鲜美。菜薹产量早熟品种每亩可达1500千克,中晚熟品种可达2000千克,最高可达3000千克以上。

二、特征与特性

菜薹属于十字花科1年生草本植物,植株直立,茎短缩,翠绿,叶卵圆形,叶柄狭长,总状花序,有分枝,多数品种开黄花。喜凉怕热，在秋冬栽培长势更好，每年8月至翌年5月份，是菜薹的栽培时节，如遇上晴朗干燥天气，菜心的花薹长至叶尖平齐，这时的菜心最为好吃，被称"齐口花"，其价可高于一般叶多的菜心，近几年我国各大城市已逐步推广，前景十分乐观。广州一年四季都有生产，年种植面积约有1.3万公顷。

三、栽培技术

（一）栽培季节

长江流域和华南地区，早熟品种应安排在夏季或夏秋前后栽培，中熟品种在秋季，迟熟品种在秋冬季。长江流域以北地区可在春、夏、秋季栽培。

（二）育苗定植

菜薹可以直播或育苗移栽，苗期20～30天。一般早、中熟品种对温度反应敏感，发育快，苗期得不到适当的发育条件，会影响植株适时地进入生殖生长；冬季和春季育苗，则要防止过早发育。春夏季每亩育苗地播0.5～0.75千克种子，秋冬季播0.4～0.5千克。出苗后要及时间苗，第一真叶展开时追肥。夏季高温时要注意覆盖遮阳网防雨降温。以4～5叶片时定植为宜，其苗龄夏秋季在播种后18～22天，秋冬季在20～30天为宜。定植的株行距，早、中熟品种为13×16厘米，晚熟品种为18厘米×22厘米。

（三）合理施肥

菜薹重点施追肥，一般每亩施人粪尿1000～1500千克或尿素10千克。施肥时期在幼苗定植后2～3天发新根时，可追施人粪尿；二是植株现蕾时，追施尿素15千克。大部分主薹采收时再追施尿素10千克，以促进侧薹发育。

(四)采 收

菜薹高与叶的先端齐平,初开花蕾,名谓"齐口花",此时为适宜采收期。过早采收太嫩,过迟质量差。早熟品种只收主薹的,采收节位可略低 1～2 节,如收侧薹,则在基部留 2～3 叶割去主薹。

第三章　根菜类

根菜类蔬菜有萝卜、胡萝卜、根用芥菜、芜菁、芜菁甘蓝、根用甜菜、辣根、美国防风、牛蒡、根芹菜等,它们均以肥大的肉质直根为产品,有营养丰富,食法多样,适应性强,耐贮耐运等许多优点。

根菜类蔬菜的肉质根在外部形态上可以分为 3 个部分(图 3-1):

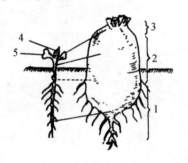

图 3-1　萝卜的肉质根

1. 根部　2. 根颈　3. 根头部

4. 第一真叶　5. 子叶

一是根头,由上胚轴发育而成,即短缩茎,上面着生芽和叶片。

二是根颈,由下胚轴发育而成,是肉质根的主要部分,其上没有叶痕和侧根。

三是根部,也叫真根或本根。由胚根上部发育而成,其上着生许多侧根,形成主要吸收根系。

不同种类的根菜,其根头、根颈和根部的比例不同。萝卜根头较短,根颈比例较大;胡萝卜的根部比例大些;而根用芥菜的根头比较发达。品种和栽培条件也是影响这 3 部分比例的重要因素。

不同种类根菜的肉质根解剖结构不同,可分为 3 种类型

（图 3-2）：

一是萝卜型，十字花科的萝卜、根用芥菜、芜菁等属于此类型。其肉质根的食用部分主要由次生木质部组成，即形成层活动所产生的细胞以次生木质部为最多。

二是胡萝卜型，包括胡萝卜、美国防风、根芹菜等伞形科根菜。次生韧皮部细胞增生和膨大较快，因而其韧皮部较发达，是主要食用部分。韧皮部组织柔嫩，胡萝卜素含量亦高，因而胡萝卜较萝卜组织柔软，营养丰富。

三是甜菜类型，甜菜肉质根内部有多轮形成层，每一轮形

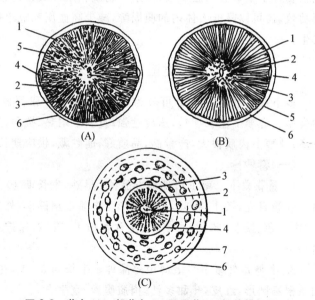

图 3-2 萝卜（A）、胡萝卜（B）及甜菜（C）根的横切面

1. 初生木质部 2. 次生木质部 3. 形成层 4. 初生韧皮部

5. 次生韧皮部 6. 周皮 7. 维管束

成层向内增生木质部,向外增生韧皮部,成为维管束环。

第一节 萝卜

萝卜别名葵、莱菔,属于十字花科萝卜属1~2年生草本植物。萝卜原产中国,公元前400年的《尔雅》中就有记载。在我国分布广泛。

萝卜营养丰富,可生食、炒食、腌渍、制干,因其含有淀粉酶和辣芥油,使其具有独特的风味,可增进食欲,有助消化。肉质根和种子中含有莱菔子素,为杀菌物质,有祛痰、止泻、利尿等功效。还可以降低人体内的胆固醇,减少高血压和冠心病的发生。

一、类型与品种

萝卜品种按栽培季节可分为春萝卜、夏萝卜和秋萝卜3种类型。春萝卜生长期短,适应性强;夏萝卜耐热、抗病,产量较高;秋萝卜肉质根大,产量高,品质好,耐贮藏,供应期长。

(一)春萝卜

1. **扬花萝卜** 南京市郊地方品种。早熟,生长期40天左右。叶簇直立,矮小,板叶,长倒卵形。肉质根扁圆形,外皮红色,肉白色、质脆、味甜、水多,宜生食和加工,露地、保护地栽培均可。

2. **上海小红萝卜** 上海市郊品种。生长期50天,花叶。肉质根扁圆形,红皮,味甜多汁,肉质脆嫩,宜生食。

3. **算盘子萝卜** 哈尔滨地方品种。极早熟,生长期30天。植株小,叶开张,枇杷形。肉质根球形或短圆锥形,皮红色,肉质白色,味稍甜,宜生食或加工。露地、保护地均可栽培。

4. **五缨萝卜** 北京市郊地方品种。生长期 40～50 天,较耐寒,叶簇直立,叶片绿色,叶柄正面紫色。肉质根长圆锥形,红皮白肉,肉质脆嫩,品质较好。

5. **烟台红丁** 叶丛半直立,板叶。肉质根扁圆球形,红皮白肉,生长期 40 天,单株根重 35～40 克。冬性较强,适于保护地栽培。

6. **蓬莱春萝卜** 生长期 50 天,叶丛直立,板叶。肉质根长圆柱形,皮紫红色,肉白色。单株根重 60～70 克,冬性强,不易发生先期抽薹。

(二)夏萝卜

1. **新济杂 2 号** 山东省农科院蔬菜所育成。杂交一代,耐热抗病,叶丛半直立,羽状裂叶。肉质根长圆柱形,出土部分淡绿色,入土部分白色,生长期 60 天,单株根重 500～1000 克。

2. **夏秋 55** 莱阳市农业局育成,杂交一代。耐热、抗病,生长期 70 天。叶丛直立,羽状裂叶。肉质根圆柱形,白皮白肉。单株根重 1000～1300 克。

3. **鲁萝卜 2 号** 山东省农科院蔬菜所育成的 F_1 品种。生长期 70～80 天。叶丛半直立,浅裂叶。肉质根圆柱形,皮深绿色,肉质淡绿色。单株根重 500～800 克。

(三)秋萝卜

1. **潍县萝卜** 有大缨、小缨、二大缨 3 个品种。其共同特点是:羽状裂叶,叶色深绿、叶面光亮。肉质根长圆柱形,皮绿色,肉质淡绿至翠绿色。以生食为主,也可炒食和腌渍。大缨萝卜有抗病、耐贮、单株产量高等优点,但其肉质根质较松,微辣,适于熟食,因此,目前栽培面积不大。小缨萝卜的特点是长势偏弱,产量较低,但品质很好,因此有一定栽培面积。二大缨萝卜是大缨与小缨两个品种经天然杂交选育而成的中间类型,表现抗病、丰产、品质好,是目前潍县萝卜中的主栽品种。

2.卫青萝卜 天津名产之一,经菜农多年选育,形成许多品种,彼此虽然有些差异,但都具有以下特点:肉质根圆柱形,全身绿色,仅根尾端有少部分白色,肉色翠绿,肉质紧密酥脆,味浓多汁,耐贮耐运。目前常用的品种有:沙窝小花、沙窝大花,葛沽蛋、葛沽四平头等系列品种。

3.北京心里美萝卜 北京郊区地方品种。叶丛半直立,肉质根扁圆锥形,绿皮,紫红色肉,肉质根脆嫩多汁,品质优良。

4.青圆脆 山东济南市地方品种。植株长势旺,叶丛直立。肉质根圆柱形,皮绿色,肉浅绿色,肉质脆嫩、味甜,适生食,单株重800~1000克。

5.鲁萝卜5号 一代杂种,生长期80天。叶丛半直立,羽状裂叶。肉质根圆柱型,皮绿色,肉质鲜紫红色、较紧实、味甜,耐贮,单株根重500~700克。

6.鲁萝卜6号 一代杂种,生长期80天。叶丛半直立,羽状裂叶。肉质根圆柱形,皮绿色,肉质紫红色、质脆、味甜、多汁,单株根重500~600克。

另外还有绿皮绿肉的鲁萝卜1号、4号和红皮白肉的鲁萝卜3号等优良品种,均有抗病、丰产、优质等特点。

二、特征与特性

(一)特 征

萝卜属深根性植物。主根深约60~150厘米,肉质根的形状有长圆筒形、圆锥形、圆形、扁圆形等;皮色有白、绿、红、紫等,因品种而异。萝卜茎在营养生长阶段短缩形成根头,植株通过温、光周期后进入生殖生长阶段,由顶芽抽生花茎。花茎可分多次侧枝,其上直接着生花。萝卜叶为根出叶,营养生长阶段丛生,有板叶和花叶两种。花为复总状花序,白色、紫色或浅粉色,异花授粉,虫媒花。果实为角果,成熟时不开裂。种子赤褐色,每一果实中有种子3～10粒,不规则球形,千粒重7～8克。

(二)生育周期

萝卜的生育周期可分为营养生长和生殖生长两个时期。

1. 营养生长期 从种子萌动至肉质根形成。主要进行吸收根的生长,叶器官建成和肉质根膨大。根据生长特点的变化,又可分为发芽期、幼苗期,叶生长盛期和肉质根膨大期。

(1)发芽期:从种子萌动到第一真叶显露为发芽期。在适宜的温度条件下约需5～7天。该期主要靠种子内贮藏的养分和外界温度、水分、空气等条件使种子萌发和子叶出土。因此,种子和播种质量是该期的主要影响因素。

(2)幼苗期:由真叶展开到"破肚"为幼苗期,约需15～20天。破心后12～15天,由于肉质根的次生生长,中柱部分开始膨大,而初生皮层不能相应膨大,导致初生皮层的破裂,先从下胚轴部开裂,继而向上发展,数日后完全裂开,即所谓"破肚"。"破肚"标志着肉质根开始膨大。幼苗期地上部叶片分化加速,叶面积不断扩大,根系加快生长,以纵向生长为主。

(3)叶生长盛期:从"破肚"到"露肩"为叶生长盛期,也叫肉质根膨大前期。需15～25天。叶面积迅速扩大,同化产物增加,地上部和地下部的生长量均大大增加,肉质根肩部渐粗于顶部,称为"露肩"。该期结束时,叶面积达最大叶面积的65％以上,苗端的形成层状细胞消失,停止叶原基分化。

(4)肉质根膨大期:从"露肩"到收获为肉质根膨大期。此期苗端已转变为花序。叶面积缓慢增长并渐趋稳定和下降。肉质根生长迅速,地上部和地下部生长量逐渐达到平衡,而后肉质根生长量迅速超过地上部。到本期末,肉质根重量为叶重的2～3倍。

2. **生殖生长期** 生殖生长期指从抽生花薹到种子成熟。萝卜属于种子春化型,多数品种在1～10℃范围内,经过20～40天就通过春化阶段。此后,若遇长日照、温暖的气候条件,就可抽薹、开花和结实。

(三)对环境条件的要求

萝卜属半耐寒性蔬菜,其发芽适温为25℃左右,叶旺长期适温为20～24℃,而肉质根膨大最适温度为15～20℃。25℃以上时,植株生长衰弱,病虫害也较易发生。6℃以下,则植株生长缓慢,并易通过春化阶段而造成未熟抽薹。

萝卜对光照强度的适应范围较广,但叶生长盛期和肉质根膨大期要求充足的阳光,以利于同化器官建成和光合产物积累。

水是影响萝卜产量和品质的重要因素。若土壤长期干旱,则肉质根生长缓慢,皮、肉粗糙,味辣、易糠心。反之,土壤含水量过高时,肉质根含水量增加,病虫害较重,也不利于产量和品质的提高。一般使土壤含水量维持在60%～80%为宜。

萝卜喜土层深厚,排水良好的轻沙土,pH 值以 5.5～7.0为宜。

三、栽培技术

(一)栽培季节

萝卜的栽培季节主要取决于品种和各地的气候条件。近年来,随着保护设施的逐步改善和普及推广,萝卜由原来的

"一季生产,半年供应"发展为"四季生产,周年供应"。栽培季节的安排列于表 3-1。

表 3-1 萝卜的栽培季节 (何启伟,1993)

品种类型	栽培方式	播种期(月/旬)	收获期(月/旬)
四季萝卜	冬暖大棚等间作点播	12/上～2/上	1/中～3/中
春萝卜	小拱棚或风障畦	2/下～3/上	4/下～5/上
春萝卜	露地畦播	3/下～4/上	5/中～6/上
夏萝卜	露地垄播	6/下～7/初	9/上～10/上
秋萝卜	露地垄播	8/上、中	10/中～11/初

(二)春萝卜栽培技术

1.露地栽培

(1)播种前准备:由于春萝卜生长期短,为获得较高的产量,宜选择疏松、肥沃、保水保肥的壤土或砂壤土种植。播种前施优质圈肥 2500～3000 千克/亩,深翻耙平。做宽 1.2～1.5 米,长 20 米左右的平畦,准备播种。若墒情不好,可提前浇水造墒。

(2)适期播种:萝卜属于种子春化型,即种子萌动后就能接受低温通过春化,春季易发生先期抽薹。因此,适期播种非常重要。要求 10 厘米地温稳定在 8℃以上,夜间最低温度 5℃以上时开始播种。华北地区一般于 3 月中下旬撒播或按 15 厘米左右行距开沟条播。播种量以撒播 1.0～1.5 千克/亩,条播 0.75～1.0 千克/亩为宜。播种后覆土 0.5～1.0 厘米,然后轻轻镇压,使种子与土壤充分接触,有利于种子吸水,提高种子出苗率。

(3)合理密植:萝卜个体小,生长期短,要获得较高的产量,须十分注意合理密植。出苗后,于破心时进行第一次间苗,苗距2～3厘米;2～3叶时进行第二次间苗并定苗,苗距10～15厘米。间苗时注意拔除病苗、弱苗及杂草,留下壮苗,为今后幼苗健壮生长和产品高产优质打好基础。

(4)中耕:华北地区早春温度低,因此,苗期应少浇水,多中耕,既可减少土壤水分蒸发,满足幼苗对水分的吸收,又有利于提高地温,疏松土壤,促进肉质根生长。春萝卜行距小,只能用小锄在行间轻划浅锄。一般于幼苗长出两片真叶、定苗后和4～5叶时各中耕1次,叶片盖满畦面以后停止中耕,以免损伤叶片和肉质根。

(5)肥水管理:春萝卜生长前期,地温低是限制其生长的重要因素。因此,苗期应尽量晚浇水。应多中耕疏松土壤,提温保墒,促进根系发育。若浇水过早,可能出现"尖根"(根头大,根颈细)。当10厘米地温稳定在15℃左右时可浇1次小水,随后仍以中耕为主,促使生长中心及时向肉质根转移。肉质根膨大期,温度渐高,应及时供水,保持地面湿润,既利于肉质根膨大,又可防止发生糠心。春萝卜叶片旺盛生长期和肉质根膨大期相继进行,故应及早追肥,可于定苗后施氮、磷、钾复合肥15～20千克/亩,以后每隔10～15天追施一次。

(6)适时收获:肉质根充分膨大后应及时收获,否则,易发生糠心和老化。收获后洗净泥土,带少量嫩叶捆成把上市。

2. 保护地栽培 早春严寒季节,利用保护地栽培,可提早供应市场,有良好的经济效益和社会效益。

保护地栽培主要采用地膜覆盖,阳畦、中小拱棚及日光温室等形式。

(1)地膜覆盖栽培:地膜覆盖能增温保湿,成本较低。因此,采用春萝卜地膜覆盖栽培不仅能增产,而且可促进早熟,提前上市,增加产值,经济效益显著。

地膜覆盖春萝卜的种植方法有条播法和穴播法两种。条播法是按 15 厘米左右行距开沟播种,播后立即覆膜。地膜要铺满畦面,不留缝隙。出苗后,按一定株距在膜上打孔,孔径 5～6 厘米,幼苗从孔眼中长出,在其中选留 1 株,其余拔除,膜下未长出地面的幼苗自然枯死。定苗方法和株距与露地栽培相同。

穴播法是在播种前把地膜铺满畦面,晒 2～3 天。待地温提高后按既定株行距在膜上挖直径 7～8 厘米的孔穴,在穴中播种。出苗后间苗,每穴留 1 株。

地膜覆盖栽培播期可比露地栽培提前 7～10 天。出苗后的管理与露地栽培略有不同。地膜覆盖不需中耕除草。浇水时直接浇在地膜上,水可从孔穴渗入土内。追肥时可将化肥撒在孔穴附近,随后浇水。由于地膜覆盖减少了地面蒸腾,因此可比露地栽培减少浇水 2～3 次,追肥量也可减少 1/5～1/4。

(2)阳畦、中小棚及日光温室栽培:阳畦、中小棚及日光温室栽培春萝卜,其管理方法大致相同,唯播期有所区别。

①选地:保护设施的建造应选择地势高燥、背风向阳、土质肥沃、水源充足的地块。

②整地和保护设施的建造:9 月下旬至 10 月下旬前茬作物拉秧以后开始整地和建畦(棚)。

阳畦:先垒起床框,北框高 50～60 厘米,南框高 25～30 厘米,畦长 20 米左右,宽 1.5 米左右为宜。阳畦建好后将畦面深翻 25～30 厘米,施入优质有机圈肥 5.0～7.5 千克/米^2,整平待播。

中小棚:棚面积的大小根据需要而定。小棚高度以 1 米左右,中棚高度以 1.5～2.0 米为宜。小拱棚东西向,中拱棚东西向、南北向均可。

日光温室：采用节能型结构，一般长度 60～80 米，跨度 8～10 米，后墙高度 2 米，厚度 0.8～1.0 米，屋脊高度 3.0～3.3 米，前墙高度 0.9～1.0 米。

③播种：保护地栽培春萝卜应根据保护设施的保温条件确定播期。一般日光温室 12 月下旬至 2 月下旬均可播种；阳畦、中小拱棚 1 月下旬至 2 月下旬播种为宜。

为加快出苗，可以在播种前进行浸种催芽。将种子放入 55℃ 温水中浸泡 6～8 小时，捞出后装入纱布袋中，在 25℃ 左右条件下催芽，约经 3～4 天，种子有 70% 左右露白时，即可播种。

播种选晴天中午进行，方法与露地栽培相同。播完种后盖好薄膜，夜间覆盖草苫。

④播种后管理：播种后 15 天左右，子叶展开，真叶显露，可选晴天中午进行间苗，苗距 8～12 厘米。

保护地内地面蒸腾量小，湿度大，因此，浇水量较小。一般苗期无须浇水，至肉质根"破肚"时方可浇水。此水亦不可过大，最好用喷壶喷湿地面即可。肉质根膨大盛期，气温渐高，植株需水量也明显增加，此时可结合施肥浇 1 次水。浇水后，虽然地温有所下降，但很快即可恢复，可以促进肉质根的加速生长。施肥量以每亩施氮、磷、钾复合肥 20～25 千克为宜。播种后，为保持较高的畦温，促进幼苗出土，一般不通风，每天 9～10 时揭开草苫使其充分吸收阳光以提高畦温，下午 4～5 时盖上草苫保温防寒。幼苗出齐以后，若棚（畦）内温度达到 30℃ 左右时，可开小缝通风，下午气温降至 25℃ 以下时关闭风口。随着天气逐渐变暖，上午揭苫时间可逐渐提前，下午盖苫时间逐渐延后，放风时间也随之延长，风口逐日加大，使棚

（畦）温保持在 18～22℃。

（三）秋萝卜栽培技术

1. **土壤与茬口选择**　秋萝卜生长期长，产量高，对土壤适应性强。但以有机质含量 1% 以上，保水、保肥的中性轻壤土为宜。前茬最好是瓜类或豆类蔬菜，为控制或减轻病害，不宜与十字花科蔬菜重茬，在茄果类蔬菜病毒病比较严重的老菜区，也不宜用番茄、辣椒等作前茬。

2. **施肥、整地**　萝卜根系发达，宜及早深耕（20～30 厘米）和施足基肥。在中等肥力的土壤上应施有机圈肥 5 000 千克/亩。然后深翻，耙平。做畦或垄。

萝卜做畦方式需根据品种、气候、土质等条件而定。北方秋季栽培多采用高垄栽培，少数平畦栽培（潍县萝卜多采用平畦）。起垄栽培一般垄距 40～60 厘米，高 20～30 厘米；畦栽则做成长 20 米左右，宽 1.2～1.5 米的平畦。

3. **播种**　萝卜肉质根膨大的适温范围是 15～20℃，据此，其适宜播期为 8 月上旬。若遇高温干旱年份可适当晚播；天气凉爽年份可适当早播。播种时，为达到苗齐、苗全、苗壮，应精细播种，播前将种子清洗，去瘪籽、碎籽。垄栽者在垄顶开浅沟，顺沟撒播后覆土盖沟，然后在垄间浇水，用种量 0.5～1.0 千克/亩；畦栽者先浇水，后在畦面上按 30～35 厘米行距均匀条播，用种量 0.75～1.0 千克/亩，播后搂平畦面。

4. **播种后管理**　播种后若天气干旱，应勤浇水，保持垄（畦）面湿润，防止种子落干和灼伤；若遇天气多雨成涝，应及时排水防涝。平畦栽培，雨涝后易使土壤通气不良，造成幼苗根际缺氧，影响根系发育，所以做畦时应同时整好排水沟，以便大雨后及时排涝。

幼苗出齐后要及时间苗，防止因幼苗过密而造成徒长。间苗后的适宜苗距为 3～4 厘米。有蚜虫危害时,应在幼苗和周围杂草上喷 40% 的氧化乐果 800 倍液防治,以防病毒病的发生。有跳甲、菜螟等害虫危害时,可喷布辛硫磷 1500 倍液等药剂防治。

5. 幼苗期管理　幼苗长到 2～3 片真叶时进行第二次间苗,苗距 10～12 厘米。5～6 叶时定苗,大型品种株距 20～30 厘米,中型品种 15～25 厘米。幼苗期气温、地温仍较高,应注意勤浇小水,保持垄(畦)面湿润;同时,可配合中耕松土,除草保墒,促进幼苗根系生长。定苗后,可在行间撒施氮、磷、钾复合肥 10～15 千克/亩。浅锄后浇水,促进幼苗生长。

6. 叶片旺盛生长期管理　此期是以地上部生长为主向以地下部生长为主转折的时期。在管理上,一方面要促进叶子的旺盛生长,另一方面又要防止叶子徒长。一般定苗追肥后,浇水 2～3 次,以发挥肥效促使叶子生长。当第二叶环的叶片展开后,适当控制浇水,浅中耕 1～2 次,防止叶部徒长,促使生长中心向肉质根转移。此期还应注意及时喷药防治蚜虫和病毒病。若有霜霉病发生,可用 75% 百菌清 600 倍液喷雾防治。

7. 肉质根膨大期管理　进入肉质根膨大期后,要进行一次大追肥,可在行间撒施氮、磷、钾复合肥 20～30 千克/亩,或硫酸铵 15～20 千克/亩,草木灰 100 千克/亩。施肥后立即中耕松土,使土、肥混合,然后浇水。此后,应注意均匀供应肥水,以防裂根。一般每隔 5～7 天浇 1 次水,15 天左右施氮、磷、钾复合肥 15～20 千克/亩。

8. 适期收获　肉质根充分膨大后即可收获,一般从 10 月份即可根据市场需要开始收获。若冬季贮藏,一般于 10 月下旬至 11 月上旬收获。

(四)夏萝卜栽培技术

夏萝卜生长期内,尤其是发芽期和幼苗期正处于炎热多雨季节,不利于萝卜生长,且易发生病毒病等病害,致使产量低而不稳,因此,夏萝卜栽培应以降温、防病为中心。

1. 改进栽培方式 根据防病抗热要求,种植夏萝卜在栽培方式上应注意以下几点:一是田间要有良好的排灌系统,做到旱能浇,涝能排。二是采用起垄栽培,且垄长不可超过 20 米,防止田间积水和浇水不匀。一般可按 50～55 厘米间距做垄,将种子播在垄中间。三是提倡与玉米等高棵作物间作,有利于降温保湿,改善田间小气候。

2. 注重苗期管理 夏萝卜苗期天气炎热,病虫害多,应加强管理。若天气干旱,一般每 3～4 天浇一水,保持垄面湿润;大雨后应及时排涝。2～3 片真叶时施硫酸铵 10～15 千克/亩,以补充氮素营养,促进幼苗快速生长。夏萝卜宜采用多次间苗、适当晚定苗的做法,于破心、2～3 叶、4～5 叶时各间 1 次苗,7～8 叶时定苗。这样可使苗期群体叶面积增大,从而增加对地面的遮荫面积,有利于降低地温和减少地面蒸腾;定苗晚还有利于选留健苗和拔除病苗。

3. 加强肥水管理 夏萝卜在肥水管理上应以促为主。定苗后,随即结合浇水施硫酸铵 10～15 千克/亩,以促进萝卜莲座叶生长。10～15 天后再施氮、磷、钾复合肥 15～20 千克/亩。然后扶垄培土、浇水。肉质根膨大期,一般每隔 4～5 天浇 1 次水,每 15～20 天施氮、磷、钾复合肥 20～25 千克/亩,促进肉质根加速膨大。

4. 及时防治病虫害 夏萝卜生长期中,由于高温多雨,极易发生病虫害。尤其是蚜虫和病毒病,危害非常严重。因此,萝卜出苗前,要在附近作物及杂草上喷布 40% 的乐果乳油

800～1000倍液防治蚜虫,出苗后亦应定期喷药,一般7～10天喷1次。除蚜虫外,夏萝卜生长期内菜青虫、菜螟等危害也较重,因此,出苗后每7～10天喷1次辛硫磷1000～1500倍液或25%速灭杀丁2000倍液。在萝卜软腐病、黑腐病发病频繁的地区,于播前用菜丰宁B_1拌种,每亩用量100克。霜霉病发生时,可喷施75%百菌清600倍液防治。

5. **适时收获** 夏萝卜收获期不十分严格。肉质根基本长成后,即可根据市场需求及时收获。

四、影响肉质根品质的生理现象

(一)糠 心

又叫空心,即肉质根木质部中心部分发生空洞的现象。萝卜糠心主要是由于木质部薄壁细胞缺乏营养物质供应,组织中产生细胞间隙,细胞内出现气泡而形成的。萝卜糠心后,组织中可溶性固形物含量减少,尤其是糖和淀粉含量降低,食用价值大大降低。

造成糠心的原因主要是:①播种过早;②苗期和叶片旺盛生长期施氮肥过多,造成地上部生长过旺,消耗养分太多,肉质根中糖分则严重不足;③浇水不均匀。肉质根膨大初期土壤过湿,肉质根中含水量高,固形物含量低,薄壁细胞直径大,若后期水量不足,则引起细胞失水形成间隙和气泡;④肉质根膨大后期,若气温过高,呼吸和蒸腾作用过旺,消耗掉大量水分和养分,易糠心;⑤贮藏时覆土过干,沟窖内湿度过低也易糠心。

防止糠心的方法有:①适期播种,不可过早;②加强肥水管理,保证均衡营养和均匀供水;③合理密植;④在肉质根膨大初期,叶面喷施5%的蔗糖溶液或5微升/升的硼酸溶液,每7～10天喷1次,共喷2～3次。

(二)杈根

肉质根短小、瘦弱、分杈的现象叫杈根。

造成杈根的主要原因有:①土壤质地过硬或有石块时,肉质根下扎受阻,在侧根着生处生出突起,此突起逐渐膨大,使肉质根弯曲、分杈,从而形成杈根;②施用未充分腐熟的农家肥,肉质根先端长在农家肥上发生烧根现象,不能继续伸长,从而刺激侧根膨大,形成杈根;③土壤害虫咬伤主根,促使侧根膨大;④用两年以上的陈种子,生活力弱,影响幼根先端生长,也会发生杈根。

防止杈根发生,应做到如下几点:①精耕细作,加深活土层,整平整细垄(畦)面,不留坷垃,清除石块;②施用充分腐熟的有机肥;③播前防治地下害虫;④用当年新收的种子播种。

(三)裂根

肉质根开裂的现象叫裂根。主要是由于肉质根生长过程中土壤忽干忽湿,水分供应不均造成的。如在"破肚"后遇上干旱天气,土壤含水量较低,水分供应不足,肉质根生长受到抑制,周皮层组织硬化。这时若突降大雨或浇大水,土壤含水量猛增,根系大量吸水,薄壁细胞急剧膨大,将已硬化的周皮层胀裂,因而造成肉质根破裂。裂根多发生在肉质根生长后期,不仅影响产品质量,还容易引起烂根。

防止裂根的方法主要是合理浇水,使土壤湿度保持相对稳定。蹲苗结束后,浇水量不宜过大。肉质根膨大期要保持土壤湿润,不可忽干忽湿。

(四)辣味过浓

萝卜成熟后,有的辣味很浓,主要是由于辣芥油含量过高所致。若肥力不足,浇水不均匀,土壤忽干忽湿或病虫害严重时,植株生长不良,辣芥油相对含量增加,即可造成辣味过浓。因此,在防止措施上应注意精耕细作,肥水合理,及时防治病虫害,创造良好的生长条件,保证植株生长健壮,减少辣芥油的形成和积累。

(五)苦 味

萝卜的苦味是由于肉质根中含有一种含氮的生物碱,即苦瓜素。气温过高,干旱或氮肥过量而磷、钾肥不足时,肉质根中苦瓜素含量增加,从而出现苦味。所以,肉质根膨大期应注意保持土壤湿润和氮、磷、钾肥的配合施用,以减少苦瓜素的形成。

第二节　胡萝卜

胡萝卜属于伞形科胡萝卜属 2 年生草本植物。它原产亚洲西部,中亚西亚等地,元朝时传入我国,目前,全国各地均有栽培。胡萝卜营养丰富(表 3-2),其维生素含量高达 1% 以上,胡萝卜素含量高于番茄 5～7 倍,食用后经胃肠消化后分解成维生素 A,可以防治夜盲症和呼吸道疾病。

表 3-2　胡萝卜可食部分主要营养成分　(毫克/100 克)

营养成分	碳水化合物	蛋白质	粗纤维	维生素			胡萝卜素	磷	铁	钾	钠
				B_1	B_2	C					
含 量	7600	600	700	0.02	0.03	13	3.62	30	0.6	217	66

一、类型与品种

(一)鞭杆胡萝卜

山东兖州地方品种。肉质根纺缍形,长 18～20 厘米,横径

4～5厘米,皮大红色,肉红色,单株根重250克左右,味甜,丰产。

(二)泰安小缨

山东泰安地方品种。肉质根长圆锥形,长22厘米左右,横径4～5厘米,皮肉皆橙红色,单株根重250克左右,味甜质脆,优质丰产。

(三)新黑田五寸

由日本引进。肉质根圆柱形,长18厘米左右,横径4厘米,皮肉皆橙红色,单株根重200克左右,中熟,抗病,丰产。

(四)烟台五寸

山东烟台地方品种。肉质根短圆锥形,长15～18厘米,横径5厘米左右,皮肉皆桔黄色,生长期短,冬性强,适于春播。

(五)南京红

南京城郊地方品种。肉质根长圆柱形,长约30厘米,皮肉深红色,甘味淡,晚熟,抗寒。

(六)常州胡萝卜

常州地方品种。肉质根长圆柱形,长约40厘米,皮肉金黄或橙红色,肉质细、味甜,中晚熟,优质丰产。

(七)夏时五寸

日本引进品种。特性同新黑田五寸。

(八)蜡烛台

山东济南地方品种。肉质根长圆锥形,长约40～45厘米,皮肉鲜红色,单根重320克左右,高产耐贮。

(九)No.Vca-TV-3

从韩国引入。肉质根短圆锥形,长17～19厘米,橙红色,心柱细,品质极佳,单根重150～170克。早熟,耐寒,适于春季栽培。

二、特征与特性

(一)特　征

胡萝卜根系发达,为深根性蔬菜植物,主要根群分布在20～90厘米土层内,深者可达180厘米。营养生长期内茎短缩,通过阶段发育后,顶芽抽生花茎。花茎长势较强,分枝力强,主茎各节均可抽生侧枝。叶在营养生长期内丛生在短缩茎上,为3～4回羽状复叶,叶裂片细,披针形,叶柄细长,但基部较宽,叶片上密生茸毛,具耐旱性。花茎上叶轮生。复伞形花序,着生于花枝顶端,每个花序上密生小白花。两性花,雌雄同株,异花授粉,虫媒。果实为双悬果,表面有纵沟,成熟时分裂为二,栽培上以此果实作为种子。由于果实皮革质有纵棱且上生刺毛,含有挥发油,因此吸水困难,播种后出苗缓慢。种子无胚乳,种胚很小,千粒重为1～1.5克,种子出土力差,发芽率低。

(二)生育周期

胡萝卜从播种到种子成熟需经2年。第一年为营养生长期,形成肉质直根。经冬季贮藏越冬,通过春化阶段,翌年春季定植,在长日照条件下通过光照阶段抽薹、开花、结实,完成生殖生长阶段。

1. 营养生长期　该期分为发芽期、幼苗期、叶生长盛期和肉质根膨大期4个时期。

(1)发芽期:从播种至子叶展开,需10～15天。由于其果皮透性差,不利于吸水,所以发芽慢,出苗率低,因此,创造良好的发芽条件是苗全苗壮的关键。

(2)幼苗期:从子叶展开至5～6片真叶,需20～30天。此期叶片光合能力和根系吸收能力较弱,生长速度较慢,对环境条件比较敏感,应保证有足够的营养面积和肥沃湿润的土壤条件。同时,要及时清除杂草。

(3)叶生长盛期:又称莲座期,约需 20 天。此期叶面积扩大较快,肉质根开始缓慢生长,生长中心仍在地上部,要促进叶片快速生长,但不能使其徒长,后期适当蹲苗,保持地上部与地下部的生长平衡是该期的关键。

(4)肉质根膨大期:从肉质根开始膨大到收获,需 50～60 天。肉质根的生长量逐步超过茎叶生长量,新叶继续发生,下部老叶开始枯死,叶片维持一定数目。此期应注意长期维持较大叶面积,以最大限度地积累光合产物,促进肉质根充分膨大。

2. 生殖生长期　胡萝卜经冬季贮藏后通过春化阶段,翌年春季长日照条件下抽薹、开花、结实,完成其生殖生长。胡萝卜属绿体春化型,植株长到 10 片叶以后,在 1～3℃ 条件下 60～80 天才能通过春化。但南方少数品种也可在种子萌动和较高的温度条件下通过春化。

(三)对环境条件的要求

胡萝卜为半耐寒性蔬菜,其耐寒性和耐热性稍强于萝卜。4～6℃ 时,种子即可萌动,但发芽适温为 20～25℃。生长适温,白天为 18～23℃,夜间 13～18℃,25℃ 以上生长受阻,3℃ 以下停止生长。胡萝卜为长光性植物,生长发育要求中等强度光照。光照不足,会引起叶柄伸长,叶片小,植株生长势弱,下部叶营养不良,提早衰亡,根部膨大受到抑制。胡萝卜根系发达,叶面积小,失水少,较耐旱。土壤过湿,根表面易生瘤状物,且裂根增多;土壤过干,肉质根小,质地硬;以田间最大持水量的 60% 为宜。胡萝卜对土壤的要求与萝卜相似,在 pH 5～8 的砂质壤土中生长良好。在整个生长发育过程中吸收的钾最

多,氮和钙次之,磷、镁较少,氮、磷、钾、钙、镁的吸收比例为
100∶40～50∶150～250∶50～70∶7～10。

三、栽培技术

胡萝卜病虫害较少,适应性强,好管理。秋季栽培的中心
环节是精细播种,确保全苗,防止草荒。春季栽培关键是选用
早熟、丰产、抽薹迟的品种。适时播种,加强肥水管理,促进肉
质根生长,防止或延缓发生先期抽薹。

(一)栽培季节

根据胡萝卜的生长特点和对环境条件的要求,北方地区
以秋季栽培生长好,产量高,品质优。但近几年来,根据市场需
要,胡萝卜春季栽培面积逐渐扩大。实践证明,春季栽培虽然
技术难度较大,但效益很高。所以可选择冬性强、早熟、耐寒的
品种,如烟台五寸,No. Vca-TV-3 等春季栽培。一般西北和华
北地区秋季多在 7 月份播种,春季 3 月上旬至 4 月上旬播种
为宜;东北及高寒地区,秋季提早到 6 月份播种,春季则推迟
到 4～5 月份。

(二)整地、施基肥

胡萝卜肉质根入土深,如果耕层太浅或土质坚硬,透气性
差,易形成畸形根。所以,应选择土层深厚,土质疏松,排水良
好,富含有机质的砂壤土或壤土地块。每亩施 3 000～4 000 千
克腐熟的圈肥和 25～30 千克过磷酸钙,深翻、耙平后做畦或
垄。地势高燥、排水方便的地块宜平畦栽培,畦宽 1～1.5 米,
长 20 米左右。地势平坦、排水稍困难的地块或春季栽培胡萝
卜,可做成宽矮垄,垄高 15～20 厘米,顶部宽 20 厘米,垄距
50 厘米左右。起垄栽培,可加深土层,有利于肉质根生长。

（三）播　种

胡萝卜种子有刺毛，妨碍种子吸水，且易相互粘结成团不便播种。所以，播种前应将刺毛搓去，然后用40℃水浸泡2小时，捞出后淋去水，用纱布包好保湿，置于20～25℃条件下催芽，定期冲洗和搅拌种子，经5～7天，约60％的种子露白时，即可播种。另外，胡萝卜种子发芽率低，播前应做发芽试验，以确定种子用量，保证全苗。播种方法有开沟条播和平畦撒播两种。发芽率70％左右的种子，条播时用种量0.75千克/亩，撒播时用种量1～1.5千克/亩。条播时，先开3～5厘米深小沟，顺沟施入稀薄的人粪尿，待其渗入土后播种，播后浅覆土；撒播时，可在畦面上直接撒种，播后覆土、镇压、浇水。

（四）田间管理

1. 春胡萝卜田间管理　春季气温较低，苗期提高地温是春栽胡萝卜丰产的关键。播种较早者可用地膜覆盖。播种后立即覆膜，10天后即可出苗。出苗后在无风的晴天上午将膜揭开。幼苗长到2～3片真叶时定苗，苗距13～15厘米，5～7天后浇1次小水，然后以中耕为主，清除杂草、疏松土壤和提高地温，也防止叶部徒长。8～9叶时，进入肉质根膨大期，肥水需要量加大，可施氮、磷、钾复合肥15～20千克/亩，或人畜粪水1000～1500千克/亩，并配合浇水。以后根据植株长势可再施1～2次。肉质根膨大后期浇水不宜太多，收获前10天不再浇水。待叶片停止生长，外叶变黄时，及时收获。一般于6月上中旬开始分期分批供应市场。气温上升到30℃以上时，肉质根生长受抑，品质也开始下降，应及时全部采收，贮于0～3℃条件下，随时供应市场。

2. 秋胡萝卜田间管理　秋胡萝卜夏季播种，苗期正值高温多雨，杂草滋生很快，因此，及时中耕除草是秋胡萝卜田间管理的重要环节。每次间苗,都要结合中耕除草。为省工省力,可在播种后出苗前喷洒 25％除草醚 120～200 倍液,或 50％扑草净 500～600 倍液。秋胡萝卜苗期间苗 2～3 次,分别在 1～2 叶、3～4 叶、5～6 叶时进行,定苗时苗距 13～15 厘米见方。播种后若天气无雨,可浇水 2～3 次,以降低地温和补充水分,促进出苗。苗期适逢雨季,而其根系耐涝性差,大雨后需注意排涝。叶旺盛生长期,天气渐凉,可适当控水,防止叶部徒长。肉质根膨大期则要保持土壤湿润,促进肉质根充分膨大。

秋胡萝卜一般于立冬前后收获,种植较早熟的品种,可于 10 月上中旬开始收获陆续上市,立冬后全部收获,贮藏备用。

第三节 其他根菜

一、根用芥菜

根用芥菜又名大头菜、菜疙瘩,属于十字花科芸薹属,是芥菜的一个变种。我国自古栽培,南北皆有分布。

(一)类型与品种

1. **济南辣疙瘩** 济南市地方品种,羽状裂叶。肉质根圆锥形,长约 20 厘米,横径 10 厘米,单株根重 500 克左右,生长期 80 天,抗病、丰产。

2. **花叶根用芥** 山东半岛地区农家品种。花叶,裂刻多且深。肉质根圆锥形,长 14～15 厘米,横径 8～10 厘米,单株根重 400～500 克。

3. **诸城大辣菜** 山东诸城市地方品种。羽状裂叶,肉质根圆锥形,长 15～16 厘米,横径 11～12 厘米,单株根重 700 克左右,生长期 80～90 天,抗病、丰产。

4. **花叶大头菜**　安徽淮北、湖北东凤县等地主栽品种。羽状裂叶,叶片皱缩多,肉质根短圆锥形,单株根重 500～750 克,生长期 100～110 天。

(二)特征与特性

根用芥菜根系比较发达,根群主要分布于 30 厘米深的耕层内,肥大的肉质根圆锥形或短圆柱形,皮厚、质硬,主要用于腌渍加工。营养生长期茎短缩,其上着生叶片。叶有花叶、板叶,色深绿,叶缘有大小不等的锯齿。花冠黄色,完全花。长角果,种子褐色,圆形或椭圆形。

根用芥菜的生育周期与萝卜基本相同。生长适温 13～26℃。13～19℃时肉质根迅速膨大。对光照、水分、土壤营养等环境条件的要求与萝卜相似。

(三)主要栽培技术

根用芥菜的播种期较萝卜稍早,一般 8 月上旬播种,10月下旬收获。播种前施 3 000～4 000 千克/亩有机圈肥,后按行距 50～60 厘米做垄,再在垄上开沟条播,播种量 150～200千克/亩。4～5 叶时定苗,苗距 25～30 厘米。苗期正处于高温季节,应注意勤浇小水降温和及早喷药防蚜。定苗后施硫酸铵10～15 千克/亩,浇 2 次水后进行蹲苗,以中耕除草为主。肉质根开始膨大时,每亩施氮、磷、钾复合肥 15～20 千克,施肥后中耕、松土并扶垄培土,然后浇水。

二、牛　蒡

牛蒡原产亚洲,属于菊科 2 年或 3 年生草本植物。栽培种由日本驯化而成,近年来,我国开始大量引种。

(一)类型与品种

牛蒡以其根的长短和茎的颜色不同大致分为:长根种和

短根种、红茎种和白茎种。常用品种有:

1. **泷野川** 属中晚熟长根牛蒡,在日本各地均有栽培。叶身、叶柄较宽,长势旺,根长达1米左右。头部较粗,皮浓褐色,易糠心,早春易抽薹。要求土层较深厚的冲积土、火山灰土地带种植,以春播秋收为最适宜。

2. **大浦** 属短根种,根纺锤形,外皮较粗,有网状眼纹,根长30～35厘米,中部粗壮,中心部易发生空洞。肉质软,适于制罐;叶身、叶柄较宽,叶数多;赤茎,早熟。

此外,渡边早生、博根等生产上也有种植。

(二)特征与特性

牛蒡肉质根圆柱形,长度一般60～100厘米,皮呈黄褐、黑褐等颜色,肉灰白色。叶心脏形、淡绿色,背面密生白色茸毛。

牛蒡喜温暖湿润的气候,喜光、耐寒、耐热。植株生长适温为20～25℃,牛蒡属于绿体春化型,通常根的横径在1厘米以上,气温在5℃以下较长时间可通过春化。

牛蒡属长光性植物,种子在光照下发芽快,营养生长期要求中等强度的光照。

牛蒡适于在土层深厚、排水良好、疏松肥沃的砂壤土上栽培,适宜的pH为7～7.5。对水分的需要量较大,但不耐涝,在地下水位高的地块或积水2天以上情况下,易腐烂或大量发生歧根。

(三)栽培技术

牛蒡栽培季节分春播和秋播两茬。一般春播在3～4月份播种,6月上旬至第二年4月上旬随时可以收获。播种前施腐熟的农家肥5 000千克/亩和氮、磷、钾复合肥50千克/亩。栽培牛蒡有单行垄和双行垄两种方式。单行垄行距60厘米,在行中间挖宽20厘米,深80厘米的沟,回填时将细土和腐熟的土杂肥、化肥以及防治地下害虫的农药(辛硫磷)拌匀填沟,填土时轻踩两边留中间,沟上筑梯形垄,高30厘米,顶宽20厘米,底宽30厘米。双行垄行距120厘米,在行中间挖40厘米、宽80厘米深的沟,回填时除按单行垄施肥外,还要边填边踩中间,留两边,填完后筑梯形垄,高30厘米,顶宽60厘米,底宽80厘米。

将种子用25～30℃温水浸泡4～6小时,然后在25～30℃条件下催芽,种子露白时播种。单行垄播种时,在垄中间开3厘米深的沟,浇适量水,按10厘米株距点播,然后盖土2厘米;双行垄播种,在垄上按行距30厘米开两道沟,株距13厘米播种。

牛蒡2～3片叶时,去掉病、弱苗,按26～30厘米株距定苗。封垄后追肥,在离苗15厘米处开小沟追施氮、磷、钾复合肥30千克/亩,然后浇水。牛蒡不耐涝,雨季要注意排水。

收获时,先在植株上留10～20厘米长的叶柄,其余叶片用刀割掉,然后用铁锹从垄的一边顺垄在根的侧面挖深90厘米,露出牛蒡根时,握住植株基部,向上成75°角倾斜拔出,注意防止碰伤,最后去掉泥土和须根出售。

第四章　葱蒜类

葱蒜类属于百合科葱属,多为 2 年生或多年生草本植物。其种类繁多,我国普遍栽培的有韭菜、大葱、大蒜、洋葱等。山东章丘大葱、苍山大蒜、内蒙古呼和浩特韭菜和天津洋葱,都是高产、优质、驰名国内外的名特产品。

洋葱、大葱、大蒜起源于亚洲西部地区,韭菜、薤等起源于亚洲东部山区。这些地区气候条件变化很大,由于长期自然选择和人工选择培育的结果,它们具备了比较广泛的适应性,可以在我国南部的亚热带地区和东北的高寒地区栽培。葱蒜类分布范围遍及全国,而且栽培历史悠久,已成为我国人民日常生活中深受欢迎的香辛类蔬菜。

第一节　韭　菜

韭菜原产我国,为多年生宿根蔬菜。由于它既耐寒又耐热,有广泛的适应性,因此在我国南北各地均普遍栽培,栽培方式多样,周年都有多种产品上市,在调节市场供应上起着重要作用。其产品鲜嫩,营养丰富,含有丰富的维生素以及矿物质。

一、类型与品种

我国韭菜品种资源十分丰富,按其食用部分不同可分为根韭、叶韭、花韭和花叶兼用韭 4 种类型。但现有品种多数属

于花叶兼用种。以其叶片的宽窄还可分为宽叶韭和窄叶韭两类:

(一)宽叶韭

宽叶韭叶片宽厚,色绿或浅绿,纤维少,品质好,产量高,但香味稍淡,易倒伏。主要品种有:

1. 北京大白根　叶丛较直立,株高 50 厘米左右,全株有6~8 片叶,叶片呈绿色、较宽大扁平,叶鞘绿白色、较粗短,横断面扁圆形,叶肉较厚、质嫩、香味浓,品质好,纤维少。植株耐寒、耐热力强。不耐涝,分蘖力较弱,产量高,适于覆盖栽培和露地栽培。

2. 汉中冬韭　叶丛较直立,株高 40~50 厘米。单株能保持 5~7 片叶,叶扁平略呈三棱形,叶长 30 厘米,宽 0.8~1.0厘米,淡绿色,叶尖钝圆,叶鞘呈绿白色,粗 0.5~0.7 厘米,断面近扁圆形,植株健壮,分蘖力强,单株分蘖 3~4 个。抗寒、耐霜,春季萌发早,丰产性好。叶质鲜嫩,纤维少,品质好。宜露地或覆盖栽培。

3. 雪韭　株高 50 厘米左右,叶宽 0.8~1.0 厘米,最宽达1.2 厘米,叶短而宽、色浅绿,叶丛直立,分枝力强,生长迅速。耐寒,但不耐热。

4. 791 韭菜　株高 50 厘米以上,叶鞘浅绿色,长而粗。叶片绿色,宽 1 厘米左右,粗纤维少,品质好。株丛直立,外观粗壮。单株重可达 10 克以上。分蘖力强,生长势旺,抗寒性强,春季返青早,比一般品种提前 10~15 天上市,经济效益高。

5. 平韭二号　株丛披展,叶色深绿,辛辣味浓,口感好,品质极佳。抗病性强,产量高。抗寒,春季返青早,适宜我国广大地区露地及早春保护地栽培种植。

另外,这类品种还有大金钩、马蔺韭等。

(二)窄叶韭

又称线韭。叶片细长,叶色深绿,纤维稍多,香味较浓,分蘖多。叶鞘细高,不易倒伏,耐寒性、耐热性均较强。适于保护地栽培。主要品种有北京铁丝韭、三棱韭、大青苗及小马蔺等。

二、特征与特性

(一)特征

韭菜为弦线状须根,着生于茎盘的基部和四周。比其他葱蒜类蔬菜的根系分布略深,可达 30～60 厘米,根系的寿命也较长。韭菜根除具有吸收机能外,还有一定贮藏功能。在生育期间进行新老根系的更替,有逐年上移的特性。

韭菜的茎分为营养茎和花茎。一二年生韭菜的茎为短缩的盘状茎,随着植株年龄的增加,营养茎逐渐向地表延伸,并且不断发生分蘖而形成杈状分枝,故称为根茎。根茎上的鳞茎形状较小,似球形。其外包以纤维状的鳞片(叶鞘的残存物)。鳞茎的组织坚硬,为养料储藏的重要器官,也是幼苗再生的主要组织。根茎上移是引起韭菜跳根的重要原因。由于根茎不断分枝易造成株丛的松散(散撮),根茎生活 2～3 年后,即逐渐腐朽,失去生理机能。

花茎是由茎盘上的顶芽分化成花芽后抽生的花薹。其顶端着生伞形花序。

韭薹横剖面呈半圆形或近圆形,顶端着生伞形花序,花序上有小花 20～40 个。花为白花,花未开时被总苞包被。每个花序从开花至终了约需 20 天。

果实为蒴果 3 室,内含种子 3～5 粒。种子呈三角形或半圆形。种皮坚硬,内含有大量油脂,发芽缓慢,一般种子寿命1～2 年。生产上多用当年的新种子。

(二)特　性

1.分蘖与跳根　韭菜的株丛不断扩大,是由于韭菜植株不断分蘖的结果。从1株叶鞘里形成2个或3个植株,这种现象叫分蘖。一般在靠近生长点上位的叶腋发生叶芽,形成分蘖。分蘖形成以后,叶鞘逐渐增粗,叶片数目也增多,待胀破叶鞘外皮后,就变成独立的植株。春播1年生韭菜,当年秋季长出5～6片叶时,就可发生分蘖,以后逐年进行。2年生以上的韭菜,每年分蘖1～3次,分蘖时期从4月下旬到9月下旬均可进行,以春、夏为主(春季多在4月份,夏季多在7月份)。每次分蘖株数以2株为最多,但也有1株或3株的。

韭菜分蘖数目的多少与产量有着密切关系。在正常的管理下,韭菜虽然每年要进行分蘖,但每丛的株数并不是无限度的增加,到一定时期分蘖数基本上保持一定的水平,甚至有所减少。这除了与品种分蘖能力的强弱和植株年龄有关外,还与植株营养状况有关。如密度过大,或韭菜形成生殖器官时,由于条件较差,以致新形成的部分分蘖处于饥饿状态而中途死亡。

通过分蘖,韭菜的根茎不断地向上移动,下部老根茎也逐步衰亡。通常每个分蘖的基部平均发生10～15条须根。每株1～2年生韭菜有15～27条须根,每株多年生植株有100～150条须根。分蘖不断上移,新根也就随着新的鳞茎层层上移,这种现象叫跳根。由于韭菜分蘖后随即发生新根,因此韭菜也有春根和秋根的区别。从第三年开始,在新根出现的同时,老根也不断死亡,并于每年夏季发生大量换根现象。

韭菜每年跳根的高度,与分蘖和收割次数有关,一般收割4～5茬,其跳根高度约1.5～2.0厘米。韭菜根系逐年上移容易使根茎外露,在生产中应注意铺粪和垫土工作。

韭菜是多年生的蔬菜,其所以能够一种多收,主要是由于植株更新复壮能力很强,地上部不断形成新的分蘖,地下部不断发出新根,因而使植株更新复壮,保持旺盛的生活力,生长多年而不衰。在一般管理条件下,经过7~8年后,植株便呈衰老现象。如果在精细的管理下,韭菜寿命可长达20~30年之久。

2. **生活条件** 韭菜属于耐寒而适应性广的蔬菜,在我国各地普遍栽培。南京以南地区可四季生长,而以北地区则冬季地上部枯萎,根茎在土壤保护下休眠。

韭菜耐寒力很强,叶丛能耐-4~-5℃的低温,当气温下降到-6~-7℃甚至-10℃时,叶片才出现枯萎。地下根茎有较高的含糖量,生长点部分位于土面以下,受土壤的保护,耐寒力更强。如黑龙江省松花江地区栽培的韭菜,在极端最低温-42.6℃,冻土层186厘米,5厘米地温-15℃左右时,地下根茎仍能安全露地越冬。

韭菜的生长适宜温度为12~24℃,超过24℃以上时,植株生长缓慢,纤维发达,辛辣味浓,品质变差。高温高湿还易引起病害。在光照较弱和空气湿度较高的保护地栽培时,韭菜生长速度快,质地柔嫩,品质好,但影响寿命。

韭菜对土壤的适应性很强,沙土、壤土和粘土均可栽培。但以土层深厚、耕层疏松、肥沃的壤土栽培最好。有一定的抵抗盐碱的能力,成株能在含盐量0.25%的土壤中正常生长。韭菜是喜肥植物,对土壤营养要求较高,营养生长期需保证氮肥供应。增施磷、钾肥,可提高产量和品质。

(三)生育周期

1. **营养生长期** 由播种到花芽分化为营养生长期,主要是根、茎、叶的生长,按其生长顺序又可划分以下3个时期:

(1)发芽期：从播种到第一片真叶展开为发芽期，需 10～20 天。此期要注意播种质量，创造良好的发芽出土条件。

(2)幼苗期：由第一片真叶展开到定植为幼苗期，需 40～60 天。此期地上部生长缓慢而根系生长较快。生产中要注意除草，间苗，适当灌水追肥，以促进秧苗苗壮生长，苗高 18～20 厘米时，即可定植。

(3)营养生长盛期：由定植到花芽分化为韭菜营养生长盛期。当植株经过短期缓苗以后，相继发生新根，长出新叶，进入生长盛期。根、叶生长速度增快，部分植株已开始分蘖。此期应加强肥水管理。

入冬以后，在外界气温逐渐下降到 −5～−6℃ 时，地上部枯萎，植株被迫进入休眠期。当地上部受低温影响不能再继续生长时，叶部所制造的养料便转运至鳞茎贮藏起来，待翌春再供萌发生长。

2. 生殖生长期　韭菜在低温下，完成春化过程，遇长日照即能开花结实。

韭菜与大葱、洋葱一样，新生植株必须长到一定大小、有一定物质积累的情况下，才能感受低温完成春化过程。如北京郊区，韭菜多在 4 月下旬前后播种。当年很少抽薹开花。直到翌年 5 月份开始花芽分化，8 月上旬以后陆续抽薹开花，9 月下旬种子成熟。如果春播过早，植株已长到一定大小而长期处于低温环境下，满足春化过程对低温的要求，当年将有部分植株抽薹开花。这种未熟抽薹现象会使营养器官受到严重损坏，植株生长势减弱，产量降低。2 年生以上的韭菜，其营养生长和生殖生长是交替进行的，并表现出一定的重叠性。据华中农学院张文邦的研究表明，如果将 2 年生韭菜放在高温下处理，不给予春化所需的低温，结果植株不能抽薹开花。这充分说明

2年以上的韭菜分蘖的抽薹开花,还需重新通过春化和光照过程。

三、栽培技术

韭菜有露地和多种保护地栽培方式,配合使用,可使韭菜达到周年供应。

(一)露地韭菜栽培

1. **繁殖方法** 繁殖方法可分种子繁殖和分株繁殖2种。其中分株繁殖法的的繁殖系数低,产量低,不应作为主要繁殖方法。

2. **整地施肥** 韭菜幼苗出土能力弱,播种前的精细整地是保证全苗的关键;育苗或直播的地段,要求选择便于排灌的地块。同时,避免与其他葱蒜类蔬菜连作。冬前应进行机耕,深25～30厘米,并进行冬灌,促进土壤风化。翌春,顶凌耙耕以保墒,结合浅耕施入基肥,特别是采用直播时,更应多施富含有机质的厩肥。接近播期时再浅耕一次,耕后细耙,整平做畦。做畦的方式与规格差异很大,应根据当地栽培方式、肥水条件灵活安排。一般露地韭菜栽培或育苗用地,畦宽1.2～1.7米,长6～10米,这样畦面容易整平,便于管理。

3. **育   苗**

(1)播种时期:韭菜苗期适宜气候凉爽(月均温在15℃左右)、光照适中的季节,因此播期以春、秋两季为宜。北方地区以春播为主。土壤解冻以后即可陆续播种,一般适期在3月下旬到5月上旬;秋播多在8月上旬到9月下旬之间。韭菜秧苗生长缓慢,为培育分蘖早、根茎粗壮、生长整齐的秧苗以在当年早期定植,所以春播宜早;为培育冬前有一定生长量的秧苗(60天生长期),以利安全越冬,秋季也宜早播。

（2）播种方法：韭菜育苗可采用干播或湿播法。在苗畦内撒播或按 10～12 厘米行距进行条播。为保持土壤湿度，防止土壤板结，韭菜播种最好能采取湿播法，并分两次覆土，即第一次覆一层薄土，返潮后再第二次覆土，二次覆土总厚度 2 厘米左右。为了促进幼苗早出土，也可进行浸种催芽。

韭菜播种量的多少，直接关系到秧苗营养面积的大小，为了培育壮苗，经济利用土地，防止杂草滋生，播种时力求均匀，用种量不宜过多，一般每亩播种量约 4～5 千克。若种子发芽力低，或在保苗困难的地区，可酌情增加播种量。

（3）苗期管理：韭菜由播种到出土所需的天数，取决于当时温度的高低。如 3 月上旬播种时，播后 20 多天才出苗；5 月上旬播种，只需 6～7 天。幼苗出土后，应加强苗床管理工作，掌握前促后控，使秧苗生长健壮，防止秧苗徒长细弱，引起倒伏烂秧。苗床管理工作主要是浇水、施肥、除草和灭虫。

韭菜苗期水分管理的原则是轻浇、勤浇，经常保持畦面湿润，防止忽干忽湿，以免影响幼苗生长。在幼苗出土前，需连浇 3～4 水。幼苗出土后，一般根据土壤干湿情况，每 3～5 天浇水 1 次。苗高 12 厘米左右时，每亩顺水追施硫铵 15 千克，促使幼苗迅速生长。

韭菜在苗期叶片纤细，生长缓慢，最易滋长杂草，因而苗床除草是一个关键问题。应抓紧将杂草消灭在初生阶段。待苗高 12 厘米左右时，可喷 25％除草醚防除，用药 0.5～0.75 千克/亩；或用 33％除草通（施田补）乳油 0.15 千克/亩；或用除草剂 1 号（50％）在播种后出苗前喷雾处理土表，用药 100～150 克/亩。

4.**定植** 韭菜除严冬酷暑季节外，均可移栽，但以春、秋两季较为适宜，一般在播后 80～90 天，苗高 18～20 厘米，具有5～6片叶时进行。定植期最好躲开高温、高湿季节，否则土壤水分过多，氧气含量不足，影响新根发生和伤口的愈合。气温过高移栽还会导致叶片枯干，延长缓苗期。春播在高温季节过后定植；秋播在次年早春菜收获后，炎夏以前定植。定植过晚，营养积累时间过短，分蘖少，鳞茎瘦小，根数少，造成第二年减产。

韭菜定植前，先起苗抖净泥土，按大小棵分级。为了促进新根发育，减少叶面水分蒸腾，维持植株水分平衡，有利缓苗，将须根末端剪掉，仅留2～3厘米长。如是分株繁殖的老韭根，还应剪去两年以上的老根茎，并剪去叶片的先端。剪后并齐鳞茎理成小把，准备移栽。

合理密植是韭菜高产稳产的关键。其密度应根据栽培方式、品种分蘖能力的强弱来决定，过密影响分蘖，也难持续高产。适宜密度应以促进分蘖、持续高产、便于管理为原则。韭菜的栽植方式分开沟栽培和平畦栽培两种。开沟栽培便于培土软化，以东北各省较普遍，一般按30～40厘米的行距开沟，沟深12～15厘米。穴距15～20厘米，每穴20～30株，多者达40～50株。由于行距加大，便于培土软化管理，一般适于在肥沃土壤上栽培宽叶韭。平畦栽培的行距13～20厘米，穴距10～15厘米，每穴6～10株。由于栽植较密，不能培土软化，一般适于青韭栽培。

栽植深度对韭菜寿命和分蘖均有影响。一般应遵循深栽、浅埋、分次覆土的原则。栽植时，以不埋没叶鞘为宜。栽植后踏实，然后及时浇水，使根部与土壤密接，以保证成活。

新栽的韭菜，在缓苗后，天气干旱时应连浇2～3水，以促进根系生长。大暑到立秋天气炎热，韭菜生长缓慢，应减少灌水，注意中耕除草，如雨水多时，还要注意排水。

5. **直播**　直播的方法主要有条播、穴播和撒播3种,以条播为主。按其栽培方式,又可分为平畦直播和平地沟播两种。

(1)平畦直播:是在细致整地和施足底肥的畦内,按20厘米左右的行距开沟,沟深7～10厘米,宽10～12厘米,再将沟底踏平进行播种,播后覆盖土2～3厘米。播种前如土壤干旱,应先浇水润地。

(2)平地沟播:在准备好的土地上按30～40厘米的行距开沟,沟深10厘米以上,沟宽15厘米左右,先踩实沟帮,然后沟内灌透水,水渗后在沟内播种覆土,随着秧苗生长逐渐培土成垄。直播的播期与育苗相同,播种量可适当减少,要力争播种均匀,覆土厚薄一致,以免发生幼苗生长不齐和缺苗现象。

6. **田间管理**

(1)定植当年的管理:定植当年,一般不收割而着重养根,即培养健壮的株丛,以建成强大的吸收器官和同化器官,为以后高产打下基础。

定植后及时浇水,以利秧苗成活,当新叶发出后浇缓苗水,并中耕保墒,保持土壤见干见湿,如有积水应注意排除。入秋以后,天气日渐凉爽,正值韭菜生长最旺盛时期,要充分供应肥水,促进叶的旺盛生长,为鳞茎的膨大和根系生长奠定基础。一般5～7天灌水1次,并追施速效氮肥2～3次。以后气温逐渐降低,植株生长缓慢,根的吸收能力减弱,同时叶部的养分不断向鳞茎中运转,故应适量浇水和施肥,只保持地表不干即可,若浇水过多,植株贪青徒长,回根慢,影响营养积累。入冬以后,气温迅速下降,地上部几经霜冻,逐渐枯萎,植株被迫进入休眠期。为了使地下根茎免受冬春干旱危害,稳定地温和保证翌年返青,在土地封冻前应灌足冻水。

韭菜越冬能力的强弱,虽与植株冬前的营养有关。但土壤保水力和寒风的侵袭也是主要的有关因素。因此,在有条件时,用蒿草、马粪、枯枝落叶等进行地面覆盖,对韭菜越冬、返青都有较好效果。

(2)第二年以后的管理:韭菜叶片制造的营养物质,一方面供叶的再生长,另一方面贮存于根茎之中,待叶片收割后,利用根茎中贮藏的养分,供应新叶的生长。所以要获得韭菜高产,首先必须培养肥大的根茎,而富含营养的根茎又是以旺盛的叶片生长为基础。因此,在韭菜栽培中,应以培根壮秧为中心,正确处理好收割与贮存,前刀与后刀,当年与来年的关系。这是夺取植株年久不衰、连年丰产的关键。

①春季管理:返青前,及早清除地上部枯叶杂草,耙平畦面,整理畦埂。韭菜开始萌发时,应深中耕松土 1 次,把越冬覆盖的粪土翻入土中作为肥料,也有利提高地温。当苗高 15 厘米左右,收割前浇 1 次水,以促进韭菜生长和增进品质。但由于早春气温较低,蒸腾量小,灌水要适量。如果土壤墒情好,可在第一茬收割后再开始浇水。每次收割后都要耙地松土,搂平畦面,随着植株的生长,逐步培土,以加速叶鞘生长和软化,每茬培土高度约 12~15 厘米。

露地青韭每年收割多次,这样韭菜在单位面积上就要求较多的肥水。肥水不足,产量低品质差。为恢复长势,促进分蘖,延长寿命,陆续获得高产优质的产品,除施足底肥外,还要"刀刀追肥",即收割 1 次追肥 1 次,甚至 2 次。

剔根和紧撮。当气温达 2℃ 以上,土壤解冻后,韭菜开始萌发前,用竹竿将根际土壤挑出,剔除枯死根茎,即剔根。然后把向外开张的植株(散撮)拢在一起,填入细土,称为紧撮。通过剔根和紧撮,可以消灭韭蛆,有利于通风透光,提高地温,促进根系生长,防止雨季倒伏和腐烂,还能防止早衰。

培土也叫垫土。由于韭菜有跳根(根系上移)的特征,为了促进新根生长,延长植株寿命,防止植株倒伏,需要逐年垫土,称为培土。垫土宜用细碎土壤,在紧撮后选晴天中午进行,覆土厚度依跳根的高度而定,一般为 3～4 厘米。

②夏季管理:由于夏季高温,韭菜叶片组织纤维增多,质地粗糙,生长减弱而呈现歇伏现象。一般不再收割,继续加强根株培养,为秋季生产打好基础。

夏季高温多雨,杂草滋生,影响韭菜生长,在每次收割整地后,及时用 25%除草醚除草。韭菜在开花结实时,大量消耗养分,影响植株的生长、分蘖和营养物质的积累,从而影响来年的产量,因此除采种田外,应在花薹幼嫩时,及时把它摘除,以利根株培养。

韭菜在夏季高温的情况下,最易发生枯萎病。因此,夏季管理要注意排水、防涝,暴雨之后,用井水浇灌,降低地温,并摘除地面黄叶,使行间通风良好,以减轻危害。

③秋季管理:秋季气候凉爽,昼夜温差大,是最适合韭菜生长的季节,也是培养根株的最好时期。为了培养根株,必须继续加强肥水管理和防治病虫危害。其措施与第一年秋季的管理基本相同,但可根据植株长势,在 8 月下旬到 9 月下旬之间收割 1～2 次。在韭菜凋萎前 30～40 天停止收割,使之自然凋萎,以提高根茎的营养积累,为越冬和春季生长创造营养条件。

7. **收获** 韭菜每年收割的次数,决定于根株生长势的强弱、施肥量的多少及市场需要情况。一般春季韭菜鲜嫩味美,可以收割 3 茬(清明至芒种),正好调节春淡季蔬菜。秋季品质虽好,但为了培育根株,为来年生长奠定物质基础,以收割1～2 次为宜。

韭菜收割间隔时间的长短,应看植株长势和气温高低而定。春韭收割的间隔时间,是随着温度的升高而缩短。由返青到收割第一刀约需40天,第二刀25～30天,第三刀20多天。如肥水不足,每茬生长天数就会拉长,如收割日数间隔过短,鳞茎内无多余养分贮存,就会影响其后刀次的产量。据山东历城菜农经验,韭菜以7叶1心时为割韭的标准。如韭菜已衰老和将行更新,则不受收割次数和季节的限制。

韭菜以清晨收割最好,因为经过一夜的生长,品质特别鲜嫩。收割时要注意留茬高度,以刚割到鳞茎上3～4厘米黄色叶鞘处为宜,过浅产量降低,过深伤及鳞茎,影响下刀生长和整个植株的长势。以后每割一刀应比前茬略高,才能保证植株正常生长。定植后前1～2年产量较低,3～6年为生长盛期,产量最高,10年后产量下降,进入衰老阶段,应及时分株移栽。但管理精细时,韭菜寿命可达数十年而不衰。

8.采种　韭菜一般在七八月间抽薹开花,作为留种的韭菜,除加强肥水培育外,应减少收割次数。一般选用3～4年生的植株留种最好。1～2年生韭菜未充分发育,不宜作留种用。

留种的植株,当年收割青韭1～2次,留茬要高,加强肥水管理,花薹伸长时要适当控制灌水,以免花薹徒长,引起倒伏。开花后雨水多时要少浇水,防止总苞不开裂而延迟花期。花谢后及种子灌浆时,要保持湿润,并行追肥。待种子成熟时,最好分期采收,晒干后脱粒。每亩可收种子60～100千克。

经过留种后的植株生长势弱,应于秋后加强田间管理,以促其早日恢复生长。

(二)塑料棚韭菜栽培

大、中、小棚均可栽培韭菜,以中棚和小棚的栽培较为普遍。中棚管理方便,产量高;小棚设备简单,成本低。果园行间和庭院等地均可进行小棚韭菜栽培,生产效益显著。

1.冬季拱棚韭菜栽培 栽培韭菜的中棚宽3～6米,高1.3～1.5米;小棚高0.6～0.8米,宽1～2米。棚北侧可设立玉米秸风障防寒。

棚内的韭菜可用当年春季播种的新株,或移栽2年或2年以上的根株,大撮稀栽,行距36～40厘米,撮距20～25厘米,每撮不少于30株。栽后按露地韭菜的方法进行管理,秋季肥根养根,一般不收割。

10月下旬地冻前搭好棚架,11月中下旬韭叶完全枯萎,植株回根,冻土层达3厘米以上时扣膜。回根不明显的雪韭类品种可连续生产,严霜前割一刀鲜韭后扣膜。先清理和锄松畦面,晾晒3～4天,畦面铺施腐熟圈肥,或沟施有机肥、尿素和磷肥。然后结合浇水,用辛硫磷或敌百虫灌根防治韭蛆。待土壤稍干时扣膜。

覆膜后于晴天浅锄一次,提高地温,促进韭菜的萌发和生长。生长期间,棚内白天保持15～20℃,夜间5～7℃。3～4℃时韭菜生长缓慢,叶片易皱缩。严寒期盖严棚膜,封住灌水口,棚温5℃以下时,中棚内可再加小棚,小棚上盖草苫。保持白天12℃左右,夜间0℃以上。春季收第二刀韭菜后,棚温超过30℃时放风并延长揭苫时间,棚温高、湿度大时,韭菜生长细弱,容易倒伏和腐烂。3月份以后及时通风,以防中午高温烤苗。3月中旬至4月上旬可撤棚。

棚栽韭菜前期生长,主要依靠根茎中贮存的营养和扣棚前的施肥浇水。冬季气温低,韭菜生长慢,由于棚膜密封,土壤水分蒸发量小,不宜浇水。收割二刀后,随着棚温升高和通风换气量的增大,开始浇水并适量追肥。

扣棚后50～60天即可开始收割,第一刀韭菜一般在元旦或 1 月中旬收割,以后每隔 25～30 天左右收割第二刀和第三刀,收割三刀后撤棚。如果韭根健壮,还可收割一刀露地韭菜。然后行间施一层细碎的腐熟优质混合肥,锄松撮间畦土,露出根茎,晒根蹲苗。雨季注意中耕锄草、防病和排涝。秋季肥培养根,冬季再利用。

2. 春季拱棚韭菜栽培 冬季严寒的地区,土壤封冻前搭好棚架,浇足封冻粪水。翌春 2 月上旬至 3 月上旬扣膜,土壤化冻后清理土面并锄松表土。营养不足时,每亩施尿素或复合肥 10 千克,促进韭菜生长。当韭菜叶 10～13 厘米高时,选晴天中午揭膜,浅中耕。宽行距栽植的韭菜,中耕时进行培土,将韭菜行培成垄,仅露出 2 厘米左右的韭叶以软化叶鞘,增长韭白,提高品质。3 年以上的老韭根,收割韭菜后,可扒开垄土晒根,提高地温,剔除弱株,促进根系生长。

第一刀收割前不浇水,收割后当新韭叶高 3～4 厘米时浇水,然后至再收割前 5～6 天浇水。营养不足时,浇第一水时可追肥。春季扣膜的韭菜一般收割两刀后撤棚,进行露地生产和养根。

(三)冬暖大棚青韭栽培

冬暖大棚可在韭菜地上建造或盖好大棚后再栽韭菜。11 月中下旬韭菜回根后扣膜。雪韭类品种,严霜过后就可覆膜。

青韭生长适温白天为 18～25℃,夜间 8～12℃,空气相对湿度 70％～80％。扣膜前期和每茬收割后,棚温应高些,以促进韭菜萌芽和生长。棚温 25～28℃以上时,通风降温。严寒期棚温 5℃左右时,要覆盖草苫保护。春分后夜间可不盖草苫,清明后撤除薄膜。

覆膜后土壤化冻时中耕松土,第一刀收割前不浇水。以后气温升高,韭菜吸收能力增强,植株营养不足时可浇水,顺水施速效性氮肥,浇水后通风排湿。

覆膜后 45～55 天,元旦前后收割第一刀韭菜,收割后松土 1～2 次,提高地温,促进韭菜生长。20 多天后可收割第二刀,共收四刀。撤膜后养根或棚内间作果菜类蔬菜。

(四)温室囤韭栽培

囤韭是用露地培育好的一二年生韭根,经整理成捆,紧密囤栽在温室或其他保护地内,在充足的水分和适宜的温度条件下,依靠根茎内贮藏的养分生产鲜韭的一种栽培方式。2 年以上的韭根,株丛松散,根盘大,不宜囤紧,一般不采用。

当韭菜枯萎和回根后,表土将要封冻时刨出韭根,尽量保持根形完整,摊晾半天,使其散失部分水分,然后堆贮在 2～3℃的低温处,上盖枯叶和 5 厘米左右的薄土层,以防根株失水干枯。囤栽前 3～5 天,将韭根运回室内,使微冻的韭根缓慢解冻,去除细弱、松软和受病虫危害的根株,将鳞茎基部对齐,理直根系,用稻草等捆成直径 10 厘米左右的小把,放于阴凉处,待囤。

囤韭需要筑韭池,在温室中部做一东西向、宽 40 厘米的作业道兼水渠,通道南北每间温室分别筑 2 个池,池埂高 50 厘米,用砖砌成,靠近池埂 13～17 厘米处,每隔 30～50 厘米钉一木桩,横向绑高粱秸或竹竿,离地 8～10 厘米,用以排放韭捆。留出池边,以利于空气流通和增加温度。

将整理好的韭菜捆从池的一头开始紧密地排放于池面,挤紧韭菜捆,直到全池囤完。韭根要囤平,不弯曲也不外露,以防阻塞水流或枯干。由于室温高,初囤的韭菜捆和土壤都比较干燥,因此囤后要浇 1 次透水,然后畦面覆盖薄膜或草席,促进韭菜萌发,3～5 天后,再浇 1 次水,水深 3～4 厘米。当韭菜高 7～10 厘米时,揭去覆盖物,再浇 1 次水。

囤韭生长期间,可分次用细沙土培根,使韭白增长,防止倒伏和便于收割。培土前应提高室温,降低湿度,培土应选择晴天上午进行,用容器盛沙土均匀地向韭菜池扬撒,使其厚度均匀一致。每茬韭菜生长期间培根 3～4 次,株高 7～10 厘米时第一次培根,以后每隔 5 天左右培 1 次,最后一次培根后浇大水,再过 5～6 天即可收割。每次培根后可用软竹齿耙轻拍韭菜叶,以除掉散落在叶表面的水珠和残土。

囤韭后 20 天左右,韭菜 30～40 厘米时收割,共收 3～4 刀。每次收割后清理残叶,搂去沙土,露出根茬。沙土可于室外晒干,下茬再用。

(五)韭菜软化栽培

韭菜生长期间采用各种覆盖物,遮住阳光,使叶鞘和叶片软化成淡黄色或黄白色的韭黄。

各地软化的具体方法很多,如温室囤韭时池面上覆盖黑色薄膜或草席遮光,即可生产出韭黄。春秋两季露地韭菜生产期间进行遮光也能生产韭黄,方法是先给韭菜畦疏根松土,施肥培土后浇水,以利韭菜迅速生长,然后按垄搭人字形架,架上覆盖草席遮光降温,经 20 天左右就可收获 15 厘米高的鲜嫩韭黄。若生长期过长,则产品纤维含量增多,品质下降。

第二节　大　葱

大葱原产亚洲西部,我国自古栽培,北方栽培更为普遍。山东的章丘、历城,河北的赵县,辽宁的盖县、朝阳,吉林的公主岭,陕西的华县等,都是大葱的名特产区。山东的章丘大葱葱白肥大、洁白、脆嫩,是葱类中的珍品,驰名国内外。

大葱食用部分为嫩叶和葱白,营养丰富、辛辣芳香,生、熟食均佳,除冬季食用干葱外,春、夏、秋3季均可生产鲜葱,产品可达到周年供应。

一、类型与品种

葱类蔬菜包括普通大葱、分葱、胡葱和楼葱4种类型,分葱、楼葱,都是普通大葱的变种。普通大葱和楼葱以食用葱白为主,在北方栽培普遍;分葱则多食用嫩叶,南方栽培较多。

(一)普通大葱

植株高大,葱白长达30厘米以上,分蘖力弱,以嫩叶和叶鞘为可食部分,用种子繁殖。依其葱白的长短可分为长葱白、短葱白2种类型。

1.长葱白类型 植株高大,葱白长,一般在30厘米以上。辣味较淡,产量高。

(1)章丘大葱:为山东省章丘农家品种,株高120厘米左右;葱白长50～60厘米,茎粗3～5厘米。单株重0.5～1.0千克。晚熟,不易分蘖,葱白肥嫩、辣味淡、味甜,耐贮运,产量高。

(2)盖县大葱:又称高脖葱。辽宁省盖县农家品种。株高可达1米左右,葱白长30厘米,假茎粗约3厘米。叶色深绿,细长,植株直立,不分蘖,品质较好。

(3)华县孤葱:陕西省华县农家品种。株高90～100厘米,最高可达140厘米,叶深绿色,蜡粉较薄。葱白长60～65厘米,茎粗2.5～3.5厘米。单株重400克左右。不分蘖。耐寒、耐旱,抗风性中等。肉质脆嫩、稍甜、辣味淡,品质较好,产量高,适于春播。

2.短葱白类型 植株矮小,葱白短而粗,一般在30厘米以下。味辛辣,比较高产也耐贮藏。适于小垄密植。

(1)鸡腿葱:山东省章丘县农家品种。株高90厘米左右,叶尖端较细,葱白长 25～30 厘米,基部膨大,横径约 4.5 厘米,而上部渐细,且稍有弯曲,形状似鸡腿。单株重 300～500克,辣味强,香味浓,品质优,最宜熟食。干葱耐贮藏。

(2)对叶葱:在河北省中南部栽培较多,株高 60 厘米以上,管状叶粗,近对生,故名"对叶葱"。葱白长 20～25 厘米,假茎基部膨大,茎粗 4～5 厘米,单株重 500 克左右,质地细密,味甜稍辣,生熟食均可。

(二)分 葱

植株矮小,假茎细而短,叶色浓绿,葱白部白色,分蘖力甚强,1 穴并植 3 株,能增殖 30 余株,开花期也能分蘖。但不能结种子,以分株法繁殖。葱叶辣味淡,品质好。南方各省栽培较多,如上海分葱。

(三)胡 葱

又名火葱。叶淡绿与大葱相似呈圆筒状,先端尖,但较大葱细而短。鳞茎的外皮赤褐色或铜赤色。分蘖力甚强。每一鳞茎可分蘖 10 余株,开花期也能分蘖,但不易结子,故以分株法繁殖。质柔味淡,以食青叶为主,其鳞茎亦可盐渍供食用。南方栽培较多。

(四)楼 葱

又叫龙爪葱,植株直立,叶长 30～100 厘米,葱白长 20～30 厘米左右,洁白、味甜。它的特点是在抽生的花薹上,发生多数鳞茎,部分小鳞茎萌发又生成小鳞茎,这样重叠如楼,可用小鳞茎繁殖。分蘖性强,耐寒耐旱,耐盐碱力均强,唯品质不佳,主要分布在西北各地。如陕北的楼子葱。

二、特征与特性

（一）特　征

大葱为弦线状须根，发根力强，成株大葱有 50～100 条根，长达 30～45 厘米。主要根群分布于地下 30 厘米的土层内，横展半径 15～30 厘米。大葱不定根发生于茎节，随着茎盘的增大，不断发生新根。

大葱的茎为短缩茎。其上部各节着生 1 片叶，茎盘下部各节着生数条不定根。普通大葱的茎有顶端优势，在营养生长期很少分蘖。在顶芽形成花芽抽薹时，也只发生少数分蘖，而且以最邻近顶芽的分蘖生长势最强，可以发育成新的植株。

葱叶包括叶身和叶鞘两部分。叶身在幼嫩时不中空，随着叶身的成长，内部薄壁细胞组织逐渐消失而成为中空的管状叶。表面具有蜡粉，为耐旱叶型。筒状叶鞘层层套合形成假茎。经过培土软化，可形成质优味美的葱白。大葱的筒状叶鞘有贮藏养分、水分、保护分生组织和心叶的功能。葱叶为互生排列，一般品种有管状叶 5～8 片。

大葱春夏季抽生花茎，先端着生圆头状伞形花序，花序外面有总苞，内有小花 150～300 朵，每株约产种子 300～350 粒，种子千粒重为 3～5 克。

（二）生育周期

大葱生育周期的长短，因播种期而异。春播需 15～16 个月，而秋播长达 21～22 个月之久。不论春播或秋播，整个生育周期可划分为以下几个时期：

1. **发芽期**　从播种到第一片真叶长出。此期应根据大葱的出土特点，采取保苗措施。

2. **幼苗期**　从第一片真叶长出到定植。春播苗期约需 3

个月左右,秋播苗期(包括休眠期)长达 8～9 个月。秋播苗期又可分幼苗期,休眠期和幼苗生长旺盛期。

3. **葱白形成期** 从定植到采收。大葱叶片发生速度与温度有关,当气温高于 25℃时,植株生长细弱;气温在 20℃以上时每 3～4 天长出 1 片新叶;当气温降到 15℃左右时,每 7～14 天形成一片新叶。所以在此期开始时,植株幼小,气温较高,生长较为缓慢。入秋后气温适宜,昼夜温差加大,为葱白生长盛期,其后随着气温的降低,地上部生长逐渐停止,而植株内部养分迅速向假茎运输。在管理上前期应适当灌水,促进缓苗发棵,秋凉后加强肥水管理并分期培土。

4. **抽薹开花期** 从花芽分化到开花。大葱在低温下完成春化,遇长日照后抽薹开花。

5. **种子成熟期** 从开花到种子成熟。要求天气晴朗,光照充足。

(三)特 性

大葱属耐寒而适应性广的蔬菜。不同生长时期对温度的要求不同。种子在 4～5℃即可开始萌芽;13～20℃下发芽迅速,7～10 天即可萌发出土。植株生长适温 20～25℃;低于10℃生长缓慢,高于 25℃植株生长细弱,叶部发黄,容易发生病害;当温度超过 35～40℃时,植株则呈半休眠状态,部分外叶枯萎。处于休眠状态的植株,耐寒性很强,在 -30～-40℃的高寒地区亦可露地越冬,但营养积累过少的幼小植株,耐寒力显著降低。一定大小的大葱幼苗在 2～5℃的低温下,一般经过 60～70 天完成春化过程。但也因品种特征及植株的营养状况而异。在生产上,往往由于播种过早或管理不当,越冬幼苗超过一定大小而引起翌春未熟抽薹。一般越冬秧苗以具有3 片真叶,株高不超过 10 厘米左右为宜。

大葱耐旱力很强,但根系较弱,故要获得高产,仍需较高的土壤湿度。尤其是幼苗期及假茎肥大期,适时适量地供给水分,是创造高产的重要环节。在整个生长期间,一般要求70%～80%的土壤湿度。大葱喜干燥的气候,空气湿度过大,容易发生病害,一般适宜的空气相对湿度为60%～70%。

大葱对光照强度要求偏低,适于密植。夏季光照过强,伴随高温干旱,叶面蒸腾作用加强,输导组织发达,纤维增多,叶身老化而降低食用价值。春秋两季气候凉爽,日照充足,有利于叶片生长。但光照过弱,叶片黄化,光合速率下降,易影响养分的积累,造成减产。大葱适于在排水良好,土层深厚肥沃的壤土中生长。砂壤土便于插葱、松土和培土,通气性良好,易获得高产。沙土地过于松散,保水肥力差,不易培土软化。土壤过于粘重,不利于发根和葱白的生长。低洼的盐碱地,植株生长不良。大葱要求中性土壤。栽培上允许的 pH 值的范围为5.9～7.4。大葱生长前期要求较多的氮肥,生长后期需要较多的磷钾肥。

三、栽培技术

(一)播种时期

1. **秋播**　第一年秋季 9 月上旬播种,以幼苗越冬;第二年夏季 6 月上中旬定植,冬前收获,窖藏或露地越冬;第三年春季抽薹开花,夏季采收种子。定植时的秧苗可于 5 月上旬至 6 月下旬作为小葱上市;也可在立夏前后采用平畦丛栽(撮撮葱)或缩小行株距栽成沟葱作为秋葱供应,或越冬后作为早春羊角葱供应。

2. **春播**　早春土壤解冻以后播种,炎夏来临前作为小葱供应,或定植后当年收获作为干葱或沟葱供应。亦可越冬作为羊角葱或作为留种的种株。

3.**夏播**　多在 7 月下旬到 8 月上旬播种,故又称伏葱。当年越冬时植株较大,易完成春化过程,翌春萌发早而且很快抽薹开花。一般接羊角葱之后上市。

(二)播种及育苗

1.**播种**　大葱种子的种皮厚而胚小,种子出土慢,苗期长。为了缩短占地时间,便于管理,一般均行育苗移栽。

大葱每亩用种量为 2～4 千克,所育秧苗可栽植 3 000～7 000 平方米。播种可采用干播法或湿播法。为缩短出土日期,播前可进行浸种催芽。播后覆土 2 厘米左右。

2.**苗期管理**　从播种到出土应经常保持床面湿润,防止床土板结。待幼芽伸腰时可浇 1 次水,使子叶伸直,扎根稳苗。以后根据土壤墒情,再浇 1～2 次小水,水量不能过多,以免幼苗徒长。

幼苗越冬前要浇 1 次封冻水,并可结合施肥浇 1 次粪稀,也可盖一层厩肥或土粪,以利提高地温,确保幼苗安全越冬。在较严寒的地区最好设立风障进行防寒保温。

返青后浇 1 次返青水,随着气温升高,进入幼苗生长盛期,应结合浇水,追肥 2～3 次,并进行除草间苗。第二次间苗后,适当控制水分,防止秧苗倒伏。定植前 10 天左右停止浇水,适当蹲苗,进行秧苗锻炼,以利定植后缓苗。

春播的葱苗因苗期较短,同时播后温度逐渐升高,浇水次数与浇水量要适当增多,整个苗期应施 3～4 次追肥,速效性有机肥与速效性化肥交替使用,并要做好除草间苗工作,以促使秧苗生长健壮,为大葱的高产优质奠定良好基础。

(三)定　植

1.**定植时期**　大葱定植时期一般在 6 月上旬到 7 月上旬

之间,以早期定植为好。生产实践表明,栽植过晚,葱白的形成期短,产量低,同时秧苗在苗床内容易发生徒长,栽后天气炎热,不易缓苗。定植时秧苗以高 35~40 厘米,茎粗 1.0~1.5 厘米为宜。

2. **定植前整地** 大葱适宜与农作物轮作,可选用小麦、大麦、早马铃薯、春甘蓝、越冬菜为前茬,前作收后及时翻耕晒土,进行栽植。为便于培土软化,大葱最初定植在沟里,随着松土逐渐填平垄沟,并且培成高垄。沟距可根据葱白的长度而定。如章丘大葱的葱白长 50~60 厘米,沟深约 20 厘米左右。沟底集中施入腐熟有机肥,一般每亩施基肥 5 000 千克,粪土混合,准备定植。

3. **定植方法** 定植前将葱苗掘起,抖去泥土,按秧苗大小分级定植。大苗稀植,小苗密植。生产上多采用宽垄单行密植法,这样有利于培土软化,增加葱白长度。一般行距 50~60 厘米,株距 5~6 厘米,每亩可栽植 2~3 万株,约需秧苗 250~300 千克。亦可采取单沟双行栽植,增加栽植密度,这种方法培土较为困难。

大葱定植的方法,可分为插葱法和摆葱法两种。

(1)插葱法:插葱法按浇水先后又可分为湿插和干插两种。前者先在沟内浇水,待水渗下后立即插葱,插葱后应保留插空,使空气流通;后者先将葱秧插植于沟内,随插随将葱株两边的松土踏实,随后灌透水。湿插法易于插直,葱苗不易折断,干插法要求土壤松细,避免葱苗折断。插葱的深度以不埋没葱心为宜,过深不易发苗,过浅影响葱白长度。插葱时应将叶面与栽植沟成垂直方向排列,既利于密植又便于田间管理。

(2)摆葱法:摆葱法是将叶面靠在沟壁的一侧,如是东西开沟,摆在沟的南侧,南北沟最好摆在西侧,这样可减轻烈日暴晒，有利于缓苗。摆放整齐后，根部覆土不超过葱心，栽后踩紧，如土壤干旱应随即浇水。这种栽葱法，有利缓苗，但易使葱白弯曲，影响生长，也不便采收。

（四）田间管理

1. **浇水和中耕**　大葱定植后，进入炎夏季节，植株及根系生理机能减弱，缓苗较慢。因此，促进根系生长是此时的管理关键。如天气不十分干旱，一般不宜浇水，应加强中耕除草，疏松表土，蓄水保墒，促进根系发育。遇大雨注意排水，以防止葱沟积水，造成高温高湿，土壤透气性不良，而导致烂根、黄叶和死苗。

立秋以后，昼夜温差加大，进入生长盛期，同时随着气温下降，可开始浇水，浇水应注意轻浇，早晚浇，以后随着植株的旺盛生长而逐渐增加浇水次数，保持地面湿润，收获前一周停止浇水。

2. **培土、追肥**　大葱假茎的伸长是叶鞘基部分生带细胞的分生和叶鞘细胞伸长的结果，而叶鞘细胞的分生和延长，要求黑暗湿润的条件，并以营养物质的流入和贮存为基础。因此在肥水充足供应的同时进行培土，是软化叶鞘和增加葱白长度的重要措施。一般在缓苗后，结合中耕除草进行少量的覆土，雨季来临前，把栽植沟填平，立秋以后进行培土，以后每隔半个月培土 1 次。如章丘大葱，从 8 月到 9 月下旬培土 4 次，鸡腿葱培土 3 次即可。

培土需在上午露水干后，土壤凉爽时进行。如土温过高，湿度过大，则易引起假茎腐烂。在第一、第二次培土时，植株生长缓慢，培土应较浅，第三、第四次培土时，植株生长迅速，培土宜深厚。培土厚度均以叶身和叶鞘交界处为宜，切不可埋没心叶，以免影响大葱生长。

追肥一般在立秋后开始,结合灌水培土进行,追肥以氮肥为主,适当增施磷钾肥。每次每亩可追施硫铵 10～15 千克或有机肥 1000～1500 千克。9月上旬以后,气候凉爽,植株开始旺盛生长,葱白增长速度急剧加快,要重施追肥,每亩可追施氮素化肥 15～20 千克。每次追肥后,应及时灌水,促使肥料分解,供根系吸收利用。

(五)收 获

大葱的收获期,因地区气候差异而有早晚。一般当外叶生长基本停止,叶色变黄绿,在土壤封冻前 15～20 天为大葱收获适期。如山东章丘大葱为 11 月上旬到 11 月下旬收获。若收获过晚,则养分下移,葱白上端失水而变软。河北省农谚"霜降不收葱,必得半截空",就是这个道理。收获时,先掘开垄的一侧,露出葱白,轻轻拔出,使产品不受损伤。收获后,抖去泥土,适当晾晒,束成小捆,放于阳光充足和干燥地方进行晾晒,待叶身和外层叶鞘稍干时,贮于冷凉干燥的地方,以便随时供应市场。

(六)青葱栽培要点

青葱以管状叶为产品,栽培季节要求不甚严格,除严冬酷暑外,均可随时播种。根据不同播期与茬口安排,主要包括小葱、伏葱和羊角葱。其栽培特点是:

1. 小葱 小葱以鲜嫩幼苗为产品。因播种期不同,分春葱和白露(或秋分)葱。

春葱:播种期多在 3 月下旬至 4 月上旬。早春气温低,肥水管理应前控后促,使秧苗迅速生长,继白露葱后在 6 月上旬即可陆续上市。

白露葱:华北地区多在白露以后播种,一般称为白露葱。播种及管理方法基本与大葱相同。只是播种较密,不进行间苗和移栽,也不必蹲苗,翌春浇返青水后,要加强肥水管理,一促到底。因而叶片生长迅速,品质鲜嫩,继伏葱之后于5月上旬即可陆续供应市场。

2.**伏葱**　一般在7月下旬到8月上旬播种,采取平畦撒播,每亩播种量4～5千克,播后7～8天出土,齐苗后浇1次小水,尔后适当控制浇水。随着气温逐渐降低,追肥1～2次,幼苗越冬前秧苗较大,注意防寒保苗,翌春将有部分植株抽薹时,应及时收获,以免叶身老化和花薹膨大,影响产品品质。一般接羊角葱后收获供应。

3.**羊角葱**　是早春上市最早的青葱,对市场供应也起一定作用。羊角葱生长期较长,需经两个冬春。生产上不专门育苗,可利用秋播越冬葱秧(或当年春播)的弱苗留作生产羊角葱的秧苗。6月下旬前后定植,行距30～50厘米,株距3～4厘米。可结合中耕培土,并适当追肥。第二年早春返青后即行收获。

第三节　大　蒜

大蒜属于百合科葱属2年生草本植物,原产于亚洲西部或中部高原地区,公元前113年由汉代张骞引入我国,在我国已有2000多年的栽培历史。

大蒜以鳞茎(蒜头)、花茎(蒜薹)、嫩叶(蒜苗或青蒜)为主要产品。其产品营养丰富,味道鲜美,能增进食欲,并有杀菌作用。近年来,随着人们对大蒜医食兼用等效用认识的不断深入,大蒜的加工制品也不断丰富,已生产出了大蒜保健饮料、调味品、化妆品及工业用品等。尤其是大蒜防治心血管疾病及防癌抗癌的作用,更是引起了医学、药学界的重视。大蒜提取物还可用做杀虫剂、杀菌剂和植物生长调节剂。总之,随着科学的发展,大蒜的应用前景越来越广泛。

大蒜在蔬菜的周年供应中起着重要的作用。蒜苗是我国冬春淡季的主要蔬菜之一,通过分期播种,供应期可从9月中旬到第二年5月上旬。另外,在北方还可以利用软化栽培的方式生产蒜黄,供应冬春淡季市场。蒜薹基本上可做到周年供应,从南到北,2～5月份蒜薹陆续上市,并且,蒜薹可在0℃左右,通过气调方式贮存到春节。鳞茎是佐餐佳品,更是人们日常生活所必需。

我国是世界上最大的大蒜生产国,每年的种植面积达50万公顷,年产量60多万吨,其中以山东省栽培面积最大,每年的种植面积近13万公顷。金乡、苍山、安丘等地,已形成规模化栽培,产品除供应国内市场外,还远销国外。大蒜适应性强,耐贮运,供应期长,南北各地栽培普遍。

一、类型与品种

我国大蒜资源十分丰富,南北各地均有名特产区。以北方为例,如黑龙江的阿城、宁安,吉林的农安、和龙,辽宁的开源、海城,河北的永年、安国,山东的安丘、苍山,陕西的岐山、洋县,甘肃的泾川,西藏的拉萨等,都形成了许多地方优良品种。依鳞茎的大小、多少,可分大瓣蒜和小瓣蒜;依鳞茎外皮的色泽可分为紫皮蒜和白皮蒜;依蒜薹的有无可分为无薹蒜和薹瓣兼用蒜。

(一)大瓣蒜

大瓣蒜的蒜瓣较少而肥大,蒜瓣多发生于近花薹的1～2个叶腋内,每个叶腋间形成2～3个蒜瓣,少数品种4个蒜瓣,每头蒜有蒜瓣4～6个或7～8个,基本呈对称排列。蒜皮以紫

色为主,也有白色。皮薄易脱落,辣味浓,品质好,蒜薹产量高。主要品种有:

1. **苍山蒜** 山东苍山县地方品种。植株健壮,成株有7~8片叶,叶狭长深绿色。蒜薹粗壮,鳞茎高3.5厘米,横径5~6厘米,皮白色。每头7~8瓣,蒜瓣肥大,蒜瓣外皮稍带浅红色。平均单头重40克左右,中熟种。耐寒,抗退化,产量高,品质好。一般蒜薹产量300千克/亩,鳞茎产量850~900千克/亩。

2. **苏联二号** 又名杂交蒜,自苏联引入我国。该品种植株高大,一般株高85厘米,假茎粗1.5~2.0厘米,假茎高40~50厘米,叶色深绿,叶片长50厘米以上,叶宽3~4厘米,蒜薹较细,直径0.4~0.6厘米,黄绿色,纤维少,品质好。单薹重7~10克,耐贮性差。鳞茎肥大,直径4.5~5.0厘米,单头重25~51克,蒜皮红色,蒜瓣质脆,蒜泥粘稠,香辣味中等。以生产鳞茎为主。

3. **早薹蒜二号** 植株高大,一般株高75~90厘米,最大叶宽4厘米。抽薹早,4月上中旬即可抽薹,薹长60~80厘米,薹径0.7~1厘米,单薹重30~40克。适应性强,抽薹率98%以上,苗期生长快,也可作蒜苗栽培。蒜薹产量600~1000千克/亩,鳞茎产量750~1100千克/亩。

(二)小瓣蒜

小瓣蒜蒜瓣较多,有9~20个或更多,蒜瓣在近花薹的1~5个叶腋间形成,每个叶腋间生3~5个蒜瓣,蒜瓣细长而弯曲,排列成2~3层,辣味较淡,抽薹率低,耐寒性强,适于做蒜苗或蒜黄栽培。常用品种有白皮狗牙蒜、拉萨白皮大蒜等。

二、特征与特性

(一)特 征

大蒜为弦线状根系,主要根系分布在 25 厘米内的土层中,横展直径为 30 厘米。在营养生长期茎为扁圆形的短缩茎,称为茎盘。茎盘的基部和边缘生根,其上部长叶和芽的原始体。其中顶芽着生于中央,并被数层叶鞘所包被。大蒜通过一定的低温和长日照条件之后,顶芽开始分化成花芽,条件适宜则形成花薹。与花芽分化的同时,内层叶鞘基部也有侧芽形成。这些侧芽膨大即形成蒜瓣。茎盘在大蒜生长初期组织较嫩,鳞茎成熟后,茎盘干缩硬化。

大蒜的叶由叶片和叶鞘两部分组成。叶片扁平披针形,叶色绿或暗绿,表面有蜡粉。叶鞘呈圆筒形,在茎盘上环状着生。多层叶鞘抱合成假茎。当鳞茎成熟时,外层叶鞘基部的营养物质逐渐向鳞芽转移,因而干缩成膜状,对蒜瓣起保护作用。

大蒜花薹包括花轴和总苞两部分。在总苞中有花和气生鳞茎,但多数品种只抽薹不开花,或虽可开花但花器退化不能结实,偶而有的能结出黑小的种子也发育不良。一般品种可在总苞内着生数个至几十个气生鳞茎(又叫蒜珠或天蒜),其结构与蒜瓣相似,平均重量 0.1~0.4 克。可用以对蒜种提纯复壮。

鳞芽发生在短缩茎上。紫皮蒜的鳞芽发生在靠蒜薹周围的 1~2 叶腋处,每一叶腋分化出 2 个以上鳞芽,位于中间的为主芽,两旁的为副芽。主、副芽均可膨大成蒜瓣,故紫皮蒜多数为 4~6 瓣。狗芽蒜靠近蒜薹的 1~6 叶腋均可发生鳞芽,但以 1~4 叶腋为主,每一叶腋的鳞芽通常 3~5 个,故狗芽蒜的蒜瓣要比紫皮蒜多。

按蒜瓣在茎盘上排列的轮数,可分为 2 种类型:一种是在茎盘上只排列一轮蒜瓣,一般多为 4～15 个蒜瓣组成,如紫皮蒜;另一种是在茎盘上排列着两轮以上的蒜瓣,一般是由 20～35 个蒜瓣组成,如狗芽蒜。

(二)发育周期

大蒜生育周期的长短,因播期不同有很大差异。春播大蒜的生育周期较短,仅 90～110 天;秋播大蒜因为要经过越冬期,所以长达 220～280 天。

根据大蒜生育过程所表现的特点不同,可分为 6 个时期。即发芽期、幼苗期、鳞芽及花芽分化期、花茎伸长期、鳞茎膨大期和休眠期。

1. **发芽期** 大蒜播种以后,从开始萌芽到初生叶展开为发芽期。一般需 10～15 天。这一时期主要依靠母瓣的养分供应大蒜的生长。在栽培上要创造适宜的土壤温度和湿度条件,以利于幼根及幼芽的分化和生长。

2. **幼苗期** 由初生叶展开到鳞芽和花芽开始分化为止,为幼苗期。适于幼苗生长的温度是 14～20℃。但幼苗能耐短期的-3～-5℃低温。春播苗期约需 25 天,秋播包括越冬期故需时间较长,约 5～6 个月。苗期根系继续扩展,并由纵向生长转向横向生长,新叶也不断分化和生长,为鳞芽和花芽分化奠定了物质基础。到本期末新叶分化结束。这一时期,是大蒜由依靠种瓣贮藏营养向自身制造营养过渡的时期,最终完成由异养向自养的转变。在此过程中,大蒜种瓣内的营养物质逐渐消耗殆尽,蒜母逐渐干瘪成膜状物,生产上称之为退母或烂母。

大蒜幼苗期不断生根长叶,生长比较缓慢,鳞芽、花芽也处于刚刚分化阶段。在栽培上仍要创造适宜的水、肥等条件,以使幼苗健壮生长。

3. 鳞芽及花芽分化期　由鳞芽及花芽开始分化到分化结束，为鳞芽及花芽分化期，所需天数约10天左右。

鳞芽及花芽分化期是大蒜生长发育的关键时期。首先在生长点形成花原基，同时内层叶腋处形成侧芽，这时植株已长出7～8片真叶，叶面积约占总面积的1/2，根系生长增强，营养物质的积累加速，为蒜薹和鳞茎的生长打下基础。

此期植株生长迅速，鳞芽、花芽又正在分化形成，生产上也称为分瓣期。由于这一时期蒜母消失，同时植株需要的养分增多，会造成养分供应的暂时不平衡，出现叶片黄尖现象。黄尖时间愈长，生长愈缓慢，因此在栽培上应根据天气情况、土壤墒情、幼苗表现等，及时地满足其对肥水的要求，以保证鳞芽与花芽的正常形成。

4. 花茎伸长期　花芽分化结束到蒜薹采收为花茎伸长期。此期约30天。其特点是生殖生长与营养生长并进。蒜薹在初期生长缓慢，而后生长加快，当蒜薹露出叶鞘（生产上称为露樱或甩尾）直到白苞时采薹。

在这一阶段，叶片已全部长出，叶面积达到最大值。在蒜薹迅速发育的同时，鳞茎也已开始膨大，植株生长量最大。栽培上要给予充足肥水，这是保证产品器官发育的关键。

5. 鳞茎膨大期　由鳞茎开始膨大到收获为鳞茎膨大期，约需50天。其中前30天与蒜薹伸长期重叠。鳞茎膨大期的生长特点是采薹前，鳞茎生长较为缓慢。采薹后，养分大量输送到鳞茎，鳞茎开始迅速膨大。在生产上为了使叶鞘中贮藏的养分及叶片制造的养分顺利地运转到鳞茎，应保证水肥供应。一般收获蒜薹后20天收获鳞茎。

6. 休眠期　鳞茎收获后，约有两个多月的生理休眠期，生理休眠期结束后进入被迫休眠期。

(三)蒜薹发育和鳞茎形成

蒜薹发育和鳞茎形成与外界环境条件有着密切关系。特别是温度与光照条件。大蒜的幼苗,如遇 $0\sim4℃$ 的低温,经过 $30\sim40$ 天就能完成春化过程,之后,在 13 小时以上的日照和较高的温度下,可完成光周期阶段,这时茎盘的顶芽可转向花芽分化,再经过花器的孕育期,则可迅速抽薹。如发芽后不能满足春化适温的要求,就不能分化花芽,则形成无薹多瓣蒜或独头蒜。

蒜薹的发育,除受温度光照影响外,营养状况也是蒜薹发育的重要条件。如播种用的种瓣太小(楔子蒜、气生鳞茎),土壤瘠薄,播种太迟,密度过大,肥水不足等,都会使植株叶片少,长势弱,营养物质积累太少,不利于花芽分化及蒜薹的发育,也能形成无薹蒜。鳞芽是茎盘上叶腋间的侧芽发育肥大而成。鳞芽的分化需要有一定的日照时数(13 小时以上)和较高的温度($15\sim20℃$),同时还必须有同化物质的输入贮存为基础。如果日照时数不足 13 小时,大蒜将继续分化新叶,而不能形成鳞茎,所以不论是秋播还是春播大蒜都要在达到一定日照时数,并有一定温度时,才会长成蒜瓣。但如在它们生长初期,没有遇到低温,营养不足,花芽不能形成,侧芽也不萌发,顶芽仍为营养芽。在长日照和温暖气候来临时,外层叶鞘中的养分内移,只能使营养芽迅速膨大而形成独头蒜。

一般秋播大蒜的幼苗,在越冬前已具有 $3\sim5$ 片真叶,可顺利完成春化过程,翌春在长日照(13 小时以上)和 $15\sim20℃$ 的温度条件下,即可迅速抽薹。因此,抽薹率和蒜薹产量均高于春播大蒜。春播大蒜在早春土壤解冻时播种,如果播种稍晚,幼苗尚未完成春化过程,就处于长日照和温暖的气候条件下,由于当时植株已有一定的营养基础,此时大蒜只能形成侧芽,不能形成花芽,因此发育成无薹的多瓣蒜。如播种过晚,幼苗没有完成春化过程,也没有足够的营养,遇到长日照,便形成独头蒜。

三、栽培技术

(一)秋播大蒜栽培

1.**整地施基肥** 大蒜对前茬作物选择不严。秋播大蒜的前茬以小麦、大麦、玉米、高粱、豆类、瓜类、早熟茄果类、马铃薯较好。大蒜也可与玉米、棉花、药材及各种蔬菜进行立体种植。

大蒜对土壤适应性较强,除盐碱沙荒地外都能生长。但由于大蒜根系浅,吸收能力弱,因而以富含有机质、肥沃的砂质壤土或壤土为宜。

大蒜根系入土浅,要求表土营养丰富。因地膜覆盖栽培大蒜施肥不便,加之养分淋溶减轻,在播种前除施腐熟优质厩肥5 000千克/亩外,每亩还应施入过磷酸钙50千克、尿素15千克、硫酸钾15～20千克等速效化肥。

2.**精选蒜种** 蒜种大小与产量有密切关系。蒜种愈大,长出的植株愈苗壮,所形成的鳞茎愈肥大。因此,收获后要选头,播种时要选瓣。选择标准是:蒜瓣肥大、色泽洁白、无病斑、无伤口的蒜瓣。剔除发黄、发软、虫蛀、顶芽受伤或茎盘变黄及腐烂的蒜瓣。然后将蒜瓣分为大、中、小3级:一级蒜种一般百瓣重500克左右;二级蒜种百瓣重400克;三级蒜种百瓣重300克。播种时,选用一、二级蒜种,三级因瓣太小不宜作种用,但可作为栽培蒜苗用。

蒜皮和茎踵(干茎盘)均能影响蒜种吸水,也妨碍新根的发生。因此,在播前结合选蒜瓣的同时,应剥皮去踵,以利于促进发芽长根。但若在盐碱地栽培大蒜,为了防止返碱对蒜种的腐蚀,以不去皮为佳。

3. 播种 过去蒜农的传统播种时间,一般是在 10 月中旬。但近几年的试验证明,播种过晚,不但影响大蒜的产量,而且独头蒜多,二次生长严重,从而也影响了大蒜的商品价值。秋播大蒜的适宜播期为 9 月下旬至 10 月上旬。

根据大蒜根系的特点,要求精细整地、深耕细耙、畦面平整。播前施足腐熟的有机肥料,做成平畦,畦宽 1～1.6 米,畦长以灌水均匀为度。每畦播种 6～11 行,行距 17～20 厘米左右。覆土 2 厘米。株距依品种及栽培目的而定,以生产鳞茎为目的的品种,株距为 13～15 厘米,密度为 25 000～30 000 株/亩;以生产蒜薹为目的的品种,株距为 8～10 厘米,密度为 35 000～40 000 株/亩。

播种时,将大蒜瓣的弓背朝向畦向,使大蒜叶片在田间分布均匀,采光性能良好。播种后,浇透水。播种后 3～5 天喷洒 33% 除草通(施田补)乳油 150 克/亩,然后覆盖地膜。

4. 田间管理 大蒜播后的管理技术,主要是根据大蒜不同生育期对环境条件的要求确定的。一般幼苗期应以控为主,少浇水,多中耕,适当蹲苗,防止徒长及退母过早。退母以后以促为主。抽薹分瓣时,加强肥水,适时收获蒜薹,促进鳞茎肥大。

(1)发芽期管理:大蒜播后 7～10 天即可出土,此时应用小铁钩及时破膜引苗,使蒜苗顺利顶出地膜。如果底墒不足不能及时出土,可浇 1 次小水,促进发根出苗。

(2)幼苗期管理:秋播大蒜苗期较长,主要生长季节在秋末和初春,管理的主要工作是使幼苗生长健壮,防止徒长和提早退母,加强追肥、中耕、保护幼苗安全越冬。出苗以后要适当控制浇水,中耕除草1~2次,松土保墒,促使根系向土壤深层扩展,防止幼苗徒长。出苗后,如灌水过多、过勤,土壤湿度大,透气性差,会导致提早退母。同时,也会降低幼苗的抗寒力。如果播种时底墒不足,又遇干旱,幼苗生长受到抑制,可浇一水,并注意中耕。

翌春幼苗返青后,可于清明(4月5日)前后,视植株长势及天气和土壤情况浇水追肥1次,追尿素20千克/亩,并用辛硫磷等结合浇水灌根防治蛆害。

(3)鳞芽、花芽分化和蒜薹生长期管理:退母后,植株开始独立生活,花芽和鳞芽开始分化,植株进入旺盛生长时期。此时,对肥水的需要显著增加。农谚有"三月蒜泥里站,抽了薹分了瓣"。如这时水肥供应不足,不仅加重黄尖现象,对花芽和鳞芽的分化也有一定影响。因此,应在退母前5~7天浇水、追肥。以后每隔6~7天浇水1次。当新蒜瓣形成以后,钾肥需要量增加,应追施1次草木灰。追肥一般不宜过迟,以免影响鳞茎肥大。蒜薹采收前3~4天停止浇水,以免蒜薹脆嫩折断。另外,大蒜退母前后,易遭蒜蛆为害,应以药剂防治。

(4)鳞茎膨大盛期管理:蒜薹采收后,植株中的营养逐渐向鳞茎中运转,鳞芽进入膨大盛期,需水量增加。在蒜薹全部收完后,要增加灌水次数,保持土壤湿润,以供给鳞茎肥大需要的水分,同时还可起到降低地温,避免叶片早衰的作用。大蒜采收前5~7天停止浇水,以防土壤湿度过大,引起蒜皮腐烂,鳞茎松散,不耐贮存。

5. 收 获

(1)蒜薹收获:及时采收蒜薹不仅能获得质地柔嫩的产品,同时还能节省养分,促进鳞茎迅速膨大。当蒜薹露出叶口

7~10厘米打弯时,是蒜薹收获适期。采薹过早降低产量,过晚纤维增多,降低品质。采薹应在晴天午后茎叶稍现萎蔫时进行,因为这时蒜薹韧性较强,不易抽断。采薹时,尽量不要损伤叶片和叶鞘,以免影响养分的制造和输送,降低鳞茎产量。

(2)鳞茎收获:蒜薹收获后20~25天左右,植株叶片逐渐枯黄,假茎松软,为鳞茎收获适期。收获过早不仅减产,也不耐贮藏;过晚,蒜瓣容易分离,不便收获。

收获后,要及时晾晒,晒叶不晒头,否则鳞茎发绿,内部组织成烫伤状,贮藏时易腐烂。待假茎变软时即可编辫,之后应继续晒晾,待外皮干燥时即可贮藏。

6.大蒜的二次生长现象 在大蒜的生长发育过程中,常会出现鳞茎延迟进入休眠而再次分化和生长叶片,形成次级植株,甚至产生次级蒜薹和次级鳞茎,这种现象称为大蒜的二次生长。发生二次生长的大蒜,蒜瓣增多、变小,鳞茎松散、排列错乱,显著地影响了大蒜的产量和品质。

发生二次生长的原因目前尚未彻底弄清,从各方面的研究情况看,大致包括下面一些因素:不同品种对二次生长的反应不同,如蔡家坡蒜和一些早熟品种容易发生二次生长;秋播时播种过迟,春季肥水多或密度过小,栽培管理不当等,都容易引起二次生长。

7.大蒜的种性退化及防止措施 大蒜种性退化现象是目前生产上存在的主要问题。退化的表现是植株矮小,假茎细,叶色变淡,鳞茎变小,小瓣蒜和楔子蒜增多,产量逐年降低。优质良种是高产、稳产的基础,为了防止蒜种退化,提高种性,必须注意蒜种的培育,作好留种工作。

(1)退化原因:一般大蒜是用蒜瓣来繁殖的。由于长期进行无性繁殖,使生活力减退,因而引起退化。另外,土壤贫瘠、肥水不足、高度密植,以及采薹过晚、假茎损伤过重、病毒的侵染等不良的栽培条件和培育方法,也会加速大蒜的退化。

(2)**防止措施**:为了解决蒜种退化,不断提高种性,应采取以下措施:

①设立大蒜种子田:种子田的密度、管理方法等应与大田有所区别。种子田除了进行精细的管理外,特别要注意以下几点:

第一,种子田要比生产田密度小。行距20～25厘米,株距12～16厘米,以改善营养条件。

第二,蒜薹露出叶鞘7～10厘米就要及时收获,收获蒜薹时要尽量保护假茎,以利鳞茎肥大。

第三,蒜薹采收后,要及时浇水,温度适宜时浅锄松土,以利鳞茎肥大。

第四,加强田间选种工作,宜选符合品种特征,生长健壮,抽薹早,无病虫的单株,作出标记。采收后,再从中挑选鳞茎大、蒜瓣数中等,瓣大而整齐及没有夹瓣的留作蒜种。播种前,剥蒜种时,再选一次蒜瓣。

这样,每年由种子田培育蒜种,再精选蒜种作为种子田的播种材料,就可不断提高种性。种子田培育的蒜种,作为生产田的播种材料,又为丰产打下基础。生产田的鳞茎作为蒜苗生产田的播种材料。

②气生鳞茎繁殖:气生鳞茎又称蒜珠、天蒜等,用其播种,当年形成独头蒜,也有少数分瓣蒜,翌年用独头蒜作种,即可形成分瓣的鳞茎,从而达到提纯复壮的目的。

③种子繁殖:大蒜在正常情况下不开花结实,只能形成气生鳞茎。但可人为迫使其结实。方法是在大蒜刚抽薹时,将假茎基部纵剖,取出黄豆粒大小的鳞芽,使植株继续生长,待

开花时再除去总苞中的气生鳞茎,使养分集中供给开花结实,即可得到种子。种子播种后当年形成小的独头蒜,次年即可形成大的鳞茎。

④异地换种:选择地区和栽培条件差异大的地方进行换种。如山区与平原,粮区与菜区。这样做,在2～3年内可以恢复生活力,有一定复壮增产效果。但换种时必须注意南北方日照长短的差异,以防条件差异太大,不能正常形成鳞茎。

(二)春播大蒜栽培技术

在1月份最低温度低于2℃的地区,秋播大蒜不能安全越冬,故应春播生产大蒜。在当地日均温3～6℃,土壤化冻3～6厘米时尽早播种,使大蒜在接受长日高温前有足够的低温期,满足春化的要求,保证大蒜正常抽薹和分瓣。若播期延迟,幼苗尚未完成春化即已遇到长日高温条件,幼苗生长期短,不仅不能形成花芽,侧芽也不萌发,外层叶鞘中的养分转移到顶芽,会形成独头蒜或无薹分瓣蒜。种瓣过小,土壤瘠薄,密度过大,肥水不足及植株生长不良时也会形成独头蒜。

播种后30～40天内,幼苗主要依靠母瓣中的营养进行生长,不需浇水,若湿度过大,易引起蒜种腐烂。中耕3～4次,提高地温,促进生长。

蒜薹生长期间,7～10天浇1次水,蒜薹刚露尖时施1次肥,促进蒜薹生长和组织细嫩。蒜薹收获后,解除了植株的顶端优势,养分集中供应鳞茎生长,此时应注意施肥浇水,保持畦面湿润,防止植株早衰,促进鳞茎生长。收前5～7天停止浇水,以免土壤湿度过大而引起蒜皮腐烂,蒜头松散,降低耐藏性。

(三)蒜苗栽培

蒜苗又称青蒜。主要食用嫩叶及叶鞘部分。由于播期不同,可分早蒜苗和晚蒜苗2种栽培方式。早蒜苗在冬前供应,晚蒜苗以早春供应为主。

1. **露地蒜苗栽培**　露地蒜苗生育期约2个月,一般8月上中旬播种,10月上中旬即可收获供应。宜选用早熟的紫皮蒜作蒜种,每亩需蒜种150~400千克。

早蒜苗的前茬,一般是小麦、豌豆、早黄瓜、西葫芦、早菜豆及冬莴笋等。蒜苗地病虫害少,土质疏松,也是其他蔬菜的良好茬口。前茬收获后,及时翻耕暴晒,耙松整平土面。应结合整地施足底肥,每亩施腐熟圈肥4000~5000千克,然后做成平畦准备播种。

播前可用潮蒜法解除大蒜的休眠期。方法是挖去鳞茎茎盘,于清水中浸泡12~18小时捞出,铺放于阴凉处,厚7~10厘米,保持15~16℃和85%的空气相对湿度,3~5天翻一次,使蒜受湿均匀。经15~20天大部分蒜瓣生根时播种。

畦面整平,按2~3厘米见方播蒜瓣,深度以露蒜尖为宜。覆土后,畦面覆盖稻草等降温,或架1米高的遮荫棚防雨,出苗后撤除。齐苗后浅划锄并追肥,每亩施尿素10~15千克,然后连浇两水。

10月下旬到11月上旬,蒜苗叶片开始发黄时收获。稍晾晒,扎成1.0~1.5千克的小捆,放于阴凉干燥处,根据市场需要随时出售。

2. **阳畦蒜苗栽培**　8月中下旬到9月上中旬播种,10月下旬到1月下旬收获;冬前不太寒冷的地区,10月下旬到12月份播种,覆盖厚草席或苇毛苦等保温防寒,1~3月份收获。

种蒜在清水中浸泡8~12小时,捞出,去除茎盘和薹梗,整头蒜密植于畦内,每平方米用蒜种15~20千克,覆土。3~4天后再覆土1次,齐苗后追肥浇水。苗高30厘米时收割。第二茬苗高 5 厘米时浇水追肥,1 个月后收第二茬。

3. 温室和大棚蒜苗栽培 9 月中下旬到翌年 1 月间,随时插茬播种,陆续收获。整地时混施少量腐熟肥料,畦面先铺 4～6 厘米厚沙,将浸泡和整理过的鳞茎密栽于畦内。小鳞茎下面可垫沙,使上面平齐,用散瓣填补缝隙,栽后用木板压平,使蒜的生长点高度一致,便于以后留茬时收割整齐。覆细沙或净土 3 厘米,浇透水。

播后 4～5 天,蒜瓣生根挤出蒜头时再踩压 1 次,覆盖沙或细土。保持室内白天 25℃,夜间 18～20℃,以后随蒜苗生长,逐渐降低温度。苗高 30 厘米时保持 16℃,收割前 4～5 天,保持白天 18～20℃,夜间 10～15℃,以防高温高湿蒜苗倒伏。当蒜苗 6～10 厘米,15～20 厘米和收割前 4～5 天各浇水 1 次,第一次浇水时追稀肥,促进幼苗生长。经 30～40 天,苗高 30～40 厘米,叶片顶端呈旋钩时收割。收后轻轻搂平畦面,重复前面的管理措施,20 多天后收第二茬。每千克种蒜可产蒜苗 1.5～2 千克。

大棚蒜苗从 8 月到 9 月份开始,根据需要陆续播种。秋季多数利用大棚低矮处间种蒜苗,随主作物管理。纯作时,棚温不低于 16℃,严寒期,棚内可再加小拱棚保温。

(四)蒜黄栽培

蒜黄是利用蒜瓣中贮藏的养分,在遮光条件下进行的软化栽培。可用结构简单、成本较低的半地下式温室或地窖进行生产,冬季严寒的地区可进行人工加温,促进蒜瓣萌芽和蒜苗生长。

温室栽培蒜黄时需筑蒜池,深 30～50 厘米,在上市前 30 天左右囤蒜,栽培和蒜苗相同。栽完后垛上盖双层草席或黑色塑料薄膜等遮光。地窖内生产时,只需严密关闭门窗即可。

栽后1～2天,泼水保持畦土湿润,齐苗后浇透水。以后每5～7天浇1次水,连浇两水,收前3～4天浇第三水。地窖内耗水量少,栽后和收割前各浇一水。加温生产时,囤蒜前1～2天室内加温,保持25℃左右,使出苗整齐。以后逐渐降温,收割前4～5天保持15℃左右,温度过高,植株细弱,产量低,容易倒伏和腐烂。浇水后,适量通风排湿,通风时遮光或夜间进行。

第四节 洋 葱

洋葱又叫圆葱、葱头。原产亚洲西部高原地区,由于它耐寒、喜温、适应性强,南北各地均有栽培。同时,洋葱产量高,易栽培,耐贮藏,供应期长,对调节淡季蔬菜供应具有重要作用。

一、类型与品种

洋葱分普通洋葱,顶生洋葱和分蘖洋葱3个类型。

(一)普通洋葱

植株健壮,每株通常只形成一个肥大鳞茎,品质好,在伞形花序上开花结子,以种子繁殖,耐寒力强。普通洋葱品种很多,按熟性可分为早熟、中熟和晚熟品种;按鳞茎皮色,可分黄皮、红皮和白皮种。

1. **黄皮洋葱**　鳞茎扁圆或圆球形。外皮黄色,肉质浅黄而柔嫩,组织细密,辣味较淡,多为早熟和中熟种。耐贮藏,耐运输,主要优良品种有:

(1)黄玉葱:东北各地及河北省承德等地均有栽培。鳞茎近圆球形,皮黄色,每个鳞茎重150～200克。品质好,但对霜霉病及紫斑病抗性较弱。

(2)荸荠扁：天津市地方优良品种。鳞茎及茎盘均为扁圆形，鳞茎横径约 7 厘米，纵径约 5 厘米，外皮黄褐色，鳞茎淡黄色，水分少，品质好，在贮藏期间抽芽较少，耐运输。

(3)大小桃：天津市地方优良品种。鳞茎近球形，茎盘较高，洋葱横径 6～9 厘米，纵径 6 厘米左右，外皮黄褐色，鳞茎黄白色，每个鳞茎重 200 克左右。辛辣味不强，品质好，含水分较多，休眠期短，耐贮性不如荸荠扁，每亩产量可达 3 000～3 500 千克。

(4)南京黄皮：系华东农科所从当地黄皮洋葱选出。株高 60 厘米左右，成长叶一般 8～9 片，微具蜡粉，鳞茎扁圆球形，外皮黄色，肉白色，直径 9 厘米左右，高 6.8 厘米左右，鳞片肉厚紧密，味甜，鳞茎重 200～250 克。耐贮藏。

目前，生产上常用的品种还有美国黄皮和日本黄皮。

2. 红皮洋葱　鳞茎外皮紫色或红色，扁圆或圆球形。质地脆嫩多汁，辣味较浓，为中熟或晚熟种。鳞茎大，产量较高，但由于鳞茎含水量高，耐贮性不如黄皮种。主要优良品种有：

(1)西安红皮洋葱：为西安市郊农家品种。株高 62 厘米，成长叶 9～10 片，有蜡粉，叶深绿色。鳞茎多呈扁圆形，少数为高桩形。晚熟，丰产，耐贮藏，肉质白色肥嫩，品质佳，商品性好。每亩产量为 2 500～3 000 千克。

(2)上海红皮：上海市郊区嘉定、宝山一带栽培，为当地农家品种。株高 60～65 厘米，成长叶 9～10 片，暗绿色，具蜡粉，鳞茎圆形，外皮紫红色，肉白色带紫。直径 8.4 厘米，高 5.4 厘米。鳞茎肉厚，尚紧密，味微辣。单鳞茎重 200 克左右，每亩产量 2 000～2 250 千克。

3. 白皮洋葱　鳞茎外皮为白色或略带绿色，肉质细密，成熟早，但鳞茎小、产量低，在我国栽培较少。

(二)分蘖洋葱

植株茎部分蘖成数个或 10 多个小鳞茎,通常不结种子,以小鳞茎作为繁殖材料。生长势和耐寒性都很强,在我国东北地区有少量栽培。

(三)顶生洋葱

在花序上形成许多气生小鳞茎,是繁殖材料。鳞茎比普通洋葱小,其优点是鳞茎休眠期长,耐贮藏,但产量低。在辽宁省开源县种植较多。

二、特征与特性

(一)特　征

洋葱的胚根入土后不久便萎缩,因而没有主根。其根为弦线状须根,着生于短缩茎盘的基部,根系较弱,根毛少,主要根系密集分布在土壤表层,入土深度和横展直径约 30～40 厘米,故耐旱性较弱,吸收肥水能力也不强。

洋葱在营养生长期间,只有很短缩的茎盘,茎盘下部称为盘踵。茎盘上部环生圆筒形的叶鞘和芽,下面着生须根。成熟鳞茎的盘踵组织干缩硬化,能阻止水分进入鳞茎。因此盘踵可控制根的过早生长或鳞茎过早萌发。洋葱的花薹筒状中空,中部膨大,有蜡粉,顶端形成伞形花序。顶生洋葱由于花器退化,在总苞中形成鳞茎。

洋葱茎盘上有叶和芽的原始体。芽原始体又叫做原基,原始体数目因品种不同而异。洋葱的叶,由叶身和叶鞘所组成。叶身筒状中空,表面具有蜡粉,气孔下陷于角质层中。管状叶腹面凹陷,叶身微弯曲。叶鞘圆筒状,相互抱合成假茎。在营养生长前期,叶身生长速度快于叶鞘,叶鞘基部不膨大,因而形成繁茂的叶簇。在营养生长后期,由于叶鞘基部累积营养叶鞘生长快于叶身,叶身逐渐肥厚形成肥嫩的肉质鳞片(开放性肉质鳞片)。鳞茎成熟前,最外面1～3层叶鞘基部所贮养分内移,而变成膜质鳞片,以保护内层鳞片减少蒸腾,使洋葱得以长期贮藏。

开放性肉质鳞片里面为幼芽,每个鳞茎中幼芽的数量不等,约2～5个。幼芽着生在茎盘的叶腋间,呈螺旋形排列,每个幼芽包括几片尚未伸展成叶片的闭合鳞片和生长锥。

(二)生育周期

1. **发芽期**　从种子萌动到第一片真叶长出为发芽期。此期约需15天左右,洋葱种子发芽出土过程与一般葱蒜类相同,因此,生产中应细致整地,保持土壤湿润,以利幼苗出土。

2. **幼苗期**　从第一片真叶长出到定植为幼苗期。幼苗期长短因播种和定植的时期不同而异,秋播秋栽50～60天。秋播春栽冬前生长期60～80天,越冬期120～150天。春播春栽,幼苗期60天左右。幼苗期秧苗生长缓慢,秧苗细弱,生长量小,需肥水不多。对越冬幼苗,此期应适当控制肥水,以防秧苗过大,通过春化过程而造成未熟抽薹。

3. **鳞茎膨大期**　定植后经过缓苗陆续发生新根长出新叶,使吸收和同化功能得以恢复。定植后30天内根系生长速度很快,继而进入发叶盛期,叶数加多,叶面积增大,同化作用加强。定植后50～60天即进入鳞茎膨大初期,此时,叶的生长仍占优势,株高、叶重显著增加,植株经常保持8～9片同化功能叶,叶鞘基部逐渐增厚,鳞茎以纵向生长为主,横向生长较缓慢,形成椭圆形或卵圆形的小鳞茎。

随着气温升高,日照时间加长,叶部生长趋缓。这时叶片的养分转入叶鞘基部和幼芽中,使鳞片迅速增厚,根、叶生长逐渐停滞,进入鳞茎膨大盛期。

收获前,叶身开始枯萎,假茎松软,细胞逐渐失去膨压,开始倒伏,最外 1～3 层鳞片由于养分内移而干缩,变薄呈膜状,此时为鳞茎收获适期。

4. 休眠期 洋葱收获后即进入生理休眠期。呼吸强度急剧减弱。这是对高温、干旱等不良条件的适应,一般生理休眠期约 2.5～3 个月。生理休眠解除后,鳞茎进入强迫休眠期。

5. 抽薹开花期 洋葱经过低温长日照后,种株顶芽和侧芽的生长锥开始花芽分化,种株中的幼芽,由于形成时期不同,只有顶芽和顶芽附近发生早的芽能抽薹开花,一般每个鳞茎可生出 2～5 个花茎。茎盘基部的侧芽往往不能抽薹,而在春季高温长日照下形成鳞茎。但由于当时植株正值开花结实,营养物质得不到满足,形成的鳞茎大多个体小,鳞片松软。

6. 种子形成期 从开花到种子成熟为种子形成期。洋葱的花期长,从开花到种子成熟约需 70～80 天,种子小,千粒重 3.3～3.5 克。

(三)栽培特性

洋葱耐寒且适应性广,生长适温为 12～26℃。洋葱种子和鳞茎可在 3～5℃时开始缓慢发芽,温度升高至 12℃以上发芽迅速。苗期生长适温为 12～20℃,耐寒能力较强,能够忍耐 0℃以下低温,甚至短时间 −6～−7℃ 的低温也不致冻死。所以华北秋播洋葱可以以幼苗露地越冬。鳞茎形成需要 20～23℃的温度,当温度超过 26℃时,鳞茎便停止生长,进入生理休眠。

温度较低时,根系的生长发育比叶部快,当温度升到 10℃时,叶部生长快于根系。因此,春季洋葱种株和春栽幼苗应提早定植,使之在发叶以前形成较多的根系。

洋葱是低温长日照作物,一定大小的洋葱幼苗,在 2～

5℃的低温下,经过 60～70 天,即完成春化过程。南方型品种在 9～10℃的低温下,只需 40～50 天,而北方型品种在 3～5℃的低温下,则需经 55～60 天才能完成春化过程。

洋葱要求较高的土壤湿度和较低的空气湿度,尤其在发芽期、幼苗生长盛期和鳞茎膨大期,供给充足水分是夺取高产的重要环节。但在幼苗越冬前要控制水分,以免越冬苗徒长或秧苗过大。在鳞茎采收前,也要逐步减少灌水,防止含水量过多而影响贮藏。

洋葱完成春化过程以后,在长日照和 15～20℃的温度条件下,才抽薹开花。较长日照和较高温度也是鳞茎形成的必需条件,鳞茎形成对日照的要求因品种而不同。因此日照条件是洋葱引种时所应特别注意的问题。

洋葱根系浅,吸收能力弱,要求肥沃、疏松、保水保肥力强的土壤,土壤过于粘重有碍根系和鳞茎生长。沙土地保水保肥力差,也不适宜栽培洋葱。洋葱要求中性土壤,对酸性土壤比较敏感,在盐碱地栽培易引起黄叶和死苗。适宜的土壤酸碱度为 pH 6.0～6.5。

洋葱对土壤营养要求较高,幼苗以氮素为主,鳞茎膨大期增施磷钾肥,能促进磷茎肥大和提高品质。

(四)洋葱鳞茎的形成和未熟抽薹问题

1. **鳞茎的形成**　鳞茎的形成是洋葱对外界条件的一种适应性。洋葱植株器官的相关性是鳞茎形成的内在因素;养分的积累是鳞茎形成的基础;高温、长日照是鳞茎形成的必要条件。鳞茎是洋葱为了保护幼芽渡过不良环境的一种保护组织,因此,鳞茎的形成是在高温长日照下植株进入休眠期前,进行养分积累的一种形式。鳞茎是由叶鞘基部积累养分,逐渐肥厚而形成的,所以它的形成取决于叶片数目,叶鞘的厚薄和幼芽的发育。只有在叶片发育良好,营养生长旺盛的基础上,植株的营养积累多,鳞茎才能肥大。反之,没有强盛的营养器官,植株营养积累少,鳞茎也就瘦小。而当植株进入生殖生长,植株的生长中心转向花芽的时候,鳞茎就无法形成。

鳞茎的形成与日照的长短有关,长日照能加速鳞茎的形成,但其要求界限,却因品种而不同。南方型和早熟型品种在13小时以下的日照下形成鳞茎,而北方型和晚熟型品种却要求在15小时以上。而不同品种形成鳞茎的早晚,主要取决于对日长感应性的差异,短光性品种能较早地获得鳞茎肥大所必需的光照条件,因而能较早地形成鳞茎。而长光性品种,只有光照时数到达一定程度时才能形成,因而鳞茎形成晚。我国北方地区,春分以后日照逐步延长,以栽培长光性品种为宜;在南方低纬度地区则栽培短光性品种较为合适。

鳞茎的形成还需要一定的温度条件,只有满足光照时数和高温条件,鳞茎才能肥大,鳞茎肥大的适宜温度界限大致为15~25℃。

2. 洋葱的未熟抽薹　洋葱的未熟抽薹现象的发生,对产量、品质、耐贮性都有很大的影响。形成未熟抽薹的原因是多方面的,除气候因素外与品种的遗传性和栽培技术也有关系。

不同品种感受低温的敏感性是不同的,优良品系表现为丰产并且抽薹率低。越冬幼苗营养积累的多少,是影响抽薹的主要因素之一。秧苗过小,虽然抽薹率低,但越冬中容易死亡,而且开始形成鳞茎时的营养体小,使产量降低。一般以茎粗0.6~0.9厘米的幼苗,表现抽薹率较低,而产量较高。播种期的早晚,直接影响越冬幼苗的大小,影响未熟抽薹,因此要从当地气象条件和田间管理水平等方面综合考虑,将未熟抽薹降到最低限度。

三、栽培技术

(一)栽培季节及栽培方式

洋葱幼苗生长缓慢,占地时间长,而鳞茎形成期又需要有一定的温度和长日照条件,还必须避开炎夏季节,因此需要育苗移栽。由于各地区的情况不同,洋葱栽培有以下 3 种方式。

1. **春播育苗法** 早春利用温床或冷床育苗,待苗长有 3~4 片叶时露地定植,当年炎夏以前收获。在北京以北地区,如冀北、晋北、内蒙古、东北等地冬季严寒,幼苗不能越冬,都以春播育苗为主。春播育苗的播期,一般在当地定植前 60 天进行。

2. **秋播育苗法** 秋播培育秧苗,当年秋季定植田间,或以幼苗贮藏越冬,第二年春季定植,夏季收获。其优点是不占春季的苗床面积,洋葱鳞茎生育时间长,产量高。在北京以南地区均行秋播育苗,其播期各地都不一致,南方迟于北方。如河北省中南部,辽宁南部等地,以 8 月下旬至 9 月上旬播种。晋南、陕西中南部、河南、山东一带以 9 月上旬至 9 月中旬播种。而南方亚热带地区栽培,常在近冬播种。

洋葱秋播育苗的播种期要求比较严格,播种过晚幼苗弱小,越冬时抗寒能力差,幼苗死亡率高,而且春季定植后生育期延迟,鳞茎发育期短,产量降低。但播种过早,越冬前幼苗粗大,翌春易造成大量植株的未熟抽薹,影响鳞茎的膨大,降低产品质量。

3. **小球法** 在第一年春季密播种子,到夏季形成直径 1 厘米左右的鳞茎小球,掘起干燥后贮藏(12~18℃下贮藏,以免翌年抽薹),翌年解冻后定植。此法产量较高,但小球贮存比较困难。

(二)播种育苗

播种宜选疏松、肥沃、排灌方便且前茬不是葱蒜类蔬菜的地段,整地要求浅耕细耙,做到土面细碎平整,肥料腐熟而撒施均匀,苗床播种方法与大葱相同,每亩用种 4~5 千克,每亩秧田可供 4000~7000 平方米地栽植用。

出土前保持土壤湿润。幼苗出土后,适当控制肥水,但若底肥不足,幼苗黄弱时,应结合浇水进行追肥。苗高 5~6 厘米时,要进行间苗、除草,保持苗距约 3 厘米见方。

采用秋播育苗法时,要做好幼苗越冬管理。葱苗越冬方法有苗畦越冬和囤苗越冬两种。苗畦越冬法是在越冬前于苗畦的北侧设立风障,灌足冻水,并覆上一层细土或马粪、蒿草等,提高地温和减少水分蒸发,以利幼苗越冬。囤苗法也叫假植贮藏,是在大地封冻前数日,将秧苗自畦内挖起,分级后,扎成小把,然后囤放在风障北侧的浅沟内,四周用干土或细沙封严,不使寒风吹袭幼苗根部而引起枯萎死亡,囤苗深度以不超过出叶孔为准,囤苗部位的上方,宜架设稻草或玉米秸,严防漏入雨雪。囤苗期间要保持恒定的 -6~-7℃的低温。

(三)定　植

洋葱忌重茬,也不宜与其他葱蒜类蔬菜连作,秋栽前茬为茄果类、瓜类、豆类和早秋菜;春栽多利用冬闲地。洋葱根系浅而小,吸收能力较弱,要求土壤精耕细作。具体操作要求与韭菜地相同。

洋葱定植时间分秋栽和春栽。北京以南各地多采取秋栽,在严寒到来前 40 天左右定植,使之在越冬前根系已恢复生长。春栽应尽量提早,在土壤解冻后即可定植,以争取较长的生育期。定植前,要做好选苗、分级工作,淘汰病苗、矮化苗、徒长苗、分枝苗和叶鞘基部松软、叶子发黄生长过大的幼苗;选取根系发达、生长健壮的幼苗。并按幼苗高度及茎基部的粗细分别栽植。

洋葱植株直立,适当密植增产效果显著。一般行距 15～18 厘米,株距 10～13 厘米,每亩可栽植 3～4 万株。红皮品种的栽植密度应比黄皮品种为小。

洋葱适于浅栽,栽植过深时,叶部生长过旺,会使假茎部分增粗而影响鳞茎膨大。但栽植过浅时,浇水后容易倒伏,影响缓苗,并且植株矮小,鳞茎提早形成,同时有的鳞茎外露,日晒后变色或开裂,降低品质。一般栽植深度以埋没小鳞茎为准,约 2 厘米左右。栽植深度与土壤质地、栽植时期有关。土壤粘重的情况下,栽植过深,会因土壤的阻力而影响鳞茎的膨大,使产量降低,所以宜浅栽,沙质土可稍深。春栽宜浅,秋栽可稍深。

(四)田间管理

1. 浇水　冬前定植的秧苗,由于气温低,蒸发量小,幼苗生长缓慢,除定植后浇 1～2 次水促进缓苗外,应控制浇水。进行中耕、松土,促进秧苗健壮,增强抗寒性。土壤结冻时浇冻水,然后盖粪土,护根防寒。

翌春返青后,及时浇返青水,促其返青生长。早春气温较低,蒸发量和植株生长量小。为了提高地温,保持土壤湿润,在进入发叶盛期以前,浇水不宜过勤,量不宜过大,并要及时中耕保墒,使土壤保持疏松湿润,以利根系生长。进入发叶盛期,应适当增加灌水。当鳞茎膨大前 10 天,浇 1 水后行深中耕,进行蹲苗,促使植株健壮,为以后鳞茎发育奠定基础。

进入鳞茎膨大期后,植株对水分要求日益增多,气温也逐渐升高,浇水次数也随之增多,一般每隔 7～8 天可浇水 1 次。这一时期,植株营养物质向叶鞘基部输送,鳞茎迅速膨大,土壤要经常保持湿润,灌水时间以早晚为好。如果此时水分不足,植株会早衰,鳞茎变小而减产。鳞茎接近成熟期,叶部和根系的生活机能减退,应逐步减少浇水。收获前7～8天停止浇水,减少鳞茎中的水分含量,以利贮藏。

2. **追肥**　冬前定植的洋葱,结合浇返青水,轻追肥1次,每亩施入人粪尿1000～1500千克或硫酸铵10～15千克,过磷酸钙25千克,促使返青发棵。返青后30天,随着气温上升,植株进入生长盛期,需肥量增加,应结合浇水,第二次追施硫酸铵15～20千克。返青后50～60天,鳞茎开始进入膨大时期,应重施1～2次追肥,对促进洋葱鳞茎迅速肥大有着重要作用,每亩施硫酸铵20～25千克,并应增施钾肥。以后洋葱膨大盛期再酌量追肥1次,对春栽洋葱的追肥,可参照秋栽进行。

3. **摘薹**　发现未熟抽薹的植株,应及时摘除花薹,促使侧芽萌动长成新株,形成鳞茎。摘薹工作宜及早进行,摘薹过晚使新生鳞茎形成延迟,同时花薹中空。摘薹后雨水漏入花茎,容易引起腐烂,严重影响产量。据调查,适时摘薹,可以减少损失30％以上。

(五)收　获

洋葱收获期一般在炎夏以前,夏季无高温地区,可延至初秋。当洋葱叶片变黄,假茎变软并开始倒伏,鳞茎停止膨大进入休眠阶段,即为鳞茎成熟,应及时收获。为了减少贮藏期间的腐烂,收获前7～8天要停止浇水,同时要抢在雨前采收,雨后收获的洋葱容易造成大量腐烂。收获时要选择晴天。洋葱挖出后,在田间晾晒3～4天。晾晒时应将后排的洋葱叶子盖住前排的鳞茎,以免直接暴晒而使鳞茎受到灼伤。叶片晒至7～8成干时,编成辫子贮藏,或由洋葱颈部6～10厘米处剪断叶鞘后,装筐贮藏。

第五章 绿叶菜类

绿叶菜类是指以幼嫩的绿叶、叶柄或嫩叶为产品器官的速生性蔬菜。我国栽培的绿叶菜种类繁多,资源丰富。栽培比较普遍的绿叶菜有菠菜、叶甜菜、芹菜、芫荽、小茴香、莴苣、茼蒿、小白菜、苋菜、蕹菜、冬寒菜、落葵、薄荷等。这类蔬菜包括的科、属、种多,形态、结构、风味各异,适应性广,生长期短,采收期灵活,在蔬菜的周年均衡供应、品种搭配、提高复种指数、提高单位面积产量等方面有着不可替代的重要地位。

绿叶菜类生物学特性及栽培技术上的特点有:

一是绿叶菜类对温度的要求,一类是原产于亚热带,需温和条件而耐寒性较强的蔬菜,如菠菜、叶甜菜、芹菜、芫荽、小茴香、莴苣、茼蒿、小白菜、冬寒菜等。这些蔬菜在我国北方大部地区可以露地越冬,早春收获,是春淡季的主要上市蔬菜。此外这些蔬菜对温度适应性广,多可排开播种,分期供应。另一类是原产于热带,喜温怕寒的蔬菜,如苋菜、蕹菜、落葵等,生长适温为 $20\sim25℃$,$10℃$ 以下停止生长,遇霜冻死,但较耐夏季高温。适于春播夏收,是夏季和早秋淡季的重要蔬菜品种。

二是绿叶菜类的食用部分为叶、叶柄或嫩茎,皆为营养器官。若营养体在充分膨大前提早进入生殖生长,则会极大降低产品产量和品质。所以,促进营养器官的充分发育,防止先期抽薹是绿叶菜类的共性问题。

三是绿叶菜类的产品没有严格的采收标准,可分期分批上市,平衡市场供应。还可为生长期较长的蔬菜作接茬菜及立体种植中重要的间作套种蔬菜种类。

四是绿叶菜类产品柔嫩多汁,单株个体较小,适当密植才能达到高产优质。绿叶菜生长期短,总吸肥量不多,但由于生长速度快,单位时间内吸肥量较大,所以在栽培中应及时供肥,且要求施速效性肥料,特别要注意供给充足的氮肥。缺少氮肥会使叶数减少,叶片发黄、变小,产量及品质下降。另外,还需有充足的水分才能形成柔嫩多汁的产品器官并延长营养生长期。

第一节　菠　菜

菠菜别名波斯菜、赤根菜、鹦鹉菜等。原产于波斯(现亚洲西部伊朗一带),唐朝传入我国,在我国分布很广,南北各地普遍栽培。菠菜适应性强,耐冻、耐贮藏,供应期长。产品可在早春或秋冬缺菜季节供应,是北方秋、冬、春三季重要的绿叶菜之一。

一、类型与品种

根据菠菜叶型及种子有无刺可分为两个类型:

(一)尖叶类型(有刺种)

又称尖叶菠菜,中国菠菜,在我国栽培历史悠久,分布广。该类型菠菜叶片狭而薄,似箭形,叶柄细长,叶先端较尖。种子有棱刺,又称"有刺菠菜",果皮较厚。尖叶菠菜耐寒力强,耐热性差,对日照反应敏感,在长日照下容易抽薹,生长较快,品质略差。尖叶菠菜适合于秋季栽培或越冬栽培,春播容易未熟抽薹,产量低。夏播生长不良。这一类型的优良品种有:

1. **双城尖叶** 黑龙江农家品种。植株生长初期叶片平铺地面,以后转为半直立。生长势强,叶色浓绿,叶片大,基部有深裂缺刻。中脉和叶柄基部呈淡紫红色。品质好,产量高,是越冬栽培的优良品种。抗霜霉病、病毒病及潜叶蝇的能力较强。东北、华北区栽培较多。

2. **青岛菠菜** 叶簇半直立,叶卵形,先端钝尖,叶柄细长,种子有刺。抗寒力强,耐热性弱。生长迅速,产量较高,品质中等。适于晚秋和越冬栽培。

3. **大叶乌菠菜** 广州市郊农家品种。叶长戟形,先端渐尖,叶肉较厚,深绿色,叶柄较肥大。耐热力较强,早熟,质优,但易感染霜霉病。

4. **绍兴菠菜**

浙江农家品种。叶簇半直立生长,叶面平滑,淡绿色,戟形,先端钝尖,基部深裂缺刻。叶肉厚,品质中等,叶柄细长,种子有刺。耐热性较强,易感霜霉病,适于早秋栽培,春播时抽薹较早。

(二)圆叶类型(无刺种)

我国过去栽培较少,近年来逐渐增多。该类型叶片肥大,多皱缩,卵圆形或椭圆形,基部心脏形。叶柄短。种子无刺,果皮较薄。耐寒性较尖叶菠菜稍弱,但耐热性较强。对长日照的感应不如尖叶类型敏感,春季抽薹较迟。产量高,多用于春秋两季栽培。在雁北、东北北部作秋播越冬栽培时一般不易安全越冬。这一类型的优良品种有:

1. **法国菠菜** 叶片肥大近圆形,深绿色,叶面稍皱缩。生长势强,抽薹较晚,产量高。东北、西北栽培较多。

2. **春不老菠菜** 叶片长圆形,肥大宽厚,深绿色,叶面皱缩多。生长势旺盛,较耐寒抗病,抽薹晚,产量高,适应性较强。

3. **大圆叶** 由美国引进。叶肥大,深绿色,叶基及沿中肋处皱缩。种子稍扁圆。品质甜嫩。春播抽薹晚,不耐冬贮。抗霜霉病较弱。

4. **昌邑圆叶菠菜** 叶簇平展,叶片大而肥厚,无缺口,呈椭圆形,种子无刺。抗寒性强,较耐热,越冬栽培返青晚,抽薹迟,产量高,品质好,适于春秋栽培。

二、特征与特性

(一)特 征

菠菜为藜科菠菜属1~2年生草本植物。其主根较发达,直根略粗稍膨大,上部紫红色,是养分贮藏器官,味甜可食。侧根不发达,不适于移栽。主要根群分布在地表深25~30厘米处。

菠菜的茎在营养生长期为短缩茎,叶片簇生在短缩的盘状茎上。生殖生长期间抽出花茎,花茎柔嫩时可以食用,称"筒子菠菜"。

菠菜叶色深绿,质地柔软,有圆叶和尖叶两种。圆叶菠菜叶大而肥,叶面光滑,尖叶菠菜叶片狭小而薄,似箭形,先端钝尖或锐尖。

菠菜为单性花,一般雌雄异株,果实为胞果,有有刺和无刺之分。成熟果实即为种子,其外皮厚而硬,水分、空气不易透入,所以种子发芽比较缓慢。种子千粒重9.5~12.59克,生活力3~5年,以1~2年的种子发芽率较高,生活力强。

(二)对生活条件的要求

1. **温度** 菠菜耐寒性强。成株在冬季可耐-10℃的低温。耐寒性强的品种具有4~6片真叶的植株可耐短期-30℃的低温。菠菜生长最适的温度为15~20℃。种子在4℃时即开始发芽,发芽最适温度为 15～20℃,温度升高,发芽率降低,发芽天数增加。菠菜不耐高温,25℃以上植株生长不良,叶片小而少,品质变劣,且易抽薹。菠菜萌动种子或幼苗在 0～5℃下经 5～10 天可通过春化阶段。

2. **光照** 菠菜对光照适应性强,光周期表现为长日照反应,在 12 小时以上的光照和高温条件下通过光照阶段,抽薹、开花、结果。随光照加长,温度升高,抽薹期提早。

3. **水分** 菠菜生长需较多水分。在土壤湿度 70%～80%,空气相对湿度 80%～90% 的环境条件下,营养生长旺盛,叶肉厚,品质好,产量高。生长期间缺乏水分,生长速度慢,叶肉组织老化,纤维增多,品质差。

4. **土壤营养** 菠菜对土壤的适应性较广,但以保水、保肥力强的肥沃壤土为好。在砂壤土中种植,早春地温易升高,可促进返青,提早成熟;粘壤土中种植,易获高产,但收获晚。菠菜需氮、磷、钾完全肥料,在三要素俱全的基础上应注意增施氮肥。较多的氮肥可促进叶丛生长旺盛,叶片浓绿肥厚,品质好,产量高,供应期长。缺氮时植株矮小,生长缓慢,叶片发黄,易未熟抽薹。菠菜缺硼时心叶卷曲、叶片缺绿,植株生长不良。菠菜是耐酸性较弱的蔬菜,适宜 pH 5.5～7 的土壤,若小于 pH 5.5,则种子发芽不整齐,发芽后生长缓慢,甚至叶色变黄、硬化、不伸展。可施草木灰、石灰等调节土壤酸性。

(三)生育周期

1. **营养生长时期** 从播种到开花,主要以营养生长为主。两片真叶前,叶面积及叶重增长缓慢;两片真叶后,叶数、叶重、叶面积迅速增长。大约在播种后 30 天左右,苗端开始分化花原基,叶片数不再增加,叶面积和叶重继续增加。此期内营养生长的速度和生长量,因栽培条件而异。

2. **生殖生长期**　生殖生长期是指从菠菜花芽分化到抽薹、开花、结实、种子成熟为止。生殖生长前期与营养生长时期重叠。在营养生长期内雌株生长健壮,光合作用强,积累养分多,则种株抽薹后侧枝多、花多,籽粒饱满。

三、栽培技术

(一)越冬菠菜

越冬菠菜也称根茬菠菜,是指秋季播种,冬前长至 4～8 片叶,以幼苗状态越冬,翌春返青生长,于早春供应市场的一茬菠菜。越冬菠菜在 6 个栽培茬次中栽培面积最大,在解决早春蔬菜淡季中起的作用也最大。越冬菠菜生产中应重点抓好越冬保苗、提早上市期、延迟抽薹期以及提高产量和品质等问题,栽培技术上必须围绕这些问题进行。

1. **茬口及选地**　前茬多为架菜豆、豇豆、南瓜、冬瓜、夏黄瓜、大架番茄、青椒等。后茬可定植茄子、辣椒、菜豆、豇豆、夏甘蓝等。菠菜地因早春浇水多,地温回升慢,且收割时常将根部残留在田间,易发生病害,故以隔年轮作 1 次为好。若土壤肥沃、质地疏松,施用较多有机肥时,也可连年种植。但在病虫害发生严重时忌连作。

越冬菠菜生长期长达半年以上,并且要度过 1 个冬天,所以要选择土壤肥沃、腐殖质含量高、保水保肥、排灌方便的地块,最好选择砂壤土或夜潮地栽培。砂壤土质地疏松,早春地温回升快,返青早;夜潮地地下水位高,严冬季节地温变化幅度小,早春幼苗返青时可晚浇水、少浇水,防地温降低,有利于幼苗越冬和早春返青生长,提早收获。粘壤土虽可高产,但早春地温回升慢,早熟性差。

2. **整地施肥**　前茬收获后,应及早拉秧,清除残枝落叶,普施基肥。越冬菠菜生长期长,如不施基肥或基肥不足,幼苗生长细弱,耐寒力降低,越冬死苗率高且返青后营养生长缓慢,容易未熟抽薹,影响产量和品质。基肥多用含氮量较高的人粪土或圈肥,每亩施 3 000～4 000 千克。基肥施匀后深耕 17～20 厘米,耙碎土块,整平地面,做宽 1.2～1.5 米的平畦。若基肥不足,应在畦内施肥,每亩施腐熟有机肥 1 000～2 000 千克,浅耕、耙平,使粪土均匀。如果整地粗糙、粪土不匀,既影响播种质量,出苗差,也影响根系发育,且容易造成越冬期间土壤透风,死苗率高。

3. **播种** 越冬菠菜的播种期与幼苗能否安全越冬、翌年能否提早返青关系密切。播种过早,越冬时植株大,叶数多,冬前已达到采收状态,植株抗寒力大大降低。播种过晚,越冬时苗龄小,叶小,根浅,根系耐寒耐旱性差,越冬时容易大量死苗,活下来的幼苗翌年由于苗小,返青晚,生长迟缓,且随着春季温度升高,日照延长,植株容易未熟抽薹,影响产量和品质。较适宜的播种期是菠菜在冬前应有 40～60 天的生长期,幼苗在越冬前能长出 4～6 片真叶,主根长 10 厘米左右。这样的植株生长健壮,根系发育好,直根分布深,贮藏养分多,抗寒、抗旱能力均较强,能安全越冬。翌年返青早,生长速度快,如管理得当,肥水充足,易早熟高产。

菠菜的适宜播种期随各地气候条件而异。华北地区一般以 9 月中下旬为宜。

菠菜种子有刺,常数个聚合在一起,影响播种质量。此外,菠菜外果皮较硬,内果皮木栓化,厚壁组织发达,不利于种子的吸水和透气,导致出苗缓慢。所以菠菜播种前应将种子搓散去刺。

菠菜播种时,因干籽直播出苗慢,需进行浸种催芽。方法是将搓散去刺的种子用凉水浸泡 12～24 小时，捞出稍晾，用湿麻袋或湿粗布包好，在室温下催芽。催芽期间每天搅拌 1 次，并用清水冲洗 1 次，使种子温湿度均匀、透气。3～5 天后胚根露出即可播种。也可在浸种后将种子摊开晾至种子表面水分略干，便于分散时再进行播种。

播种菠菜首先要掌握好播种量。菠菜播种量应随播种期、播种地区和收获方法而定。秋播宜稀些，春播宜密些；早秋播宜稀些，仲秋、晚秋播宜密些；暖地宜稀些，寒地宜密些；生长期间一次收获的宜稀些，分次收获的宜密些。播种量过多，苗密徒长，根系生长差，影响植株健壮程度和耐寒力，越冬时死苗多，翌年抽薹多，产量低。若播期较晚，或苗期分次间苗上市的，可以适当密些。播种过少，出苗后叶片过度开张，生长反而缓慢，单株重量虽大，但因总株数少而降低产量。一般越冬菠菜用种量为 4～5 千克/亩。东北寒冷地区越冬期间容易出现根颈部干枯的"干脖"现象，用种量宜大，用种 10～12 千克/亩。

越冬菠菜的播种方式有撒播和条播两种。冬季不太寒冷，越冬死苗率低的地区多用撒播，干播、湿播皆可。冬季严寒死苗率高的地区，为了使种子覆土较厚且深度一致以利抗寒，多采用条播，行距 10～15 厘米，深 2～3 厘米，播后覆土浇水。设风障的地区每隔 4～5 畦空 1 畦供夹设风障用。

4. 田间管理

(1)冬前幼苗生长期：此期是为培养抗寒力强，能安全越冬，次春能旺盛生长的幼苗打基础的时期。依不同地区约为 40～60 天。播种后必须保证出苗所需水分，使种子发芽迅速，出土整齐，出苗期间水分不够还应补浇 1 次水。幼苗出土后，在不影响苗子正常生长的前提下，应适当控制浇水，使小苗根系向纵深发展。幼苗长到 2 片真叶后,根据幼苗长相和土壤湿度适当浇水。弱苗应随水追施速效氮肥,以满足生长速度加快的需要。

(2)越冬期:严冬来临,菠菜幼苗停止生长,进入休眠状态,到翌年天气转暖,幼苗返青,恢复生长,从停止生长到返青以前,这一段时间为越冬期。越冬期的长短依不同地区而异,一般为 80～120 天。菠菜越冬期间要做好防寒保墒工作,使幼苗安全越冬,防止死苗。越冬期间管理的主要内容是:

①立风障:风障是设置在越冬菠菜畦北面的一排篱笆。风障可以改善栽培畦的气候条件,减少冻土层的深度,入春后土壤可以提前解冻,有利于菠菜安全越冬,早春提前返青和提前收获。

②防蚜:越冬菠菜是蚜虫的越冬场所,如不及时防治,将危害菠菜,传播疾病。应在菠菜停止生长前用氧化乐果、溴氰菊酯、灭蚜松等农药防治。此外立风障不可过早,过早则蚜虫聚集其上,为传播病毒病创造条件。

③浇"冻水":浇"冻水"是我国农民的宝贵经验,是越冬菠菜保墒防冻极其重要的一项措施。浇"冻水"的益处很多:浇"冻水"后土壤有充足的水分,因水的比热大,结冻后可使地温比较稳定,外界的空气也不易直接侵入土中,幼苗根系可免遭寒风侵袭而受到冻害;浇"冻水"后,地面冻结,水分不易散失,土壤中底墒充足,可供翌年菠菜返青时需要;土壤墒情好,翌年可晚浇返青水,使土壤不致因早浇返青水而降低地温,有利于幼苗的早春生长,这在春季干旱、土壤水分蒸发大的地区尤为重要;另外,粘重的土壤浇"冻水"后,由于冻融的物理作用,可使土壤结构变得疏松,有利于春季幼苗生长。浇"冻水"必须适时适量。浇"冻水"的具体时间应根据各地区及当年气候情

况灵活掌握。我国农民的经验是："不冻不消浇早了,光冻不消浇晚了,夜冻日消浇着好"。浇得太早外界温度还不太低,苗子继续生长,细胞中积累的营养物质不足,细胞原生质浓度低,会降低幼苗抗寒力,发生冻害。另一方面,浇早了土壤不结冻,水分蒸发多,起不到冬季防寒的作用。"冻水"如浇得太晚,则水不易下渗,在地表形成不透气的冻层,容易发生苗子因窒息腐烂死亡的现象。浇"冻水"的量必须适当,以短时间内水能完全下渗为宜。具体浇水量因土质、墒情及地下水位高低而不同。沙质土应在浇"冻水"后表土干燥时再浇 1 次水,覆盖细土保墒;粘质土浇"冻水"后地表易龟裂,可在次日地面冻结时盖细土,防裂保墒。

(3)返青期:为越冬菠菜恢复生长至开始采收的时期,约需 30～40 天。返青后随外温的升高,叶部生长加快,但温度的升高及日照的加长又愈来愈有利于菠菜的抽薹,所以这段时间的管理要点是肥水齐攻,加速营养生长,在未抽薹前采收完毕,获得高产、柔嫩、优质的产品。

①浇返青水:早春地温回升,土壤开始解冻,菠菜心叶开始生长时,选晴好天气浇 1 次返青水。具体时间应根据各地情况灵活掌握。一般应选择地温已趋于稳定,且有几个连续的晴天,耕作层已解冻,表土已干燥,菠菜心叶呈暗绿色、无光泽时进行。东北地区一般在 4 月上旬,华北区一般在 3 月上旬。此外,设风障的菜畦或北边有屏障的地块,冬季冻土层较浅,春季化冻早,返青水可提前几天浇;砂壤土、地下水位低的地块,地温回升快,可较粘壤土、地下水位高的地块提前浇水。浇水量宁小勿大,以免地温回升过慢,影响返青生长。

②追肥浇水:越冬菠菜早春生长期较短,尤其是风障畦菠菜,所以在浇返青水的同时应施入速效性氮肥,加粪稀每亩施

入 2 000～3 000 千克,或尿素 15～20 千克,促进菠菜迅速生长。一般风障畦菠菜浇 1～2 水后即可抢早收获上市。露地根茬菠菜由于返青晚,生长较慢,生长期也较长,可适当增加浇水追肥次数。

(4)收获期:越冬菠菜的收获期随各地气候条件及越冬时有无保护设施而定。一般风障菠菜可较露地提前收获 15～20 天。菠菜的收获无统一标准,当菠菜长至 20 厘米左右时,便可根据市场需要适时采收。一般越冬菠菜产量为 1 500～2 000 千克/亩。此外应注意观察田间植株生长动态,发现部分植株即将抽薹,应及时收获上市。

(二)秋菠菜

秋菠菜于 8 月初至 8 月下旬播种,生长前期处于较高气温下,雨水较多,既要注意浇水,又要注意排水,防幼苗受淹。中后期天气渐凉,适于菠菜叶原基的分化和叶片的生长,易获得较高产量。秋菠菜栽培要点如下:

1. **选种**　宜选择抗旱、耐热、生长迅速、高产优质的圆叶菠菜。

2. **播种**　秋菠菜播种时日温较高,种子出苗困难,需进行浸种催芽。方法是:种子用冷水浸 12～14 小时后出水,放在 15～20℃下催芽,或将浸泡后的种子用麻袋布包好,吊在水井离水面 10 厘米处,维持适宜的发芽温度。3～4 天后待胚根露出,在傍晚气温较低时采用湿播法条播。秋播菠菜用种量较少,3.0～3.5 千克/亩。

3. **田间管理**　出苗后应勤浇水,保持土壤湿润并降低地温,利于幼苗生长。2 片真叶后适当间苗,4～5 片真叶后正是叶片数量和叶重迅速增长的时期,应分期追施速效氮肥 2～4次,每次每亩用硫铵 10～15 千克,促进植株生长。

4. **收获**　播种后 40 天左右即可收获,可分次收获,也可 1 次收获。

(三)春菠菜

春菠菜一般在早春土壤表层 4～6 厘米解冻后播种,以日平均气温 4～5℃时播种较适宜。菠菜春播时前期气温低,出苗慢,不利于叶原基分化;后期气温高,日照长,容易未熟抽薹,产量较低。春菠菜的栽培技术与越冬菠菜相似,其要点如下:

1. **播种**　春菠菜生长期短,为加速出苗,可选用圆叶菠菜,播前进行浸种催芽,并用湿播法播种。春播播种量可增至 7 千克/亩。

2. **管理**　春菠菜生长期短,应在出苗后 10 天左右看苗追肥,促进幼苗生长。如果幼苗黄瘦,应追施粪稀 1000 千克/亩或尿素 15～20 千克/亩,以后再追施 1～2 次。春季杂草生长快,应注意拔除田间杂草。春菠菜其他管理同越冬菠菜。

(四)夏菠菜

夏菠菜生长期处于高温长日照季节,不适宜菠菜生长,所以夏菠菜产量低、品质较差。但夏菠菜可弥补夏季及秋初绿叶菜的不足,所以经济效益并不差。夏菠菜栽培时应注意出苗、保苗、促进生长等问题,栽培要点如下:

1. **品种**　宜选择抗旱、耐热,生长迅速的圆叶品种。

2. **播种**　夏菠菜一般于 5 月中旬前后播种,播种时气温较高,出苗困难。为使种子发芽及出苗整齐,应进行浸种催芽。方法是用凉水浸种 12～24 小时后,放在 15～20℃下催芽,胚根露出后即可播种。可在下午地温偏凉时用湿播法播种,每亩用种 10 千克左右。播种覆土后,用稻草、芦苇等覆盖播种畦,以降低地温和减少水分蒸发。播种后 2～4 天,当大部分幼苗出土后揭去覆盖物。

　　3. **管理**　　肥水管理基本同秋菠菜前期。

第二节　芹　菜

　　芹菜原产于瑞典、地中海沿岸及高加索等地的沼泽地带。2000年前,古希腊人最早栽培,开始药用,后作香辛蔬菜,并驯化成肥大叶柄类型。芹菜由高加索传入我国,在我国栽培历史悠久,分布很广,河北宣化、山东潍坊、河南商丘、内蒙古集宁等都是我国芹菜的名产地。芹菜适应性强,结合保护地栽培,可以实现排开播种,周年供应,为秋、冬、春消费量较大的蔬菜之一。

　　芹菜叶柄青脆柔嫩,清香可口,富含丰富的胡萝卜素、维生素 B_2 及挥发性芳香油,是人们非常喜食的绿叶菜之一。

一、类型与品种

　　芹菜有本芹(中国芹菜)和西芹(欧洲芹菜)两种类型。本芹叶柄细长,适于密植和软化。西芹叶柄宽厚,植株较大,纤维少,多实心,味较淡,产量高,耐热性较差。本芹按叶柄的特点分空心和实心两种;按叶柄颜色分绿、白两个类型。绿色种叶片较大,叶柄较粗,植株高大,生长健壮,但不易软化;白色种叶片小,叶柄白色,植株易软化,品质较好。优良品种主要有:

　　(一)本　芹

　　1. **潍坊青苗芹菜**　　潍坊地方品种。植株生长势强。叶色深绿,有光泽;叶柄宽1厘米,厚0.5厘米,平均长60厘米,实心,深绿色。单株重0.5千克左右。生长期90～100天。冬性强,不易抽薹,质脆嫩,纤维少,品质好。

2. **天津黄苗芹菜** 天津市郊地方品种。植株生长势较强。叶色黄绿或绿;叶柄长而肥厚,实心,品质好。单株重0.5千克,生长期90～100天。

3. **实杆绿芹** 陕西、河南栽培普遍。植株深绿色,高80厘米左右。叶柄长50厘米,粗约1厘米,实心,纤维少,品质好。产量高,耐寒,耐贮性强。

4. **新泰芹菜** 山东新泰地方品种。植株生长势较强。叶绿色。最大叶柄长60厘米,宽1.2厘米,厚0.5厘米,空心,纤维少,品质好。单株重0.5千克,生长期90～100天。耐热性、抗寒性强,春、夏、秋均可种植。一般每亩可产5000千克。

5. **福山芹菜**

山东福山县栽培较多。植株高100厘米左右。叶柄长、黄绿色、中空、纤维少,品质好。叶片绿色。单株重0.5千克左右,产量可达5000千克/亩。

(二)西 芹

1. **玻璃脆西芹** 河南开封从广东佛山引进后选育品种。植株生长势强,根群较大。叶绿色,叶柄黄绿色,长60厘米,宽2.4厘米,厚0.9厘米,实心,纤维少,质地脆嫩,品质好。适应性强,耐贮运。定植后100天左右收获。单株重0.5千克。适于秋季及越冬栽培。

2. **冬芹** 从意大利引进的西芹品种。植株生长势强,叶色深绿。叶柄宽大肥嫩,实心,纤维少,味浓香,长70厘米以上。抗病、耐热、耐寒。适于春秋栽培。

3. **夏芹** 从意大利引进西芹品种。植株生长势强,叶片肥大,深绿色。叶柄长43厘米,宽1.6厘米,厚2.2厘米,实心,质地致密,脆嫩,纤维少,香味浓,品质好。耐热、抗病。单株重0.6千克,适合春季和夏秋季栽培。

4. **北京棒儿春芹菜**　由国外引进,经北京农民多年选育而成。植株矮而粗壮,叶直立抱合似棒状,高约 66 厘米左右。叶绿色。叶柄基部宽,实心,肉质脆。生长较慢,较耐热、耐涝,抽薹晚。适于春季阳畦、风障及露地栽培,也可用于夏季露地栽培。

二、特征与特性

(一)特　征

芹菜为浅根性植物,密集根群主要分布在 7～10 厘米深的土层内,横向分布范围 30 厘米左右,所以吸收面积小,耐旱、耐涝力弱。但其主根切断后可发生大量侧根,适于育苗移栽。

芹菜的茎在营养生长期短缩,叶片着生在短缩茎基部。生殖生长期茎端抽生花薹。

芹菜的叶为二回奇数羽状复叶。叶柄发达,是主要的食用器官,叶柄因品种不同有黄绿、绿和深绿等色。叶柄中有较发达的输导组织和机械组织,优良的品种机械组织不发达,所以纤维少、品质好。环境条件和栽培条件是引起叶柄品质变化的重要原因,如高温干旱,水肥不足皆会使纤维增加,品质下降。

芹菜花小、白色,花冠 5 枚,复伞形花序。虫媒花,通常为异花授粉,但也能自花授粉结实。

其果实为双悬果,成熟时沿中缝裂开两半,半果各悬于心皮柄上,不再开裂。种子半果近似扁圆球形,各含 1 粒种子。种子暗褐色,椭圆形,表面有纵纹。生产上播种用的"种子"实际上是果实。果实外皮革质,透水性差,发芽慢。

(二)对生活条件的要求

芹菜喜温和的气候,耐寒性较强但不如菠菜。种子发芽的最低温为 4℃,适宜的发芽温度为 15~20℃,7~10 天出芽。低于 15℃或高于 25℃会降低发芽率和延长发芽时间,30℃以上几乎不发芽。幼苗可耐-4~-5℃的低温,成株可耐-7~-10℃的低温,品种间耐寒力有差异。营养生长阶段适宜的温度为 15~20℃,20℃以上的温度生长不良,易发病,品质下降。

光对促进芹菜发芽有明显的作用,在有光的情况下比完全在暗处发芽容易。营养生长期对光照要求不太严格,喜中等光照。长日照可促进芹菜苗端分化花芽,促进抽薹开花;短日照可延迟开花,促进营养生长。

芹菜的叶面积虽不大,但因栽植密度大,总的蒸腾面积大,加上根系吸收力弱,所以芹菜生长期间要求较高的土壤湿度和空气湿度。特别是营养生长盛期,地表布满了白色须根,更需要充足的水分,否则生长停滞,叶柄中机械组织发达,品质、产量均下降。

芹菜生长要求富含有机质,保水、保肥力强的壤土或粘壤土。沙土、砂壤土易缺水缺肥,使芹菜叶柄早发生空心现象。任何时期缺乏氮、磷、钾都比施用完全肥料的生育差。缺氮不仅使植株生育受阻碍,植株长不大,而且叶柄易老化空心。据测算,芹菜每生产 1 000 千克产品,三要素的吸收量为:氮 400克,磷 100 克,钾 600 克。芹菜对硼的需求较多,土壤中缺硼,或由于温度过高过低、土壤干燥等原因使硼素的吸收受抑制时,叶柄发生"劈裂"。

(三)生长发育周期

1. 营养生长期

(1)发芽期:从种子萌动到子叶展开,15~20℃约需 10~15 天。

(2)幼苗期:子叶展开到有 4～5 片真叶,20℃左右的温度约需 45～60 天,为定植适期。幼苗适应性较强,可耐 30℃左右的高温和－4～－5℃的低温。

(3)叶丛生长初期:4～5 片真叶到 8～9 片真叶,株高达30～40 厘米。在 18～24℃适温下约需 30～40 天。此期如遇5～10℃低温,10 天以上易抽薹。

(4)叶丛生长盛期:8～9 片真叶到 11～12 片真叶。此期叶柄迅速肥大增长,生长量约占植株总生长量的 70%～80%。12～22℃约需 30～60 天,为采收适期。

(5)休眠期:采种株在低温下越冬(或冬贮),被迫休眠。

2. 生殖生长期　越冬芹菜受低温影响,2～5℃时苗端花芽分化。春季 15～20℃的温度和长日照条件下抽薹、开花、结籽。

三、栽培技术

(一)秋芹菜

可以直播也可以育苗,但因播种时温度高出苗慢,直播后管理比较困难,苗子质量差,所以多采用育苗。

1. 育苗　为保证出苗做到苗全、苗齐、苗壮,应抓好以下两个环节:

(1)种子处理:秋芹菜华北地区一般在 7 月上中旬播种。播种时因温度高发芽慢,所以应进行低温浸种催芽,方法同秋菠菜。可用 1 000 ppm 硫脲或 5 ppm 赤霉素浸种 12 小时左右,代替低温浸种催芽。有的地区采取提早播种来解决高温不易出苗的问题,使苗龄长达 90 天左右,由于苗子老化,定植后缓苗慢,影响产量的提高,须加改进。

(2)加强播后管理:播种后在畦面覆盖苇箔、高粱秆或麦秸、稻草等,使苗畦内形成花荫以保湿、降温、防雨打。也可以和小白菜混播,小白菜出苗快可替芹菜遮荫,等芹菜出苗后再逐渐铲掉小白菜。苗床播芹菜种子 0.75～1.0 千克(可供 1 亩地栽植),加 250 克小白菜种子。采用湿播法的,当芽子顶土时轻洒 1 次水,1～2 天后苗出齐。采用干播法的,需经常洒水保持土壤湿润并降低地温。洒水应在早晚进行,中午洒水地温高,遇冷水后易伤根损苗。

出苗后逐步将覆盖物撤去,加强对幼苗锻炼。最好选阴天或午后撤,并先浇清水降低苗床温度,以防幼苗晒伤。若撤覆盖物过晚则易造成苗子徒长,定植后不易成活。出苗后仍要勤浇水,保持土壤湿润;但水分不可过多,否则苗子的根分布浅,遇高温根系易受伤。雷阵雨后要及时浇井水,降低地温防止死苗。注意及时防除杂草及蚜虫。间苗 1～2 次,使单株营养面积在 9 平方厘米左右。3～4 片真叶时随水施 1 次速效氮肥,以后根据苗子生长情况可再施 1 次。苗龄 40～50 天,4～5 片真叶时定植。

2. **定植** 在立秋后温度开始下降时定植。定植过早温度高,苗子恢复慢。秋芹菜定植密度大,田间生长期长,必须施足基肥。定植畦一般为平畦,软化栽培可用平畦也可采取沟栽,沟距 60～66 厘米,用行间土培土。

取苗时带主根 4 厘米左右铲断,可促进发生大量侧根和须根。如主根留得太长,不但不会大量发根,而且定植时主根易弯曲在土中,延迟缓苗。定植深度以埋住根颈为度,太深浇水后菜心易被泥浆埋住造成缺苗。

栽植密度应根据品种特性和栽植方式而定。本芹应较西芹密;植株开张度大而高的应当稀些。平畦栽植的行距 15～18 厘米,株距 12 厘米,每穴 1～2 株;沟栽的穴距 10～13 厘米,每穴 3～4 株。

3. **田间管理**　可分以下 3 个时期。

(1)缓苗期:由定植到缓苗约需 15～20 天,要勤浇水,浅浇水,保持土壤湿润并降低地温。

(2)蹲苗期:缓苗后气温渐低,植株开始生长,但生长量小,应控制浇水促进发根。此时如浇水太勤,仅外部 5～6 叶生长快而心叶生长受抑制,会使单株重量小,产量低且易发病。可在缓苗后结合浇水追肥,然后进行浅中耕进行蹲苗。此期约 10～15 天。

(3)营养生长盛期:日均温降至 20℃左右,植株生长开始加快,一直到日均温降至 14℃左右,是芹菜生长最快的时期(此期 30 天左右),以后生长减慢,至立冬前后基本停止生长,全期共 50～60 天。此期是增产的关键时期,要供给充足的水肥。蹲苗结束后应立即施速效氮肥,以后继续分期追施 2～3 次速效氮肥,土壤缺钾的地块应追施钾肥。此期地表已布满白色须根,切不可缺水。霜降后浇水渐少。准备冬贮的芹菜,收获前 7～10 天停止浇水。

培土软化的芹菜,当株高 25 厘米左右天气转凉时开始培土,若在气温高时,培土易发生病害使植株腐烂。因培土后不能再浇水,所以培土前要连续浇 2～3 次大水,以保证培土后植株生长需要。选择晴天下午没有露水时培土,土要细碎,每隔 2～3 天培 1 次,一般培 4～5 次,每次培土厚度以不埋住心叶为度,共厚 17～20 厘米即可。沟栽行距大的,培土厚度可达 30 厘米左右。经过培土软化的芹菜,叶柄柔嫩,品质提高。另外,培土还有防寒作用,可延迟采收。

4. **采收**　采收后立即供应的,可根据需要陆续采收。准备贮藏的,应掌握在不受冻的原则下适当延迟收获,并在出现

－4℃的低温前抢收完毕。

（二）越冬芹菜

芹菜耐寒力不如菠菜。不同地区越冬方式有 3 种：①露地可自然越冬的，如华北、西北的中部及南部地区，冬季平均温度不低于－5℃；②设风障、地膜覆盖保护越冬的，如华北、西北的北部，冬季平均最低温一般在－10℃左右；③露地不能越冬，需将根株贮藏越冬的，如东北的大部分地区，冬季平均最低温一般低于－12℃。这 3 种方式除越冬保护措施有差异外，栽培方法基本相同。

1. **播种育苗**　越冬芹菜为了达到冬季能安全越冬，次春能早采多收的目的，冬前应育成 5～6 叶的大苗，苗龄 60～70 天。播种期正处在夏秋之交的 8 月份，播种育苗方法同秋芹菜。若采用直播，可较育苗延迟播种半个月左右。

2. **定植及管理**　定植应掌握在日平均温度达到 15℃左右时进行，使定植后有 1 个月左右的生长期，保证根系的发育。

定植深度较秋芹菜稍深，浅了易受冻。定植密度较秋芹菜大些。越冬期间的管理参照越冬菠菜。次春返青后浇水、追肥，促使植株旺盛生长。

（三）春芹菜

此期的外界条件利于芹菜花芽分化和抽薹，所以易未熟抽薹。应选择不易抽薹的芹菜，如潍坊青苗、北京棒儿春等品种。春芹菜有露地直播和育苗移栽两种方式：

1. **露地直播**　多在日平均气温达 5℃左右时播种，华北一般在 3 月上中旬播种。种子用 40℃左右的温水浸种一昼夜后放在 15～20℃的温度下催芽。选晴暖天气用湿播法播种，每亩用种 0.75～1.0 千克，东北、西北春季寒冷地区播种

1.5～2.5千克。出苗后及时间苗、防虫、浇水、追肥,使营养体在酷暑来临前充分生长。

2. **育苗移栽** 为提早春季供应期,增加产量,改进品质,可采用保护地育苗,春暖后定植露地的办法。播期可较露地提早1个月,苗龄50～60天,日均温达到7℃以上便可定植。定植后到抽薹前采收结束,只有50天左右的生长期,所以在不受冻的条件下应尽量早定植,以争取较长的营养生长期。定植初期因温度不太稳定,要适当控制浇水,加强中耕保墒,提高地温。缓苗后肥水齐攻。采收期可较露地直播提早1个月左右。

(四)早秋芹菜(半夏芹菜)

播期虽不太严格,但为了弥补8～9月份蔬菜淡季,应安排适宜的播期,一般在4月下旬播种。由于是在日平均温度升到15℃左右时播种,以后虽温度升高,日照加长也不会抽薹。但东北、西北寒冷地区若春寒时间长仍有抽薹危险,可适当延迟播种。

早秋芹菜多采取直播,种子浸种催芽后湿播。采收可分次间拔也可掰叶采收,一般掰叶3次,每次间隔1个月左右。每次掰叶后要追肥、浇水。

(五)保护地芹菜栽培

1. **栽培季节** 保护地芹菜栽培季节主要为越冬栽培、早春栽培和秋延迟栽培。

华北地区芹菜越冬栽培设施主要为拱棚和阳畦,播种期为8月至9月上旬,定植期为9月下旬至11月上旬,收获期为12月底至3月份;早春栽培设施主要为小拱棚,播种期为12月中下旬,定植期为2月中下旬,收获期为4～5月份;秋延迟栽培设施主要为一面坡大棚或小棚,播种期为7月下旬至 8 月上旬,定植期为 9 月上中旬,收获期为 12 月至翌年 1 月份。

2. 品种选择　保护地栽培芹菜应选择较耐寒的品种,以实秆、耐贮、品质优良的品种为宜。目前常用品种有天津黄苗、桓台实心、潍坊青苗、开封玻璃脆、意大利冬芹等。

3. 温度和光照管理　保护地栽培芹菜,关键是温度和光照的调节。覆盖期间应保持畦内温度白天在 15～20℃,不能超过 25℃,夜间温度在 6～10℃,不能低于 0℃。严寒季节保温覆盖物要晚揭早盖,减少热量损失。生长期间应尽量使芹菜多见光,连阴冷天可在中午短时间揭开草苫见光,不可连日不揭,否则会使芹菜叶片发黄,降低产量品质。

保护地芹菜其他管理同露地。

第三节　莴苣

莴苣原产地中海沿岸,汉代传入我国,在我国栽培历史悠久。莴苣为菊科莴苣属 1 年生或 2 年生草本植物。依其产品的形状和食用部位,莴苣可以分为叶用和茎用两种。叶用莴苣又称生菜,有结球生菜、花叶生菜、散叶生菜 3 种类型,一般作凉菜生食,维生素不受损失,营养价值高,在我国南方栽培较多;茎用莴苣又称莴笋,食用嫩茎,嫩叶也可食用,在我国南北各地普遍栽培。莴苣耐寒性较强,是早春及秋冬季节主要蔬菜之一。尤以茎用莴苣的适应性强,耐寒、耐贮,既能生食,也可熟食,还可加工制作泡菜、酱菜、薹干菜等,很受消费者欢迎。

一、类型与品种

莴笋根据叶片的形状分为尖叶和圆叶两个类型,各类型中依茎的色泽又有白笋与青笋两种。

(一)尖叶莴笋

叶披针形,先端尖,叶簇较小,节间较稀。叶面平滑或略有皱缩。叶绿色或紫色。茎部为白绿色或淡绿色。茎似棒状,下粗上细。较晚熟,苗期较耐热,可用作秋季栽培或越冬栽培。优良品种有:柳叶莴苣、紫色莴苣、雁翎笋、上海小尖叶、上海大尖叶、尖叶鸭蛋笋、尖叶白笋、尖叶青笋等。

(二)圆叶莴笋

叶长倒卵形,顶部稍圆。叶簇较大,节间较密,叶面微皱,叶色淡绿。茎粗大,中下部较粗,两端渐细。较早熟,耐寒性强,耐热性较差,品质好,多作越冬栽培。优良品种有北京鲫瓜笋(白笋)、上海大圆叶、济南白莴笋、陕西圆叶白笋等。

二、特征与特性

(一)特 征

1. **根** 莴苣的根为直根系,不经移植的植株主根可达150厘米长,侧根少。经育苗移植后,主根折断,再生力强,可发生较多侧根,根系浅而密集,多分布在土壤表层20～30厘米处。

2. **茎** 营养生长时期,莴苣的茎为短缩茎,随植株的旺盛生长茎缓慢伸长、加粗;茎端花芽分化后,仍继续伸长、加粗。莴笋在植株莲座叶形成后,茎伸长肥大成笋状,莴笋的食用部分为肥大的花茎基部。

3. **叶** 莴笋的叶互生于短缩茎上,叶片光滑或皱缩,绿色或紫绿色。结球莴苣形成莲座叶后,顶生叶随不同品种抱合成不同形状,如圆形、扁圆形、圆锥形、圆筒形的叶球。

4. **花** 头状花序,每一花序有小花 20 朵左右,小花淡黄色,自花授粉,小花在日出后 1～2 小时即开花完毕,开花后 11～13 天种子成熟。

5. **果实和种子** 莴苣的果实即种子,为瘦果,小而细长,梭形,黑褐色或银白色。种子成熟后,顶端有伞状冠毛,可随风飞散。种子千粒重 0.8～1.2 克。种子成熟后有一段时间的休眠期,贮藏 1 年的种子可提高发芽率。

(二)对生活条件的要求

1. **温度** 莴苣为半耐寒性蔬菜,喜冷凉,稍耐霜冻,忌高温炎热天气。莴苣种子在 4℃ 以上能缓慢发芽,在 5～28℃ 的温度范围内,温度升高,可促进发芽。发芽最适温度为 15～20℃,4～5 天便可出芽,且幼芽健壮。30℃ 以上种子进入休眠状态,发芽受抑制。所以在炎热季节播种莴苣,需进行种子的低温处理才能发芽良好。

莴笋不同生长期对温度要求不同。幼苗期对温度的适应性较强。莴笋幼苗可耐 -6～-5℃ 的低温。幼苗生长的适宜温度为 12～20℃,当日平均温度达 24℃ 时仍能旺盛生长;莴笋茎、叶生长期的适温为 11～18℃,在夜温较低(9～15℃)、温差较大的情况下,可降低呼吸消耗,增加养分的积累,利于茎的肥大。若日平均温度达到 24℃ 以上,夜间长时间 19℃ 以上,则呼吸强度大,消耗养分多,易发生"窜"的现象。0℃ 以下低温受冻。

结球莴苣对温度的适应性较莴笋弱,既不耐寒也不耐热。结球期适温为 17～18℃,温度过高(21℃ 以上)不易形成叶球,或引起球内心叶腐烂。

其他叶用莴苣对温度的适应范围介于莴笋和结球莴苣之间。

开花结实期要求较高温度,在 22.3～28.8℃ 的温度范围内,温度愈高从开花到种子成熟所需要的天数愈少。在 19～22℃的温度下,开花后 10～15 天种子成熟。10～15℃的温度下可正常开花,但不能结实。

2. **光照**　莴苣为喜光植物,光照充足生长健壮,叶片肥厚,嫩茎肥大。莴苣在阶段发育上为长光性植物,春夏生长期间易抽薹开花,且发育速度随温度的升高而加快。早熟品种最敏感,中熟品种次之,晚熟品种反应较迟钝。莴苣种子是需光种子,发芽时适当的散射光可促进发芽。

3. **水分**　莴苣叶片多,叶面积大,消耗水分多,不耐旱,对水分要求严格。幼苗期应保持土壤湿润,忌过干过湿,以免幼苗老化或徒长;发棵期应适当控制水分,进行蹲苗,使根系向纵深发展,莲座叶能充分发育。莴苣在茎部肥大或结球期需水较多,此期若缺水,则产品器官(叶球、嫩茎)小,味苦。在莴苣茎部肥大和结球后期应适当控制水分,若此期供水过多,易裂茎裂球,还会导致软腐病和菌核病的发生。

4. **土壤及营养**　莴苣宜选地势较高、浇灌方便、有机质丰富、保水保肥的壤土或砂壤土。栽培土壤粘重,根系生长不良;土壤贫瘠,植株易提前抽薹开花。莴苣对土壤酸碱度适应性较广,结球莴苣喜微酸性土壤。

莴苣对土壤营养的要求较高,其中对氮的要求尤为严格。任何时期缺氮都会抑制叶片分化,使叶数减少,幼苗期缺氮影响显著;幼苗期缺磷不但叶数少,而且植株小,产量低;任何时期缺钾对叶片的分化都没有太大的影响,但影响叶重,尤其在莴苣结球期,若缺钾则球叶显著减少。

(三)生育周期

1. **营养生长期**　发芽期从播种至真叶露心,需 8～10天。幼苗期从真叶露心至第一个叶环平展,形成团棵,直播需

17～27 天。初秋播种需要的时间较短,晚秋播种需要的时间长些。育苗移栽的需要 30 多天。

结球莴苣发棵期为团棵至开始包心,需 15～30 天。生长前期小叶仍继续迅速分化,与此同时外叶叶面积迅速增加,球叶开始增长,这时期生长量较大。结球莴苣团棵后,一面扩展外叶,一面卷抱内叶,到发棵期结束时,心叶已成球形,然后是叶球的扩大和充实。所以发棵期与结球期有一段重叠的时间,界限不太明显。从卷心到叶球成熟需 30 天左右。

莴笋幼苗的短缩茎进入发棵期后开始肥大,在发棵期间短缩茎的生长量较小,进入产品器官形成期后,茎叶生长加快,10 天左右就可采收。15～20 天后增长减缓。

2. **生殖生长期** 莴苣是种子春化植物,在 2～5℃下 10～15 天可通过春化,在长日照条件下通过光照阶段,莴苣对低温、长日照的要求不严格。花芽分化后在高温(高于 22～24℃)、长日照下抽薹、开花、结籽,完成整个生育周期。

三、栽培技术

(一)春莴笋

春莴笋要求在春季尽可能提早上市,以弥补春淡。目前露地生产中存在着越冬死苗、春季上市晚及"窜"的问题,栽培过程中应针对这些问题采取必要的措施。

1. **播种期** 当年春播,叶簇生长及茎部肥大期温度已高,不但上市晚,产量也低,所以露地可以越冬的地区应实行秋播,使幼苗在冬前达到 4～5 叶安全越冬。次春返青后,在较低的温度下,根系及叶簇充分生长;进入 4～5 月份花茎抽生后,在营养充足、温度适宜的情况下迅速肥大;当有利于抽薹的高温长日照到来以前,花茎得以充分肥大。秋播时间不能太晚,以 9 月上中旬播种为宜。若播种太晚,幼苗小,易受冻害,且由于营养生长期短,茎部肥大受限制,上市晚,产量低;秋播也不能太早,否则苗子易旺长,易受冻害,且花芽分化早,次春易"蹿"。

2. **育苗**　每亩育苗地播种子 1.5 千克左右,苗床面积与栽植面积之比约为 1:100。及时间苗使苗距保持 3～4 厘米。若幼苗需在阳畦中保护越冬,则 3～4 片真叶时分苗于阳畦中,苗距约 6 厘米。苗期适当控制浇水,使叶片肥厚、平展、防止徒长。

3. **定植**　冬季可露地越冬的地区应冬前定植,因冬前定植根系发育好,翌春生长快,可提早上市,产量也高。若秋播晚,苗子小或冬季不能安全越冬的地区可实行春栽,春栽应在土壤解冻后尽早进行。定植地宜整地精细,若土块多,冬栽的幼苗易发生冻害而缺苗。莴笋的茎在干旱缺肥的情况下易"蹿",故基肥应充足。定植挖苗时带 6～7 厘米的主根,定植时主根留得太短,根少不易缓苗;留得太长,根易弯曲且发生侧根少,也影响缓苗。定植的行株距各 30～40 厘米。

4. **田间管理**

(1)越冬期:定植缓苗后,施速效氮肥促进叶数的增加及叶面积的扩大。深中耕后控制浇水进行蹲苗,使之形成发达的根系。如浇水过多,苗子易徒长,不耐寒,且第二年容易"蹿"。土壤封冻前用马粪或圈粪盖在植株周围保护越冬,也可结合中耕培土围根。

(2)返青期:此期的管理中心是处理好叶部生长与茎部肥大的关系,防止"蹿薹"现象。

返青后叶部生长占优势,要少浇水多中耕,以保墒、提温,促根系及叶面积扩大,为茎部肥大打下基础,这是"控"的阶段。

（3）旺盛生长期：幼苗团棵后施1次速效氮肥。长出2个叶环，心叶与莲座叶平头时，茎部开始肥大，应及时浇水并施速效性氮肥和钾肥，由"控"转"促"。这时水浇早了害处多：一是叶子徒长，养分不能积累，茎部容易"窜"；二是浇水后降温，幼叶变黄，影响叶生长；三是浇水后如降温，苗子易感染病害。当然也不能过度控制浇水，否则叶生长受限制，茎同样不能正常肥大，而且后期茎易裂口。群众的经验是："莴笋有三窜，旱了窜，涝了窜，饿了窜"。必须了解莴笋叶片生长与茎部生长之间的辩证关系，根据具体情况进行浇水、施肥、中耕等田间管理措施。

开始浇水后，茎肥大速度加快，需水需肥增加，地面稍干就浇，浇水要均匀。每次的追肥量也不要太大，以防茎部开裂。

5. **收获**　莴笋主茎顶端与最高叶片的叶尖相平（群众称"平口"）为收获适期，此时茎部已充分肥大，品质脆嫩。如收获太晚，则花茎伸长，纤维增多，肉质变硬甚至中空，品质降低。

（二）秋莴笋

秋莴笋一般在7月下旬至8月上旬播种。此期正处在高温季节，夜温高，呼吸强，易徒长，同时播种后高温长日照使莴笋花芽迅速分化而抽薹，所以培育壮苗及防止未熟抽薹是秋莴笋栽培成败的关键。

1. 培育壮苗

（1）选择耐热不易抽薹的品种：应选择对高温长日照反应较迟钝的，属于尖叶类型的中晚熟品种如"柳叶莴笋"等。

（2）适当晚播：夏播时间早，长日照高温时间长，生殖生长的速度超过营养生长的速度，往往茎部来不及膨大就"窜薹"。秋莴笋由播种到采收需要3个月，适宜秋莴笋茎叶生长的适温是旬平均气温下降到 21～22℃以后的 60 天左右的期间内,所以苗期以安排在旬平均温度下降到 21～22℃时的前 1 个月比较安全。播期太晚虽然不容易"窜",但生长期短,产量低。

(3)苗期管理:参照秋芹菜。

2. 定植及田间管理 苗龄 25 天左右,最长不超过 30 天,有 4～5 片真叶时定植。苗龄太长,苗子徒长,也容易"窜"。定植时严格选苗,淘汰徒长苗,午后带土定植,密度较春莴笋稍大。

为防止秋莴笋抽薹,应满足水肥供应,使叶面积迅速扩大。定植后浅浇勤浇直至缓苗,缓苗后施速效氮肥,以后适当减少浇水,深中耕促使根系扩展。"团棵"时施第二次追肥(主要用速效氮肥),促进叶的生长。封垄后茎部开始膨大时施第三次追肥,施用速效氮肥和钾肥,促进茎部肥大。总之,缺肥少水是秋莴笋"窜"的重要原因,应充分注意。

(三)叶用莴苣栽培

1. 品种选择

(1)济南生菜:济南近郊栽培较多。叶片小而窄、直立,叶缘呈不规则的锯齿状,外叶塌地,心叶发黄,味甜脆,后味稍苦。喜冷凉,不耐热,单株重 250 克左右。

(2)泰安结球莴苣:属绵叶结球莴苣。叶面稍皱、淡绿色,叶缘锯齿状。叶球圆形,味甜、质细、品质佳。单株 500 克左右。

(3)北京团叶生菜:属脆叶结球莴苣。叶深绿色、近圆形,叶面皱缩,叶缘波状。耐寒性强,耐贮。单株重 500 克左右。

(4)广州软尾生菜:属皱叶莴苣,为广州市郊区农家品种。叶近圆形,较薄,黄绿色,有光泽,叶缘波状,叶面皱缩,心叶抱合。耐寒不耐热。

2. 栽培技术 叶用莴苣主要在春、秋两季栽培。华北地区春季一般于2～3月份播种育苗,5～6月份收获。秋季于7月下旬至8月下旬播种,10～11月份收获。夏季冷凉的山丘地区,采用适当遮荫等措施,也可在夏季栽培。冬季也可在大棚内栽培。安排得当可周年供应。

(1)育苗:莴苣种子小,顶土力弱,一般均采用育苗移栽。苗床要整平、耙细,以利出苗。育苗期因地区和栽培方式而异,山东各地春季露地栽培一般于2月中下旬阳畦播种育苗,秋季栽培以8月中下旬播种育苗为宜。夏秋播种因天气炎热,种子发芽困难,需在浸种后置于15～20℃的条件下催芽后播种。用激素处理种子效果好,如用5 ppm 的赤霉素溶液浸种6～7小时,催芽效果明显。种子催芽后进行撒播,播前育苗畦要浇透底水,播后覆土1厘米左右。夏秋育苗还应注意防雨和遮荫降温。

(2)定植:幼苗5～6片真叶时定植,多平畦栽培。散叶莴苣的栽植密度为行、株距 20～25 厘米,结球莴苣行、株距30～40 厘米。最好带土坨定植,栽植深度以土坨与畦面平为宜。栽后及时浇水,促其迅速缓苗。定植前要施足基肥再整地做畦。

(3)田间管理:春季栽培前期要少浇水,及时中耕。秋季栽培定植缓苗后可适当浇水,并配合中耕保墒。生长期间可结合浇水分期追施速效化肥,保持土壤见干见湿,促进根系扩展及叶丛生长。结球莴苣结球期供水要均匀,以免引起叶球开裂,缺钾地块此期应注意适施钾肥。采收前5～7天停止浇水,利于收获贮运。

(4)收获:叶用莴苣采收期短,应适时采收。过早采收影响产量,过迟采收则品质下降。

(四)莴苣保护地栽培

1. 栽培季节 保护地栽培莴苣主要设施为阳畦和拱棚。栽培季节为春早熟栽培,秋延迟栽培和越冬栽培。

山东各地早熟栽培一般在12月下旬至1月上旬阳畦育苗,2月下旬至3月上旬定植,4~5月份收获;秋延迟栽培一般在8月中下旬露地育苗,9月中下旬定植,11月中旬至1月份收获;越冬栽培一般在9月份播种,10月下旬至11月上旬定植,2~4月份收获。

2. 品种选择 莴笋可选择济南圆叶莴笋、济南柳叶莴笋、青州莴笋等。叶用莴苣可选用济南生菜、北京团叶生菜、广州软尾生菜等。

3. 温度和光照管理 覆盖期间莴笋幼苗期保持畦内温度为 20~24℃,夜间高于 10℃,生长盛期保持畦内温度白天为 15~20℃,最高温度不超过 22℃,夜间以 12℃为宜。

叶用莴苣幼苗生长期适温为 12~20℃,外叶生长期适温为 18~22℃,结球期白天温度为 20~22℃,夜温为 12~15℃,不能高于 25℃。

光照管理上应掌握在保持正常温度的条件下,尽量增加光照时间。

保护地莴苣栽培其他管理同露地。

第四节　其他叶菜

一、叶甜菜

叶甜菜别名莙荙菜、牛皮菜,为黎科 1~2 年生植物。叶甜菜与根用甜菜、饲用甜菜、糖用甜菜属同一个种的不同变种。

叶甜菜原产地中海沿岸,在我国栽培历史悠久。叶甜菜适应性强,耐热、耐寒、耐碱、耐肥,栽培管理容易又可多次采收,供应期长,可在夏季上市,弥补炎热季节绿叶菜不足。

(一)类型和品种

叶甜菜品种较多,根据叶柄、叶片的特征,可分为青梗种、白梗种、皱叶种3种类型。根据叶的颜色不同,可分为绿甜菜和红甜菜2种类型。优良品种有重庆的四季牛皮菜,云南的卷心叶甜菜等。

(二)特征与特性

营养生长期内茎短缩。叶着生在短缩茎上,卵圆形或长卵圆形;叶片肥厚,表面有光泽,淡绿色、绿色或紫红色。花为两性花,异花授粉。花粉靠风传播。种子成熟时,外面包有花被形成的木质化果皮。果实为聚合果;聚合果的千粒重为13克左右。种子使用年限为3~4年。

叶甜菜对环境条件的适应性很强。4~5℃种子开始发芽,但速度很慢,22~25℃发芽良好。植株生长最适温度为14~16℃。低温、长日照有促进花芽分化的作用。叶甜菜对土壤要求不甚严格,但在土层深厚、肥沃、保水保肥、排水良好的中性土壤上生长良好。生长期需充足水分,但浇水量过大,根系易缺氧使叶部变黄,生长受抑制。叶甜菜对营养元素的要求与菠菜相近,但因多次采收,生长期长,应注意增施基肥。

(三)栽培技术

叶甜菜要求的生活条件与菠菜相近,基本上可以做到排开播种周年供应,但主要是春播和秋播越冬两大茬。

春播从3~5月份可陆续播种,多行直播。采收嫩株的多撒播;掰叶多次采收的宜条播。行距16~20厘米,间苗后株距16~20厘米。也可以先育苗然后移栽。播种前应将种子搓散,以免影响出苗。每亩播种 1.5～2.0 千克,播种后 50～60 天开始采收。多次采收的播种后约 70～80 天,待长成成株后,逐渐掰去外部叶片,则心叶继续生长,一直可收获到立冬以前。每亩可产 4 000～5 000 千克。

华北及西北部分地区,秋播越冬栽培的于 8 月下旬至 9 月中下旬播种育苗,苗龄 40 天左右,霜降前后定植,株行距各 15～20 厘米。越冬及返青后的管理参照栽培菠菜。4 月份开始采收,每亩可产 3 500～4 000 千克,高产者可达 5 000 千克。叶甜菜较耐热,为弥补 8～9 月份淡季,可在 6 月份播种,栽培方法同夏菠菜。

二、芫 荽

芫荽又名香菜、胡荽,原产地中海沿岸,适应性强,可四季栽培。食用部分为嫩叶,是重要的香辛蔬菜。芫荽胡萝卜素含量居蔬菜首位,钙和铁的含量也较高。复伞形花序,花瓣、雄蕊各 5 枚,每一花序有小花 11～20 个,外围花序小花数多于内层花序,双子房。

芫荽所需要的生活条件与芹菜相似,适宜在温和季节生长,耐寒性比芹菜强,可排开播种,但主要栽培季节为春、秋两季。华北及西北部分地区,春芫荽 3～4 月份播种,播后 60～70 天收;夏芫荽 5～6 月份播种,播后 40～60 天收;半夏芫荽 7 月下旬至 8 月上旬播种,播后 60 天左右收;秋冬芫荽 8 月下旬至 9 月上旬播种,当年秋季或翌年 4 月份收获。

芫荽播种前需将果实搓开以利出苗均匀。种子处理及播种方法同芹菜。每亩播种量,除秋冬芫荽为 1 千克外,其余茬次为 1.5 千克。芫荽忌重茬地,重茬地会造成幼苗大片死亡。因芫荽采收幼苗,所以多采取平畦撒播,出苗后根据情况可间苗或不间苗,苗距 10～16 厘米。因芫荽生长期短,追肥要及时,苗高 2 厘米左右时便开始追肥,可随水施速效氮肥,或撒施土粪或饼肥后再浇水。

秋冬芫荽如苗较大,当年冬季可挑大苗采收或贮藏后随时供应。

三、小茴香

小茴香也叫茴香苗,原产地中海沿岸及西亚。为伞形科草本植物。小茴香以幼嫩茎叶为食用部分,叶及种子都含挥发油,有特殊香味,主要用来作馅。其种子可做调料或药用。

茴香属直根系蔬菜,根系较发达。叶为三回羽状丝裂叶,互生。叶柄基部有叶鞘。复伞形花序。花较小,花萼不明显;花冠黄或黄绿色,花瓣 5 枚,倒卵圆形,顶端内卷;雄蕊 5 枚,子房下位,2 心室。果实为双悬果,每一果内含 1 粒种子。种子千粒重 1.6～2.6 克。

茴香喜冷凉,耐寒及耐热性均较强,春、夏、秋均可栽培。种子发芽适温为 16～23℃;生长适温为 15～18℃,超过 24℃生长不良;可耐短期－2℃低温。茴香属长光性作物,较耐弱光。对土壤无特殊要求,但在土壤肥沃、氮肥充足的情况下,才能获得较高的产量和较好的品质。

茴香适应性强,生长期较短,3～9 月份均可播种、栽培,宜平畦撒播。为使种子出苗快而整齐,播种前可进行浸种催芽,方法同芹菜。多用湿播法,即播前先浇水,水渗下后均匀撒播,然后覆土。茴香叶面积小,适宜密植,每亩撒种量 3～5 千克。若以干子播种,播种后要注意勤浇小水,保持畦面湿润,以利幼苗出土。幼苗出土后生长缓慢,易滋生杂草,应注意除草。苗期不宜过多浇水,保持畦面见干见湿。1 次采收的一般不间苗;若多次采收,可结合除草间苗,苗距5～6厘米。当植株高达10厘米时,浇水宜勤,并结合浇水追施速效氮肥。株高30厘米时即可收获。夏季因天气炎热,采收的产品质量较差。

四、茼 蒿

茼蒿原产地中海沿岸,在我国已有900多年的栽培历史。为菊科1～2年生蔬菜。茼蒿的食用部位为幼嫩茎叶,有特殊清香味,生长期短,病虫害少,适应性强,可排开播种及作为主栽蔬菜的前后茬。茼蒿有3种:

一是大叶种。叶大而肥厚,缺刻浅,香味浓,产量高,但耐寒性差,南方栽培较多。

二是小叶种。叶小,缺刻深,分枝多,叶色稍浓,耐寒力强,北方栽培较多。

三是花叶种。叶缺刻特别深,分裂多,耐寒力强。

茼蒿喜温和气候,但因其适应性较强,所以对栽培季节要求不太严格。我国北方主要栽培季节为春秋两季。夏季栽培易抽薹且产量低。华北地区春季3～4月份播种,秋季8～9月份播种,播后40～50天采收。播种前浸种催芽。为了使茎叶软化,提高品质,可适当密植,每亩播种量为4～5千克,撒播或条播。可疏苗采收也可以割收。春季及早秋播种的多采取割收。茼蒿发生侧枝的能力强,留主茎基部1～2个分枝割收,割后浇水追肥,隔20～30天后再割1次。

五、蕹 菜

蕹菜别名空心菜、通菜。属于旋花科牵牛属1年生蔓性草本植物。我国自古栽培,以华南和西南栽培较多,是南方各省夏秋季的重要绿叶蔬菜。近年来,山东各地普遍引种,已成为人们喜食的绿叶菜之一。

蕹菜的产品器官是嫩茎和叶,食用方法较多,凉拌、炒食、做汤皆可。

蕹菜的突出特点是耐高温、高湿和强光照。在 40℃的高温下能正常生长,所以是夏淡季的理想叶菜。

(一)类型与品种

按能否结籽,蕹菜可分为籽蕹和藤蕹 2 个类型。

1. 籽蕹 主要用种子繁殖,也可以扦插繁殖。多旱地栽培,也可水生。生长势旺,茎粗,叶大,色浅绿,夏季开花结籽。按花色又可分为白花籽蕹和紫花籽蕹两种。白花籽蕹品质好,产量高,栽培面积大。

2. 藤蕹 用茎蔓繁殖,一般甚少开花,更难结籽。多于水田或沼泽地栽培,也可旱作栽培。其品质优于籽蕹,生长期长,产量高。

按照蕹菜对水的适应性,可分为旱蕹和水蕹。旱蕹品种适于旱地栽培,籽蕹可归为此类型;水蕹适于浅水或深水栽培,藤蕹品种多属水蕹类型。

目前我国栽培比较普遍、品质和产量较好的品种主要有:江西蕹菜、四川旱蕹菜、广东大骨青、广东细叶通菜、湖南白花、紫花蕹菜等。

(二)特征与特性

1. 特征 根为须根系,主要根群分布在 20～30 厘米的耕作层内,根系再生能力较强,茎节上易生不定根。茎蔓性,圆形中空,匍匐生长,绿色或浅绿色。侧枝萌发力强。因节上易生不定根,可行扦插繁殖。真叶互生,长卵形,叶面光滑,深绿或浅绿,有较长的叶柄。花腋生,聚伞花序。

2. 对环境条件的要求 蕹菜喜高温多湿环境。15℃以上种子开始萌发。若行扦插繁殖,腋芽萌发初期保持30℃以上,出芽快而整齐。蔓、叶生长适温为25～30℃,能耐35～40℃的高温,15℃以下茎蔓生长慢,10℃以下生长停止。不耐霜冻。

营养生长阶段需光,能耐较强的光照强度。蕹菜属高温感应型短光性作物,生殖生长需要短日照条件。

喜较高的空气湿度和湿润的土壤条件。如果生长期间土壤水分不足,空气干燥,则易导致蕹菜纤维增多,降低品质和产量。

蕹菜对土壤及其酸碱度的要求不严格,但以保肥、保水的粘壤土栽培为好。蕹菜生长速度快,需肥量大,尤喜氮肥。播种或定植前应施用腐熟的圈肥作基肥,生长期间应注意及时追肥。

(三)栽培技术

蕹菜分旱栽和水植两种栽培方式,北方以旱栽为主;南方旱栽、水植并存。早熟栽培以旱栽为主,中晚熟栽培多数水植。

1. **播种及育苗** 旱栽多用种子直播或进行育苗移栽。山东各地直播一般于4月中下旬播种,可采用条播或点播,行距30～35厘米,点播穴距15～20厘米。也可以加密播种,待苗长到17～20厘米时间拔采收。育苗移栽者多用平畦育苗,撒播。蕹菜种子大,用种量多,育1亩苗用种10～15千克,可栽植10～15亩。蕹菜种皮厚而硬,吸水慢,早春育苗温度低,出苗迟,易烂种。播前要浸种催芽,播后覆盖塑料薄膜提温保湿,待出苗后撤膜。苗高15～18厘米时定植。

水植多行无性繁殖,用藤蔓育苗。利用上年经选留、保护而安全越冬的种蔓,先行催芽,再扦插于育苗畦内,待苗长到30厘米左右时进行压蔓,促使茎节处向下发生不定根,向上抽生侧枝,再用陆续抽出的具有一定大小的侧枝作种苗,用于扦插定植。

2. **栽植与管理** 旱栽宜选择地势低、土壤湿润而肥沃的地块栽培,定植株行距同直播。水植应选择能灌能排、向阳、肥沃、水层浅的田块栽培。水植可将苗定植在浅水层的烂泥中,株行距 25～30 厘米,叶要露出水面。

定植后,前期温度低,旱栽应注意勤中耕松土,提高地温;水植应注意放水晒田。进入夏季,温度升高,植株生长快,需肥需水量大。旱栽要勤浇水,浇大水,结合浇水追施氮肥;水植应增加水深,满足蕹菜对水分的需求。进入秋季,天气转凉,旱栽要及时中耕除草和追肥,并注意防治红蜘蛛等虫害;水植的每采收一次都要晒田提温,并进行追肥。

3. **采收** 蕹菜系多次采收的蔬菜作物,适时采收是获得高产优质的关键。当苗高达 33 厘米左右时可采摘上市。第一次采摘在基部留 2 个节,以促使萌发侧蔓。以后的采收,采收标准和留节数同第一次。不可留节过多,否则发生的侧蔓过多,营养分散,影响品质及产量。每次采收后,施 10 千克/亩硫酸铵,并浇水或随水冲施。一般产量 3 000～5 000 千克/亩。

六、落 葵

落葵又叫木耳菜,藤菜,软酱叶。属落葵科 1 年生蔓生草本植物。

(一)类型与品种

1. **红花落葵** 茎淡紫色至粉红色或绿色,叶长与宽近乎相等,侧枝基部的几片叶较窄长,叶基部心脏形。

(1)赤色落葵:红叶落葵,简称红落葵。茎淡紫色至粉红色,叶片深绿色,叶脉及叶缘附近紫红色。叶片卵圆形至近圆形,顶端钝或微有凹陷。叶型较小,长宽均 6 厘米左右,穗状花序的花梗长 3.0～4.5 厘米。原产于印度、缅甸及美洲等地。品种以江口红落葵为代表。

（2）青梗落葵：为赤色落葵的一个变种，除茎为绿色外，其他特征与赤色落葵基本相同。

（3）广叶落葵：又叫大叶落葵。茎绿色，老茎局部或全部带粉红色至淡紫色，叶深绿色，顶端急尖、有较明显的凹陷。叶片心脏形，基部急凹入，下延成叶柄，叶柄有深而明显的凹槽。叶型较宽大，叶片平均长 10～15 厘米，宽 8～12 厘米，穗状花序，花梗长 8～14 厘米。原产于亚洲热带及我国海南、广东等地。

2. 白花落葵　又叫白落葵、细叶落葵。茎淡绿色，叶绿色，叶片卵圆形至长卵圆披针形，基部圆或渐尖，顶端尖或微钝尖，边缘稍作波状。叶最小，平均长 2.5～3.0 厘米，宽 1.5～2.0 厘米。穗状花序，有较长的花梗、花疏生，原产于亚洲热带地区。

（二）特征与特性

落葵分为青梗落葵和红梗落葵。青梗落葵叶绿色，茎绿白色，花白色。红梗落葵茎紫红色，叶绿色，或茎叶均为紫红色，花紫红色。根系分布深而广，在潮湿土表易生不定根，可行扦插繁殖。茎梢肉质、光滑、无毛、分枝能力很强，长达数米。叶为单叶互生、全缘，无托叶，绿色或叶脉及叶缘紫红色，心脏形或近圆形至卵圆披针形，顶端急钝尖，或渐尖。一般有侧脉 4～5 对，叶柄长 1～3 厘米，少数可达 3.5 厘米。穗状花序腋生，长 5～20 厘米；花无花瓣，萼片 5 枚，淡紫色至淡红色，下部白花，或全萼白色。雄蕊 5 枚，着生于花被筒上萼管口处，与萼片对生；花柱 3 对，基部合生。花期 6～10 月份。果实为浆果，卵圆形，直径 5～10 毫米；果肉紫色多汁，种子球形，紫红色，直径 4～6 毫米,开花后 1 个月左右成熟。千粒重为 25 克左右。

落葵系 1 年生高温短日照植物,喜温暖,适宜温度为 20～25℃。耐热及耐湿性较强,高温多雨季节生长良好。露地播种的要在 15℃以上才能出土,温度持续在 35℃以上,只要不缺水,仍能正常长叶及开花结籽。一般均可安全越夏,而以高温多雨季节生长甚旺。因此,它属于耐热性蔬菜,自早春至初秋均可陆续播种。

(三)栽培技术要点

1. **播种育苗** 北方保护地生产地区可利用阳畦或温室进行春播早栽培,于 3 月中下旬播于温室。播前种子在温水中浸泡 1～2 天,用纱布包好,漏净余水,置于 30℃左右环境中催芽,出芽前每天用清水冲洗 1 次,当 80% 以上种子出芽后进行播种。播种方法可用纸钵或塑料钵育苗,播前给营养钵内灌足底水,待水渗下后,每钵放 1～2 粒种子,覆过筛细土 2 厘米。播种至出苗前一般不通风,应保持 30℃开始通风,夜间 15～20℃,不可低于 13℃。当幼苗长至 3 片真叶,高 8～10 厘米时就可定植。

2. **田间管理** 定植前做好畦,畦宽 1.3 米,每畦定植 3 行、株距 20 厘米。定植后浇清水,缓苗后中耕松土。当蔓长至 30 厘米以上时应及时搭架,以供攀爬。为了减少养分消耗,使叶片肥大、品质好,应尽早抹去花枝。当植株长至 6～7 片叶时,就可以采收,一般每隔 7～10 天采收 1 次。每收 1 次随水追 1 次肥,追肥以腐熟人粪尿最好,也可每亩追尿素 15 千克,整个采收期不可缺肥,否则梢老、叶小、品质差。

3. **采收** 以食嫩梢为主的采收时期,在苗高 30 厘米后,留 3 叶掐去头梢,选健壮侧芽生长新梢,其余抹掉,新梢收获后再选 2～4 个健壮侧芽或新梢,后期生长势减弱,可在整枝后保留1～2个健壮芽或梢,保持叶大梢壮。以7～10天采收1次为宜。每亩产量达1500～2500千克。以收嫩叶为主时留主蔓和基部1个侧蔓,植株达到架顶时再摘心,从主蔓基部选健壮芽或新主蔓,原主蔓叶收完以后,在近新主蔓处剪去。前期10天采收1次,后期5～7天采收1次,产量可达1000～2000千克/亩。

第六章　茄果类

茄科植物中的果菜类称为茄果类,主要包括番茄、茄子、辣椒等蔬菜。这类蔬菜在我国广泛栽培,在蔬菜生产和市场供应上均占有重要地位。

茄果类蔬菜均起源于热带,要求温暖的气候条件,不耐霜冻,在较强的光照和良好的通风条件下生长良好。

这类蔬菜根系发达,有较强的吸收养分和水分能力,在肥沃的土壤上容易获得高产,幼苗长到2~3叶时始行花芽分化。与此同时,从花芽邻近的1个或数个副生长点抽生侧枝代替主茎生长,形成"合轴"分枝。苗期花芽分化是否良好对早熟与丰产影响很大,因此培育壮苗是取得茄果类高产的关键环节。

茄果类蔬菜存在营养生长与生殖生长之间的矛盾,采取合理的栽培技术措施,协调好两者之间的矛盾是取得高产的另一关键环节。

第一节　番　茄

番茄于本世纪初传入我国大陆地区,由于产量高、适应性强、营养丰富,既可做菜用又能做水果食用,很快在我国广为栽培,目前已成为我国栽培的主要蔬菜种类之一。

一、类型与品种

按缪勒分类法,番茄分为栽培型亚种、半栽培型亚种及野生型亚种。除半栽培型亚种中的樱桃番茄近年来有少量作为特种蔬菜栽培外,目前生产中采用的品种主要是栽培型亚种中的以下3个变种:

①普通番茄。植株苗壮,分枝多,匍匐性,果大,叶多,果形扁圆,果色可分红、粉红、橙、黄等,该变种包括绝大多数的栽培品种。

②大叶番茄。叶大,有浅裂或无缺刻,似马铃薯叶,故又称薯叶番茄。蔓中等匍匐,果实与普通栽培番茄相同。

③直立番茄。茎短而粗壮,分枝节短,植株直立,叶小色浓,叶面多卷皱,果柄短,果实与普通栽培番茄相似。因为产量较低,生产中栽培很少。但能直立生长,栽培时无须支架,便于田间机械化操作是其突出特点。

番茄的栽培品种很多,由于国内外对番茄引种及育种工作的重视,各地栽培品种都比较丰富。特别近些年来,番茄1代杂种的利用逐步推广,更增加了栽培品种的多样化。

根据栽培品种的生长型,可分为有限生长(自封顶)及无限生长(非自封顶)两种类型。

(一)有限生长类型

植株主茎生长到一定节位后,花序封顶,主茎上果穗数增加受到限制,植株较矮,结果比较集中,多为早熟品种。这类品种具有较高的结实力、生殖器官发育较快、叶片光合强度较高的特点,生长期较短。代表品种有西粉3号、早魁等。

(二)无限生长类型

主茎顶端着生花序后,不断由侧芽代替主茎继续生长、结果,不封顶。这类品种生长期较长,植株高大,果形也较大,多为中、晚熟品种,产量较高,品质较好。代表品种有毛粉 802、中蔬 4 号、L402 等。

二、特征与特性

(一)特　征

番茄根系较发达,分布广而深。盛果期主根深达 150 厘米以上,根系开展幅度可达 250 厘米左右。主根上易生侧根,在根茎或茎上,特别是茎节上易发不定根,所以扦插较易成活。

茎属合轴分枝(假轴分枝),茎端形成花芽,茎为半直立性或半蔓性,个别品种为直立性。茎分枝力强,每个叶腋均可发生侧枝。不整枝的条件下能够形成枝叶繁茂的株丛。番茄茎的丰产形态为节间较短,茎上、下粗度相似。徒长株节间过长,往往从下至上逐渐变粗;而老化株则相反,节间过短,从下向上逐渐变细。单叶,羽状深裂或全裂,每叶有小裂片 5～9 对,小裂片的大小、形状依叶片着生的部位而异,叶片大小、形状、颜色等因品种及环境条件而异,既是鉴别品种的特征,也可作为栽培措施诊断的生态依据。

番茄叶的丰产形态:叶片似长手掌形,中肋及叶片较平,叶色绿,较大,顶部叶正常展开。生长过旺的植株叶片长三角形,中肋突出,叶色浓绿,叶大。老化株叶小,暗绿或淡绿色,顶部叶小型化。番茄为完全花,聚伞花序,小果型品种多为总状花序,花序着生于节间,花黄色。每一花序的花数品种间差异很大,由五六朵至十余朵不等,为自花授粉作物。天然杂交率 4%～10% 之间。子房上位,中轴胎座。

番茄开花结果习性,按花序着生规律可分两种类型。有限生长类型品种一般主茎生长至 6～7 片真叶时开始着生第一花序,以后每隔 1～2 叶形成一个花序,通常主茎上发生 2～4 层花序后花序下位的侧芽停止发育,不再抽枝,也不发生新的花序。无限生长类型品种在主茎生长至 8～10 片时,有的晚熟品种长至 11～13 片叶时出现第一花序,以后每隔 2～3 片叶着生一花序,在条件适宜时可无限着生花序,不断抽枝和开花结果。

每一朵花的小花梗中部有一明显的"断带",它是在花芽形成过程中由若干层离层细胞所构成。在环境条件不利于花器官发育时,"断带"处离层细胞分离,导致落花。

番茄花的丰产形态:同一花序内开花整齐,花器大小中等,花瓣黄色,子房大小适中。徒长株花序内开花不整齐,往往花器及子房特大,花瓣浓黄色。老化株开花延迟,花器小,花瓣淡黄色,子房小。果实的形状、大小、颜色、心室数因品种而不同。番茄果实为多汁浆果,果肉由果皮(中果皮)及胎座组织构成,优良的品种果肉厚,种子腔小。栽培品种一般为多室,心室数的多少与萼片数及果形有一定相关。

果实的颜色是由果皮颜色与果肉颜色相衬而表现的。如果皮、果肉皆为黄色,果实为深黄色;果皮无色,果肉红色,果实为粉红色;果皮黄色,果肉红色,果实为橙红色。番茄果实的红色是由于含有茄红素($C_{40}H_{50}$),黄色是由于含有胡萝卜素、叶黄素所致。番茄素与胡萝卜素及叶黄素的形成与光线照射有关。茄红素的形成虽与光线有一定关系,但更主要是受温度支配的。

番茄种子比果实成熟早,一般情况下,开花授粉后 35 天左右的种子即开始具有发芽力,但胚的发育是在授粉后 40 天左右完成,所以授粉后 40～50 天的种子完全具备正常的发芽力,种子的完全成熟是在授粉后 50～60 天。番茄种子在果实中被一层胶质包围,由于番茄果汁中存在发芽抑制物质及果汁浸透压的影响,在果实内种子不发芽。种子千粒重 3.0～3.3克。

(二)生长发育过程

1. **发芽期** 从种子发芽到第一片真叶出现(破心)为番茄的发芽期。在正常温度条件下这一时期为 7～9 天。发芽期的顺利完成主要决定于温度、湿度、通气条件及覆土厚度等。在同样条件下,个体之间发芽速度的差异主要与种子质量有关,较大而均匀充实的种子能产生较早的整齐一致的幼苗。番茄种子较小,内含的营养物质不多,发芽时很快地被幼芽所利用,因此,幼苗出现后及时保证必要的营养对幼苗生长发育,尤其是生殖器官的及早形成有重要的作用。

2. **幼苗期** 由第一片真叶出现至开始现大蕾的阶段为幼苗期。番茄幼苗期经历两个不同的阶段。真叶 2～3 片,即花芽分化前为基本营养生长阶段。这阶段的营养生长对花芽分化有明显的促进作用。因此,子叶大小直接影响第一花序分化的早晚,真叶叶面积大小影响花芽的分化数目及花芽质量。所以,培育肥厚、深绿色的子叶及较大的 1～2 片真叶面积是培育壮苗不可忽视的基础。播种后 25～30 天,幼苗 2～3 片叶时,花芽开始分化,进入幼苗期的第二阶段,即花芽分化及发育阶段。这时,幼苗及根系的相对生长率显著下降,表现出生殖发育对营养生长的抑制作用及各器官生长的激烈调整。但是,上述的变化很快地得到恢复,恢复的快慢与恢复程度与育苗条件有关。从这时开始,营养生长与花芽发育同时进行,播种后 35～40 天开始分化第二花序,再经 10 天左右分化第三花序。

从花芽分化到开花约 30 天左右,即从播种到开花需经

55～60 天。

不同品种的花芽分化始期及花芽发育程度不同,早熟品种花芽开始分化早,各花序的花芽发生速率都较中、晚熟品种快。

创造良好条件,防止幼苗的秆长和老化,保证幼苗健壮生长及花芽的正常分化发育是这阶段栽培管理的主要任务。

3. **开花着果期** 番茄是连续开花和着果的作物,这里所指的开花着果期仅包括第一花序出现大蕾至着果的一个不长的阶段。大苗定植时,这一时期正处于定植后的初期阶段。这一阶段虽然不长,但却是番茄从营养生长过渡到生殖生长与营养生长同等发展的转折时期,直接关系到产品器官的形成及产量,特别是早期产量。

在这阶段,营养生长与生殖生长的矛盾比较突出。营养生长过旺,甚至疯长,必然引起开花结果的延迟或落花落果。反之,早熟品种在定植后管理不善,特别是蹲苗不当的情况下又容易出现赘秧的现象,促进早发根。注意保花保果是这阶段栽培管理的主要任务。

4. **结果期** 从第一花序着果到结果结束(拉秧)都属结果期,这一时期果、秧同时生长,营养生长与生殖生长的矛盾始终存在,营养生长与果实生长高峰相继周期性的出现,但是这种结果峰相的突出或缓和与栽培技术关系很大。一般高产番茄二者矛盾比较缓和,反之,矛盾愈突出,产量分布愈不均匀,产量愈低。如果在开花结果时期调节好秧果关系,且肥水管理适当,这一时期不致于出果赘秧的现象。相反,整枝、打杈及肥水管理不当,还可能出现疯秧的危险,必须注意控制。

(三)对环境条件的要求

番茄是喜温性蔬菜,在正常条件下,同化作用最适宜的温度为 20~25℃,温度低于 15℃不能开花或授粉受精不良,温度降至 10℃时植株停止生长,长时间 5℃以下的低温易引起低温危害。

不同生育时期对温度的要求及反应是有差别的,种子发芽的适温为 28~30℃,最低发芽温度为 12℃左右。幼苗期的白天适温为 20~25℃,夜间为 10~15℃。在栽培中往往利用番茄幼苗对温度的适应性较强的特点,在一定条件下进行抗寒锻炼,可以使幼苗忍耐较长时间 6~7℃的温度,甚至短时间的 0℃或-3℃的低温。开花期对温度反应比较敏感,尤其是开花前 3~5 天及开花当日及以后 2~3 天时间内要求更为严格。白天适温为 20~30℃,夜间 15~20℃,过低(15℃以下)或过高(35℃以上)都不利于花器的正常发育及开花。结果期白天适温为 25~28℃,夜间 16~20℃,番茄根系生长最适土温为 20~22℃。

番茄是喜光作物,光饱和点为 70 千勒,因此,在栽培中必须经常保证良好的光照条件,一般应保证 30~35 千勒以上的光强度,才能维持正常生长发育。

番茄是短光性植物,在由营养生长转向生殖生长,即花芽分化转变过程中基本要求短日照,但要求并不严格。

番茄蒸腾作用比较强烈,蒸腾系数为 800 左右,番茄根系比较发达,吸水力较强,因此,对水分的要求具有半耐旱的特点。不要求很大的空气湿度,一般以 45%~55%的空气相对湿度为宜;空气湿度大,不仅阻碍正常授粉,而且在高温高湿条件下病害严重。

番茄对土壤条件要求不严格,为获得丰产,创造良好的根系发育环境,应选用土层深厚,排水良好,富含有机质的肥沃壤土。土壤酸碱度以 pH 6~7 为宜。

番茄在生育过程中，需从土壤中吸收大量的营养物质，据艾捷里斯坦报道，生产5000千克果实，需要从土壤中吸收氧化钾33千克，氮10千克，五氧化二磷5千克。

三、越冬番茄栽培

越冬番茄栽培，是利用冬暖型日光温室进行跨年度栽培的一种模式。

(一)品种选择

越冬栽培要求在一年中最寒冷的季节开始收获产品，选用品种必须耐低温、弱光，抗病性强及果型、颜色等都较好的中晚熟品种。北方地区主要栽培品种为毛粉802，中蔬4号、L402等。

(二)培育壮苗

1. **适期播种**　一般8月下旬至9月上旬播种，过晚或过早会受早春茬或秋延迟茬冲击而影响经济效益。

2. **种子处理**　先在55℃水中浸泡15分钟，再用0.1%高锰酸钾或1%磷酸三钠浸泡15分钟，漂洗后播种苗畦中，苗畦土尽量筛过，肥、土比为7:4。播后盖上地膜，上盖小拱棚，两侧离地面10厘米处卷起薄膜以利通风，一般3~4天出苗。

3. **苗期管理**　幼苗出土后要多见阳光，但要避免强光直射，以免发生病毒病；气温超过30℃要遮花荫。出苗后7~10天要进行间苗，防止徒长。要定期施药预防病虫害，并施2~3次叶面肥。

(三)适期定植

如果小苗移栽，一般应在9月中下旬定植。这时幼苗一般4~6片真叶，但不显花蕾，定植后容易成活。最好进行分苗，把 3～4 片真叶的幼苗分栽在 10 厘米见方的营养块内。这样，在 9 月下旬至 10 月上旬幼苗 8～10 片真叶、已显花蕾时可以定植。选晴天上午定植，株距 30 厘米，行距 60～70 厘米，每亩3 000 株。定植后起垄，覆盖地膜，膜下浇 1 次透水，以利缓苗。

(四)田间管理

1. **温光管理** 定植后棚内白天温度控制在 28～30℃，尽量不超过 33℃，夜间 15～18℃。7～10 天缓苗后，温度适当降低，白天 25～28℃，夜间 14～16℃。开花结果后适当提高白天温度，以 28～30℃为好，但夜温不可过高，13～15℃即可。整个生育期要加强光照，以利光合作用。

2. **肥水管理** 定植后至缓苗前一般不再浇水，缓苗后至开花结果前应尽量少浇水，以防徒长，这期间应尽量少施肥。开花结果后应加大肥水供应，并随水冲施磷酸二铵或复合肥。

3. **湿度管理** 定植后至缓苗前应保持棚内湿度，以利缓苗，缓苗后通过放风降低棚内湿度，尤其开花结果期要保持较低湿度，以防病害发生。

4. **二氧化碳施肥** 番茄开花结果期正是外界寒冷的 12 月份，通风不良，需补充二氧化碳，常用方法是用碳铵与稀硫酸反应放出二氧化碳，其废物硫酸铵仍可作为肥料使用。根据棚内容积大小，计算出各种原料的用量，于晴天上午 8～10 时施放，使二氧化碳浓度达 800～1 000 微升/升，增产效果十分明显。

5. **植株调整** 采用单秆整枝，每株保留 5～6 穗果后摘顶，可于其中部保留一健壮侧枝代替主枝继续生长，还可留5～6 穗果。要及时抹杈，后期要及时打掉下部老叶病叶，以利通风和光合积累，减少病害发生。

6. **保花** 番茄开花期正处在低温弱光期，坐果困难，因此须用 10～15 微升/升 2,4-D 蘸花。每穗花确保 2～3 个较大的果实。

(五)适时采收

越冬番茄可以在元旦后在植株上自然成熟,为满足元旦、春节市场供应,也可采用乙烯利催熟,把白熟期的果实摘下,用 2 000～3 000 微升/升乙烯利喷洒或浸泡一遍,取出放在温床内,保温 25℃左右,注意通风,5～7 天即可变红。也可把植株上白熟的果实用 500～1 000 微升/升乙烯利涂抹,7～8 天后也可变红,变红的果实在 5～6℃下可保存 20 天左右,可根据价格和市场需求,确定上市时间,满足节日供应。

四、番茄秋延迟栽培

(一)育苗期

7 月中下旬播种,8 月中下旬定植,育苗期不超过 25 天。

1. **主攻目标** 培育无病毒的健壮幼苗。

2. **主要措施** "四防"育苗,即防高温、防雨涝、防病毒病、防徒长。

(1)选种:选用抗病耐热的中晚熟品种,如毛粉 802、中蔬 4 号等。

(2)防高温雨涝:苗床必须有遮荫、遮雨棚。床面要高出地面 10～15 厘米,以防受涝。

(3)种子处理:浸种 5～6 小时,将捞出的种子再用 10% 磷酸三钠浸种 20 分钟,用清水洗净催芽。

(4)精细播种:撒种要均匀,覆土厚度要一致。50～60 平方米苗床用种量为 50～75 克(干种)。一般 40～50 平方米苗床育出的幼苗可供 2.5 亩大田使用。每亩定值 5 500 株左右。

(5)苗床管理:出苗后每天要揭盖覆盖物,早晚揭开,中午阳光直射时盖上遮荫。幼苗3～4片叶时要及时间苗,保持苗距5～7厘米。1片真叶时,喷洒6%的矮壮素500倍液,以防徒长。苗床要小水勤浇,以利降低床温。苗床及其周围每隔3～4天喷洒1次40%乐果1000倍液,防治蚜虫危害,以免蚜虫传播病毒病。有条件时,最好用纱网覆盖育苗。

(二)开花坐果期

番茄开花坐果期在9月上中旬。

1. **主攻目标** 壮苗保果。

2. **主要措施**

(1)及时定植:当苗长至5～6片叶、苗高20厘米时应及时定植。定植深度以埋住原根为宜。切忌育大苗卧栽。定植后要及时浇水、松土、培土。

(2)适量留果:番茄自开花时起,每天上午可用2,4-D 15000倍液或防落素20000倍液涂花保果。坐果后视果实多少进行疏果。一般每株3穗果,每穗果留3～4果。疏果要及时,一般在果实长到1～2厘米时疏果。

(3)单干整枝:要把所有侧枝在长度不足3厘米时抹掉,留3穗果后再留2～3叶打顶。

(4)插支架:中耕后在每株番茄附近插一个60～70厘米长支架,将植株绑缚上架,或每行插3～4根木棍,木棍上再横绑两道竹竿,把番茄植株绑缚到竿上,这样搭架省工。

(5)继续防治病毒病:一般每10天喷洒1次乐果等防蚜,以免蚜虫泛滥时传播病毒病。

(三)果实生长期

秋延迟番茄在9～10月份是果实生长盛期。

1. **主攻目标** 防治病害,促进果实生长。

2. 主要措施

(1)追肥浇水:第一穗果坐住后,每亩追施氮、磷、钾复合肥20千克,并浇水,此后地皮见干就浇。第二穗果坐住后每亩再追复合肥20千克,随水冲施。

(2)覆膜保温:秋延迟番茄要及时覆盖薄膜和草苫。10月上中旬薄膜可昼揭夜盖,10月下旬气温降低,白天可不揭膜,适当开通风口即可,夜间要盖草苫保温。

(3)适时采收:秋延迟番茄10月下旬始收,可收至11月下旬。冬季暖和的年份可收至12月下旬。有的年份11月来寒流,气温急剧下降,未转色的番茄在8℃以下易遭寒害。因此,应在气温骤降前将所有植株连根拔起堆放,再覆盖薄膜,避免受寒害,而且还能贮藏一段时间。

五、小拱棚早熟番茄栽培

(一)品种选择

选用有限生长类型的西粉3号、早魁等早熟品种。

(二)播种育苗

播期应在当地断霜日前80~90天采用风障阳畦育苗,有条件的应设置电热温床。也可在大棚内进行。育苗方法详见育苗技术部分。

(三)整地、做畦、施基肥

深耕土壤25厘米,结合深耕施入有机肥1000千克,过磷酸钙75千克,硫酸钾25千克,后两者应集中施入栽培畦,栽培畦宽1.2~1.5米。

(四)定 植

定植期为距当地断霜日25天左右,定植密度为5500株左右,定植时点浇,应浇足水,定植后铺上地膜,随即盖上高度约为 50 厘米的小拱棚,小拱棚的长度不应超过 25 米。

（五）田间管理

1. **缓苗期**:密闭拱棚不通风,促进缓苗。缓苗后,当温度超过 30℃时可于棚两端进行通风,并轻浇 1 次缓苗水。

2. **开花坐果期**:定植缓苗后的 7～10 天即进入开花坐果期。此期正处于低温期,坐果困难,可用 2,4-D15～20 微升/升蘸花,也可用番茄灵 35～40 微升/升喷花,以保证坐果,如坐果过多,应进行疏花疏果,每穗保留 3～4 果即可。

整枝方法采用一主一侧整枝法,主枝留 2 穗,侧枝留 1 穗,去掉其他所有侧枝。支架采用 50～60 厘米高的架材,将每穗花下的茎枝绑于架材上。

3. **结果期**:待第一穗果达核桃大时,应进行追肥浇水,随水冲入尿素每亩 10 千克,三元复合肥 10 千克。待第二穗果旺盛生长期可再浇水追肥 1 次,追肥量可酌减。约于 5 月中旬前后,可撤掉小拱棚,进入露地栽培期。果实定型后,可用 500～1000 微升/升乙烯利涂果,使果实提早成熟 5～7 天。

六、露地春番茄栽培

（一）品种选择

1. **早熟品种**　选用早熟品种,以发挥早熟增产效益。目前可供选择的品种有西粉 3 号、津粉 65、鲁粉 1 号、早魁等。

2. **中、晚熟品种**　选用中、晚熟品种,以挖掘增产潜力,达到优质高产目的。目前可供选择品种有毛粉 802、中蔬 4 号、中蔬 5 号等。

（二）育　苗

露天地膜春番茄每亩用种量 35～75 克。育苗需在终霜前 55～65 天进行,必须在塑料棚或日光温室内实行保护育苗。

一般可在棚室内用温床（电热或酿热温床）育苗，塑料棚内冷床护根育成苗。如有条件也可采用无土育苗。育苗技术与棚室番茄栽培基本相同。壮苗标准：苗龄 55～65 天，真叶 7～8 片，株高早熟品种 15～18 厘米，中熟和晚熟品种 20 厘米左右，第一果穗开始出现大花蕾，根系发达，叶色浓绿，无病虫害。

（三）定植前的准备

1. **确定栽培方式**：多采用平畦地膜覆盖栽培。

2. **施足基肥**：一般每亩施优质农家肥 4 000～5 000 千克、过磷酸钙 70～80 千克、尿素 5～10 千克、草木灰 100～150 千克，也可用 30 千克左右的磷酸二铵代替过磷酸钙和尿素，用 10～15 千克硫酸钾替代草木灰作苗肥。通常将基施有机肥留出 20%～30% 与无机肥（化肥和草木灰）混合作沟施基肥，其余有机肥均匀撒施于田间。然后整平地面做成平畦。

（四）定植

1. **定植期** 早熟栽培是在地膜覆盖下的栽植沟或沟畦内、小拱棚内定植，因而具有防霜作用，一般能在终霜前 15 天左右定植。中、晚熟优质高产栽培，因为地膜直接覆盖于畦面上，只有护根促根作用，不能防止霜冻，所以只能在终霜后定植。定植时 10 厘米地温应达到 10℃ 左右，不能低于 8℃。

2. **定植方法** 早熟栽培为每亩栽 4 000～6 000 株。为了防止番茄茎叶顶贴地膜发生烧伤和病害，应采取顺沟卧栽或半卧栽。栽后浇足定植水，然后覆盖地膜。地膜小拱棚覆盖栽培，先在平畦上按行距开好两条 12 厘米宽、10 厘米深定植沟（也可挖穴定植），再按株（穴）距将苗坨放入沟内，并用少量土稳坨，然后在沟内浇定植水，待水渗下后再用土封沟，随后扣盖地膜、小拱棚。覆膜前，每亩用 48% 氟乐灵 150～200 克，对水 50～60 千克,均匀喷布在畦面上,并混土 3～5 厘米,搂平畦面,稍加镇压后覆膜。定植时按 50 厘米×27 厘米～30 厘米行株距在铺好地膜的畦上挖穴、栽苗、浇水、覆土单穴封严膜孔。中、晚熟优质高产栽培方式与早熟栽培相同,每亩栽植 3400 株左右。

(五)田间管理

露天地膜春番茄的田间管理,应切实抓好"五防"(防止烤苗、寒苗,防止肥水短缺,防止中、后期草荒,防止密度过大,防治病虫害)工作,还要特别注意做好防止落花落果。由于露地春番茄第一、第二果穗开花坐果时,自然气温尚低,特别是夜间气温往往低于 15℃,影响番茄花粉生活力,不利于授粉受精,形成低温性坐果障碍,导致落花落果。因此,要用激素点(喷、蘸)花,促进前期坐果,保证果数。到了中期,由于前期用激素点(喷、蘸)花,下部坐果显著增加,加上气候适宜,植株中下部果实生长旺盛,体内营养竞争激烈,可能形成营养竞争性坐果障碍,也会造成落花落果(花和幼果竞争能力弱),仍需用激素处理。进入后期,又会由于盛夏高温(夜温 22℃以上,日温 35℃以上)抑制花粉活力,影响受精,形成高温性坐果障碍,若不用激素处理,还会造成落花落果。所以,露地春番茄开花结果期间,要始终坚持用激素点(喷、蘸)花。克服低温性坐果障碍,可用 15～20 微升/升的 2,4-D 点(蘸)花,或用 40～50 微升/升的番茄灵喷(蘸)花;克服营养性或高温性坐果障碍,2,4-D 的浓度应降至 10～15 微升/升,番茄灵的浓度应降至 25～30 微升/升。一般早熟栽培每株 3 穗果,中、晚熟栽培每株留 4～6 穗果,最后 1 果穗以上留 2 片叶打顶。每穗果坐住后,要及时疏除畸形果、僵果和多余的小果实,每穗果选留 3～4 个发育正常的果,并及时打掉萌发的枝杈,集中养分长果。有条件的应从第一穗果坐住并开始膨大起,每隔 10 天左右进行 1 次根外追肥,即用 0.2%～0.5%的磷酸二氢钾水溶液喷洒叶背面,这样既可补肥,又能促进光合作用和营养物质向果实转移,提高商品产量和质量。

(六)采收与催熟

番茄坚熟期(3/4 果面变红)营养最好,此时采收上市品质尤佳。所以供应本地市场的宜在果实坚熟期采收上市。但是,如果是销往外地,则应提早采收,使其在运输过程中后熟转色,以减少运输损失。番茄果实在 20～25℃条件下代谢活动正常而旺盛,有利于茄红素合成,转红(成熟)快,低于 12℃转色缓慢,而夜温高于 30℃、日温高于 28℃,茄红素合成困难,果实暗淡发黄,商品质量不好。第一穗果成熟期,夜温较低,果实转色较慢。另外,适期用乙烯利处理果实,能加速果实转色。为了促进成熟,增加经济效益,第一穗果实达到绿熟期(充分长足)时,可用乙烯利进行催熟。具体做法有两种:一种是将绿熟果实采下,用 2000～3000 微升/升乙烯利浸果,然后晾干果面,在 25℃左右条件下催熟,可提前 10 天左右上市;另一种是用 500～1000 微升/升乙烯利喷植株上的绿熟果实,可提早采收上市 5～7 天。但浓度不宜偏高,并应避免喷涂到上部的茎叶上,以防引起叶片黄化乃至脱落。

第二节　茄　子

　　茄子属茄科茄属 1 年生植物,热带为多年生。原产于亚洲东南热带地区,古印度为最早驯化地。中国栽培茄子历史悠久,类型品种繁多,一般认为,中国是茄子的第二起源地。食用幼嫩浆果,可炒、煮、煎食,也可干制和盐渍。每 100 克嫩果含水分 93～94 克,碳水化合物 3.1 克,蛋白质 2.3 克,还含有少量特殊苦味物质茄碱苷,有降低胆固醇、增强肝脏生理功能的作用。

一、类型与品种

一般将茄子分为 3 类,即圆茄类、长茄类和矮茄类。

(一)圆茄类

植株高大,茎粗壮直立。叶片宽厚,生长势强。果实圆形、扁圆形或长圆形,果皮有黑紫色、紫红色和绿色,肉质较硬。生产上常用的品种有:

1. **五叶茄** 生长势中等偏弱,主茎 4～6 节开花。果实近圆球形,黑紫色,有光泽,萼片及果柄为深紫色。果肉绿白色,肉质细嫩。耐寒性较强,不耐涝,抗病性差。早熟。适于春季露地和保护地栽培。

2. **安阳紫圆茄** 植株高大,10～11 节开花,果实较大,高桩倒卵圆形,紫红色,肉质较松软。叶长圆形,淡紫色。耐热,抗病性强,适于夏秋栽培。

3. **丰研 1 号** 株高 80 厘米,叶丛较直立,叶片窄小,叶脉和叶柄有刺,叶表面生细密的短刺毛。主茎黑紫色带绿色。萼片和果柄上着生稀疏短刺毛。9 节生花。果实圆形或扁圆形、黑紫色、有光泽。果肉白绿色,细嫩。耐热、耐涝,较抗绵疫病、黄萎病和病毒病。适于夏季栽培。

(二)长茄类

植株生长势中等,分枝较多,叶较小而狭长。果实细长,紫色、青绿色或白色,肉质松软。单株结果多,较适应阴湿气候。常用品种有:

1. **吉茄 1 号** 1 代杂种。生长势强,株形直立。萼片紫色。

果实长棒状、先端略呈钝鹰嘴状、紫色、有光泽。果肉绿白色，品质中等。中晚熟，较抗黄萎病。

2. **龙茄1号** 早熟，从播种到收获105～110天。果实长棒形、黑紫色，果肉白绿色，籽少，肉致密，品质好。抗寒性较强，喜肥水，落花少。

(三)矮茄类

植株较矮，茎叶细小，植株开张，生长势中等或偏弱。果实椭圆或灯泡形，果色为紫色、青绿色或白色。主要品种有：

1. **北京灯泡茄** 生长势较强，10～12节生花。果实长椭圆形、似灯泡、黑紫色。肉质浅绿白色、松软，种子少。

2. **鲁茄1号** 植株矮小，分枝力强，6～7节生花。果实长椭圆形、黑色油亮、中部稍粗、两端钝圆。果肉浅绿色，种子少，品质极佳。定植后35～40天收获，适于地膜覆盖栽培。

二、特征与特性

(一)特 征

茄子根系发达，成株根系可深达1.3～1.7米，横向伸长可达1.0～1.3米，主要根群分布在33厘米内的土层中。茎直立、粗壮，为假二杈分枝。株形开张，茎叶繁茂，茎木质化程度高，生长速度比番茄慢，营养生长与生殖生长比较平衡。单叶互生，卵圆形或长卵圆形。茎叶颜色与果色相关，紫色品种的嫩枝和叶片带紫色，白茄和青茄品种呈绿色。花为两性花，花瓣5～6片，基部合生呈筒状，白色或紫色，根据花柱长短可分长柱花、中柱花和短柱花。长柱花花柱高出花药，为健全花，短柱花花柱低于花药，花小梗细，为不健全花。果实为浆果，以嫩果作食用。

(二)特　性

茄子的分枝结果习性很有规律,分枝按 N(分枝数)＝2x (分枝级别)的理论数值不断向上生长。每 1 次分枝结 1 层果实,按果实出现的先后顺序,习惯上称之为门茄、对茄、四母斗、八面风、满天星。但实际上,只有 1～3 次分枝比较规律。由于果实及种子的发育,特别是下层果实采收如不及时,上层分枝的生长势减弱,分枝数量减少。

茄子对温度的要求比番茄高。发芽适温 25～30℃,最低发芽温度 11℃。生育适温 20～30℃,温度低于 15℃或高于 35℃则生长不良,易引起落花落果。

茄子不耐阴,要求较高的光照条件。其分枝多,叶片大,蒸腾作用强,耐旱性差。根系对土壤通透性要求较高,排水不良时,容易引起沤根;高温高湿条件下,落花落果及病害严重;水分不足时易产生短柱花。茄子比较耐肥,苗期营养充足,尤其是磷肥充足,有利于提早花芽分化。

三、栽培技术

(一)冬暖大棚茄子栽培

1.育　苗

(1)浸种催芽:为了提高种子发芽率和发芽势,浸种前可将种子在室外晒种 6～8 小时,也可用 0.05％～1.0％的双氧水溶液浸种,既可促进发芽,又可杀菌。为防止黄萎病,可用 1％高锰酸钾溶液浸种 30 分钟,捞出反复淘洗后进行温汤浸种。然后在 30℃左右的温水中浸种 8 小时,洗掉种皮表面的粘液,用湿布包好,在 25～30℃的条件下催芽。

(2)播种:冬暖大棚茄子一般在 10 月中旬播种,播种可在育苗盘或育苗床进行。苗床播种可在冬暖大棚中部用营养土做成高 15 厘米、宽 1.0～1.5 米的高畦,浇足底水,准备播种。播种量为每平方米 15～20 克,播后覆盖 1 厘米厚的营养土,然后覆盖地膜。

(3)播后的管理:出苗前应使土温保持在 20℃以上。当幼苗 80％出土后,应及时撤去地膜,并适当降温,温度控制在白天 20～25℃,夜间 15～17℃,地温 20℃以上。在真叶出现时适当间苗,2～3 片真叶时分苗。

(4)分苗:分苗一般在两叶一心时进行,苗距 10 厘米见方,也可用营养钵分苗。分苗后白天温度保持在 25～30℃,夜间 20℃,夜间可盖小拱棚保温,促进缓苗。中午要回苫进行短期遮荫,以防幼苗萎蔫。缓苗后,白天保持在 24～28℃,夜间 15～17℃。由于从分苗到定植时间较长(11 月上旬至 1 月中旬),天气逐渐变冷,因此要加强温度及光照的管理。夜间可进行多层覆盖,保持温度在 15℃以上,也可在大棚后部挂反光幕,以增加光照。

2. **水分管理**　宜在前期浇大水,浇足水。12 月份以后,为防止地温降低,一般不旱不浇。定植前 10～15 天,苗床浇一次透水,1～2 天后切坨;定植前 3～5 天,要进行叶面施肥和喷药防病,用 0.2％磷酸二氢钾或 0.3％的尿素充分溶解后叶面喷施;用杀灭菊酯 2000 倍液防治蚜虫,三氯杀螨醇 1000 倍液防治茶黄螨,百菌清 600 倍液防治霜霉病。

3. **定植**　定植前大棚要进行消毒,可按每立方米空间用硫磺 4 克加 80％敌敌畏 0.1 克和锯末 8 克,混匀点燃,封闭 1 昼夜后放大风,然后保温待定植。

消毒后,每亩大棚施入有机肥 5000 千克,并深翻整地。可采用大小行距垄栽,小行距 50 厘米,大行距 60 厘米。定植时先按大小行开 5～6 厘米深的沟,然后按 38～40 厘米的株距栽苗,每亩栽 2500～2700 株。先埋浅土浇水,经日晒地温升高后,再培土成垄,最后在两小行间垄上盖地膜。

4.定植后管理

(1)温光管理:茄子喜高温,苗期抗寒能力弱,定植至缓苗前一般不通风,晚上要加扣小拱棚以提高温度,促进缓苗。

缓苗后白天保持 25～30℃,夜间保持 15～20℃,可短期耐受 10～13℃。这时可在大棚脊部扒小口排湿换气。开花结果期一般在 2 月中旬以后,这时天气开始转暖,白天温度保持在 25～30℃,夜间 18℃左右,地温保持在 15℃以上,不能低于 13℃。阴雨天可比常规低 2～7℃,久阴乍晴,要注意中午回苦遮阳。以后随外界温度的逐渐升高,要加大通风量和通风时间。5 月下旬后可昼夜通风。

(2)肥水管理:茄子定植后天气较冷,一般浇足缓苗水后到门茄瞪眼(即门茄核桃大)时开始浇水,在地膜下进行暗灌。3 月中旬后温度升高,地温达 18℃以上时,明暗沟都可灌水,灌水后要通风排湿。灌水一般在上午进行,随着天气转暖,以后每 5～6 天就要浇 1 次水。

(3)整枝:冬暖大棚茄子在四母斗形成后即枝繁叶茂,易造成通风不良的状况,因此需进行整枝。目前多采用双干整枝,即在对茄形成后,剪去两个向外的侧枝,形成向上的双干,以后的侧枝全部打掉,待结到 7 个果后进行摘心,促进早熟。若要进行延迟栽培,可在 7 个茄子收获后,从主干距地面 10 厘米处斜茬剪下,然后进行松土、追肥和灌水,促进萌发新的枝条,选生长健壮的枝条再进行双干整枝,可延迟生长到次年 12 月上旬。

(4)生长素处理:为防止茄子落花和产生畸形果,用 30～40 毫克/升的 2,4-D 溶液或 40～50 毫克/升的防落素溶液涂花或蘸花,选晴天上午无露水时处理较好。

5. **采收** 早熟茄子品种,开花后 20～25 天即可采收嫩果。门茄要及时采收,以免影响植株生长及后面果实的发育。

(二)小拱棚早熟茄子栽培

1. **育苗** 选用耐低温弱光,坐果率高,果实生长速度快的品种,在温室、改良阳畦、酿热或电热温床内播种,以培育出素质优良的壮苗。

茄子育苗时,小苗易得猝倒病,播种前可用 70% 五氯硝基苯和 50% 福美双各 5 克与 15 千克细土混匀配成药土,每平方米苗床用药土 15 千克,2/3 做垫土,1/3 做盖土。12 月下旬至 1 月中旬催芽播种,播种后覆土 1.0～1.5 厘米,畦面盖地膜保湿增温。

播种后苗床白天温度不低于 25℃,30℃ 以上时可适当通风,夜间保持 17℃。3～4 叶时分苗,大拱棚内的阳畦苗床,苗距 10～12 厘米见方。定植前 7～10 天降温炼苗,白天 20℃,夜间不低于 13℃,苗龄 90～100 天。待苗高 20 厘米左右,大部分植株显蕾时,即可准备定植。

2. **定植和管理** 小拱棚茄子于 4 月中旬定植,如夜间盖草苫可于 4 月上旬定植。畦宽 60～120 厘米,每畦栽 2～4 行,株距 35 厘米。

定植初期由于地温低,因此要特别注意防寒保温。定植后 5～7 天内不通风,保持棚温 25～28℃。定植后 30～40 天,夜温稳定在 15℃ 以上时,即可撤棚。

门茄坐住后,于行间沟施粪干、鸡粪或硫酸铵,然后浇水。以后 1 周浇 1 次水,2～3 周追 1 次肥。植株徒长时可进行疏枝、摘顶、打老叶。开花时用 20～30 毫克/升的 2,4-D 蘸花或喷 40～50 毫克/升番茄灵,以提高坐果率。第三层果坐住后,留两叶打顶,以提早收获。

(三)春茄子栽培

1.育苗 1月下旬至2月上旬温室播种,1个月后分苗至阳畦;也可2月中旬至3月上旬在阳畦内育苗。苗龄90～100天。

2.定植和管理 待10厘米地温稳定在12℃以上,终霜后即可定植。定植前施足基肥,一般平畦栽培,株行距因品种而异,早熟品种为40～45厘米×40厘米,中晚熟品种60～70厘米×40～50厘米。定植后5～7天浇稀粪缓苗水,中耕1～2次,蹲苗15～20天;坐果后开始追肥浇水,以后每7～10天浇1次水。茄子不耐涝,雨季要注意排水,雨后及时追施少量氮肥,有促进根系生长、防治沤根的作用。每采收1层果追1次肥,结果中后期可叶面喷施0.2%尿素和0.3%磷酸二氢钾。

茄子茎能直立,一般不整枝,门茄坐住后可打去基部侧枝,收门茄后摘除老叶,以利通风透光。

近年来,密植早熟茄子和连秋茄子已开始进行整枝,以促进早熟,提高产量,增加效益。整枝方法有多种:在3层果上留两叶打顶,以集中养分结果;在两层果以上,只留一半枝条结果,3层果坐住后留叶打顶,全株共留5个果;也可门茄以上实行单干整枝,加大栽植密度,提高早期产量。连秋茄子采用避旺堵淡的整枝法,即收3层果后,茄子大量上市期,剪去第二层果分杈上部的枝条,使其暂停结果,进行伏歇。剪枝后施肥浇水,促其萌发新枝,留1个壮枝,结两个果打顶。8月中下旬开始收二茬茄子,直到9月中下旬拉秧。

(四)夏秋茄子栽培

1.育苗 由于夏秋茄子多在麦收后栽植,因此要选用耐热、耐湿和抗病品种。4月下旬至5月上旬播种,苗期扣小拱棚覆盖,出苗后通风,幼苗中后期大通风。齐苗后松土间苗,2叶1心时分苗1次,苗龄60天左右。

2.**定植和管理** 麦收后立即整地,重施有机肥,定植沟内每亩再施过磷酸钙25～40千克,硫酸铵10千克。做成60～70厘米宽的小高畦,每畦栽两行茄子。株距32～40厘米。也可用平畦栽,以后结合中耕,逐渐培土成垄。一方面防止高温伤根,另一方面也有利于排水降湿,减少病害。

麦茬茄子生长期短,需加强管理。栽后连浇两水,中耕蹲苗10天左右,再浇水中耕。门茄坐住后追肥浇水。为防治雨季流失养分而导致营养不足,一般15天左右施1次肥,浇水一般在早晚进行。夏秋茄子开花期,雨水多,湿度大,发育不良的短柱花较多,容易造成落花,产量不稳定。可喷30毫克/升防落素,提高坐果率。

第三节　辣　椒

辣椒,为茄科辣椒属植物,原产于中南美洲热带地区,其果实含有丰富的维生素C、胡萝卜素及蛋白质、糖类等多种营养物质。辣椒传入我国已有400多年,甜椒则只有百余年的历史。我国的气候条件适于辣椒生长,所以全国各地均有栽培。在我国北方地区,辣椒除了露地栽培,保护地生产面积近年来也不断扩大。辣椒已成为我国重要的蔬菜作物之一。

一、类型与品种

辣椒属植物种类较多。根据果实特征,辣椒栽培品种可分为3个类型:

(一)甜椒类

植株粗壮高大,叶片肥厚,椭圆形或卵圆形,花较大,果实短粗,呈扁圆形、方圆形或短圆筒形,形状近似灯笼或柿子,故有灯笼椒或柿子椒之称。果实味甜质脆或微辣。优良品种如茄门甜椒、中椒4号(杂种一代)、鲁椒1号、农大40号等适于露地栽培,双丰(杂种一代)、甜杂1、2号(杂种一代)等适于早熟栽培,也可露地栽培。

(二)长角椒类

植株中等、稍开张,果形长,呈羊角形、牛角形或长圆锥形,果实多下垂,辣味强。优良品种如湘椒1号(原名湘研1号,杂种一代)、湘研4号(杂种一代)、早杂2号(杂种一代)、洛椒1、4号等,均为适于保护地栽培的早熟品种。中熟一代杂种如苏椒2号、保加利亚椒等,也适于保护地早熟栽培。

(三)短锥椒类

植株矮生,节间短密,叶细小,果实短锥形,多为地方品种,如咸阳七星椒、泗水小辣椒等。

二、特征与特性

辣椒在温带地区为1年生蔬菜。根系不如番茄、茄子发达,根量少,入土浅,茎基部不易生不定根,主要根群仅分布在10~15厘米土层内。

茎直立,腋芽萌发力较弱,株冠较小,适于密植。茎端出现花芽后,以双杈或3杈分枝继续生长。根据分枝结果习性,辣椒分为无限分枝型与有限分枝型。无限分枝型植株高大健壮,当主茎长到7~15片叶时,顶端现蕾,花蕾以下2~3节生出2~3个侧枝,果实着生于分杈处,多数栽培品种属此类型。有限分枝型植株矮小,主茎生长至一定叶数后顶部以花簇封顶,形成多数果实,侧枝也均以花簇封顶。

单叶互生,叶为卵圆形或长卵圆形,雌雄同花,正常花器花柱长。果实为浆果,2室或3~4室,成熟果为红色或黄色。在植株营养状态不良、夜温过低、日照弱、土壤干燥及密植条件下,果内种子少,果实生长受抑制。夜温过低时果实先端变尖。高温下,若土壤干燥、土温升高、多肥、水分及钙的吸收受阻,则易发生顶腐病。特别干燥时,已发育的果实易失去光泽。

辣椒植株的营养生长与生殖生长矛盾突出。结果期,正在生长的果实对植株营养生长及生殖器官的发育影响较显著。结果数增加,新开花质量降低,结实率下降;若摘除果实,减少其数量,缩短生长时间,则花质提高,开花及结实正常。所以,结果期前,应促进营养生长,结果初期,应早采,以保证开花数及坐果率。

果实内辣椒素含量通常为 0.2%~0.5%,品种及栽培条件不同,差异较大。辣椒素含量决定品种的辣味程度。

辣椒发芽适温为 25~30℃,低于 15℃不能发芽。幼苗生长要求较高的温度。开花结果初期以日温 20~25℃、夜温 15~20℃为宜。盛果期适当降低夜温有利于结果。初花期植株开花授粉适温为 20~27℃,低于 15℃,植株生长缓慢,难以授粉,易引起落花落果。高于 35℃,花器发育不全或柱头干枯不能受精而落花,即使受精,果实也不能正常发育。

辣椒既不耐旱也不耐涝。初花期温度过高会造成落花,盛花期空气过于干燥,易引起落花落果。甜椒及长角椒品种要求排水良好的肥沃土壤,若营养不良,氮不足或过多均会影响营养生长及营养分配,导致落花。短锥椒品种适应性较强。辣椒为中光性植物,只要温度适宜,营养条件良好,光照时间长短对开花及花芽分化影响不大。

三、栽培技术

(一)辣椒露地栽培

辣椒是高产蔬菜,为保证丰产,露地栽培应选择中晚熟、抗病性强的品种,可采取直播和育苗移栽两种方式。由于育苗移栽能早定植、省种子,并能提高土地利用率,所以较多采用。

1. 育苗 可于阳畦或温室内进行,采用酿热温床或电热温床播种,育苗期一般 80~90 天。育苗床土以砂壤土为佳,要求肥沃,保水力强,通气性好,可按 6:4(土:肥)的比例掺入充分腐熟的有机肥。

于 55℃ 左右的温水中浸种 7~8 小时,25~30℃ 催芽,约 4~5 天后出芽达 60%~70% 时即可播种。播前床土灌水量不宜过大,播后均匀覆土 0.5~1.0 厘米。出苗期间,土温不应低于 17~18℃,以 24~25℃ 为宜。

育苗床的温度管理是培育壮苗的关键。种子发芽出土时,为维持较高的温度,以保证出苗整齐,日温 30℃ 左右,夜温 18~20℃。幼苗出齐、子叶展平后,适当降温,日温 25~27℃,夜温 17~18℃,以防幼苗徒长。分苗前 3~4 天,日温控制在 25℃ 左右,夜温 15℃ 左右,以利分苗后缓苗。

分苗于幼苗 3~4 片真叶时进行,双株分苗,并保证足够的营养面积。分苗后一周内地温以 18~20℃ 为宜,促进根系恢复生长。待幼苗新叶长出后,注意通风降温,防止幼苗徒长。定植前 10~15 天,日温降至 15~20℃,夜温降至 5~10℃。注意低温锻炼应逐步进行。

培育优质幼苗,是辣椒丰产的基础,所以定植前应力争使幼苗达到以下标准,即茎粗、叶大,具有较强的生理活性,体内碳氮比为 1.0~1.2,根系活性 0.2 以上,具有较强的抗逆性,第一朵花已现蕾。

2. **定植** 辣椒根系弱,入土较浅,生长期长,结果多,所以应选择地势高燥、排水良好、土层深厚、中等以上肥力的壤土或砂壤土栽培。定植前地要深翻,并施入充足基肥,每亩施入优质有机肥 5 000 千克以上、过磷酸钙 30 千克。辣椒栽培采用宽窄行垄栽,每垄栽两行,行距平均为 33～40 厘米。辣椒不容易徒长,所以一般采用双株 1 穴定植,以利于抵御风害、提高早期产量,穴距 26～33 厘米,每亩 8 000～10 000 株。定植应于晚霜过后,10 厘米土温稳定在 15℃左右时及早进行。

3. **田间管理** 辣椒喜温、喜水、喜肥,但高温易得病,水满易死秧,肥多易烧根。所以,在整个生长期的不同阶段应有不同的管理要求。

在盛果期前,该阶段以营养生长为主,因此主要抓好促根、促秧。刚定植时气温低,地温也低,幼苗根系又弱,故应大促小控、轻浇水、早追肥、勤中耕、小蹲苗,以促进缓苗发根。追肥以氮肥为主,并配合施入磷、钾肥。

在盛果期,该阶段发秧与结果同时进行,是决定产量高低的关键时期,所以应做好促秧、攻果。为防止植株早衰,第一层果(门椒)要及早采收,及时浇水、追肥,可于每次采收后追施硫酸铵或腐熟人粪尿,以利植株继续生长和开花坐果,并争取能在高温雨季到来前封垄。封垄前应培土保根以防雨季植株倒伏,结合培土,可追施优质有机肥如饼肥等。

在高温雨季,地表高温会抑制辣椒根系的正常生长,并且会直接诱发病毒病的发生与蔓延,所以该阶段要保根、保秧,保持土壤湿润。雨后及时排水,浇清水降低土温,防止根系衰弱。雨季土壤养分淋失较多,可于 7 月上旬追施硫酸铵,并注意及时除草。

在结果后期,高温雨季过后的 8～9 月份气温逐渐降低,日照充足,适合辣椒生长,所以应加强肥水管理。追肥与浇水可交替进行,追施速效化肥,天凉后追施粪稀水,以利促发新枝,多结果,形成第二次结果盛期,增加后期产量。

(二)辣椒保护地栽培

保护地栽培辣椒主要有以下几种方式:地膜覆盖栽培,中、小拱棚春早熟栽培,塑料大棚栽培,冬暖型大棚越冬茬栽培。

1. 地膜覆盖栽培 覆盖地膜,前期可增加地温,中期可降温保湿,增产效果明显。地膜覆盖栽培的辣椒可比一般露地栽培早上市 5～10 天。辣椒地膜覆盖栽培对品种无特殊要求,适于露地栽培的品种一般均可选用。

(1)育苗:与露地栽培育苗技术基本相同,应培育优质健壮的幼苗,以利定植后迅速缓苗,促进早熟。

(2)定植:定植前要整好地,施足基肥,注意增施磷、钾肥,采用垄栽,垄高一般不超过 15 厘米,垄向以南北向为宜,可先铺膜后定植,也可先定植后铺膜。垄沟一般不铺膜,以便于浇水、追肥。定植密度与露地栽培相同,植株栽于垄背。由于覆盖地膜不能使幼苗免受晚霜及低温危害,所以定植期应与露地栽培一致。

(3)管理:覆盖地膜可抑制土壤水分的蒸发,所以前期少浇水。中、后期植株生长旺盛,叶面积增大,蒸腾量增加,所以应增加浇水量和次数,叶面可喷施磷酸二氢钾、尿素等。后期适当揭膜或划破薄膜,以便浇水追肥。通常不进行中耕除草,定植前可于畦面喷低浓度除草剂。因植株生长旺盛,应及时搭架,并注意增施磷、钾肥。保护好地膜,若发现破损,要及时补救。

2. 中、小拱棚春早熟栽培　应选择高产、优质、抗病的早熟品种。

(1)育苗：根据定植期与苗龄确定播种适期。电热温床或冬暖大棚育苗，阳畦或春用棚中分苗。要求培育优质健壮的幼苗。

(2)定植：当棚内 10 厘米地温稳定在 10～12℃时，即可选晴暖天气定植。行距 35 厘米，穴距平均 30 厘米，每穴两株，栽后浇足水，覆土后立即扣严膜。

(3)管理：定植后至缓苗前不通风，棚温白天控制在 25～30℃，夜间 16～18℃。缓苗后适当通风，日温控制在 23～28℃，夜温不低于 15℃。选晴暖的中午揭膜中耕，并追肥浇水。门椒坐果后追施氮、磷、钾复合肥，每亩可施入硫酸铵14～16 千克，过磷酸钙 8～22 千克，草木灰 80 千克。白天气温稳定 20℃以上时，可揭膜让植株接受自然光，并于傍晚前盖好。为防止落花，可用 10～15 微升/升 2,4-D 涂花柄或用20～30 微升/升番茄灵喷花。当最低气温稳定在 15℃以上时，棚膜可撤除。门椒、对椒(第二层果)应适期早采，并及时追肥浇水，保持土壤湿润，防止地温过高，注意抑制杂草生长。

3. 塑料大棚栽培　辣椒塑料大棚春早熟栽培，成熟期可比露地栽培提早 30～40 天，管理得好，还可进行秋延迟栽培，采收期比露地延迟 20～30 天。塑料大棚栽培辣椒产量高，效益好，已成为北方地区辣椒栽培的一种主要形式。品种宜选择早熟、丰产、株形紧凑、适于密植的类型。

(1)育苗：方法同露地栽培，苗龄一般应保证 100～120 天，播种时间可由当地适宜定植期与苗龄向前推算确定。定植时要求壮苗大苗，第一朵花普遍现蕾。

(2)定植：辣椒喜温不耐寒，定植应在棚内最低气温稳定在 5℃以上、10 厘米地温稳定在 12～15℃条件下,经过 1 周左右才能进行。定植前结合翻地每亩施入优质农家肥 7500～10000 千克。选晴天上午定植。一般采用宽窄行栽培,做 10～12 厘米的高垄,宽行距 60～66 厘米,窄行距 33～35 厘米,穴距 30～33 厘米,每穴两株,每亩 4700 穴左右。

(3)管理:定植后 5～6 天内密闭大棚以利缓苗,棚内日温维持在 30～35℃,夜温 13℃以上。缓苗后适当通风,使棚温降至 28～30℃,高于 30℃需放风降温,降至 26℃时停止通风。开花结果期适温为 20～25℃,为提高地温,前期应多松土,一般 3～4 次,少浇水。辣椒开花结果后要放底风,棚外夜温高于 15℃时,昼夜都要通风,以避免棚内高温高湿造成落花落果。从门椒开始收获起,增加追肥浇水,盛果期追肥浇水 2～3 次,要多施有机肥、磷钾肥。

门椒以下的侧枝应及时抹掉,并注意摘除植株下部的老叶、病叶。为防止植株倒伏,便于通风及操作,可搭架固定。为提高坐果率,可于上午 10 时前用 15～20 微升/升 2,4-D 抹花。夏季过后,要更新复壮植株,即将第三层果(四母斗)以上的枝条留 2 个节剪去,同时加强追肥浇水,促进新枝发育及开花坐果,力争于扣棚前果实全部坐住。随气温下降,逐步覆盖塑料薄膜。初扣棚时,只需将棚顶扣住,气温逐渐降低,夜间将四周薄膜扣上,当外界最低温降至 15℃以下时,夜间要全棚扣严,白天温度高时可适当通风。当外界气温急剧下降后,要在大棚四周加盖草苫。扣棚后果实膨大期,可于晴天追施 1 次速效化肥,原则上不再追肥浇水。注意及时采收,以免果实受冻。

4. 冬暖型大棚越冬茬栽培 这一茬辣椒的结果期恰好处于冬春低温,光照不足的季节,故应选择抗逆性强、耐低温、耐弱光的品种。

播种育苗时间从 8 月中旬至 9 月上旬均可，9 月上旬至 11 月上旬可适期定植。与其他栽培形式相同，也需要培育优质健壮幼苗，定植时第一朵花应现蕾。

管理技术要点：

一是定植后缓苗期间需较高气温，所以应采取短期遮荫，然后闭棚等办法提高温度，以加速缓苗。但同时也应注意适当通风，以降低棚内湿度。

二是当棚内夜温降至 15℃ 以下时，夜间加盖草苫保温，白天适当通风，将棚温控制在白天 25～30℃，夜间 16～17℃。

三是冬前以控温壮棵为主，生长期适温白天 26～27℃，夜间 14～18℃；结果期适温，白天 25～29℃，夜间 12～18℃。草苫以早揭晚盖为宜，以保证植株接受较长时间的光照。冬前追施 1 次有机肥，如每亩 100 千克腐熟饼肥或 15～20 千克磷酸二铵。

四是冬季应注意保温，适当早盖草苫，保持棚面清洁，保证进光量。门椒开花时，可用 15～20 微升/升 2,4-D 涂花柄，以防落花落果。

五是中、后期管理。冬季过后，气温回升，应注意通风排湿，果实及时采收。下部老叶、黄叶要注意摘除，以利通风透光。结合采收，进行浇水追肥。后期气温升高，可逐步撤除地膜、棚膜，进入露地管理。

第七章　瓜　类

瓜类蔬菜属葫芦科,包括黄瓜、西瓜、甜瓜、南瓜、笋瓜、西葫芦、冬瓜、丝瓜、瓠瓜、佛手瓜、蛇瓜等,它们在植物分类上分别属于 9 个属,其科属分类如下:

葫芦科 Cucurbitaceae

A,果实为瓠瓜,果皮硬,成熟时不破裂。

B,果实含多数种子。

C,花冠钟状,5 裂,裂刻达中部,花药联合。　……南瓜属 Cucurbita

CC,花冠旋转状或开裂钟状,5 裂,深达基部。

D,雄花为总状花序。　……………………………丝瓜属 Luffa

DD,雄花单生,间有叶腋丛生,而无花序。

E,萼片叶状,有锯齿,反卷。　……………冬瓜属 Benincasa

EE,萼片小,全缘,直立或稍开展。

F,卷须分枝。

G,叶不分裂,或偶有分裂,花白色。　……葫芦属 Lagenaria

GG,叶羽状分裂,花黄色。　………………西瓜属 Citrullus

FF,卷须不分枝。　……………………黄瓜属 Cucumis

BB,单果含 1 粒种子。　……………………佛手瓜属 Sechium

AA,果实为浆果,含多数种子,成熟后有的开裂。

B,花冠丝状,白色。　…………………栝楼属 Trichosanthes

BB,花冠不呈丝状,花梗有盾状苞片,花黄色。　……………

………………………………………………苦瓜属 Momordica

瓜类是我国南北方的重要蔬菜。其中黄瓜通过多种栽培形式,一年四季均可供应。西瓜、甜瓜过去为夏秋水果,现在随着交通运输业的发展,也基本达到了四季供应。南瓜、冬瓜为秋淡季主要蔬菜,西葫芦也成为人们春夏秋冬的重要蔬菜。以前北方不曾栽培的苦瓜、佛手瓜也在保护地及露地中迅速推广,苦瓜正作为抗癌蔬菜受到人们的青睐。

瓜类原产于热带和亚热带,在形态和生态方面有很多共性:

第一,植物形态。根系发达,容易木栓化,茎多为蔓性,有卷须,节上可生不定根。根据以上特点,栽培上宜采用育苗钵育苗,可以支架栽培或爬地栽培。生长中应注意及时整枝,可采用人为手段控制瓜类雌雄花的分化。

第二,生活条件。均喜较高的温度,极不耐寒,喜大温差,要求有较高的光照强度和较多的日照时数,喜中性至微酸性的壤土或砂壤土。

第三,病虫害及防治。瓜类常见的病害有白粉病、霜霉病、枯萎病、炭疽病、病毒病,常见的虫害有蚜虫、白粉虱、红蜘蛛及美洲斑潜叶蝇、瓜亮蓟马等。

第一节 黄 瓜

黄瓜别名王瓜、胡瓜,是我国主要瓜类之一,南北方普遍栽培。现在通过各种保护栽培可进行周年生产,均衡供应。黄瓜果实清香、脆嫩,可生食、熟食及腌渍,营养丰富。黄瓜嫩瓜可作为美容面膜等,具有一定的美容价值。

一、类型与品种

黄瓜原产于印度、尼泊尔、锡金以及我国西藏山南地区,云南横断山脉一带。古代因传入途径不同,经长期驯化形成了两大类型。我国广大科技工作者 70 年代末以来,不断进行选育工作,选出了许多优良品种和一代杂种。

(一)华南类型

是由原产地传至西南、华南各地,经长期驯化而成。表现叶大,节间短,茎粗,根系大,果实短粗,皮较硬,无棱,刺瘤稀,果肉脆嫩,风味品质好。华南、胶东半岛及欧美各国喜食。如云南昭通大黄瓜、上海杨行黑刺、广州二青黄瓜及青岛市农科所选育的黄瓜系列一代杂种均属此类型。

(二)华北类型

两千年前由新疆或波斯传入我国北方,经长期驯化而成。该类型黄瓜茎节较细长,叶薄而棱角显著,根群稀疏,再生力弱。经长期选育,该类型又形成了春黄瓜、夏黄瓜、秋黄瓜 3 种生态型。

1. 保护地优良品种 一般表现耐寒和早熟,在冬春保护地内生长和结瓜性优于其他类型,在露地表现不耐热,抗病性差,结瓜期短,产量低,是各地保护地主栽品种。

(1)新泰密刺(长春密刺、山东密刺):新泰市西张庄乡高孟村农民张凤明用地方品种一串铃与大青把进行天然杂交选育而成。该品种株型匀称,节间较短,节成性强,第一雌花着生在 4～5 节,主、侧蔓均可结瓜。瓜长 30～35 厘米,横径 3～4 厘米,单瓜重 200 克以上。瓜皮较薄,色绿有光泽,刺瘤小而较密,纵棱不明显,刺白色,果肉淡绿,品质、风味佳,商品性状好。耐低温,耐弱光,是目前最抗枯萎病的品种,但对霜霉病、白粉病等病害的抗性较差。春保护地栽培每亩产 4 000～5 000千克,越冬茬栽培每亩产 6 500 千克以上。

(2)津春 3 号:天津市黄瓜研究所育成的一代杂种。植株生长势强,茎粗壮,分枝性中等,叶片肥大。以主蔓结瓜为主,雌花率较高。商品瓜棒状,瓜长 30 厘米左右,单瓜重 200 克左右,瓜把短,瓜条顺直;皮绿色,刺瘤适中,白刺,有棱;品质风味较佳。该品种抗霜霉病、白粉病能力较强,较耐低温和弱光,适合冬暖大棚越冬茬栽培,能耐 10～13℃ 的低温,短时间 5℃ 的低温对生长发育影响不大。冬暖大棚越冬茬栽培,一般每亩栽 3500 株左右。

（3）鲁黄瓜 4 号:山东省农业科学院蔬菜研究所育成的一代杂种。植株生长健壮,以主蔓结瓜为主,第一雌花着生在主蔓 2～3 节上,雌花节率高达 50% 以上。商品瓜长 35 厘米左右,瓜条上下粗细一致,瓜皮深绿色,刺瘤白色密生。早熟性状好,较耐低温、弱光,较抗霜霉病、白粉病、枯萎病。

此外,生产中常用品种还有中农 5 号、农大 12、农大 14 等。

2. 露地黄瓜品种 表现生长势强,耐热性、抗病性强,多为中晚熟品种。

（1）津研 4 号:天津市黄瓜研究所选育。中熟品种,植株长势较弱,无侧蔓,叶片较小,深绿色,节间长。以主蔓结瓜为主,第一雌花着生在 5～7 节。瓜条深绿色,有光泽,无棱无瘤,白刺较稀,瓜把短,瓜长 35～40 厘米,单瓜重约 250 克。瓜肉厚,浅绿色。抗霜霉病、白粉病,不抗枯萎病,较耐瘠薄。

（2）津杂 2 号:天津市黄瓜研究所育成的一代杂种。早熟品种,植株生长势强,每株有侧蔓 5 条左右,叶色深绿。第一雌花着生在 3～4 节。瓜条深绿色,长约 37 厘米,横径约 3.6 厘米,白刺,棱、瘤明显,单瓜重约 300 克,品质好。抗霜霉病、白粉病、枯萎病。成熟期比津杂 1 号晚 2～3 天。

此外,生产中常用品种还有大连农科所选育的夏丰 1 号,山东农科院蔬菜所选育的鲁秋 1 号,天津黄瓜研究所的津春

4号等。

二、特征与特性

(一)特　征

1. 根　黄瓜为1年生草本蔓生攀缘植物。黄瓜的根系为浅根系。通常主根向地伸长,并且不断地分生侧根。但在侧根中,只有根基部粗壮部分生的侧根比较强壮,向四周水平伸展,与主根一起形成骨干根群。骨干侧根的近主根粗壮部分,分生2次侧根。2次侧根的粗壮部分,分生3次侧根。而所有主侧根的纤弱部分则分生纤弱的须根。主要根群分布于耕作层以内。黄瓜根系的维管束鞘易老化,故除幼嫩根外,断根后难发新根。这种根系对土、肥、水以及微生物等条件的选择较严,而且吸收能力较弱。

2. 茎叶　黄瓜蔓细节间较长,属无限生长。节上生长柄、大叶。蔓叶脆弱,容易机械折断或磨伤。黄瓜具有不同程度的顶端优势。顶端优势强的品种,分枝少,易在主蔓上结果。顶端优势弱的品种,分枝多,易侧枝结果。中间性品种,主侧枝均易结果。黄瓜的长蔓品种在优良环境中,主蔓长达5米。短蔓品种在不良条件下,主蔓长仅1.5米。通常蔓粗0.6~1.2厘米,节间长5~9厘米。蔓横断面呈四棱或五棱形,表皮上密生刺毛。皮层的厚角组织较薄;双韧维管束分布松散;而木质较小,髓腔较大,辐射展开,易折裂。

黄瓜叶为掌状全缘。叶片薄,表皮生毛刺,保卫组织和薄壁组织不发达,易受机械损伤。叶腋有腋芽或花芽原基,抽蔓后出现卷须。

3. 花果和种子　黄瓜花雌雄同株异花,偶而出现两性花。黄瓜花为退化型单性花。退化的象征,首先是花序已消失,形成腋生花簇。其次是每朵花于分化初期都有萼片、花冠、蜜腺、雄蕊和雌蕊的初生突起,即具有两性花的原始形态特征。但于形成萼片与花冠之后,有的雌蕊退化,形成雄花;有的雄蕊退化,形成雌花;也有的雌雄蕊都有所发育,形成不同程度的两性花。黄瓜的花萼与花冠均为钟状、5 裂,花萼绿色有刺毛。花冠黄色,雌花子房下位,3 室(有的 4～5 室),侧膜胎座,花柱短,柱头 3 裂,雄蕊 3 个。黄瓜为虫媒花,品种间自然杂交率高达 53%～76%。

黄瓜的果实为假果,是子房下陷于花托之中,而由子房与花托合并形成的。果面平滑或有棱、瘤、刺。果形为筒形至长棒状。嫩果白色至绿色;熟果黄白色至棕黄色,有的出现裂纹。黄瓜果实的生长速度,平均每日 2～4 厘米。短果形品种速度较慢,长果形品种较快。通常于开花后 8～18 日达商品成熟。届时短果形品种,果长 15～30 厘米;长果形品种,果长 40～60 厘米。生理成熟约需 45 日。

黄瓜的苦味是由于瓜内含有"苦瓜素"导致的,一般近果梗的肩部为多,先端较少,苦味与品种特性、生态特性、植株营养状况、生活力强弱有关。

黄瓜的侧膜胎座上,每座着生两列种子。单果种子数150～300 粒。种子长椭圆形、扁平,种皮黄白色。栽培品种的千粒重约 22～42 克。种子成熟时,表皮溶解为粘膜;故种皮为由厚壁细胞组成的下表皮。种子无胚乳,子叶中充满糊粉粒、类脂质和蛋白质。种子无生理休眠,但需后熟。发芽年限可达2～5 年,干燥贮藏时 10 年仍有发芽力。

(二)对生活条件的要求

1. **温度** 黄瓜是典型的喜温作物。在田间自然条件下生育适温,一般为 15～32℃。白天在光照下适温较高,约为 20～

32℃,夜间在黑暗中,适温较低,约为 15～18℃。幼苗期适温偏低,白天 20～30℃,夜间 10～15℃。光合作用适温为 25～32℃,达到 32℃以上呼吸量增大,净同化率相对下降。达到 35℃以上,则破坏光合与呼吸的平衡。黄瓜不耐寒,气温下降到 10～13℃,停止生长;下降到 0～1℃则受冻害。种子发芽适温为 28～32℃。

黄瓜根系的适温范围为 20～25℃,低于 20℃根系的生理活动减弱;温度下降到 12～13℃,则停止生长。温度高于 25℃则呼吸增强,不但消耗大量营养物质,且易引起根系衰弱和死亡。

2. 光照 黄瓜喜强光又耐弱光。黄瓜光合作用的补偿点约为 2 000 勒,田间饱和光强约在 55 千勒左右。光照强度过高、过低,则光合生产率均急速下降。黄瓜在红光和蓝光下,光合强度较高。红光促进茎叶生长,影响发育;而蓝光则抑制生长,促进黄瓜的性型分化。

黄瓜的光合生产率,既有季节差异,又有时日差异,通常以 3～6 月份光合生产率最高,9～11 月份次之,7～8 月份又次之,12 月至翌年 2 月份最低。每日光合生产率以清晨至中午较高,为全日的 60%～70%,下午较低,只占全日的 30%～40%。黄瓜对日照长短要求不严,但喜短日照,低夜温下雌花分化较多。

3. 湿度 黄瓜为喜湿植物,在高温强光和空气干燥的环境中,易失水萎蔫,影响光合作用。黄瓜的适宜空气相对湿度约为 60%～90%。相对湿度越高,则蒸腾生产率越低,越能降低灌溉量。但相对湿度饱和状态时,叶面易结水膜水滴,给霜霉病孢子以良好的发芽繁殖条件。故理想的空气湿度应该是,苗期低,成株高;夜间低,白天高;以白天 80%～95%,夜间

60%～70%为宜。

4. **土壤和矿质营养**　黄瓜喜含有机质的肥沃壤土。粘土发根不良;沙土发根较旺,但易老化。黄瓜喜弱酸至中性土壤,以 pH 5.5～7.2 为宜。pH 值过高易烧根死苗。酸土中栽培易发生多种生理障碍,黄化枯萎。连作易发生枯萎病,故应进行3 年轮作。

氮肥不足,黄瓜叶绿素含量减少,光合能力差,植株营养不良,也影响磷的吸收。黄瓜全生育期不可缺磷,特别是育苗第二十至四十天,磷的效果格外明显。缺钾时养分的运转受阻,根部生育受抑制,植株的生育变迟缓。采收期黄瓜对五要素的吸收量以钾最多,氮次之,再次为钙、磷,以镁最少。据测定,每生产 100 千克黄瓜,吸收氮 280 克、磷 90 克、钾 990 克、氧化钙 310 克、氧化镁 70 克。黄瓜结果期的追肥是十分重要的。

(三)生育周期

黄瓜的生育周期大致分为发芽期、幼苗期、伸蔓期和结果期 4 个时期,露地黄瓜全生育期约 90～120 天。由于受气温及栽培方式的影响,黄瓜的生育期有所变化,如春、夏黄瓜生育期较长,秋黄瓜生育期较短。

1. **发芽期**　由种子萌动到破心,约需 5～6 天,此期应保持较高的温湿度和充分的光照,以利成苗,并防止徒长。

2. **幼苗期**　从破心到 4 片真叶,约 30 天左右。该期进行花芽分化,为黄瓜前期产量的形成奠定基础。

3. **伸蔓期**　从 4 片真叶到根瓜坐住,约需 25 天左右。此期营养生长、生殖生长同时进行,二者矛盾表现突出。

4. **结果期**　根瓜坐住到拉秧,此期以生殖生长为主,栽培上应充分满足黄瓜对温度及肥水的要求。

三、栽培技术

（一）黄瓜越冬保护地栽培

大棚黄瓜越冬茬栽培技术，是山东省在引进辽宁省瓦房店市琴弦式日光温室深冬黄瓜生产经验的基础上，结合本省的自然条件，利用单坡面大棚为保护设施，聚氯乙烯无滴农膜为覆盖材料，并采用多层覆盖、嫁接苗、二氧化碳施肥等新技术而实践成功的。越冬茬黄瓜必须在结构合理、保温性能良好的单坡面塑料大棚内种植，一般为9月下旬至10月上中旬播种育苗，10月下旬至11月上中旬定植，12月上中旬至1月上旬开始采收，6月中下旬拔秧，整个生育期长达9个月。

在冬季低温弱光条件下要种好该茬黄瓜，必须掌握以下技术环节。

1. 选择适合越冬茬栽培的优良品种　适宜越冬黄瓜栽培的品种有津春3号、鲁黄瓜4号、长春密刺等。越冬黄瓜生长的关键季节为冬季，棚内多处于弱光和低温天气条件下，因此，必须选用耐低温、耐弱光能力强的品种。同时，由于棚内湿度大，所选用的品种必须具有较强的抗病能力，尤其是抗霜霉病能力要强。前几年由于无越冬茬专用品种，大多数生产者一直沿用长春密刺等品种。近二三年来，天津市黄瓜研究所新推出的越冬黄瓜专用品种津春3号，以其耐低温、耐弱光、抗霜霉病、瓜码密、成瓜率高、前期产量高和春节前就能获得较高产值等优良特性，深得广大菜农的喜爱。山东省蔬菜研究所新推出的鲁黄瓜4号，也较适于作越冬黄瓜栽培，目前已在山东省诸城等地大面积应用。津春3号及鲁黄瓜4号，因其瓜码密、需肥水量大，所以较适宜于土壤及肥水条件好的棚户种植。长春密刺等常规品种，因其具有较耐低温、弱光，抗枯萎病,较耐瘠薄土壤等优点,许多地方仍在种植。但长春密刺不抗霜霉病,是其在越冬茬大棚栽培中的致命弱点。该品种适于管理技术水平较高的棚户种植。

2. 确定适宜的播种期 山东省冬季的气候特点是,一年中气温以 1 月份最低,月平均温度为－2.4℃,光照以 2 月份最差,仅有 178.7 小时,多数年份 12 月下旬至 1 月上旬都有低温连阴天气出现。根据这一特点,深冬黄瓜栽培要获得高产,必须在最恶劣的气候条件到来之时,进入结果初期,达到植株抗寒能力强的株龄。生产实践和试验证明,在 9 月下旬至 10 月上旬播种育苗是最适宜的。过早播种,严冬到来时已进入结果盛期,易早衰;过晚播种,幼苗入冬时尚小,没有形成强大的根系和营养面积,春节前形不成产量,达不到高效的目的。

3. 培育适龄壮苗 培育适龄壮苗是越冬黄瓜栽培获得高产高效的关键一环。越冬黄瓜的壮苗标准是:苗龄 30 天左右,幼苗达 4 叶 1 心,叶片深绿色、肥厚,2 片大叶直径达 10 厘米,茎粗,节间短,根系发达,子叶完好,株高 10～15 厘米,无病虫害。

深冬黄瓜栽培,提高黄瓜幼苗的耐低温能力尤为重要,因此必须采用嫁接育苗,常用的砧木品种为黑籽南瓜。据于贤昌测定(1996 年),在 5℃低温下胁迫 2 天,砧木黑籽南瓜苗未表现受害症状。以黑籽南瓜为砧木,能明显改善嫁接苗的抗冷性。

黄瓜的嫁接育苗方法有靠接法和插接法两种,下面以靠接法为例作一介绍。

(1)接穗苗的培育:黄瓜种子先于 50～55℃温水中浸种 4～6 小时,然后于 25～27℃温度下催芽,待大部分种子出芽后播种于育苗盘或筐中。播后保持白天 28℃,夜间 18℃,3 天可出苗,当黄瓜幼苗两片子叶展平、心叶显露时为嫁接适期。

(2)砧木苗的培育:选用饱满的黑籽南瓜种子,温水浸泡 8～10 小时后于 28～30℃催芽,种子大部分出芽后播种育苗床上,盖土 1.5 厘米,扣薄膜保湿,出苗期间保持白天温度 25～28℃,夜间 10～13℃,出苗后控温在白天 25℃,夜间 10℃左右。当黑籽南瓜子叶展平、心叶显露时为嫁接适期。

一般为使砧木与接穗同时达到嫁接适期,黄瓜接穗应比黑籽南瓜早播 4～5 天。

(3)嫁接方法及接后管理:嫁接时把砧木、接穗分别从育苗床及盘中挖出,砧木去除生长点,如图 7-1。嫁接后栽入育苗钵中浇水扣棚,保温保湿(白天 24～26℃,夜间 14～18℃),晴天遮光,3 天后揭去拱棚,10～12 日待完全成活后切断接穗根及接口以上砧木的上部。切断时以傍晚为好,白天进行时嫁接苗如萎蔫,可灌水后盖拱棚遮光,次日进入一般管理。

黄瓜苗定植前,苗床温度掌握在 10～14 时为 28℃,14～20 时为 24～26℃,上半夜为 18～20℃,下半夜为 12～14℃。这样可使幼苗生长健壮,花芽分化良好。

4.适时定植

(1)提前扣棚:凡是在露地育苗的,必须于定植前 10～15 天扣上塑料薄膜,以利整地、造墒和提高地温。如在棚内嫁接育苗,棚膜须于 10 月 5 日前扣上。

(2)整地、造墒:扣棚后要及时整地,深翻 30 厘米,整平,晒垡后开深沟浇水造墒,使深层土壤吃透水,从而减少冬季浇水次数和保证冬季需水。浇水后进行高温闷棚,午时棚内温度达 50℃以上,以杀灭棚内及土壤中的虫、卵及病菌。闷棚 5～7 天后通风散湿,降低棚内空气湿度。

(3)施足基肥：黄瓜为喜肥作物，需氮、磷、钾配合施用，需钾尤多。黄瓜根系较弱，吸肥能力差，生长周期长。为此，应以有机肥为主，每亩施5000千克腐熟的优质厩肥，腐熟鸡粪2000千克，三元复合肥100千克或磷酸二铵100千克，硫酸钾50千克。以上肥料一半均匀撒施于全棚，深翻1遍，一半集中施于小高垄下。

(4)小高垄地膜覆盖：采用南北向双高垄地膜覆盖，一般能提高地温2℃左右，可减少土壤水分蒸发，降低棚内湿度。双高垄的规格为垄高15厘米，垄宽30厘米，小垄间距20厘米，大垄间距50厘米。

(5)定植方法与密度：定植要选晴天午后光弱时，顺垄开沟浇水后定植。培土深度以保持苗坨与垄面相平为准，不要使秧苗嫁接切口接触地面，以免黄瓜接穗产生不定根。定植时每小垄一行，株距25厘米，每亩4100株。嫁接苗可稀一点，自根苗可密一点。

5. 定植后的管理

(1)定植后缓苗前的管理：此阶段要以提高地温、促进早扎根、早缓苗为主。在管理上应掌握以下几点：

①温湿度管理：定植后缓苗前，一般5～7天内不通风，白天保持棚温28～30℃，夜间15～18℃，10厘米地温应在18℃以上，最低不能低于15℃。当棚内夜间最低气温达不到14℃时，要覆盖草苫，盖苫子的数量要依外界天气变冷的程度逐渐增加，此时草苫应早揭晚盖，尽量增加见光时间。

②中耕划锄盖地膜：黄瓜定植后2～5天内，进行1～2次中耕划锄，使土壤疏松，提高地温，增强土壤的通气性，利于幼苗发新根。然后覆盖地膜。盖地膜后要将植株根基部的地膜孔，用干细土压严，防止膜下热气从地膜孔间放出，伤害苗

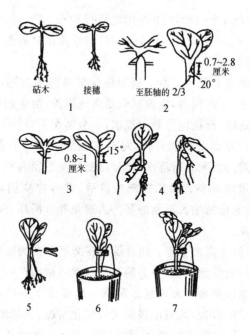

图 7-1 黄瓜靠接法示意图

1. 取出砧木接穗　2. 砧木向下削切口　3. 接穗向上削切口
4. 切口接合　5. 夹子固定　6. 栽入育苗钵并立支柱　7. 切断接穗胚轴

子。

（2）缓苗后至始瓜期的管理：此期是指定植缓苗至根瓜采收这段时期。本阶段在管理上，既要注重促根，又要控制植株不旺长，要求根瓜坐住，增强植株的适应性和抵御不良环境的能力。此阶段的管理效果如何，对黄瓜能否安全正常度过严冬，起着决定性的作用。

①温湿度的管理：此期植株应以锻炼为主，在温度、湿度的管理上，要比缓苗期间稍低。白天大棚内气温控制在 24～

28℃,夜间 12～18℃,10 厘米地温保持在 15℃以上。空气湿度白天 70%,夜间 80%～90%。此期草苫须早揭晚盖,增加见光,并加强通风。

②中耕及肥水:由于前期植株根系尚不发达,需揭开地膜进行 3～4 次划锄,划锄原则是由浅到深,由近到远,至末期对走道划锄。此期应尽量少浇水,一般情况下只浇 1～2 次。浇水前可在双高垄外侧开沟,每亩施入豆饼 100 千克,尿素 15千克。封沟后顺大行浇水,水量以能浸湿垄顶为宜。

③植株调整:黄瓜植株缓苗后,进入伸蔓期,应及时吊蔓,以后随植株生长不断缠蔓。为避免养分消耗,应及时去卷须和雄花。

(3)深冬期的管理:此阶段应在御寒保苗的前提下,尽可能创较高的前期产量,并为整个生长期内创高产打基础。

①温度管理:大棚越冬黄瓜一般自始瓜期后,逐渐进入深冬季节的管理。此时应根据天气变化情况,灵活掌握大棚的温度,白天在弱光条件下保持 18～20℃,中光条件下 22～24℃,强光条件下 26～30℃;夜间温度 10～18℃,最低不低于8℃。草苫的揭盖应掌握适当晚揭早盖的原则,即早晨太阳光照到棚面半小时后揭开;下午要提早盖草苫,视天气情况于 3时半至 4 时半进行覆盖(阴冷天气早盖,晴暖天气晚盖)。此时期夜间还要在草苫上加盖一层塑料薄膜,起保温、防雨、防雪作用。若遇雪天,应随时清扫积雪,以防压塌棚架。雪后天晴时,棚上草苫不能骤然全部拉开,要间隔拉,只有植株不发生萎蔫,才可全部拉开。此阶段棚内温度虽然较低,但也要于中午进行短时通风、散湿、换气。

②水肥管理:深冬季节,由于棚温低、光照弱,植株的生长量、水分的蒸发量与蒸腾量均小,所以需水量较少。在一般

年份,至春节前只进行两次浇水追肥即可,第一次约在 12 月中下旬,可随水冲施 1 次磷酸二铵,每亩用 30 千克。第二次约在 2 月上旬,可随水冲施部分有机肥,一般每亩施芝麻酱 100 千克。此期浇水追肥一般只在小行间进行。浇水的前 1 天要喷药,预防霜霉病等病害。浇水后要提高棚温,及时放风排湿。

③二氧化碳施肥:二氧化碳是黄瓜光合作用的原料。而冬季大棚中通风较少,二氧化碳量满足不了黄瓜进行光合作用的要求,使产量降低。故要获得高产高效,必须实行二氧化碳施肥。目前生产上采用硫酸加碳酸氢铵产生二氧化碳的方法,来补充棚内二氧化碳的不足。

大棚内二氧化碳施肥,每亩需准备 8 个高 30 厘米、上口内径 25 厘米的塑料桶,各桶内先装入 0.9 千克水,然后将 0.3 千克浓硫酸沿桶边慢慢倒入桶内,还要注意应将硫酸向水中倒入,而不可相反。然后将塑料桶均匀地挂于棚内大行中间,高度以桶底距地面 1.0～1.3 米为宜,前期植株矮时可低些,后期应高些。桶挂好后,待棚内气温升到 18℃以上时闭棚,将棚所有的风口及通道封严,再向桶内投入碳酸氢铵。碳酸氢铵预先按每桶 0.5 千克量称出,用薄膜包好,然后用 12 号铁丝在薄膜上扎 3 个孔,以控制碳酸氢铵与硫酸的反应速度。注意薄膜上打孔不能过多,否则反应过快;薄膜上的孔也不能扎得太少,以免反应过慢。投放碳酸氢铵时,动作要缓慢,将用地膜包好的碳酸氢铵,顺塑料桶边慢慢放入。两个多小时后,桶内硫酸与碳酸氢铵即可反应完毕。中午 12 时左右将风口打开进行通风。桶内的残液应每天集中倒入棚外的瓷缸内,待缸内液体将满时,再加入适量的碳酸氢铵,轻轻搅动,至碳酸氢铵不再溶化时,可作小麦追肥用。此液一般不要直接冲入黄瓜沟内。

二氧化碳施肥过程中,应注意施用时间与用量。一般情况下于日出后半小时至通风前施用为宜,具体应用时则以棚内气温达到18℃时开始投放碳酸氢铵为妥。但要注意阴雨、雪天,气温低时不宜施用。

④植株调整:此时期除进行吊蔓、打卷须、去雄花外,还应进行疏瓜。

(4)后期管理

①温湿度管理:2月份后气温逐渐升高,光照强度逐渐增强,光照时间也逐渐加长,棚内白天温度在14时前保持30℃,14时后气温逐渐降低,至18时降至20℃左右,至次日日出前保持在13~15℃。此期的空气湿度,白天控制在75%~80%,夜间在85%~90%。一般上午在揭开草苫后,可进行短时间的通风散湿,然后闭棚提温。

②覆盖物的揭盖:此阶段草苫要逐渐早揭晚盖,逐渐由2层草苫覆盖减为1层覆盖。当外界气温稳定在10℃以上时,可不盖草苫,但草苫不应立即撤下,以防出现寒冷天气。

③水肥管理:深冬后期,外界气温逐渐回升,植株生长加快,应逐渐增加浇水次数,自2月下旬至3月下旬,一般7~10天浇1次水,4月初至拉秧期间4~6天浇1次水。浇水应选连续晴天时进行。为延缓植株衰老,应每隔1水追1次肥。追肥的种类为有机肥和无机肥,一般每亩2~3次化肥后追施1次农家肥。化肥一般为尿素、磷酸二铵和硫酸钾,农家肥为腐熟的人粪尿等。化肥用量每亩土地每次施用尿素10~20千克,或磷酸二铵10~20千克,间隔1次施用硫酸钾10~15千克,对壮秧促瓜效果明显。有机肥用量为每亩每次用发酵过的人粪尿500~600千克。进入4月份以后,浇水次数增多,间隔周期缩短,每7~10天浇1次膜下水。

深冬后期进入采瓜高峰期,对二氧化碳的需求量大大增加,应继续做好二氧化碳施肥工作,直至拉秧前10～15天停用。

④植株调整:本阶段除及时吊蔓、去卷须、去雄花、疏瓜等工作外,由于植株底部叶片开始老化,应及时打去。在去除底部老黄叶后应及时落蔓,落下的蔓要有规律地盘布于垄的上部,防止踏伤及水浸。

⑤及时采收:此期应按当地适销时机适时采收,以利于上部瓜的生长发育。

⑥生理病害防治:黄瓜生理障碍主要有花打顶、茎蔓疯长、畸形果等。花打顶的发生主要由育苗期间温度偏低,定植后养分、水分不足及地温低等原因引起。茎蔓疯长是由于氮肥供应过多,浇水偏勤和坐果不好而引起的营养生长过旺。畸形果有弯曲、大肚、尖头、细腰和裂果等表现,引起的原因包括低温或高温、肥水供应不足、植株营养状况不良,同化机能下降和水分供给不均衡等。可分别针对引起的原因,通过实施不同的栽培措施而加以避免。

(二)黄瓜春保护地栽培

春保护地栽培有单坡面大棚和拱圆式大棚两种栽培形式,一般可比露地栽培提早上市30～40天左右,该茬黄瓜对各地蔬菜市场的供应起着举足轻重的作用。黄瓜春保护地栽培要掌握以下技术环节:

1. **选择适宜品种** 除依当地食用习惯选择有刺或无刺品种外,所选品种应具备早熟性强,第一雌花着生节位低,单性结实率高,适宜密植,较耐低温,有较高的抗(耐)病性等特点。目前栽培的品种主要有新泰密刺、长春密刺、鲁黄瓜10号、鲁黄瓜4号、津杂2号、津春3号、中农5号、农大12、津研

6 号等。

2. **培育壮苗**　培育壮苗是春保护地栽培成功的关键。大棚黄瓜的适宜苗龄为 40～45 天,采用电热温床育苗 30 天可达到定植标准。大棚一般多采用日光温室育苗,也可采用电热温床或酿热温床育苗。大棚单层薄膜覆盖育苗,播种期为 2 月中旬,定植期为 3 月中下旬。大棚多层覆盖与单坡面大棚可于 1 月上旬至下旬育苗,2 月下旬至 3 月上旬定植。大棚黄瓜安全定植期,为棚内 10 厘米地温稳定在 12℃以上。

(1)苗床营养土配制:可用 5 份过筛园土(3 年内未种过黄瓜的园土)、2 份过筛腐熟厩肥、3 份草炭(或腐熟马粪)混合均匀。每立方米培养土中再掺入腐熟粪干 15～20 千克、草木灰 10 千克及多菌灵或甲基托布津 80 克、敌百虫 60 克。营养土配好后,装营养钵或填入苗床内。

(2)嫁接育苗:大棚内种植春黄瓜提倡采用嫁接育苗,因嫁接苗能提高植株的耐寒能力。能实行轮作换茬的地块,也可采用自根苗栽培。嫁接育苗方法参考越冬黄瓜。

3. **整地施基肥**　前茬作物收获后施肥整地,一般每亩施 4500～6000 千克土杂肥作基肥,配合施入过磷酸钙 100 千克、草木灰 50 千克,并同时喷洒多菌灵粉剂 1.5 千克、敌百虫 1 千克,然后深翻晒垡。定植前 1 个月扣棚,提高地温,提前半个月整地做畦。平整土地后,按栽培行开沟。开沟后,每亩施 3000～4000 千克腐熟圈肥,可集中条施,施肥后做成高垄。一般高垄宽 70 厘米,沟距 50 厘米。

4. **定植**　定植要选连续晴天上午进行。定植方法有穴栽暗水定植、开沟明水定植和水稳苗定植 3 种。穴栽暗水定植,是在高垄的两侧先开沟,然后在沟内按株距挖穴定植,封沟后再开小沟引水润灌,灌水后下午再封小沟,使地温不明显降低。此法灌水量小,应早浇第一水。开沟明水定植,是在高垄上开深沟,按株距栽苗,少埋一些土,栽植不可太深。栽好苗后引水灌沟,灌水后第二天下午封沟。此法用水量大,不必再浇缓苗水,但地温较低,定植后要及时覆盖地膜,提高地温。水稳苗定植,在高垄上开沟后先浇水,在水中放苗,水渗下后封沟,有利于地温提高。定植密度以每亩4 000株左右比较理想。

5. **田间管理**

(1)定植后至缓苗期管理:此期管理的重点是提高地温、气温,促进黄瓜迅速缓苗。多层覆盖的,定植当天要插小拱、扣膜,夜间加盖草苫防寒。定植后1周,白天温度不超过32℃可不揭小拱棚。小拱棚上的草苫要早揭晚盖,缓苗后逐渐揭去小拱棚。定植后10天内一般不放风,提高气温,促进地温升高。缓苗后,控制浇水,可膜下中耕,促根壮秧。对棚温实行变温管理,即白天上午控制在25～30℃,午后20～25℃,20℃关闭通风口,15℃时覆盖草苫,前半夜保持15℃以上,后半夜10～13℃。当苗高30厘米,及时吊蔓。此期注意预防寒流危害。定植后10天开始中耕松土,至结瓜前松土2～3次,以提高地温。

(2)结瓜前期管理:此时外界温度已升高,光照较充足,地温较适宜,根系已较发达,应将棚温控制在生育适温内,加强肥水管理,促进果实迅速生长,增加采瓜次数。

在根瓜坐住并已开始伸长时,选晴天进行追肥,每亩施用尿素15千克左右和腐熟的粪稀(每次约500千克),随水冲入沟内,灌完水后把地膜盖严。5～6天灌1次水,隔1次清水追1次肥,追肥数量、方法同前。追肥还要看秧、看瓜进行。瓜秧瘦弱,秧头色淡黄,瓜条生长慢,叶薄而色浅是缺肥表现,应及时追肥。如果瓜秧头发黑,叶片发皱,黄根,是肥料过多、过浓的反映,应及时灌清水,降低土壤肥料浓度。此期温度白天保持 25～32℃,超过 32℃放风。拱圆形大棚 20℃时停止放风,单坡面大棚 20℃盖草苫,前半夜保持 16～20℃,后半夜保持 13～15℃。由于外界温度已升高,尽量早揭晚盖草苫,争取多见阳光。当棚外最低温度达到 15℃以上时,昼夜通风,阴雨天也要揭开草苫,下雨时关闭通风口,避免雨水漏入棚内。

黄瓜植株长到 25～30 片叶时摘心,促进回头瓜的生长。采收次数,由原来 3～4 天采收 1 次逐渐提高到每天采收 1 次。

(3)结瓜后期管理:黄瓜植株摘心后,进入结瓜盛期。此期的重点是加强病虫害防治,避免早衰,延长采瓜时间。管理上应加大放风量,控制棚内湿度,减少灌水次数,降低温度,控制茎叶生长,促使养分回流,形成花芽,多结回头瓜。追肥以钾肥为主,适当补充氮肥。后期要及时打掉病叶、老叶,促进通风透光。发现病虫害时,应及时进行药剂防治,以控制霜霉病、白粉病、炭疽病等病害的发生和蔓延。

(三)黄瓜秋延迟栽培

大棚黄瓜秋延迟栽培在各地多选用拱圆型大棚和单坡面春用型大棚两种棚型。利用大棚的保温、增温效果,可较露地秋黄瓜生长时间延长 50～60 天。近年来,秋延迟栽培结合采后贮藏,使秋黄瓜供应期从 10 月中旬延长至元旦,产量、产值均有很大提高。秋延迟黄瓜在结瓜前,正处于高温、多湿的季节,病害极易发生;而后期则温度日趋降低,从 10 月上旬开始已不适于黄瓜生长,则应注意保温。

1. **选用优良品种** 大棚秋延迟黄瓜栽培期间,前期高温多雨,后期低温寒冷。因此,必须选择前期耐高温,后期又耐低温,既抗病,又丰产的优良品种。目前大棚秋延迟黄瓜适宜的品种有秋棚 1 号、津杂 2 号、津研 4 号等品种。

2. **确定适宜的播种期**　秋延迟黄瓜播种期的选择十分重要。播种过早,苗期及结果初期正处在高温多雨季节,秧苗易徒长,易感病毒病、霜霉病等;播种过晚,盛瓜期到来前天气已转冷,产量较低,虽然价格较高,但总经济收益较低。试验证明:山东省大棚秋延迟黄瓜适宜播种期,应在 7 月下旬至 8 月上旬。拱圆形大棚 7 月下旬播种,10 月上旬可进入盛瓜期,延迟到 11 月上中旬拉秧。单坡面大棚于 8 月中上旬播种,翌年 1 月上旬拉秧。

3. **培育壮苗**　有直播和育苗移栽两种方法,生产上多采用扣棚直播的方法。育苗移栽,苗床温度、光照易于控制,利于培育壮苗。采用育苗移栽,可在大棚内或小拱棚内搭凉棚或用遮阳网育苗,既降低温度又可防雨。育苗畦宽 1.0～1.2 米,长 6～8 米,先整平畦面,撒施充分腐熟的有机肥,翻 20 厘米深,使土和粪掺匀,耙平畦面,按 10 厘米×10 厘米行株距划土方,在每格中央平摆 2 粒种子,上面盖营养土 1.0 厘米。出苗后要保持畦面见干见湿,浇水要在早晨和傍晚进行。育苗期间应保持土壤水分充足,不能控水。播后 20 天,达 3 片真叶时定植。

4. **整地起垄**　前茬作物收获后,及时整地施肥,一般每亩施用优质腐熟圈肥 3 000 千克、过磷酸钙 100 千克、草木灰 50 千克作基肥,同时每亩喷洒 1.5 千克 50%多菌灵粉剂或 50%甲基托布津粉剂进行土壤消毒,然后灌水,待土壤干湿适宜时翻地,整平后带墒起垄,整成垄底宽 80 厘米的大垄,大垄中间开 20 厘米的小沟,形成两个宽 30 厘米、高 10 厘米的小垄,两个大垄间有 40 厘米的大沟,每个小垄上栽植一行;也可做成 40 厘米等行距小高垄,单行栽植。

5. **定植**　选傍晚进行。选择生长健壮、大小一致的幼苗，按株距 20 厘米左右，每亩栽苗 4500～5000 株。栽植时先把苗坨摆入沟中，覆土稳坨，沟内灌大水，1～2 天后土壤干湿合适时先松土再封沟。定植深度以苗坨面与垄面相平为宜。直播的可采用开沟点播的方法。

6. **田间管理**

(1)温湿度调节：结瓜前期(7 月下旬至 9 月中下旬)，无论拱圆式或单坡面式大棚，均将棚周围薄膜卷起，仅留顶部一片防雨及减轻直射光照射，有条件的顶部可加遮阳网，以达降温的目的。此阶段的雨水多，土壤湿度大，应及时中耕划锄 2～3 次。

结瓜盛期(9 月下旬至 10 月下旬)，光照充足，温度适宜。10 月中旬后外界气温下降，应注意充分利用晴朗天气，白天使棚温保持 26～30℃，夜间 13～15℃。白天在温度适宜的前提下加强通风，外界气温降到 13℃以下时，夜间不再通风。

结果后期(10 月中旬至拉秧)，外界气温急剧下降。当外界夜温降至 10℃时，单坡面大棚应及时将草苫上好。棚内最低气温降至 12℃，夜间加盖草苫，拱圆棚可解下吊绳或去掉支架，将黄瓜落秧，扣小拱棚并夜间加盖草苫，以延长供应期。为降低棚内湿度和补充二氧化碳，中午要短时间放风。

(2)植株调整：秋延迟黄瓜的插架，采用人字架为好。由于其生长中前期，棚膜撩起或没有棚膜，受风的影响较大，所以一般不采用吊蔓的方法，以免植株因风吹而摇动，影响其生长。绑蔓时要将"龙头"取齐，方向一致，使蔓呈"S"形顺竹竿而上。在绑蔓的同时，要将雄花和卷须摘除，并去掉根瓜以下的侧蔓。根瓜以上的侧蔓出现雌花时，可在雌花之上留 2 片叶打顶。植株长到棚顶时，要于下午及时落秧。

（3）肥水管理：秋延迟黄瓜前期温度高生长快，从播种至根瓜采收仅 40～45 天。插架前可进行 1 次追肥，追施人粪尿 500 千克，灌水后插架。进入盛瓜期后，一般再追肥 2～3 次。单坡面大棚黄瓜延迟栽培的时间较长，可于 10 月下旬或 11 月初再进行 1 次追肥。追肥每次每亩 20 千克硫酸铵，中后期追施腐熟的人粪尿等有机肥料，1 次用量每亩 500 千克，随水冲施。另外，在前期还可结合喷药，喷施 0.3% 尿素和 0.2% 磷酸二氢钾，进行叶面追肥。

秋延迟黄瓜前期以控为主，少灌水；结瓜期温度高时 4 天灌 1 次水；后期低温时可 5～6 天灌 1 次水；进入 10 月下旬可 8～10 天灌 1 次水。

（四）春露地黄瓜栽培

1. **选用优良品种** 适于春露地栽培的品种应具有适应性强、苗期耐低温、抗病、早熟等特性。目前主要有津春 4 号、鲁黄瓜 1、2 号、津研 4 号、津杂 2 号等。

2. **培育壮苗** 露地黄瓜一般在 3 月中下旬采用阳畦或大棚育苗，苗龄 30～35 天左右。播种前整好苗床，将调制好的营养土铺入 10 厘米厚，灌足底水后扣膜烤畦。播种前 3 天，种子用 50～55℃ 温汤浸种，浸 4 小时后捞出，在 25～27℃ 条件下催芽，当胚根露出后即可播种。播种时按 10 厘米见方点播，覆土 1 厘米。也可采用育苗钵育苗。播后封阳畦提温，大棚内苗床则扣小拱棚提温保湿。

出苗前苗床温度控制在 28～30℃，不通风。出苗后适当通风，昼温 25～28℃，夜温 15℃左右。第一片真叶展平后至定植前 7～10 天，温度白天控制在 20～25℃，夜间 12～15℃。这段时间气温虽逐渐回升但不稳定，要注意及时通风降温去湿，通风时应注意防止"闪苗"。

定植前 10 天浇水并切块,之后逐渐增加通风量进行低温锻炼。定植前 3 天除去所有覆盖物,注意避免霜冻危害。

3. **整地、做畦、定植**　选择前茬未种瓜类的地块,每亩撒 5000 千克腐熟有机肥后深翻、耙平,按 1.2～1.5 米宽做畦。当 10 厘米地温稳定在 12℃ 以上时,选择晴天定植。定植时先开沟,沟内按每亩施入过磷酸钙 20～50 千克,掺匀后,按 20～25 厘米株距栽入幼苗,每亩 3500～4000 株。覆土后随即浇水。

4. **定植后至结瓜前管理**　定植后 5 天浇 1 次缓苗水。缓苗后至第一雌花开放前,一般不浇水,多次中耕划锄。前期苗小可深划(7～10 厘米),之后逐渐浅划。此期间雨后更要及时中耕,并注意防止"烧根"、"沤根"。

根瓜坐住后大追肥,每亩施腐熟的圈肥 1000 千克,开沟施于畦埂两侧,然后浇水。水渗后插"人"字架,绑蔓。此后每隔 3～4 叶绑 1 次蔓,绑蔓时摘除卷须。进行 S 形绑蔓,根瓜下面一般不留侧枝。

5. **结瓜盛期管理**　黄瓜生长迅速,每 1～2 天采收 1 次。每采收 1～2 次需浇水 1 次,浇水时间宜在清晨或傍晚。每采收 2～3 次瓜追 1 次肥,每次亩施硫酸铵 15 千克或碳酸氢铵 20 千克或腐熟的人粪尿 500 千克。

蔓长至架顶时摘心。停水几天后,亩施硫酸铵 20 千克,并浇水促使侧蔓发生。侧蔓发出后,留瓜、摘心,促回头瓜的生长。

(五)夏秋黄瓜栽培

夏秋黄瓜生长发育期间正值炎热多雨季节。高温多雨的天气常导致此茬黄瓜生长发育不良,产量较低。因此,栽培中应尽量给黄瓜生长发育创造一个良好的生态环境。

1. **选择优良品种** 选用抗病、耐热、对光照不敏感的夏秋黄瓜品种。目前比较适合的品种有夏丰1号及津研7号、鲁秋1号等。

2. **整地施基肥、播种** 选择排水良好的新茬地块，每亩施优质圈肥5000～7500千克。整平耙细后按1.2～1.5米宽做成高畦。畦做好后造墒直播，每亩用种量150～200克。

3. **播种后至结瓜初期管理** 出苗后间苗，3～4片真叶时定苗，每亩4000～4500株。幼苗出土后中耕，缺水即浇，浇水时间宜在清晨或傍晚。基肥不足时可每亩施尿素5～10千克作提苗肥。浇水或雨后及时中耕，可在雨前追施氮、磷、钾复合肥，每亩10～15千克。幼苗细弱时，叶面喷施0.3%尿素。及时插架、绑蔓，摘除根瓜以下侧枝。第一雌花开放时暂停浇水，以利于根瓜坐瓜。

4. **结瓜期管理** 根瓜坐住后大追肥1次。每亩撒施腐熟鸡粪400～500千克，随之使肥、土混合，浇水。

根瓜采收后及时追肥，采用"少量多次"的方法，每采收1～2次追施1次，每次每亩施20千克硫酸铵或8～10千克尿素或500千克人粪尿，化肥和有机肥可交替施用。遇大雨及时排水，遇热雨需"涝浇园"。

秋黄瓜可适当留侧枝结瓜，侧枝瓜前留2～3片叶摘心。

第二节 西 瓜

西瓜原产于非洲热带草原，是我国城乡人民重要的夏令消暑水果，也是世界五大水果之一。西瓜含有丰富的营养成分，并具有较高的药用价值。西瓜可加工成各种副食品，其中西瓜籽是我国人民的传统食品。

近几年,我国许多地区发展规模化西瓜生产,促进了栽培类型的多样化及远距离西瓜运输业的发展,使西瓜产品基本达到周年供应。

一、类型与品种

(一)类　型

栽培西瓜可分为果用和籽用两类。其中果用西瓜依果型大小分为小型(2.5千克以下)、中型(2.5~5.0千克)、大型(5.5~10.0千克)和特大型(10千克以上)4类;以果实形状可分为圆球形、椭圆形和枕圆形;以果皮颜色分为黄、绿、深绿、墨绿及黑色皮,另有单色皮、网纹及花皮;以瓤色可分白、黄、粉红及大红;以籽的多少分为有籽、少籽及无籽瓜;以生态型还可分为华北生态型、华东生态型、西北生态型及华南生态型。

(二)主栽品种简介

1. **郑杂5号**　中国农业科学院郑州果树所选育。早熟种,果实发育期28~30天,植株生长势强,易坐果。果实为椭圆形、黄绿色,果面上有墨绿色宽条带,大红瓤,质松脆沙,中心含糖平均11%,单瓜重4千克以上,产量为3 000千克/亩左右。八成熟时采收较好,完全成熟时肉质变软。适应范围大,目前栽培面积最大,主要在华北推广,适用于塑料大棚、小拱棚及露地栽培等形式。

2. **金钟冠龙**　台湾省选育。中熟种,果实发育天数38天,长势中等,易坐果,果实椭圆形,绿花皮,外形美观,粉红瓤,肉质脆沙,中心含糖10.0%~10.5%,单瓜重4~5千克,产量高而稳。各地均有栽培,面积大,适于保护地及露地栽培,但近几年,种子纯度降低,是山东省1990年后主栽品种之一。

3. **丰收 2 号**　中国农科院品种资源研究所选育。中晚熟种,果实发育天数 35 天左右。植株生长势强,果实长椭圆形,黑皮,红瓤,肉质硬,耐运,平均中心含糖 10.5%,单瓜重 4～5 千克,亩产 3500 千克左右。适于山东、天津、北京等地栽培。

4. **西农 8 号**　西北农业大学园艺系选育。中熟种,果实发育期 36 天,生长势强,坐瓜力强,果实椭圆形,绿花皮,红肉,中心含糖 11%,抗枯萎病,单瓜重 8 千克,适应性强。该品种露地栽培为好,大棚栽培熟期较晚。

5. **广西 2 号无籽西瓜**　广西省农科院选育。中熟种,果实短椭圆形,墨绿皮,红瓤,质脆,平均中心含糖 10.5%以上,产量较高,曾是我国推广面积最大的无籽西瓜品种。

在广西、广东、江西等地栽培。

6. **聚宝 1 号**　合肥市西瓜研究所选育。中熟种,果实发育期 35 天左右,植株生长势强,抗病抗逆性强,易坐果,果实椭圆形,网纹,外观似新红宝,大红瓤,质脆,中心含糖 11%,单瓜重 7 千克,亩产 3500 千克以上,耐贮运,适应范围广。

以上品种均为椭圆形瓜。除此之外,我国各地选育出了其他许多优良品种,如京欣 1 号、金花宝、庆红宝、抗病苏蜜、浙蜜 1 号、双星 11 号、石红 2 号、乐蜜 1 号、鲁西瓜 2 号、荆州 202、琼露等,它们各具特色,可供广大农户选用。

二、特征与特性

(一)特　征

西瓜根为直根系,分布深而广,主根深 1.0～1.5 米,多分布于 10～40 厘米土层内,水平分布范围可达 4～6 米,西瓜根系耐旱不耐涝,生长速度快,易于木栓化,幼苗表皮易于形成周皮,故根系再生力弱,移植后缓苗缓慢,生产上瓜农以前均用直播法育苗,现多采用塑料育苗钵育苗。

西瓜的茎蔓生长旺盛,叶腋具卷须,具攀缘作用,西瓜蔓的分枝性强,放任生长时可形成 3～4 级侧蔓,分枝强弱与品种有关,无杈西瓜在栽培上则不需整枝。西瓜幼苗下胚轴横切面为椭圆形,维管束为 6 束,茎横切面呈五棱形,维管束 10 束。西瓜叶为单生,基生叶 2 片板叶,以后逐渐深裂呈羽状。叶脉密生茸毛,叶片上表皮有蜡质,是耐旱的生态特征。

西瓜花雌雄同株,雌花单性,有些品种部分植株雌花的雄蕊发育正常,花粉具正常活力,为雌两性花。西瓜花萼 5 枚,花瓣 5 枚,黄色、钟状。花药 3 枚,药室 S 形,雌花子房下位,柱头 3 裂,雌雄花均具蜜腺,为虫媒花。雌花的着生节位与品种有关,早熟品种 4～7 节上发生,中熟品种 7～9 节上发生,晚熟品种 10～13 节上发生。一般在第二真叶展开前有花原基形成,雄花着生节位比雌花低,开花时间早。

果实由子房发育而成,3 心室,瓠果,由果皮、果肉及种子组成,果实形状有圆、椭圆、枕圆形。果实大小各异,红小玉品种仅 0.5～1.0 千克,而金钟冠龙大的可达 13 千克。果皮色分为黄皮、白皮、网纹、绿花、黑皮、绿皮等,果肉色有白、黄、橙、粉红、玫瑰红、大红等。

西瓜种子由种皮和胚组成。种子有大中小粒之分,小种子每克为 40 粒以上,中粒 20～40 粒,大粒种子 10 粒以下。种皮颜色有白、土黄、红、褐、黑色等,有的品种种皮边缘有黑边,有的表面有麻点。

(二)对环境条件要求

1. **温度** 西瓜喜高温、干燥,不耐寒,遇霜即死。西瓜种子 16～17℃开始发芽,最适温 25～30℃。西瓜生长的低温界限是 10℃,最高 40℃,以 25～30℃最适宜,不同的生育期对温度要求不同,幼苗期适温 22～25℃,伸蔓期 25～28℃,结果期 30～35℃,整个生育期间需积温 2 500～3 000℃,从雌花开花到果实成熟需积温 800～1 000℃。在不同的栽培形式下西瓜对温度也有一定的适应范围,如早春拱圆式塑料大棚中加小拱棚后,西瓜在 2℃条件下,能持续 2 小时不发生冻害。

西瓜根系生长的最低温为 10℃,最高温 38℃,最适温度为 25～30℃,一般地温上升到 14℃以上为安全定植期。此外,温度对叶片光合也有影响,温度 30℃时光合能力最强,温度对西瓜花芽分化、开花时间和花粉发芽都有较大影响。

2. 光照　西瓜为喜光作物,幼苗期光补偿点约为 1 500勒,结果期光补偿点为 4 000 勒,幼苗期光饱和点为 80 千勒,结果期要求 10 千勒以上,每天的日照时数要求 10～12 小时,光照充足时植株生长健壮,叶片肥大,节间短,坐果好,光照不足植株节间变长,叶色变浅,容易化瓜。

此外,光质对西瓜生长有明显的作用。

3. 水分　西瓜是需水量多的作物,1 株西瓜 1 生耗水约 2 000 升左右。但其对空气湿度要求较低,空气湿度以 50%～60%为宜。较低的空气湿度有利于果实成熟,并可提高含糖量。开花授粉时空气湿度若不足,花粉因不能正常萌发将影响坐果,因此生产上可采用田间灌水或喷水的方法加以防止。

4. 土壤及肥料　西瓜根系具好气性,虽然西瓜对土壤适应性广,但以土层深厚、排灌条件良好的沙性土壤上栽培最为适宜。西瓜适于在中性土壤中生长,但对土壤酸碱度适应范围较广,在 pH 5～7 范围内均可生长。西瓜对盐碱较为敏感,土壤中含盐量须低于 0.2%才能正常生长。

西瓜生长发育对肥料的要求主要以氮、磷、钾肥为主。整个生育期对钾需要量最大,氮次之,磷最少。据周光华测定,3

者比例为 3.28：1：4.33,一般西瓜对肥料的需求,茎叶以氮、钾肥为主,果实特别需要钾肥,磷、钾肥对提高西瓜的品质有重要作用。

(三)生育周期

1. **发芽期** 从种子萌动至"破心",约 7～8 天,要求适温28～30℃。此期以胚器官生长为中心。

2. **幼苗期** 从破心至团棵(4～5 片真叶),约 25 天,此期以同化器官(叶片)和吸收器官(根)的生长为中心,同时进行花芽分化。能否获得壮苗是西瓜栽培是否成功的关键。

3. **伸蔓期** 从团棵至留瓜节雌花开放,约 20 天,以茎叶生长为中心。后期渐渐转入生殖生长,栽培上要促进茎叶生长,使之形成强大的同化面积。

4. **结果期** 留瓜节雌花开放至拉秧,约 30～40 天,果实生长是该期的中心。

三、栽培技术

(一)大棚西瓜春早熟栽培

大棚西瓜经过近 15 年的研究及推广应用,在栽培技术上已基本达到规范化,其应用效果表现在:①充分利用塑料大棚内部空间大的特点,进行前期多层覆盖,使西瓜成熟期比拱棚双层覆盖提早 10～15 天。②利用塑料大棚昼夜温差大的优点,达到改善西瓜品质的目的,一般大棚西瓜含糖量(可溶性固形物含量),比拱棚西瓜高 1%～2%,比露地西瓜高 3%以上。③采用嫁接换根技术,提高西瓜抗寒能力和防止枯萎病。④提高产量,一般大棚西瓜产量可达 3 500～5 000 千克/亩。

1. **大棚规模及保温方式** 可选用竹木或钢架结构拱圆大棚或薄膜日光温室(俗称冬暖式大棚),棚宽最好在 6～12

米之间,单株或连栋,棚内栽培垄上盖地膜,上扣活动式小拱棚或加盖草苫。提早育苗可采用大棚或日光温室内设电热温床或火炕育苗。

2. **品种选择** 大棚早熟栽培应选用早熟或中早熟、中果型品种,应具有良好的低温伸长性和低温结果性,耐阴湿,适宜嫁接、密植栽培,并具优质、丰产、抗病等特点。目前生产上常用的品种为郑杂 5 号、金钟冠龙、齐红、丰收 2 号、抗病苏蜜、鲁西瓜 2 号。台湾的无籽西瓜也适宜。

3. **嫁接育苗** 西瓜连作易得枯萎病,故必须实行 5～7 年的轮作。由于大棚移动困难,可采用嫁接换根的办法,来防止枯萎病。

(1)砧木选择:大棚西瓜的适宜砧木为瓠瓜及杂交南瓜。瓜农一般采用自繁的瓠瓜或葫芦种为砧木,但抗病能力很差,经多年试验证明,新土佐(F_1)南瓜具有耐低温能力强和亲和力平稳、耐湿、吸肥力强等优点,是早熟栽培的适宜砧木,超丰 F_1 瓠瓜砧也有一定的应用面积。

(2)嫁接方法:西瓜的嫁接方法有多种,常见的有插、靠、劈接及断根插接等,其中以插接最为普遍。随着生产条件的改善,省力、操作程度快的断根插接法将普及应用。这里仅以插接法为例介绍西瓜嫁接操作技术。

①砧木及接穗的培育:砧木种子瓠瓜用 50～55℃温水浸泡 8～10 小时,新土佐浸泡 4～6 小时后用湿布包好,于 25～28℃下催芽,2～3 天出齐后播于温床上,一般采用 10 厘米×10 厘米育苗钵育苗,先浇透水,水渗下后放芽子,每钵 1 粒,瓠瓜易带帽出土,须盖土 1.5 厘米厚、新土佐盖土 1 厘米,播后扣小拱棚或盖地膜,出芽后揭去,砧木第 1 真叶展平时为嫁接适期(南瓜砧可早些、瓠瓜可适当大些)。

西瓜种子处理后,用温水浸泡 8～10 小时后在 28～30℃下催芽,2 天后出芽,出芽后播种于育苗盘或筐中,盘内装洗净河沙。播种后白天保持 25～29℃,夜间 20℃。播种后 5 天出苗,7 天子叶半展,子叶展平时嫁接。为使砧木和接穗嫁接适期吻合,砧木可早播 5～7 天,一般砧木顶土时,播出芽的接穗种子即可。

②嫁接操作:在无风湿润的大棚或土温室中,将接穗苗拔出洗净,另备竹签和刀片,先将砧木心叶挑除,仅留子叶,用削好的竹签插孔(方法同黄瓜插接),西瓜接穗于子叶下 0.5厘米处下刀削成楔形(刀口长 0.5 厘米),拔出竹签将接穗插入,使砧木与西瓜接穗呈十字形(图 7-2),将苗钵灌足水,放于保温小拱棚内。

③嫁接后管理:嫁接后头 6 天扣棚密闭,温度白天 25～28℃,夜间不低于 17℃,白天高于 28℃时用草帘遮荫,待心叶生长后逐渐通风,过渡到一般苗管理。砧木侧芽萌发时及时摘除,以免影响西瓜接穗生长。

4. **整地、施肥及地膜覆盖** 在普遍耕翻的基础上,按行距 1.5～1.8 米开丰产沟,沟宽 40 厘米、深 40 厘米,或行距 3米、沟宽 60 厘米。支架栽培可按行距 80～100 厘米开瓜沟。并施入腐熟厩肥 5 000 千克/亩,做成宽 40 厘米、高 10～15 厘米龟背垄,在垄中间开沟,再按每亩施入豆饼 100～200 千克、过磷酸钙 70 千克、硫酸钾 10 千克,与土混匀后浇水,然后做成高垄,并覆盖地膜。大棚西瓜栽培多采用南北向畦向。

5. **定 植**

(1)定植时间:内陆地区单坡面大棚适宜定植期为 2 月上中旬,拱圆形大棚依有无草苫覆盖分别为 2 月下旬至 3 月上旬或 3 月中下旬。沿海地区回春慢,应延后 10 天左右。

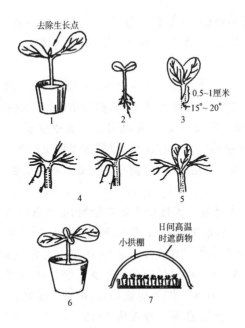

图 7-2 西瓜插接示意图

1. 砧木苗 2. 接穗苗 3. 削成的接穗 4. 插入竹签
5. 插入接穗 6. 嫁接苗 7. 嫁接苗苗床

（2）栽植密度：早熟品种单行栽培时，双蔓整枝，株距40～45厘米，行距1.5～1.8米，栽植密度为800～1100株/亩。如采用大小行栽培，株距50厘米，大行距3米，小行距50～60厘米。中晚熟品种多采用三蔓整枝，种植密度为650～700株/亩。

（3）**定植方法**：选晴天上午进行，先按株距开穴，苗钵内浇少量水便于扣坨，放坨后浇穴水，水渗下后封穴，定植前垄上扣小拱棚或定植后立即扣小拱棚，将大棚封闭提温缓苗。遇有寒冷天气，拱圆形大棚周围应围草苫保温。定植后头几天于中午揭开小拱棚,后逐渐转为早8时揭,下午4时左右盖,阴雨天早揭早盖,待瓜蔓长至30～50厘米左右时,可将小拱棚撤除。

6. 整枝盘蔓压蔓 瓜蔓长至50厘米左右,选一主蔓和一强壮侧蔓保留,其余侧蔓去掉,随着植株生长应对主侧蔓盘蔓,使主侧蔓生长一致,并不断打去叶腋中杈子,用土块或树杈压蔓,嫁接苗须用树杈压蔓,以防生根传染枯萎病。当瓜坐住后应在瓜上部留叶10片摘心。支架栽培的瓜蔓50厘米时引蔓上架。

7. 人工授粉 大棚中无昆虫传粉,必须进行人工授粉才能坐瓜。一般选主蔓第二、第三雌花,侧蔓第一、第二雌花授粉。晴天于上午7～10时授粉最好,阴雨天延后到10～12时。大棚有避雨作用,可以保护花粉不受雨淋,一般1朵雄花可涂雌花2～3个,柱头上花粉应涂均匀,以免形成畸形瓜。

8. 留瓜定瓜翻瓜 留瓜应在15～18节间进行,节位低瓜长不大,节位高瓜畸形。幼瓜鸡蛋大小时,选瓜型正常、肥大发亮的瓜胎保留1个,其余摘除。主蔓先留,主蔓上瓜胎不好则留侧蔓上的,也可两蔓上各留1瓜作为小型瓜出售。瓜定个后每3～4天翻动1次,使受光均匀,皮色及糖度一致,同时将瓜下土壤弄细弄松或垫草圈,以防瓜皮受虫害。支架栽培的,当瓜碗口大时应及时用盘吊瓜,并随其生长不断调整瓜的位置。

9. 肥水管理 大棚西瓜追肥应注意氮、磷、钾配合施用,嫁接栽培时氮肥量应减少30%,以防徒长。大棚西瓜在施足基肥基础上应追肥4次:

第一次是伸蔓前,在垄两侧开沟施氮、磷复合肥15～20千克/亩,促伸蔓发根,为开花结果打下基础。

第二次是幼瓜坐住后,施复合肥 20 千克/亩或磷酸二铵 15 千克/亩,硫酸钾 15 千克/亩,促果实生长。

第三次是果实定个后,施氮、磷复合肥 10 千克/亩、钾肥 10 千克/亩,以提高品质,防植株早衰。也可用 0.3% 磷酸二氢钾叶面追肥 1～2 次。

第四次是采收二茬瓜时,在 2 次瓜坐住后追施氮、磷复合肥 15 千克/亩,促 2 次瓜生长。

大棚内浇水与追肥结合进行。定植后不浇水,伸蔓前结合追肥浇 1 次,开花坐果期不浇,瓜鸡蛋大小时结合追肥浇 1 次,膨瓜期每 3～4 天浇 1 水,定个后 5～7 天浇 1 次水,采收前 1 周停水。

10. **温度控制** 定植后 5～7 天,注意提温,地温保持 18℃ 以上;缓苗后开始通风。白天气温不高于 30～32℃,夜间不低于 15℃;开花期上午 7～8 时通风,促花粉散开,白天 25～28℃,保持较高夜温,以促花粉发育;结果期白天 28～30℃,夜间 18℃ 以上;定个后夜间不再关棚,以增加昼夜温差。

11. **采收** 依挂牌日期而定,早熟品种 28～32 天,中熟品种 35 天可达九成熟,大棚西瓜风味好,含糖中边梯度小,果形美观,有较高的商品价值。

12. **间作** 大棚西瓜爬地栽培时行距较大,适于间作春菜类,如春甘蓝、水萝卜、生菜等。以春甘蓝为例,12 月上中旬阳畦或单坡面大棚育苗,苗龄 60 天,2 月上旬定植于拱圆形大棚,4 月上旬收获,甘蓝收获后西瓜整枝、压蔓。甘蓝品种以选早熟的鲁甘 2 号为好。

(二)小拱棚双膜覆盖栽培

该方式是目前国内生产上广泛应用的一种早熟形式,由于投资小,早熟效果明显,比露地地膜覆盖西瓜可提早15~20天成熟,具有较高的经济效益,因而推广面积较大。一般小拱棚栽培可使西瓜采收期提早至6月上旬。据山东淄博市农业局统计,其产值为露地的3倍,是地膜西瓜的1.5倍。

1. 小拱棚结构及加盖地膜覆盖的效应

小拱棚加地膜双覆盖的结构有2种主要类型:第一种是简易地膜覆盖,地面和棚面均用0.015~0.03毫米厚的地膜覆盖,每亩用地膜10千克左右,拱架用树枝条等,又叫一条龙式覆盖。小拱棚跨度50厘米左右,棚高30~40厘米,此类小棚难于揭膜通风,可在棚内打孔放风,早熟效果不理想。第二种是用0.05~0.08毫米厚农膜,跨度70~120厘米,棚高50厘米左右,棚长依地块而定。据王如英(1988年)测定,在1月中旬双覆盖棚内平均气温比单层小拱棚高1℃以上,最低气温提高0.5℃,最高气温反而降低0.8℃,地下20厘米的月平均土温提高2℃左右,夜间保温效果明显。此外,棚内畦面采用地膜覆盖,能有效降低拱棚内空气湿度,减轻棚内叶部病害。

扣棚的要求是,先耕地施肥做垄,再铺膜,地膜提前7~10天铺好,然后插拱棚骨架,栽苗,随之扣棚。

2. 选用早熟品种 双覆盖栽培西瓜应选用雌花出现早、节率密、果实发育快,成熟度要求不严,适当提早采收仍具有良好品质的早中熟优质一代杂种,如浙蜜1号、郑杂5号、鲁西瓜2号、金花宝、合成1号等。倒茬困难的可进行嫁接栽培,选用新土佐、瓠瓜、野生西瓜为砧木。

3. 提早育苗 在华北地区于2月中下旬进行电热或火炕育苗,3月下旬定植于大田。我国各地的适宜定植期为:北京4月上旬、山西太谷县4月20日、德州3月下旬至4月初、枣庄 3 月中旬、淄博 3 月中下旬、青岛 4 月初、南京 3 月下旬至 4 月初。一般 40 天苗龄具有 4 叶 1 心时定植。

4. 双行密植 在定植畦上双行三角形栽培,大行距 2.5～3.0 米,小行距 20～30 厘米,单蔓整枝时株距 25 厘米左右,双蔓整枝时株距 40 厘米左右。在此种形式基础上,目前生产上又出现一种将小拱棚加大加宽成跨度 3 米、高 1.5 米、中间 1 排立柱的中型拱棚,其保温效果又有提高。

5. 扣棚期间的管理 目前生产上采用的双覆盖形式实际上仅前期为双覆盖,后期为地膜覆盖,北方地区如山东省一般在天气转暖时 5 月初将膜撤去。南方因雨水较多可采用日本式遮雨栽培,即将膜两侧拉起通风,仅留顶部防雨,栽培畦宽 1 米以上,高 20 厘米左右,坐瓜于畦面上。

扣棚期间的温度管理为定植后到缓苗期间不通风或通小风。小拱棚遇晴暖天气温度升温快而高,有时出现 40℃以上高温,寒流天气则大幅度降温,容易造成危害,因此应注意及时通风。一般白天最高温不应超过 30～35℃,夜间不低于 10～12℃,通风时先从棚两头开始,随外界温度回升,再将小拱棚南侧中间处底边膜掀开放风,并逐渐增加通风量,直至全部揭去小拱棚。由于揭盖薄膜较麻烦,随着经济条件的改善,也可采用塑料薄膜上打孔的方法进行通风,以减轻劳动强度。

其他管理可参照大棚西瓜进行。

(三)春露地西瓜栽培

1. 土壤及茬口选择 栽培西瓜最适宜的土壤是砂壤土,但西瓜对土壤适应性广,生荒地开垦后在增施基肥的基础上便可获得高产。

西瓜对轮作换茬要求严格,切忌连作,以防发生枯萎病造成绝产。一般旱地轮作周期为 7～8 年,水田轮作周期 3～4

年,水旱田轮作 6～8 年。西瓜的前茬以玉米、谷子、高粱为最好,甘薯、棉花次之,南方可选水稻、小麦、油菜等为前茬,花生、大豆等地下害虫多不宜作前茬,后茬作物可选秋白菜、甘蓝、萝卜等。

2. **整地做畦盖地膜** 西瓜整地一般先普翻一遍,然后再挖瓜沟,瓜沟又叫丰产沟,一般冬前挖好,以利于风化土壤和杀死地下害虫。挖法是按 1.8 米行距开沟,沟宽 40～60 厘米,深 40 厘米左右,将 20 厘米以上熟土放在沟南侧,20 厘米以下生土放在沟北侧。施肥后先放回生土,再放回熟土。

基肥的施用一般按土壤肥力来定,中等肥力土壤亩施 3000～4000 千克土杂肥或 2000～3000 千克厩肥,加饼肥 100 千克,过磷酸钙 20～30 千克,硫酸钾 15～25 千克或三元复合肥 30～40 千克。基肥的施用方法是数量充足时一半撒施,一半沟施,数量不足时集中施入沟内。饼肥和化肥调匀后,做畦前施入瓜沟表层土壤中。

做畦的方式有多种,北方多采用平畦和锯齿畦(图 7-3)。栽培畦做好后于定植前 10 天扣地膜提高地温,铺膜的种类可选择无色透明膜和黑膜,前者增温效果好,后者虽增温效果比透明膜平均低 1～2℃,但除草效果好。盖地膜能起到提高地温、保墒的作用,操作时应注意边缘压紧,保证地膜的完整性,并注意防止大风吹膜。

3. **适时播种育苗** 露地西瓜依各地习惯,可直播也可育苗,育苗有子叶苗和大苗(4 片真叶)两种形式。为保证成苗率,育大苗比较妥当。子叶苗栽植后易受瓜地蛆、金针虫幼虫的危害。

播种育苗的时间各地有差异,如华北地区可在 3 月中下旬播种。育苗可采用塑料育苗钵(8 厘米×8 厘米～10 厘米×

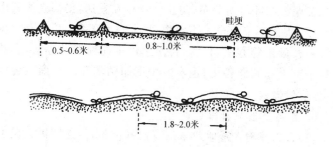

图 7-3　平畦与锯齿畦示意图

10 厘米)、纸钵、塑料筒、营养土块等。也可用近年引进的联体育苗钵育小苗。定植时间以 10 厘米地温稳定在 14℃以上,终霜过后为宜,定植方法同大棚西瓜。北方春季多风,定植时应掌握适当深栽。

4. **植株调整**　西瓜的植株调整包括整枝、压蔓、盘条、打杈等。

(1)整枝:露地西瓜多采用双蔓和三蔓整枝,双蔓整枝保留主蔓和侧蔓,每亩栽 800～1000 株;三蔓整枝,每亩栽 600～700 株。多蔓整枝留瓜时,应注意保留各蔓坐瓜和膨大时间相同的瓜胎,以免坐瓜晚的瓜胎化瓜。

整枝时应注意:①轻整枝,以免过度整枝而影响根系生长。②整枝应适时进行,过早整枝限制侧根生长,过晚消耗植株营养,在主蔓长 50 厘米,叶腋发出侧蔓 15 厘米时整枝为宜,之后每 3～5 天整枝 1 次,坐瓜前进行 2～3 次。③坐果后减少整枝,果实膨大初期浇水后杈子发生严重,应及时去掉,以防养分消耗,果实进入膨大盛期后可不进行整枝,以维持一定的长势。

(2)压蔓:压蔓的作用,一是防止大风吹蔓划伤幼瓜。二是人工调节茎叶田间分布,防止叶片相互重迭,提高光能利用率。三是促进茎节上产生不定根,扩大根系面积。压蔓有土压和树枝杈固定等方法,日本、台湾采用田间铺草的办法,卷须可缠于草上起固定作用,也有减少田间踏实和减少病虫害的作用,值得借鉴。

5. 提高坐瓜率和留瓜护瓜

(1)人工授粉:露地栽培虽有蜜蜂传粉,但遇阴雨天昆虫活动少,往往坐瓜不良。据各地试验证明,人工授粉是提高西瓜坐果率的重要措施。露地授粉一般上午 7~9 时为好,10 时以后气温高,雌花柱头分泌出粘液,授粉效果差。阴雨天授粉可延至 10~11 时。南方地区可用防雨帽防止雨水泡坏花粉。

(2)留瓜:露地西瓜,以在主蔓 15~20 节,子蔓 10~15 节留瓜为宜。每株的留瓜个数依品种、栽培形式、栽培密度而异,一般中果型品种双蔓整枝留 1 个瓜为宜,小型品种如黄小圆、红小玉留 2~3 个瓜。

(3)护瓜:为防雨水浸泡和病菌侵染,露地栽培中常于瓜拳头大小时松蔓顺瓜,用麦秸和草圈垫瓜。果实定个后每 3~5 天翻瓜 1 次。后期注意用侧蔓和麦草盖瓜,防日晒和雨后炸裂。

6. 采收 北方地区多于 7 月初开始收获上市,7 月中下旬为上市高峰期,西瓜分次采收,正确判断成熟度,是保证产品质量的关键。西瓜的成熟可从以下几点鉴别:

(1)插杆标记:授粉后每隔 3 天插不同颜色小杆标记;按果实发育天数采收,早熟品种从开花到成熟需 30 天,中熟品种 35 天,晚熟品种 40 天。

(2)观察果实的形态:果皮表面花纹清晰,有光泽,着地面底色呈深黄色,果脐向内凹陷,果柄基部略有收缩的为熟瓜。

（3）听声音：以手拍打果实，发出浊音为熟瓜，青脆音为生瓜，但应注意近年有些肉质脆品种单凭声音难以判定成熟。

（4）依比重和果柄、卷须形态判定：生瓜比重大，沉于水中，熟瓜半浮于水面。果柄上茸毛稀或脱落，果实同节卷须枯萎 1/2 为熟瓜，这些标志不太可靠，受生长势及肥力影响。

（四）无籽西瓜栽培要点

无籽西瓜是由四倍体西瓜为母本，二倍体西瓜为父本杂交而产生的一代杂种，子房在正常花粉刺激下可发育成正常果实，而胚珠不能发育成成熟的种子，而形成无籽西瓜。无籽西瓜存在的问题是发芽率低，成苗难，结瓜歪，易空心，皮厚，白籽大，黑籽率高等，可采用以下技术解决：

1. **破壳催芽**　无籽西瓜种皮厚，浸种 10 小时后破壳，可提高发芽速度和发芽率，然后于 32℃ 下催芽。

2. **提高床温，促进出苗**　采用电热和火炕育苗，提高地温，促进出苗，也可采用先在播种盘内育子叶苗，出苗后子叶展平时分苗于育苗钵内的方法育苗。

3. **合理配置授粉株**　无籽西瓜花粉不能发芽，栽培时需按 4∶1 或 5∶1 的比例配置授粉株。

4. **适当稀植，加强田间管理，提高果实品质**　以亩栽500～600 株为宜，可行二蔓及三蔓整枝，留第三雌花坐瓜。避免过早定植，低节位留瓜在低温下会产生有籽果实。膨瓜期浇水要均匀，以配合滴灌和微灌为好，减少空心果率。此外育种者应注意选用皮薄四倍体为母本，以增加可食部分比例。

第三节　甜　瓜

甜瓜是一种古老的栽培作物,在著名的《本草纲目》中曾论述"甜瓜之味甜于诸瓜,故独得甘甜之称",我国各地盛产的梨瓜、香瓜、蜜瓜、白兰瓜、哈蜜瓜等都属甜瓜种,通称甜瓜。甜瓜主要以成熟的新鲜果实为产品,一向被认为是高档水果,尤其是厚皮甜瓜果大肉厚、美观耐贮,受到世界各国消费者喜爱。

近年来,我国的甜瓜栽培面积不断扩大,1997年栽培面积就达10万公顷,总产212万吨。

随着我国设施园艺的迅速发展,华北、华东、东北地区相继从国内外引种试种厚皮甜瓜并取得成功,结束了多年来只有新疆、甘肃等西北地区才能种植厚皮甜瓜的历史,使甜瓜栽培和商品品质迈上了一个新台阶。目前厚皮甜瓜栽培仍呈上升趋势。

一、类型与品种

我国的甜瓜可分为薄皮甜瓜和厚皮甜瓜两大生态类型。

(一)薄皮甜瓜

薄皮甜瓜,又称香瓜、梨瓜,主产于东北、华北、江淮、长江流域、华南等地,以东北三省种植面积最大,山东约有1万公顷。薄皮甜瓜株型较小,叶色深绿,小果,单瓜重0.3~1.0千克,果皮光滑,可连皮而食,肉厚1.5~2.0厘米,含糖10%~13%,不耐贮运,较抗病,耐湿,耐弱光。按果实外部特征可分为白皮、黄皮、花皮、绿皮4个品种群。

1. **龙甜1号**　属白色品种群,生育期70~80天。果实近圆形,熟果黄白色,果面有 10 条纵沟,平均单瓜 500 克,果肉白色,肉厚 1.0～1.5 厘米,含糖量 12%,肉质细,味香甜,亩产 2000～2200 千克。该品种是我国种植面积最大的薄皮甜瓜品种,其他栽培品种有齐甜 1 号、益都银瓜、雪梨瓜、华南108。

2. **黄金瓜**　属黄皮品种群,早熟,生育期约 75 天。果实长梨形,单瓜重 400～500 克,皮色金黄,肉白、厚 1.5 厘米左右,含糖 12%,较耐贮,抗热抗湿,是江浙一带古老品种,与台湾的金辉性状类似。

3. **白沙蜜**　属花皮品种群,生育期 80～85 天。中早熟,果实长卵形,单瓜重 500～600 克,果皮黄绿底花绿皮,果肉白色,肉厚 2 厘米,含糖 12%以上,品质好,又以八成熟采收品质最好。较抗病,单株结 1～2 个瓜,亩产 2000 千克。

4. **王海瓜**　属绿色品种群,中熟,生育期约 90 天。果实筒形、深绿皮,有 10 条淡黄色纵沟,单瓜 600 克,肉白、厚 2 厘米、质脆味甜、多汁,含糖 12%～15%。其他品种有羊角脆、海冬青、青羊头、九道青。

此外,黄金坠、荆农 4 号、十条锦瓜、广州蜜瓜、八里香、蛤蟆酥等也有栽培。

(二)厚皮甜瓜

厚皮甜瓜生长势旺,叶片较大,叶色浅绿,果中大,单瓜重 2～5 千克,果皮厚而不可食,种子较大,耐贮运,晚熟种可贮 3～4 个月以上,喜干燥、炎热、强日光、大温差。

1. **河套蜜瓜**

早熟,生育期 100 天左右,果实发育 47 天。果卵圆形,单瓜重 750 克,果皮橙黄,果肉淡绿、甘甜,含糖 14%,浓香、耐贮运,抗枯萎,不抗炭疽病。

2. **大薯白兰瓜** 晚熟,全生育期 120 天,果实发育 45～50 天。平均单瓜重 1.5 千克,果圆,成熟后阴面呈乳白色,阳面微黄,果肉绿色,肉厚 3～4 厘米,肉质软,清香,含糖 14%,耐运输。

3. **伊丽莎白** 从日本引进的一代杂种,早熟,果实发育期 30 天。单瓜重 500 克左右,果圆,金黄皮,肉白、厚 2.5 厘米,肉细软,有香味,含糖 13%～15%,亩产 1500 千克,抗湿,不抗白粉病,后期水分多时易裂瓜,耐贮。

4. **状元** 从台湾引进的一代杂种,中早熟,果实发育期 40 天左右。单瓜重 1.5 千克左右,含糖 14%～16%,肉白,靠瓤处淡橙,不易裂瓜,耐贮运,生长势弱,易早衰,抗病性较差。

5. **蜜世界** 台湾农友公司培育。中晚熟,果实发育期 45～50 天。单果重 1.5～2.0 千克,含糖 14%～16%,果肉白绿色、厚 2.5～3.0 厘米,品质优良。

二、特征与特性

(一)特 征

甜瓜根系发达,仅次于南瓜和西瓜,主根 1.5 米,侧根 2～3 米,绝大多数侧根分布于 30 厘米内。茎蔓生,有卷须,茎上可长不定根,具攀缘生长特点,茎横切面为圆形有棱,主蔓生长较弱,侧蔓相对旺盛。多为近圆形或肾形叶片,不分裂或浅裂,厚皮甜瓜叶浅绿色,薄皮深绿色,据国外资料介绍,深绿叶品种抗病性较强。雌雄同株异花,雄花为单性花,雌花为两性花。花黄色,钟状,萼片 5 个,雄蕊 3 枚,药室 S 形折曲,雌花柱头短,柱头 3 裂,子房下位,为虫媒花,1 株甜瓜可形成雌花 100～200 朵,结实雌花大多着生在子蔓或孙蔓上。果实大小依品种而定,为瓠果,果形有圆、纺锤、长棒等,果皮色为绿、白、黄、橙红色,果肉有绿、白、橙红等,种子多为黄白色,大小不一,薄皮甜瓜千粒重5～20克,厚皮甜瓜30～80克,一瓜中可有300～500粒种子。

(二)对环境条件的要求

甜瓜起源于非洲,干旱炎热的热带沙漠气候条件决定了其对环境条件的要求为喜温、喜水、喜光、空气干燥、昼夜温差大。

1. **温度**　甜瓜为喜温作物,植株适宜的温度为白天25～35℃,夜间16～18℃。发芽期最低温15℃,最适温30～35℃;幼苗生长最适温20～25℃;果实发育最适温30～35℃。当温度低于13℃时茎叶生长停止,10℃完全停止生长。根系生长的最低温度是8℃,适温20～25℃,生长最快的温度是34℃,春季当地温升至14～15℃以上时定植。

2. **光照·**甜瓜植株生长发育所需的光照为10～12小时,甜瓜植株生育期内对光照总时数需求因品种而异,早熟品种需1100～1300小时,中熟品种1300～1500小时,晚熟品种需1500小时以上。甜瓜对光强度要求是光补偿点4000勒,光饱和点55～60千勒。

3. **水分**　甜瓜与西瓜相比,叶片不具深裂,表面无蜡粉,根系发育比西瓜弱,因而比西瓜更需水分。甜瓜一生整个生育阶段对水分需求不同,通常幼苗期需水量少,伸蔓至开花期和开花至坐瓜期需水量大,应充足供水,果实膨大后对水分的需要逐渐减少。

甜瓜根系好氧性强,含氧2%以下时,根系呼吸停止,1天内根系枯死,甜瓜根系耐湿性比黄瓜、丝瓜、南瓜弱,厚皮甜瓜更弱。

4. **土壤**　甜瓜对土壤的适应性较强,沙土和粘壤土上均可生长,但以肥沃的壤土为佳。其适宜的土壤 pH 值为 6~6.8,甜瓜耐盐碱能力强,轻度的含盐土壤可提高果实蔗糖含量,改善甜瓜品质。甜瓜对氮、磷、钾三要素的吸收比例约为 6：3：11,吸收的氮、磷、钾一半以上用于果实的发育。

(三)栽培季节

1. 春早熟栽培

(1)冬暖式大棚:12 月上旬育苗,1 月下旬定植,2 月底开花授粉,4 月中旬收获。

(2)拱圆棚:2 月上中旬育苗,3 月中旬定植,4 月上旬授粉,5 月底收获。

2. 秋延迟栽培

(1)冬暖式大棚:7 月下旬至 9 月初播种,8 月上旬至 9 月下旬定植,11 月上中旬至元旦前采收。

(2)拱圆棚:7 月上中旬播种,8 月上旬定植,10 月中下旬(霜降前)采收。

三、厚皮甜瓜栽培技术

(一)春早熟栽培

早熟栽培是厚皮甜瓜的主要栽培形式。由中国台湾及日本等地引进的品种,山东俗称"洋香瓜"。其主要栽培技术如下:

1. **品种选择** 以山东省为例,主要栽培品种为状元、伊丽莎白、西博洛托、蜜世界。

2. **育苗** 55℃温水浸种 10 分钟,冷却后再浸 1 小时或 50℃温水浸 4 小时,28℃下湿布包好催芽,10 厘米×10 厘米育苗钵育苗,胚芽长 0.5 厘米直播,盖土 1 厘米。育苗土按 6 份土比 4 份厩肥配制,每立方米培养土加过磷酸钙 1 千克。播种后上盖地膜或不织布。

出苗前土温保持 28～30℃,出土至子叶展平土温 22～25℃,夜间棚温不低于 15℃,定植时苗龄 30～40 天。要求苗粗壮,子叶完整,4 片真叶,苗高 10～12 厘米。

重茬地可嫁接育苗,砧木早春以新土佐等杂交南瓜为好,但必须选择砧穗组合,以免发生急性凋萎症。黑籽南瓜开花时死秧,瓠瓜坐瓜后死秧,不宜用作砧木。

3. **基肥** 行距 80～120 厘米开沟,每亩施厩肥 4000～5000 千克,棉籽饼、豆饼 50～100 千克,氮磷钾复合肥 10～15 千克或厩肥 5000 千克,尿素 25 千克、硫酸钾 30 千克、过磷酸钙 30 千克。

4. **定植** 3 月中下旬至 4 月初于拱圆棚中定植,如采用 3 层覆盖,于 3 月中旬定植。选晴天上午进行。

早春宜采用宽垄栽培,垄高 20～30 厘米,以利地温提高。起垄后开沟浇足底水,水渗下后耙平盖地膜。栽前浇水,喷药,按株行距定植,放坨后浇水,使底水与穴水相连,封穴。

大棚内多采用立体栽培,单蔓整枝,每亩 1600～1800株,小行 60～70 厘米、大行 120 厘米,株距 45 厘米,按梅花式交叉排列。采用双蔓整枝,行距 80～100 厘米,于 4 叶时打顶,留侧蔓两条,畦中央栽一行,株距 45～50 厘米,每亩栽 1300～1800 株。

5. **整枝打杈** 单蔓整枝,主蔓 10 节以下摘除子蔓,10～14 节留瓜。各叶腋长出的子蔓有雌花,授粉后雌花上留 1～2叶摘心,在主蔓两侧节位靠近处留 2 个瓜(伊丽莎白),大中果型留 1 个瓜,当瓜鸡蛋大小时保留果形圆整的幼瓜,其余打去,顶部侧蔓也打去,主蔓留 25 叶打顶。双蔓整枝,每子蔓上留瓜各 1 个,其余同单蔓。为了降低种子成本,以双蔓整枝为好。

6. **肥水管理**　缓苗后和定瓜后各追肥 1 次,苗期追肥在摘心后,于植株附近开浅沟,每亩施硫铵 10 千克;瓜进入膨大期前开沟,每亩施腐熟的饼肥 50～75 千克,或氮、磷、钾复合肥 20～30 千克;膨瓜期可喷 0.2% 磷酸二氢钾 2～3 遍。

水分管理各时期有差异,苗期温度较低,于第一次追肥后浇 1 次大水,促茎叶生长。开花期不浇水。膨瓜期结合施肥浇足水,保持土壤湿润。果实定个后,为防裂瓜,提高果实含糖量,基本不再浇水。网纹甜瓜进入开网期要控制水分,使上网均匀、美观。

7. **人工授粉**　上午 9～10 时授粉为佳,阴雨天尤为重要。授粉时注意将花粉涂于柱头上,特别是短柱花。授粉后每株 3～4 个雌花中,选节位适宜、果形好的幼瓜保留,单蔓整枝的留 1 个瓜,双蔓整枝的可留 1～2 个瓜,留两瓜的要选节位附近的,以防出现 1 大 1 小现象。植株生长时随蔓伸长,不断向上缠蔓或绑蔓,当瓜长至拳头大时用塑料绳将果柄吊起,防止坠秧,落蒂品种应早收。伊丽莎白授粉后 30～32 天成熟,花后 30 天采收,贮存 2 天风味达到最佳。

8. **采收**　光皮瓜当颜色变为本品种特点时可采收,早熟品种 30～35 天,中熟品种 50～55 天,晚熟品种 60 天以上,薄皮瓜一般 30～35 天。网纹瓜一般于坐瓜 15 天后开网,至成熟时网均匀、美观。有的品种成熟后落蒂如白姬,应适当早采,有的品种不落蒂,采收时带 T 形果柄,包装后装箱。

(二)秋延迟栽培

1. **适宜品种**　育苗时间正值夏季,应选抗病、后期植株耐寒性强、果实耐贮的早熟或中熟品种,不宜选晚熟品种。

2. **遮荫避蚜育壮苗**　秋延迟栽培育苗期正值高温和雨

水多的季节,可采用小拱棚育苗,育 3 叶 1 心苗,上盖防蚜网和遮阳网,外层盖薄膜防雨,以防蚜虫危害传播病毒和大雨淋浇。据马红(1996～1997 年)试验,小拱棚纱网育苗是避免风害和蚜虫传播病毒病的有效措施,一般成苗率可达 100%,投资成本每平方米纱网 2.4 元,遮阳网 1.5 元,并可多年使用。

此外,为提高成苗率,可采用穴盘育苗,苗龄 2 叶 1 心时定植。

3. 降低棚温及促茎叶生长 夏季由于气温较高,茎叶生长速度快,往往使秧蔓细弱,叶片瘦小。为了达到降温的目的,可于棚顶进行遮阳,方法是拱圆式大棚顶部薄膜上好后盖遮阳网,冬暖式棚顶部也上好棚膜,膜上盖遮阳网或草帘子,腰部以下通风,棚膜用压膜线压紧,以防大风吹坏。遮阳网当上午 10 时后光线变强时遮上,下午 4 时后拉开,阴雨天不遮。

定植前施足基肥,定植选傍晚进行,以利缓苗。夏季栽培为便于浇水,栽培垄不应过高,以 10～15 厘米为宜,过高浇水困难。栽培垄或畦上可盖双面膜(上面为白色反射强光,下面为黑膜防杂草)或铺草,进入伸蔓期于植株旁挖穴施肥,每亩施尿素 7.5～10 千克或硫酸铵 15～20 千克,施肥后浇水。

4. 大棚的温湿度管理 前期主要以防雨降温为主。9 月上中旬后将棚膜全部扣上,白天揭开,晚上晚闭棚;9 月下旬棚内夜间温度有时可降至 10℃以下,此时拱圆棚周围夜间扣草苫,以防夜温过低,冬暖棚如夜温低于 13℃,也应及时扣草苫。11 月份后,天气转冷,应注意及时管理,草苫早揭早盖。

此外,扣棚以后应注意除雨天外均应通风降湿,以防棚内湿度过大,发生霜霉病及果实斑点症。

5. 采收及延后 拱圆式大棚果实采收宜于霜降前进行。如欲继续延迟,可将瓜蔓带瓜由吊绳放下,扣上小拱棚加盖草苦,以推迟采收期,保温条件好的冬暖式大棚,可延迟至元旦前上市,效益较高。

四、薄皮甜瓜栽培技术

(一)整地、做畦、施基肥

选择前茬为大田作物如小麦等的田块栽培甜瓜,勿与其他瓜类或老菜园接茬。土地宜于冬前深耕,充分晒垡,重施农家肥,每亩5000千克以上,耙平后一半撒施,一半集中施。按行距1.5米开沟,亩施厩肥2500千克,加棉籽饼、豆饼50~100千克,或磷酸二铵50千克,或过磷酸钙100千克,加草木灰及氮肥适量,翻匀,平沟,浇底水,起垄,定植前5~7天盖地膜。

(二)育 苗

依当地食用习惯,选用黄皮或白皮等适宜品种。于2月中下旬育苗,用50~55℃温水浸种4小时,28~30℃催芽,1天1夜后出芽,拣芽,待芽出齐后播种于10厘米×10厘米育苗钵中育苗,育苗土按7份土:3份粪(熟)或6份土:4份粪(熟)配制,每立方米加过磷酸钙1千克,盖土0.5~1.0厘米,播种后盖地膜或薄膜提温保湿。出苗前保持土温28~30℃,出苗后降温至22~25℃,幼苗4片真叶时定植。

重茬地可嫁接栽培,砧木选用山东农业大学园艺系选育的强丰等。

(三)定 植

3月底4月初定植,依保温条件而定,如加草苫覆盖可于3月中旬定植,定植前先提前2~3天扣棚,选晴天上午定植,后封棚提温,缓苗后通风。双行栽培(双蔓整枝),或单行栽培(四蔓整枝),株距45~50厘米,每亩栽888~1000株。

甜瓜幼苗定植后到缓苗前尽量不通风或少通风,缓苗后保持白天25～30℃,高于32℃通风,夜间16℃,不低于15℃。小拱棚升温急速,应于上午10时至下午3时通风,先两头后中间,地膜小拱棚于顶部打孔。4月底温度渐高,应逐渐通大风,至5月上旬全部撤去拱棚,注意防止突然去棚造成闪苗。

(四)整枝、打杈、摘心、留瓜

薄皮甜瓜四蔓整枝时主蔓于4叶摘心,留子蔓4条,每条子蔓保留20片叶摘心,将子蔓上1～5节孙蔓摘除,于6～9节孙蔓选第7～8节雌花授粉,结实花授粉后留2叶摘心,9节以上孙蔓留1叶摘心或打去所有孙蔓,仅留子蔓,摘除畸形瓜,每株留瓜3～4个。

双蔓整枝可同西瓜爬地栽培,使主蔓两面对爬,中间行距2.8～3.0米,节约小拱棚数量。

(五)追肥浇水

施足基肥条件下,于伸蔓前在垄一侧开沟施饼肥1次,每亩50千克或磷酸二铵20千克,加碳铵20千克或尿素5～10千克,促瓜苗生长。果实生长期每5～7天用0.3%尿素和0.2%磷酸二氢钾混合液进行叶面喷肥,因此时瓜已封垄,追肥不便,故可采用叶面喷施。

甜瓜土壤湿度不易过高,苗期不旱不浇,以中耕为主促根系生长,开花坐果前如遇天旱可浇水1次,开花期不浇水,大多数果实进入膨瓜期后,依土壤墒情浇2～3次,促果实膨大,果实成熟前1周停水。

(六)采　收

开花25～30天后皮色变为本品种特色,脐部有芳香味,表明瓜已成熟。一般薄皮甜瓜采收期20天左右,亩产1500～2000千克。

第四节　西葫芦

西葫芦别名美洲南瓜和搅瓜等,在我国有悠久的栽培历史,也是我国人民喜爱的传统蔬菜之一。主要采收嫩瓜供食,在早春初夏及冬季均可上市。

一、类型与品种

近年由于塑料大棚的发展,西葫芦早熟、秋延迟、越冬栽培均可进行,使西葫芦除夏季外均可上市,产量也成倍提高。西葫芦与笋瓜、南瓜、黑籽南瓜、灰籽南瓜同属南瓜属,其与笋瓜、南瓜的区别见表7-1。

表 7-1　南瓜、笋瓜、西葫芦形态特征及其用途　(1994)

部位	南　瓜	笋　瓜	西　葫　芦
茎	蔓性,细而长,五棱形,节上易生不定根	蔓性,粗大,近圆形,节上易生不定根	蔓性或矮生,有棱或沟,并有坚硬刺毛
叶	心脏形或浅凹的五角形,叶脉交叉处常有白斑,有柔毛	圆形或心脏形,缺裂极浅或无,无白色斑点	卵形,裂片极深,叶背脉上有刺毛
花	花冠裂片大,展开而不下垂,雌花萼片常呈叶状	花冠裂片柔软,向外下垂,萼片狭长,花蕾开放先端呈截形	花冠裂片狭长,直立或展开,萼片狭窄而较短
果梗	细长,硬,基部膨大呈五角形的"硬座"	短,圆筒形,海绵质,基部不膨大	较短,硬,基部稍膨大,有明显的纵沟

部位	南 瓜	笋 瓜	西 葫 芦
果实	果实先端多凹入,表面光滑或呈瘤状凸起,成熟果肉有香气,常含有较多的糖分	先端凸出或凹入,果实表面平滑,成熟,果实无香气,含糖量较少	一般型小,早熟,成熟后外果皮极坚硬
种子	种子边缘隆起而色较深暗,种脐歪斜,圆钝或平直	种皮边缘的色泽和外形与中部同,种脐歪斜,种子较大	种皮周围有不明显的狭边,种脐平直或圆钝,种子较小
用途	以嫩瓜或老熟瓜供食用,或加工成粉供食用,或作食品添加剂	嫩瓜供食用,或作饲料,有的品种以收种子为栽培目的	主要以嫩瓜供食用

西葫芦按植株性状可分为矮生、半蔓性、蔓性 3 个类型。

(一)类 型

1. **矮生类型**:节间短,蔓长仅 0.3~0.5 米,第一雌花着生于第三至第八节,以后每节或隔 1~2 节出现雌花,早熟,是春早熟栽培常用类型。

2. **半蔓性类型**:节间较长,蔓长约 0.5~1.0 米,主蔓 8~10 节前后开始着生第一雌花,属中熟种,栽培较少。

3. **蔓性类型**:节间更长,主蔓 10 节以后开始结瓜,蔓长 1 米至 4 米,晚熟,耐寒性较差,抗热性较强,北方农村栽培较多。

(二)品 种

1. **早青一代** 山西农科院蔬菜所研制的一代杂种。结瓜性能好,雌花多,早熟,播后 45 天可采收,第五节始结瓜。可连续坐瓜 3～4 个,瓜长筒形,嫩时皮色浅绿,耐低温,抗病毒能力中等,每亩产量达 5 000 千克以上。

2. 阿尔及利亚西葫芦　从国外引进,短蔓类型,分枝性弱,多不发生侧蔓,叶片绿色、掌状、深裂,近叶脉处有灰白色斑点。主蔓第五至第六节上着生第一朵雌花,以后每节有瓜。瓜长圆柱形,皮色浅绿,有明显的绿色花条纹,间有白色斑点,嫩瓜重 0.5～1.0 千克,风味好,品质佳,播后 60 天左右采收,植株生长势强、耐寒、抗病。

3. 长西葫芦　又名笨西葫芦,北京农家品种,蔓长 2.5～3.0 米,主蔓第十节以后开始结瓜,瓜圆筒形,瓜皮有墨绿、乳白和花色 3 种,瓜长 36 厘米,横径 18 厘米,单瓜重 2.0～2.5 千克。

另有地方品种如济南站秧西葫芦、北京一窝猴等,3～6 片叶开始着生雌花,适应性、丰产性较好。

二、特征与特性

西葫芦对温度的要求比其他瓜类低,生长发育适温 22～32℃。32℃以上高温,花器不能正常发育,40℃以上高温停止生长;但经过锻炼的幼苗在 8℃以下仍能维持生长,并可耐0℃低温。种子发芽适温为 25～30℃,13℃以下不发芽,根伸长的最低温为 6℃,开花结果期适温 22～25℃。

西葫芦对光照的适应性强,又较耐弱光,幼苗期光照充足时,第一雌花可提早开放,进入结瓜期需强光,弱光高温易化瓜。

西葫芦根系具有较强的吸水力和抗旱能力。它既可在干旱条件下生长,也较耐湿润。因此,管理时前期灌水不宜过多,以防植株徒长,果实生长期需供充足的水分。

西葫芦对土壤要求不太严格,在砂土、壤土、粘土上生长均较好,但以壤土最好。对土壤酸碱度的要求以 pH 值 5.5～6.8 为宜。西葫芦吸肥力强,整个生育期中吸收以钾和氮为多,钙居中,磷和镁较少。

三、栽培技术

(一)春早熟栽培

春早熟栽培是西葫芦栽培的主要形式,一般可比露地早播 20～30 天,主要有小拱棚早熟栽培、阳畦早熟栽培、小风障早熟栽培、大棚早熟栽培。由于薄膜覆盖可减轻病毒病和白粉病,使大棚西葫芦能越夏生长,大大延长了供应期。

1. **播种期及育苗形式** 小拱棚早熟栽培,2 月下旬阳畦育苗,也可于大棚内育苗盘育苗,阳畦内分苗;阳畦早熟栽培,2 月上旬阳畦育苗,3 月上中旬定植于风障阳畦内,盖草苫;小风障早熟栽培,3 月上旬阳畦育苗,3 月下旬定植;冬暖式大棚播种期为 1 月上旬,2 月上中旬定植,可采用火炕育苗或电热线育苗。

2. **播种及育苗** 播前 3～5 天进行种子处理,浸种催芽时间、方法与黄瓜相同,催芽温度 25～30℃,2～3 天出芽,露白后播种。营养土配制及播种方法同黄瓜,播后盖土 1.5～2.0 厘米。苗床的管理方法是:出苗前白天床温 25～28℃,夜间 12～15℃,地温 16～18℃,不通风。出苗后床内适宜温度白天 18～25℃,夜间 10～12℃,子叶展平至第一真叶出现后床温适当提高,白天 22～28℃,夜间 12～15℃。移栽前 7～10天,加强通风,降低床温,进行栽前锻炼,白天控温 15～22℃,夜间 8～12℃,定植前 1～3 天可降至 1～8℃,以适应保护地夜间温度。

3. **整地做畦**　小拱棚栽培,畦宽 1.2～1.5 米,盖地膜,扣小拱棚。塑料大棚内栽培可单行种植,行距 0.7～1.0 米,株距 0.6～0.7 米,行距 1 米时,可进行密植,株距 0.5～0.6 米。

西葫芦根系比黄瓜深,应深翻 30 厘米左右,施腐熟基肥每亩约 5000 千克,全面撒施或在栽培沟内施。

4. **定植**　当保护地内 10 厘米地温稳定在 10℃以上,气温 6℃以上时可进行定植。采用平畦栽培时每畦栽两行,先开沟浇水,水未渗下时,将苗坨放入水中,注意将苗坨湿透后覆土,盖地膜,起垄栽培的定植方法同西瓜。

5. **缓苗至初花期管理**　定植到缓苗前一般不通风,白天畦温保持 25～30℃,夜间不低于 15℃,缓苗后可适当通风,白天 20～25℃,夜间不低于 13℃。晴天中耕划除 2～3 次,植株显蕾时在旁边开沟施肥,每亩施圈肥 1000～1500 千克,及氮磷钾三元复合肥 15～20 千克,浇大水 1 次。

6. **开花结瓜期的管理**

(1)人工授粉:初花时温度尚低,外界昆虫少,特别是大棚内应进行人工授粉或用 20～30 ppm 2,4-D 或 30 ppm 防落素涂瓜柄。坐瓜多时应及时疏花疏果,当第一瓜约 250 克以上时及时采收。

(2)棚温管理:结瓜期白天 28～35℃,夜间 20～25℃,地温 22～26℃为宜,白天尽量保持较长的适温,进入 5 月份可逐渐撤除覆盖物。

(3)肥水管理:第一瓜花谢后 7～8 天,应及时施肥,开穴施速效氮肥并灌水,根瓜采收后进入结瓜盛期,一般每采收 1次浇 1 次水,并隔次追肥 1 次,追肥量每亩施硫酸铵 10～15千克或腐熟人粪尿 400～500 千克,最好交替施用,共追 3～4次。每株收瓜 4～5 个后,约在 6 月中下旬瓜秧衰弱,此时减少灌水量和灌水时间,将老叶侧枝摘除,防治病虫害,加强管理,仍可继续结瓜。

(二)秋冬延后栽培

1. **播种及育苗** 西葫芦秋冬延后栽培主要是解决秋淡季供应。在北方栽培,如采用拱圆式大棚,可于 6 月下旬至 7 月上中旬直播或育苗;冬暖式大棚则于 8 月中旬播种育苗。育苗时由于病毒病严重,应及时防蚜及中午遮强光。夏季育苗由于气温高,幼苗生长快,一般 20～25 天即可育成 4～5 叶大苗。育苗时还需注意防雨及除草。

2. **定植及管理** 当苗龄达 25 天时可定植,宜在下午及傍晚进行,密度每亩 2500 株。秋延后栽培以有机肥、基肥为主,每亩施基肥 5000 千克,混施 15～20 千克过磷酸钙,定植时亩施化肥 7.5 千克。以后到收瓜前只中耕、培土,到第一次收瓜前再灌水。

3. **扣棚及管理** 拱圆棚 8 月上旬,冬暖棚 10 月上旬上好大棚棚膜,夜间保持棚内 10～12℃,白天最高不超过 36℃,拱圆棚 9 月中旬以后只开通风口,进入 10 月中旬后棚外须加草苫、棚内加盖小拱棚,小拱棚夜盖昼揭。当棚内最低温度低于 10℃时,夜间加盖草苫。

第一雌花开放时应及时人工授粉或激素涂花。瓜条长到商品标准应及时采收,以防坠秧。结瓜后加强对白粉虱、蚜虫及白粉病、灰霉病的防治。

(三)越冬栽培

山东各地实践证明,西葫芦在冬暖棚中可以安全越冬、生长,采瓜期长,效益高,增加了冬春季节鲜菜供应种类。

1. **品种选择** 选早熟、短蔓型品种,与春早熟品种相同。

2. **培育壮苗** 西葫芦越冬栽培主要目的是供应新年、春节市场,适宜播期应为 10 月上中旬,苗龄 30 天左右,2 月中下旬进入采瓜高峰,可持续至 5 月中下旬。为了增加植株根系耐寒能力,近年越冬栽培可采用黑籽南瓜为砧木进行嫁接换根。嫁接方法及管理可参照黄瓜、西瓜。嫁接苗龄 40 天左右。

嫁接苗成活后或自根苗两片子叶展平后,白天控温 24~28℃,夜间 12~14℃,地温 14℃以上。定植前 1 周适当降温,夜间温度保持 10~12℃,加强通风锻炼。定植前对幼苗集中喷药 1 次,防治蚜虫、白粉虱及真菌病害。

3. **适时定植及定植后的管理** 定植时做到苗龄与定植适期的统一,11 月上中旬选一晴天上午定植。定植前应提早 10~15 天扣棚。由于越冬栽培生长期长,故要重施基肥,每亩施圈肥 5 000 千克,鸡粪 1 000 千克,过磷酸钙 50 千克或磷酸二铵 20 千克,硫酸钾 30 千克,有机肥可撒施,化肥、细肥集中施。

定植方式有大小行和等行距栽培两种形式,大小行栽培为多,每亩栽 2 000~2 500 株。

定植时先顺小垄沟浇水,按株距稳水坐苗,水渗下后从沟外侧取土成小垄,搂平后盖地膜,大小行均覆地膜或小行覆膜,大行覆草。定植后当夜盖草苫,缓苗前白天保持 25~30℃,夜间 16~20℃,地温 16℃以上。缓苗后白天 24~28℃,夜间 11~13℃,草苫早揭晚盖,以增长见光时间。缓苗后还要进行中耕,以促进根系发育。

4. **结瓜期管理**

(1)结瓜初期:第一瓜坐住后,冬季到来前于晴天在膜下灌水,浇足。从第一雌花始,每朵雌花开放时于当天上午 6~8 时进行人工授粉,或用 20~30 ppm 2,4-D 蘸花,2,4-D 中应滴入墨水加以标记。

（2）深冬期间：12月中旬至次年2月中下旬,为保持棚温,应采用双层草苫覆盖,白天棚温不超过30℃,夜间不低于10℃,阴雨天夜间不低于8℃;遇雨雪天气,下午要及时早盖。次日如棚内气温不再下降,应揭开草苫见光;遇大风雪天气,中午可不揭草苫或边揭边盖,连续阴雨天也应每日揭苫;连阴天转晴朗天气时,棚温高,为防植株失水,应于中午放下草苫遮荫,仅见弱光。深冬期间大棚通风应于中午短时进行。

深冬期间光照条件极差,为促植株生长,于12月中旬至1月份喷光合微肥2次或叶面追肥,1月份浇1次水,2月上中旬结合浇水追肥1次,追肥于大沟旁揭开地膜开沟施入,每亩施豆饼200千克、尿素15千克,过磷酸钙30千克,硫酸钾10千克。为提高光能利用率可于12月上旬开始进行二氧化碳追肥。

植株8片叶后应及时吊蔓,对老叶病叶及时去掉。注意防治白粉病、霜霉病,药剂以粉尘剂、烟雾剂为主。

（3）中后期管理：2月下旬后以防治、保秧、提高产量为主。2月中旬起棚内温度升高较快,应注意加大通风量,保持棚温白天25～30℃,夜间12～16℃,夜温高于16℃,草苫可不再覆盖。进入3月份为保持秧子不衰老应追肥1次,每亩施尿素20千克,硫酸钾10千克。以后每浇1水施速效肥1次。

第五节 其他瓜类

一、冬 瓜

冬瓜为葫芦科1年生蔓性植物,原产我国南方及印度、泰国等热带地区,具有耐热耐湿适应性强的特点,为我国主要夏秋菜之一,对秋淡季供应起了很大作用。

(一)类型与品种

在蔬菜生产栽培上,冬瓜常按果实大小分为两类,小型冬瓜和大型冬瓜,按熟性早晚可分为早、中、晚熟3种,按果皮表面颜色和有无白粉,可分为青皮冬瓜和粉皮冬瓜。

小型冬瓜一般早熟或较早熟,常见品种有北京农家品种一串铃,吉林农家品种吉林小冬瓜,南京农家品种一窝蜂冬瓜,山东济南郊区地方品种一串铃等。

大型冬瓜中熟或晚熟,植株长势强,如广东青皮冬瓜,灰皮冬瓜,湖南粉皮冬瓜,福建华大冬瓜、山东平原冬瓜。

节瓜是冬瓜的变种,瓜形小,产量高,肉质细嫩,在北方近10年开始栽培。

(二)特征与特性

冬瓜根系强大,茎蔓性、中空,茎上有粗硬刺毛,分枝性强,叶掌状,叶面密生刺毛。雌雄同株异花、单生,花瓣5枚,黄色,雌花子房下位,第一雌花着生于12~20节,果实大小因品种而异,瓜皮绿色,上生茸毛或白粉。种子白色或浅黄白色。

喜高温、耐湿热、怕寒冷,不耐霜冻,发芽适温30℃,25℃则发芽时间延长,15℃以下不能正常发芽,幼苗期以25~28℃为宜,茎叶生长和开花结果期以25~30℃为宜,根伸长最低温为12℃。冬瓜为短光性作物,但对光照长短要求不严格,苗期短日照有利于雌花分化,冬瓜叶大需较多水分,对土壤适应性广,喜肥。

(三)栽培技术

冬瓜栽培可分为棚架和地爬两种方式,前者产量高,费工费料,后者管理粗放,产量低。

1. 播种育苗 冬瓜可采用阳畦育苗或直播的方式,选饱满的种子用 70～80℃ 热水烫种,快速搅拌加入冷水降至 30℃,浸种 10 小时后用湿布包好,放在 28～30℃ 下催芽,出芽后播种,苗期管理参照黄瓜。冬瓜苗龄长 40 天左右,具3～4 片真叶时可定植。

2. **施基肥、整地、定植** 栽培冬瓜的地块按亩施基肥 4 000 千克,深翻,耙平,做畦栽培或起垄栽,支架栽培时畦宽 1.2～1.5 米,种双行,大冬瓜株距 50 厘米,小冬瓜株距 30 厘米,垄栽时按行距 50 厘米起垄。

3. **伸蔓期管理** 定植后浇缓苗水 1～2 次,以后及时中耕松土,苗具 5～6 叶时开始伸蔓,此时施第一次发棵肥,在瓜苗旁开沟,施腐熟有机肥 1 次。

4. **结瓜期管理**

(1)整枝压蔓打杈(植株调整):爬地冬瓜伸蔓至 60 厘米时要进行整枝盘蔓,保留主蔓和强壮侧蔓 1 条,以后每隔 4～5 节压蔓 1 次,使主蔓和侧蔓生长一致。大冬瓜每株仅留 1 瓜,小冬瓜可连续结瓜,在瓜前留 7～10 叶摘心。架冬瓜引蔓上架前先盘蔓,并注意及时绑蔓,留瓜于第三至第五雌花,大型冬瓜应注意防止坠秧。

(2)肥水管理:开花期控制浇水,坐瓜后施速效肥 1～2 次,每次施尿素 10 千克,膨瓜期浇水 5～7 天 1 次,后期进入雨季应注意及时排水。瓜成熟时停止浇水,以延长冬瓜成熟期。

二、丝　瓜

(一)类型与品种

丝瓜原产印度,有普通丝瓜和有棱丝瓜两个种。丝瓜以嫩瓜上市,宜熟食,有棱丝瓜也可去皮凉拌。老熟果实纤维发达,可入药或作海绵的代用品,茎液为化装品原料。丝瓜是华东、华南、西南等省的主要夏季蔬菜之一。

(二)特性与特征

丝瓜根系发达,吸收能力强,茎蔓性、五棱、绿色、分枝性强,主蔓一般 4～6 米,有的高达 10 米以上。叶掌状或心脏形。雌雄同株异花,花冠黄色,雄花总状花序,每花序 10 余花。雌花单生、子房下位,果实为瓠果,有棱或无棱,果形短棒、长棒或短圆柱形。种子椭圆形、扁平,有翅状边缘。

丝瓜喜温热,生长发育适温 25～30℃,为短光性植物。丝瓜耐高温、高湿,适于较高的土壤湿度和空气湿度,对土质要求不严格。

(三)栽培技术

1. **栽培时期** 于 3～4 月份间播种育苗,5 月份定植大田或露地直播,8～9 月份为采收盛期,霜降后拉秧。

2. **栽培方法** 丝瓜多为棚架、人字架栽培,整地时要求施足有机肥作基肥。一般丝瓜伸蔓后引蔓上架,第一雌花前的侧枝全部除掉,上棚架后任其生长,支架栽培的选主蔓及侧蔓 1 条保留。丝瓜茎叶繁茂,盛果期应追有机肥 1～2 次,每次施腐熟有农家肥 1500 千克,结果期土壤保持湿润,以土壤湿度 80%～90% 为宜。

3. **采收** 丝瓜从播种到采收需 60～70 天,采收期两个月左右。从开花到采收约 10～14 天,至生理成熟约 50 天。

丝瓜病害较少,虫害主要有蚜虫、斑潜蝇等。

三、苦 瓜

苦瓜原产印度东部,约在明代初传入我国南方,因果肉内含苦瓜苷,具有特殊的苦味而得名。苦瓜营养丰富,还具有较高的药用价值,是秋淡季主要上市蔬菜之一。

(一)类型与品种

苦瓜按瓜皮颜色分为青皮苦瓜和白皮苦瓜,按果实大小可分为大型苦瓜和小型苦瓜,我国各地栽培的苦瓜多属于大型苦瓜。常见栽培的有:广州市地方品种滑身苦瓜(绿皮)、长身苦瓜(绿皮)、大顶苦瓜(绿皮);江西南昌市地方品种扬子苦瓜(绿白色);湖南省农科院园艺所育成的大白苦瓜(白绿皮);四川雅安市地方品种雅安大白苦瓜(白皮)等。

(二)特征与特性

苦瓜根系发达,侧根多,根群分布宽达 1.3 米以上,深 0.3 米以上。茎为蔓生、五棱、浓绿色,有茸毛,分枝性强。初生叶对生、盾形,真叶互生,掌状深裂。花单性,雌雄同株异花,花冠黄色,雌花子房下位。果实形状纺锤形,短圆锥形、长圆锥形,表面有瘤状突起和纵棱,嫩果深绿色、绿色、白绿色,成熟时黄色。种子盾形、扁形,淡黄色,种皮厚,表面有花纹。

苦瓜整个生育期可分为发芽期、幼苗期、抽蔓期和开花结瓜期。

苦瓜喜温,较耐热、不耐寒。发芽适温为 30~35℃。一般用 50~55℃温水浸种 10 小时后于 30℃催芽,两昼夜可发芽。开花结果期以 25℃为宜,能耐 38℃高温。苦瓜属短光性植物,对光照长短要求不严格,喜光不耐阴。苦瓜对土壤要求不严,喜湿不耐涝。

(三)栽培技术

1. **育苗** 苦瓜一般于春夏季栽培。可于 3 月中下旬阳畦育苗或 4 月中下旬直播。育苗可采用营养钵、纸钵或营养土块。苦瓜种皮厚,播种后覆土应达 2 厘米,以防带帽出土。苗龄一般 30 天左右。

2. **田间定植**　定植前整地,苦瓜忌连作,选近年未栽过苦瓜的地块,每亩施土杂肥 4 000～5 000 千克,撒匀后浅耕做畦。幼苗长至 4～5 片叶断霜后定植,一般畦栽双行为 1 架,株距 33～50 厘米,每亩栽 1 600～2 400 株,定植后及时浇水。

3. **田间管理**　浇缓苗水后进行第一次中耕,10～15 天后第二次中耕。爬蔓后插人字架,及时引蔓上架,将主蔓上 1 米以下侧枝去掉,主蔓 1 米以上选留几条粗壮侧枝结果,以后任其生长。进入收瓜期应 7～10 天浇水 1 次,并隔次随水冲施化肥 1 次。每次施用尿素 10～15 千克或硫铵 15～20 千克,复合肥 10～15 千克。

4. **采收**　开花后 10～15 天为适宜采收期。此时青皮苦瓜果实已充分长成,果皮上条状和瘤状粒迅速膨大并明显突起;白皮苦瓜除上述特征外,果实前半部分明显地由绿色转为白绿色,表面呈光亮感。

四、佛手瓜

佛手瓜又名合掌瓜,原产于墨西哥和西印度群岛一带,我国南方各省有栽培,近年随着南菜北引,佛手瓜在北方也成为重要的秋、冬季上市蔬菜品种之一。

(一)类型与品种

有绿皮和白皮两个品种。

1. **绿皮瓜**:生长势强,结果多,丰产,可产生块根,瓜形长而大,上有刚刺,皮色深绿,味稍差。

2. **白皮瓜**:生长势弱,结瓜少,产量较低,瓜形团而小、光滑无刺,皮色白绿,组织致密,味较佳。

另有近年从台湾引进的品种已在各地有栽培,表现丰产,风味品质好。

(二)特征与特性

佛手瓜是宿根性攀缘植物,温暖地区为多年生蔬菜。根系初为弦线状须根,肉质、白色,随着植株生长,须根逐渐加粗伸长,形成半木质化侧根,上生不规则副侧根。在一般土壤中,1年生侧根可达 2 米以上。茎分枝性极强,蔓横径圆形、绿色,有不明显纵棱。叶互生,掌状五角,绿色至浓绿色,叶面较粗糙,似有光泽,叶背的叶脉上有茸毛。雌雄同株异花,雌花着生于孙蔓上。

果实有明显的 5 条纵沟,表面粗糙不光滑,上有小肉瘤和刚刺,果实无后熟和休眠期,每个瓜为 1 颗种子。

佛手瓜喜温暖不耐高温,凡是年平均温度 20℃以下,夏季各月的平均温度 20℃以下,早霜较迟的地区,均可栽种,近年长江以北,如山东省引种成功,并利用冬暖式大棚进行延长供应。佛手瓜是典型的短光性植物,长日照下不开花结瓜。佛手瓜要求肥沃湿润的壤土,不耐涝。

(三)栽培技术

佛手瓜多以种瓜繁殖,1 个瓜就是一颗种子。北方地区多以春季 3～4 月份播种,也可用温室或温床育苗。育苗时选用花盆或大的育苗钵或塑料筒,装入培养土,每钵栽瓜 1 个,保持 20～25℃,可较快出苗,当苗生长 5～6 片叶时于断霜后去钵,定植于露地。

在温暖的地区佛手瓜可连续采收 10～20 年,但北方露地栽培条件下,秋季初霜后即死,可于霜降前进行大棚覆盖以延长其采收期。

栽植佛手瓜需挖深坑,深宽各 1 米,施足有机肥及复合肥,每坑栽 1 株,直播的栽时将瓜平放或柄端向下,深度以不见瓜为准,种瓜要选个大且已发芽的,以保证出苗。佛手瓜幼苗忌施人粪尿,以免枯萎而死。

佛手瓜的田间管理比较简单,除中耕、除草、追肥浇水外、应注意及时引蔓上架,架式以棚架为好,一般利用房前、房后、树旁、沟边进行搭架。

佛手瓜的采收一般在花后 7~10 天为宜。后期采收的佛手瓜极耐贮藏,方法是在冷凉通风的室内用沙层贮藏,可至元旦或春节。家庭小量贮藏,可将佛手瓜用塑料袋包装放于冷藏室内贮至春节。

第八章　豆　类

第一节　菜豆（芸豆）

菜豆又名芸豆、四季豆、刀豆等。原产于中南美洲。菜豆除供鲜食外，还可腌渍、制罐加工，是城乡人民喜食的蔬菜之一。

一、类型与品种

菜豆依据其生长习性可分为蔓性、半蔓性、矮性 3 大类型。各类型均有其优良品种。

（一）蔓性优良品种

1. **芸丰**　主茎第一至第六节出现分枝，第四至第七节坐生第一花序。花白色，旗瓣基部稍带粉红色。嫩荚淡绿色，荚长约 23 厘米，宽和厚约为 1.4 厘米，平均荚重约 14 克。荚果老熟后亦无革质膜，柔嫩，品质佳。该品种耐旱、耐瘠薄。高抗病毒病（BCTV）、较抗炭疽病和锈病，不抗疫病。适于露地或保护地栽培。

2. **绿丰（绿龙）**　植株生长势强，主茎长 3 米左右，生 2～5 条侧枝，第五至第七节坐生第一花序，花白色。嫩荚深绿色，长 20～25 厘米，横径 2.5～3.0 厘米。产量高，品质好，耐贮运。一般产量 5000～6000 千克/亩。适于大棚栽培。

3. **丰收 1 号（国外引进品种）**　植株生长势、分枝性较强。花白色,嫩荚浅绿色、稍扁,表皮光滑,荚面略凹凸不平,长18～22 厘米。荚肉厚,纤维少,品质好。早熟,较耐热,成熟期集中。该品种适于露地春、秋和保护地秋冬、冬春茬栽培。

(二)半蔓性优良品种

1. **老来少芸豆**　主茎长 1.5～1.8 米,黄绿色。叶色浅绿,花淡蓝色。嫩荚白色,长约 15 厘米,横径 1.3 厘米,荚圆棍形,柄端部分略扁。纤维少,品质好,直至即将成熟还表现嫩白色,故名老来少。该品种早熟,较耐旱耐涝和瘠薄。病害发生少而轻,产量较稳。寿光当地品种,适于露地和保护地多茬栽培。

2. **早白羊角芸豆**　主茎长 1.2～1.8 米,黄绿色。叶片浅绿色,花蓝紫色。嫩荚圆棍形,长 15 厘米左右,横径约 1.2 厘米,单荚重 8 克左右。该品种较耐旱、涝,早熟,抗病毒病。适于露地栽培,也适于保护地越冬、冬春茬栽培。

3. **双青 12 号**　该品种生长势较强,结荚部位较低。荚长20 厘米左右,横径 1.8 厘米左右,嫩荚圆棍形,白绿色,纤维少,品质好。较早熟,陆续结荚性强,产量高而稳定。适于露地春、秋两茬和保护地多茬栽培。

(三)矮性优良品种

1. **新西兰 3 号**　植株生长势强,株高 52 厘米左右,单株有 5～6 条分枝。叶色深绿,花浅紫色。嫩荚扁圆棍形,先端略弯,绿色,长 15 厘米,单荚重约 12.5 克。荚肉厚,纤维少,品质较好。早熟,较抗病。适于露地和保护地春、秋各茬栽培。

2. **供给者(由美国引进)**　植株生长势较强,株高 42 厘米左右,单株有 3～5 条分枝。花浅紫色。嫩荚圆棍形,绿色,长 12～14 厘米。荚纤维少、质脆,品质好。露地栽培可春、秋两茬,保护地栽培可 1 年多茬。

3. **优胜者（由美国引进）** 植株生长势中等，株高 38 厘米左右，开展度 45 厘米，主枝 5～6 节封顶。花浅紫色。嫩荚近圆棍形，长约 14 厘米，重 8.6 克。肉厚，纤维少，品质好。抗病毒病、白粉病。早熟品种，适于露地和保护地栽培，与供给者品种相似。

二、特征与特性

菜豆按其茎生长习性可分为有限生长（即矮性）和无限生长型（即半蔓性和蔓性）。有限生长型的植株在生长数节后其生长点即分化花芽，从播种至采嫩荚约需 50～55 天。因此，植株矮小直立，开花结荚集中，早熟，但产量较低。无限生长型的植株，其顶端为叶芽。初生茎节的节间短，以后茎节的节间伸长，左旋性向上缠绕生长。每个茎节的腋芽可抽出侧枝或花序，它们之间具有相互抑制作用，抽出侧枝之节花芽多不发育。茎节一般以抽出花序者为多。从播种至采嫩荚约需 65～70 天。菜豆花为总状花序，蝶形花冠，多数为自花授粉。菜豆具有发达的主根和侧根，根上有根瘤，有固氮作用。但菜豆根再生能力弱，多行直播。育苗移栽应采用营养钵或纸钵育苗，且苗龄不宜太长。

菜豆为喜温性蔬菜，不耐霜冻。其生长适温为 18～20℃，开花结荚的最适温度为 18～25℃，高于 27℃ 或低于 15℃ 会出现严重的落花落荚现象。植株在 10℃ 以下生长不良，地温的临界温度是 13℃。菜豆要求较强的光照，又比较耐弱光，但对日照长短反应不很敏感。菜豆对土壤要求不太严格，适应的 pH 值为 5.5～8.0。菜豆根上有共生的根瘤，土壤含有丰富的有机质和磷可促进其固氮，但在生育前期和后期也应适当补充氮肥。

三、栽培技术

(一)冬暖型日光温室栽培

1. **品种选择与播种期确定** 选择优良的品种和确定适宜的播期,是取得日光温室菜豆高产和创造高效益的首要条件。在日光温室的越冬茬和冬春茬密植高产栽培中,主要采用表现高产优质的"新西兰3号"品种,而早春茬和秋延迟茬则多采用"绿龙"和"双青12号"菜豆品种。

冬暖型日光温室内的菜豆茬口可有早春茬、春茬、秋延迟茬、秋冬茬、越冬茬、冬春茬等多种。各茬播种期的确定,要根据采用品种的特性、前作蔬菜倒茬早晚,并能使菜豆的采收盛期与预测的市场销售盛期相吻合。

2. **选种与催芽** 播种前10~15天,选择2~3天晴日,将种子置于阳光下晒,可提高种子发芽率和增强发芽势;同时对使用的种子进行粒选,去除有病斑、虫伤、霉烂、秕籽、杂籽等,选留具有本品种的种子特征、籽粒饱满、富有光泽的正常健籽。

将选好的种子放入25~30℃的温水中浸泡12小时左右,然后捞出进行催芽。种子量少时,可用湿布包好,放在20~25℃的条件下,每天淘洗1次,芽长出0.5~1.0厘米时播种。种子量大时,可采用湿土催芽法,即在日光温室内见光好的地方(按栽培每亩用3平方米苗床计),整平,铺一层塑料薄膜,在膜上撒一层5~6厘米厚的细湿土(湿土应保证种子出芽,但不可过湿,以防烂种),将浸泡过的种子均匀撒于土上(每平方米撒1千克),然后在种子上面覆盖细湿土1.0~1.5厘米,盖上地膜,控温于20~25℃条件下,约3天左右,芽伸出0.5~1.0厘米时即可用来播种。

3. **直播或育苗** 菜豆的直根生长速度快,且发达,但再生能力弱。因此,在生产上多行直播。尤其是矮性类型,苗期短,生育进程快,植株矮小直立,适宜密植,更宜直播。一般每亩 5 000 穴左右,每穴两株。

对于蔓性类型的品种,其苗期较长,在前茬作物腾茬晚的情况下,可采用育苗移栽。育苗移栽的苗龄不宜过长,在第一对真叶展开前后定植为宜。为避免移栽时伤根,最好的方法是用营养钵(或纸钵)育苗,带土坨定植。

育苗期间,育苗畦内温度控制在白天 20～25℃,夜间 15～18℃。一般播种后 25 天左右,幼苗第一对真叶展开,复叶出现时即可定植。

4. **定植与密度** 日光温室内栽培菜豆,由于光照较弱,定植密度较露地稍稀。一般采用大小行或小高畦定植(或直播),大行 70～80 厘米,小行或小高畦 50～60 厘米(采用高畦时在高畦的两侧栽两行)。定植蔓性品种,因生育期较长,植株较大,穴距 28～30 厘米为宜,每穴双株,每亩栽 6 800～7 300 株。若栽植矮性小株早熟品种,穴距应为 20 厘米左右,每穴直播留苗或定植 2 株,每亩 10 000 株左右。

定植的方法是按照计划行距或小高畦两侧开穴。育苗移栽的开穴深度以放置上苗坨(营养钵)后,苗坨上面与畦面平为宜。直播时应按穴距 20 厘米左右开穴,深约 1.5～2.0 厘米。定植时如果气温较低,可采用先浇穴水后栽苗的方法;气温高时可栽后浇大水。直播时均应采用先浇穴水后播种,再覆盖细湿润土的方法。

5. **室内管理** 菜豆从第一对真叶展开即进入幼苗期,此期以营养生长为主,同时开始花芽分化。此期管理的重点是:控制浇水,加强中耕,促根炼苗;同时调节温度以促进花芽分化。

菜豆花芽分化的适宜温度为 20～25℃,高于 27℃ 或低于 15℃ 容易出现不完全花,落花落荚严重,9℃ 以下不能分化花 芽。为了促进芸豆的花芽正常分化,室内气温应控制在昼间 20～25℃,当温度高于 28℃ 时即开天窗,小通上风;当温度升 到 30℃ 以上时,不仅通上风,还要开前窗,通下风。当气温降 至 25℃ 时关闭前窗,当气温降至 23℃ 时关闭天窗。夜间保持 在 15～18℃,凌晨短时间内可在 12～14℃,但不可低于 10℃。

日光温室栽培越冬茬或冬春茬菜豆,由于幼苗期正处在 寒冷的冬季,外界气温低于-10℃ 以下。在生产中,往往认 为菜豆是喜温蔬菜,担心因室内温度低而影响菜豆的正常生 长,所以,经常是通风时间迟,通风量小,白天室内气温高于 28℃ 的时间过长,尤其在中午前后室内温度达 30℃ 以上时才 放风降温,结果造成花芽分化不完全或花粉形成不正常。进入 开花期后,不仅植株花数少,而且大量落花落荚,减产严重。

菜豆从植株第四片复叶展开即结束幼苗期,进入伸蔓期。 此期约 12～15 天,初花是此期结束的标志。植株幼苗期结束, 从团棵开始,生长速度加快,节间伸长,并孕育花蕾,到初花期 营养生长速度达到高峰。由于此期根瘤菌固氮能力仍然较差, 而植株营养生长对氮素的需求迫切,因此进入此期后要追施 1 次氮素速效肥,每亩施尿素 10 千克左右,追肥后轻浇 1 次 水,此后至开花期应适当控制浇水,否则容易引起植株徒长和 落花、落荚。菜农的经验是:"干花湿荚","不浇花浇荚"。为防 止蔓性品种的茎蔓相互缠绕和矮性品种的茎蔓倒伏,要及时 搭架。日光温室内栽培的蔓性品种,宜采用吊蔓的方式。菜豆 从伸蔓期开始,往往易发生灰霉病、锈病、豆蚜、茶黄螨等病虫害,应及早检查,发现后及时防治。

菜豆从开花至采收结束为开花结荚期。一般从开花到始收嫩荚为 12～16 天,从始收到终收约 40～60 天,有些品种可长达 80 天以上。此期植株开花结荚与茎叶生长同时进行,是营养生长与生殖生长同时并进,光合面积增大,对光照温度条件要求比较敏感、需肥需水迫切的时期。要获得日光温室菜豆的高产,必须做好光、温的调节和及时满足肥水供应,使植株具有良好的光温条件和营养条件。在光温管理上,要求维持昼温 20～27℃,夜温 15～18℃ 的情况下,尽量早揭晚盖不透明覆盖物(草苫),延长见光时间,增加叶片的光合作用时间,以制造更多的光合产物来提高产量。当嫩荚坐住即长到荚长的一半大小后,结合浇第一次结荚水,每亩冲施尿素 10～15 千克。以后每采收 1 次,追施 1 次速效复合肥为宜。一般 7～10 天 1 次,施肥后要保证水分供应,使其更好地发挥肥效。在适宜的光温条件下,满足肥水供应,可使植株营养充足,生长健壮,叶片保持旺盛的光合能力,促进叶腋内抽生花枝,不断开花结荚,发挥其增产潜力。不仅早期产量高,中、后期亦可获得较理想的产量。

菜豆是喜强光而又耐弱光的作物。光饱和点为 25～40 千勒,光补偿点为 1.5～2.0 千勒。日光温室内栽培菜豆,由于温度高,湿度大,植株生长势强,茎叶娇嫩,不抗强光日晒。如在冬季遇到连续的阴天或雨雪天气,为了保温,草苫揭开的时间较短,甚至不揭,其植株的茎叶更娇嫩。当天气转晴,骤然揭开草苫遇到强光照射后,叶片往往会出现萎蔫或灼伤,甚至上部幼嫩茎叶萎蔫后而不能恢复。菜农称这种现象为"闪秧"或"闪蔓"。为防止"闪秧"或"闪蔓",在冬季遇连续阴雪天气时,也要坚持每天揭盖草苫,争取散射光。甚至在中午前后天窗开小缝,短时小通风,排湿换气。当天气骤然转晴后,白天要先揭拉"花苫",即在转晴的第一天上午,先隔 2 片草苫揭开 1 片,下午再隔 1 片揭 1 片。经过骤晴后 1～2 天的揭"花苫"炼秧,转入正常的管理。在春秋季遇到连续几天的阴雨天气时,草苫的揭盖要与平常管理一样,争取散射光的菜豆叶片不会因骤晴后强光照射而发生灼伤,更不会发生"闪秧"。

6. **菜豆落花落荚及其防治措施** 菜豆每株的花蕾数较多。蔓性品种因生育期较长,主蔓长而节数多,每株能生 10～25 个花序,每一花序着生花蕾 4～15 朵。矮性的品种虽生育期较短、主茎节数少而短,但分枝数较多,一般每一花序着生 7～13 个花蕾。菜豆每一花序的花蕾数虽较多,但从成荚数来看,多数花序成荚 3～4 个,少数花序成荚 5～6 个或 1～2 个,大约 2/3 的花蕾或幼荚脱落了。在露地一般生产条件和栽培技术水平下,成荚率仅为 30% 左右,而日光温室内的成荚率则更低。若能使菜豆的结荚率提高到 60%,其单位面积产量几乎可增加 1 倍。因此,探索菜豆落花落荚的原因及防止落花落荚的有效措施,是菜豆生产上的主要研究课题之一。

菜豆落花落荚的原因是多方面的,也是比较复杂的。综合起来有 3 个方面的原因:一是生理因素。有人认为外界环境和栽培条件再好,其坐荚率也难达到 100%。假如结荚率达到 100% 时,叶片光合作用所制造的有机营养就不能满足其植株荚果生长发育的需要。因此,菜豆的一部分花和幼荚脱落,减少了营养消耗,可协调植株营养的供需矛盾,使其达到平衡。这是生理因素所致的自然落花落荚。二是营养因素。菜豆花芽分化较早,植株在幼苗期就进入营养生长和生殖生长的并进阶段。因营养生长和生殖生长争夺养分,会使花芽分化不良,尤其发育成的花则不坐荚。栽培措施不当,开花初期浇水过早,早期偏施氮肥,枝叶生长繁茂,到开花结荚盛期,全株花序间养分竞争激烈而导致晚开的花脱落。栽培密度过大,田间郁蔽,通风透光不良,缺肥少水,采收不及时等都会造成花器营养不良,发育不正常而导致脱落。这种现象在开花盛期表现最为普遍。三是授粉受精不良。菜豆是自花授粉作物,花粉的生活力较高和花粉管伸长的温度范围为 15～27℃。当低于 13℃和高于 28℃时,花粉生活力降低,花粉管伸长缓慢甚至不伸长,花朵因不能受精而脱落。开花时土壤干旱和空气干燥,花粉早衰、柱头干燥,或因土壤和空气湿度过大,花粉不能散发,都会使授粉受精不良而致花、荚脱落。日光温室菜豆越冬茬和冬春茬栽培,室内湿度管理不善,保温措施不力,夜温往往低于 13℃;放风不及时,会使昼温高于 28℃,甚至 30℃以上。这是造成菜豆落花、落荚的主要因素。

防止菜豆落花、落荚,需要采取综合技术措施:①调节好室内温度,避免或减轻高温和低温的不良影响。温度调节要依据菜豆不同生育时期所要求的适温进行:白天保持在 20～25℃,高于 27℃即通风降温。下午覆盖草苫的时间以盖草苫后 4 小时内室内温度不低于 18℃为标准,凌晨短时间内最低气温不低于 13℃为宜。日光温室早春茬菜豆采用开花结荚期较长的蔓性品种,其开花结荚的后期可推迟到 6 月中下旬至 7 月上旬,此时外界气温,晴天中午前后最高可达 32℃以上。为了防止高温造成菜豆落花落荚,可采取中午前覆盖遮阳网、浇水、大通风等降温措施。②调节土壤营养。以充分发酵腐熟的有机肥和氮、磷、钾复合肥作为基肥;结荚期适期追施氮素化肥和叶面喷施钼、锰微肥,并及时浇水,从而提高植株营养水平,满足茎叶生长和花器、荚果发育的需要,减少营养生长与生殖生长之间的矛盾。③苗期和开花期以中耕保墒为主,适当控制浇水,促进根系健壮发育,使植株营养生长良好而不徒长,确保营养生长和生殖生长的平衡、协调发展。④合理密植,及时搭架,改善行株间通风透光条件,以增加光合营养物质的积累。⑤适时采收,以减缓花与荚的营养竞争。⑥可于开花期喷洒 5～25 ppm 的 α-萘乙酸和 β-萘乙酸促进坐荚。⑦及时防治病虫害和加强后期管理,延长植株寿命和采收期。总之,采取综合措施,可达到防止落花、落荚而增产的良好效果。

(二)春早熟栽培

菜豆早熟栽培技术,包括阳畦育苗,定植于阳畦内(除覆盖塑料薄膜外,夜间盖草苫),或在塑料薄膜小拱棚内直播或栽苗。前者播种期可在 2 月上旬,栽植期和收获期较早。后者播种期可在 3 月上旬,栽植期和收获期较迟。

菜豆育苗的关键有二:第一,种子在浸种(或播种)前必须精选。将小粒、秕粒、受损伤的破粒、病斑虫伤粒等剔除,以免影响出苗率或形成劣苗。第二,严格控制苗龄。菜豆发根能力较差,苗期太长植株容易老化,在定植后生长势将会变弱。菜豆阳畦育苗和栽培可与塑料薄膜小拱棚移栽相结合,即先在阳畦内育苗,按 35～37 厘米的行距(1.5 米宽畦播种 4 行)开沟,在沟内浇水,水渗下后按 17 厘米的穴距播种,每穴 4～6 粒,全畦播完后盖好薄膜。播种后,阳畦内温度昼夜保持地温 20～25℃,促进出苗。草苫要晚揭早盖,以保证棚内、畦面温度。出苗后,夜间温度可降低到 13～18℃,防止徒长。一般播种后 20～25 天,幼苗第一对真叶展开,复叶出现时即可定植移栽。

定植时,将阳畦内育成的幼苗,隔 1 穴挖出 1 穴,定植于阳畦前的小拱棚内,行距与播种阳畦相同,株距约 33 厘米,栽时点浇水,覆土后盖薄膜。阳畦内挖苗后可施入复合肥或捣细的圈肥,然后中耕松土,整平畦面。

早熟栽培中,温度偏低是主要矛盾,要通过覆盖物的揭盖和通风调节畦内温度。定植后,为了促使缓苗,恢复根系生长,要保持较高的畦温,苫子要晚揭早盖。晴天中午,温度不超过30℃,夜间畦温不低于15℃。保持夜间畦温的办法,是看天气情况来确定每天的揭盖时间,晴暖天可早揭晚盖,阴冷天可晚揭早盖,使盖草苫时畦内有较高的温度。缓苗后可适当增加通风量,畦温白天保持20～25℃,草苫子可逐渐早揭晚盖。苗子长出两片复叶前,应以保温为主,也要避免畦温过高引起徒长。连阴骤晴的中午畦温过高,叶片发生萎蔫现象,此时不可立即通风,应及时用草苫间隔覆盖,造成畦内花荫,使其恢复正常。进入4月份以后,气温升高,植株进入现蕾开花期,要加强畦内通风,逐步进行锻炼。晴暖的白天可揭开薄膜,最初几天可能会出现萎蔫,可以"回苫"的方法遮荫,经过几天的锻炼,植株即可适应。夜间若有寒流出现,还要注意覆盖。立夏以后可撤除覆盖物。

菜豆早熟栽培,前期要勤中耕,使土壤疏松,以利提高地温和保墒,促进根系生长。从定植到伸蔓要连续中耕3～4次。中耕要选晴天中午进行,揭开一段薄膜,中耕后立即盖好,再揭开另一段。伸蔓后不便操作,可停止中耕。伸蔓前一般不浇水,开始伸蔓时土壤墒情不足可浇水,浇水后及时中耕松土。现蕾前追施化肥,每亩施尿素10～15千克。结合施肥浇1次水。开花期不浇水,坐荚后再浇水,促荚生长。以后可采收1次浇水1次。必要时可在浇水前进行追肥。

菜豆早熟栽培用的品种采收期短,一般从开始采收到收完只有20天的时间。而此时植株茎叶还保持旺盛状态,如要促其二次结荚,应在第一茬嫩荚基本收完后,每亩施20～25

千克氮素化肥,并连浇两次水,促植株各叶腋抽出新的花穗,结二茬荚。管理上要注意及时防治蚜虫和红蜘蛛,新花穗开花期控制浇水,坐荚后要保持地面湿润,以提高产量并延长供应期。

第二节 豇 豆

豇豆又名豆角、菜用豇豆、长豆角等。原产于亚洲东南部热带地区。豇豆嫩荚可炒食、凉拌和腌渍,是营养价值较高的一种蔬菜,也是夏秋主要蔬菜之一。

一、类型与品种

豇豆依据茎的生长习性可分为蔓性、半蔓性和矮性 3 种类型。

(一)蔓性优良品种

1. 之豇 28-2

植株生长势强、健壮,主蔓结荚为主,株型紧凑、分枝较弱,适于密植。叶色深绿,花淡紫色,嫩荚淡绿色。豆荚肉厚质嫩,品质好,荚长 60～70 厘米,种子紫红色。较抗花叶病毒,对低温敏感。该品种对日照要求不严格,在棚室内一年四季均可栽培。

2. 青岛青丰 山东青岛地方品种。植株生长势中等,分枝少,早熟。荚细长 50～60 厘米,肉厚质嫩,耐贮运,品质优良,较耐寒、耐热、抗病、丰产。既适于露地越夏栽培,又适于大棚内多茬栽培。

3. 东北十八子 东北地方品种。植株蔓性,中早熟。叶深绿色,花紫色,荚细线形,深绿色,长 60～70 厘米,种子红褐色。豆荚肉质细密而脆,无纤维,品质佳。较抗褐斑病,适于棚室内栽培。

此外,北方地区栽培较多的线青豆角,南方地区栽培较普遍的豇豆,长身白、铁线青及目前正推广的上海33-47等品种,都属蔓性类型的高产优质品种,均适于保护地栽培。

(二)半蔓性和矮性的品种

半蔓性品种的生长习性似蔓性种,但蔓较短,可不用支架。较蔓性的早熟,结荚期较集中,豆荚比蔓性的短。常用的半蔓性品种有:北京农家品种黄花青,山东寿光的五月鲜、八月忙,南京的紫豇豆等。

矮性种茎矮小,直立,多分枝而成丛状。栽培无需支架,生育期更短,成熟期较早,产量较低,但适于密植。常用的品种有:美国无支架豇豆,山东的一攒枪,华北地区的螺旋紫豆角、盘香豆角等。

二、特征与特性

豇豆按其茎生长习性可分为无限生长型(蔓性种)和有限生长型(半蔓性和矮性种)。无限生长型顶芽的叶芽,主茎不断伸长可超过3米,侧枝旺盛,并不断开花结荚。有限生长型植株4~8节顶端形成花芽,并发生侧枝,形成分枝较多的直立株丛,结荚早而集中,生长期短。豇豆叶为三出复叶,小叶长卵形或菱形,表面光滑,呈浓绿色。花为总状花序,花梗长,在主茎6~7节抽生。每个花序着生2~4对花芽,往往第一对花芽形成荚果后,第二对花才开放。花在夜间、早晨开放。荚果正圆筒形,种子长肾形或弯月形,红褐色、白色或黑色。豇豆的荚果以色深、荚细长的为优良品种。

豇豆耐热性强,不耐霜冻。在35℃高温下能正常生长。发芽最低温度为 8～12℃,最适温度为 25～30℃。植株生育适温为 20～25℃,10℃以下的低温生长受抑制,5℃以下受害。豇豆对日照的反应分为两类,一类对日照长短要求不严格;另一类要求在较短的日照条件下才能开花结荚,否则延迟开花结荚。豇豆喜光,光照不足亦会引起落花落荚。豇豆要求土质肥沃、排水良好的土壤,但能耐旱,稍能耐盐。豇豆根瘤较弱,应注意多施磷、钾肥,以促进根瘤活动。

三、栽培技术

(一)栽培茬次及播种期

为使豇豆周年上市供应,日光温室(或冬暖大棚)内的栽培茬次较多,有秋延迟、秋冬茬、越冬茬、早春茬等。各茬次的播种期和采收期为:

1. **秋延迟**:6 月下旬至 7 月上旬播种,采收商品豆荚期处在 8 月中旬至 10 月下旬。如促其翻花结荚,采收期可延迟到 11 月中旬。

2. **秋冬茬**:8 月上中旬播种,采收期为 10 月上旬至 12 月下旬。

3. **越冬茬**:10 月上中旬播种,采收期为 12 月上旬至翌年 2 月中旬。促其翻花结荚,可延迟到 3 月中旬。

4. **冬春茬**:11 月中下旬播种,采收期为翌年 1 月中旬至 3 月下旬。促其翻花结荚,可延迟到 4 月下旬。

5. **早春茬**:2 月中下旬播种,采收期在 4 月中旬至 6 月下旬。后期加大肥水管理,促其翻花结荚,可使采收期延长至 7 月下旬,甚至 8 月中旬。

上述各茬的播种期,是指在通常情况下安排的。由于栽培地点为日光温室(或大棚),其播种期并不太严格。具体播种日期的确定,还要依据品种熟性、前茬蔬菜腾茬日期、播种方法及栽培方式等具体情况而定。

(二)设施豇豆栽培

1. 品种选择 一般选用荚果细长、肉厚脆嫩、结荚率高、陆续结荚期长的优质高产无限生长型品种。如之豇 28-2、东北十八子、青岛青丰等。为适应调茬或间作,也可选用半蔓性或矮性型品种。

2. 整地与施基肥 日光温室内前茬蔬菜拉秧后,将室内上茬的残枝枯叶清扫干净,每亩撒施经过充分发酵腐熟的有机肥 3～5 立方米,三元复合肥 50～100 千克。还可均匀撒施 50% 的多菌灵可湿性粉剂 2 千克,然后深翻碎垡,整平地面。选连续晴天,严密闭棚 5～7 天,高温闷棚可起到消毒灭菌和杀死虫卵的作用。

3. 直播或育苗 无论是直播还是育苗移栽,在播种前要先进行浸种和催芽。浸种、催芽的方法基本与菜豆相同,只是催芽的温度略高(约高 5℃)。豇豆幼苗根系生长偏弱,主根和侧根易木栓化,再生力差,移栽伤根后恢复较慢,故多行直播。亦可采用营养钵育苗,以减轻伤根,利于缓苗。营养钵育苗的方法基本同菜豆。豇豆发芽和幼苗期所需的适宜温度比菜豆稍高,昼温维持在 25～30℃,夜温保持在 16～18℃,夜温最低不应低于 15℃。

当豇豆催芽长(即胚根长)1.0 厘米左右时,即可播种。播种前先整好南北向的畦,一般畦宽 1.2 米,畦长视棚内南北栽培面积宽度而定。在畦内按 60 厘米行距南北向开沟,沟深 1.5～2.0 厘米,顺沟溜足水,溜水量以水渗接湿底墒为标准。按 25 厘米左右的穴距,于沟里每穴点播已催芽的种子两粒。若采用矮生或半蔓性的品种,每穴点播种子 4～5 粒,点播完几行后,从畦中间往播种沟调土覆盖种子,种子上面的覆土呈屋脊形小垄,垄底宽 20～25 厘米,垄顶距种子 3～4 厘米。播种后 3～4 天,种子"顶鼻"接近畦平面时,扒去屋脊形小垄,以减少种子上面盖土厚度,以利出苗。

若育苗移植,苗龄期宜短不宜长,当第一对真叶展开时为移植的适宜苗龄。移植前先整好 1.2 米宽的南北向畦,按 60 厘米行距在畦内南北向开沟,沟深 12 厘米,顺沟浇足水。水渗后按 25 厘米距离放苗坨,从畦中间开沟取土埋苗坨。每亩栽苗 4500 穴,每穴双株,栽植密度为 9000 株/亩。栽植后,中耕松土,把畦内土块耪碎,将畦面整平。

4. 幼苗期至抽蔓期管理 豇豆喜温而耐低温性差。幼苗期最适宜温度 26～28℃。大棚豇豆越冬茬、冬春茬、早春茬的幼苗期,都处在低温或寒冷季节,往往因棚内温度低而影响幼苗生长和花芽分化。因此,幼苗期的管理,首要的是增温保温。在直播的豇豆出苗后或育苗定植后,棚内夜间地温维持在 17～20℃,比气温高 2～3℃。要适当早揭晚盖草苫,增加光照时间。可在后墙张挂反光幕,增加棚内光照。白天棚内气温保持在 25～30℃,当中午前后高于 30℃时,即开始通风降温;当通风降温到 25℃,即闭通风口升温。为使夜间棚内气温维持在 17～20℃,傍晚盖草苫后,加盖一层浮膜(即草苫上盖一层塑膜),以加强夜间保温。从植株 4 个复叶至现蕾时期,要逐渐降低棚温。昼间由原来 25～30℃,降为 20～25℃;夜间由原来 17～20℃,降为 15～18℃。在这段时期的温度管理上,既防止温度过高导致植株生长过旺或引发猝倒病,又要防止温度过低,抑制根系和地上部的生长发育。

在幼苗期至抽蔓期的水肥管理上,要采取适当控制的措施。在播种或移植时浇足水和地膜覆盖保墒的条件下,一般在

3个复叶期之前,不浇水,不追肥。如果基肥中施氮不足,幼苗期根瘤又少,固氮作用差,植株表现缺氮症状时,宜于4～5个复叶期结合地膜下浇暗水,每亩冲施磷酸二铵10千克左右此时冲施磷酸二铵的好处是:既补充营养生长所需氮素,又增加速效磷的供应,促进营养生长与生殖生长协调发展,还能促使根系多发生根瘤。但此次浇水不宜过大,若浇水过大,浇后遇高温,易导致植株徒长;若遇低温,易导致根腐病。此期土壤的适宜湿度为田间最大持水量的60%～70%。若遇干旱,应浇小水。

豇豆幼苗至抽蔓期间易发生炭疽病、疫病、轮纹病、叶霉病、白粉病和蚜虫、白粉虱、茶黄螨等。要注意勤观察,发现病虫害,于初期及早施药防治。

5. 开花结荚期管理 豇豆开花结荚期,需要较强的光照和较高的温度。若光照不足,光照时间过短,或温度较低,都会引起落花落荚,降低产量。豇豆开花结荚期间,适宜温度为25～30℃,但在18～24℃的较低温度和30～35℃的高温条件下,也能正常生长和开花结荚。所以,此时大棚的光、温管理上,可适当早揭晚盖草苫,延长光照时间,当中午前后棚内气温升至35℃时,才通风降温,待棚温降至29℃时即关闭通风口,使白天棚内保持较高的温度。在同样保温条件下,夜间的棚温也相对提高。在傍晚放盖草苫时,棚内气温一般在24℃左右,夜间维持在16～18℃,凌晨短时间最低气温不低于15℃;夜间棚内最低地温(10厘米)也不低于18℃。因昼温较高,昼夜温差较大,有利于开花结荚。

在寒冷季节,为提高棚内温度,中午前后放风时间较短,往往因棚内外空气交换量少,使棚内空气中二氧化碳含量低,应采取二氧化碳施肥,提高棚内空气中二氧化碳含量。

豇豆在第一花序抽梗和开花期,一般不浇水,不追肥,以控制营养生长过旺,促进营养生长与生殖生长协调发展。当第一、二花序坐荚后,追施开花结荚肥,并浇水。植株下部花序开花结荚期间,半月浇 1 次水,每次浇水随水冲施磷酸二铵 7～8 千克/亩。中部花序开花结荚期间,10 天左右浇 1 次水,每次随水冲施三元复合肥 10 千克/亩左右和腐熟的人粪尿 100 千克/亩。上部花序开花结荚及中部侧蔓开花结荚期间,视土壤墒情,10～15 天浇 1 次水,每次随水冲施尿素和硫酸钾各 7～8 千克/亩。整个开花结荚期,保持畦面膜下 3 厘米以下的土壤湿而不干,植株不显旱象。通过开花结荚的前期供应水肥,使植株保持健壮生长之势,增发花序,增加结荚。开花结荚盛期,通过增加肥水供应,使植株具有旺盛的生活力,不出现间歇结荚现象,提高结荚率,增加产荚量,而且促使主蔓继续萌发侧蔓,已发出的侧蔓生长发达,原花序节间多萌发花序,为后期延长持续开花结荚期,增加结荚,打下良好基础。后期通过肥水供应,使植株仍保持良好的营养水平,叶不早衰,不脱落,不仅侧蔓上部持续开花结荚,而且使下部和中部原花序节间开花结荚,采收商品豆荚期可延长 1 个月甚至 2 个月。

当主蔓伸长至 30 厘米左右时,要引蔓攀上吊绳。当主蔓伸长到 120～150 厘米时打去顶头,促其发侧枝,因为豇豆的侧枝易开花坐荚。通常,距植株顶部 60～100 厘米处茎部侧枝的萌发能力最强,侧枝的下部和中部原花序节位的副花序,易突破潜伏,萌发形成翻花结荚,因此在整枝时要注意保护。

(三)春豇豆栽培技术

此茬豇豆生长期处于 4～8 月份,适宜的生长季节较长,易获丰产。

1. 品种选择 春季栽培可选用之豇 28-2、张塘豆角、线青等架豇豆品种或一丈青、挑杆豆角、美国地豆角等地豇豆品种。春豇豆对品种选择不甚严格,早、中晚熟品种均可采用。

2. **整地施肥和做畦** 最好选土层深厚的冬闲地,冬前深耕。也可用越冬叶菜的倒茬地,但在早春腾茬后,应及早清洁田园和深耕,使土层疏松,提高地温。春耕时结合施基肥。一般每亩施腐熟的堆肥或土杂肥 5000 千克,过磷酸钙 40 千克,硫酸钾 10~15 千克。施肥耕翻并耙平,做成平畦,畦宽 1.0~1.2 米。春豇豆生长前期少雨而后期多雨,故应做好灌、排渠道。

3. **播种** 春季土壤湿冷,播后易发生烂种。10 厘米地温应稳定在 15℃ 以上时方可播种。播种后覆地膜时,提早播种期最多不宜超过 5~7 天,否则幼苗出土过早,易受霜冻危害。播种时不必浇水。若土壤墒情太差时,应提前浇水造墒。架豇豆行距 60 厘米,穴距 20~25 厘米;地豇豆行距 50 厘米,穴距 25 厘米。每穴播种子 4~5 粒,干籽直播。可开沟点播或刨穴点播,播深 2~3 厘米,覆土后轻镇压。每亩用精选种子 3~4 千克。

4. **田间管理** 苗出齐后,在第二片复叶出现前进行查苗补苗。补苗后须浇窝水,以保成活。

土壤底墒充足时,苗期不浇水,加强中耕保墒,以提高地温,促进发根。苗出齐后,开始浅锄 1 遍,团棵前结合浇小水中耕 2~3 遍。团棵后,甩蔓插架前,结合追肥浇水再中耕 1 次。插架后不再中耕。每次中耕应随时向根际带土。

架豇豆在甩蔓后应及时插架。用"人"字架,架高 2.0~2.5 米。主蔓长 30 厘米左右时,应及时人工辅助引蔓上架。过晚则株间相互缠绕,影响生长。

豇豆生长期间一般追肥 3~4 次。插架前,即植株团棵前后,在行间或穴间开浅沟(穴)施肥,促进茎叶生长。肥料以氮肥为主,每亩可施尿素 10 千克左右;也可施有机肥,但必须充分腐熟,施肥后封沟(穴)浇水。植株现蕾时若遇干旱,可浇一次小水,但初花期不浇水,以防茎叶旺长而落花落荚。当第一花序坐荚、主蔓长度达 1 米左右时开始浇水,并逐渐增加浇水次数和浇水量。在结荚期,茎叶生长与开花结荚同时进行,需水量增加,应保持土壤见干见湿,防止过干或过湿,促进茎、叶、荚同时旺盛生长。结荚期还应每隔 15 天左右追一次速效肥,以氮、钾为主,每次每亩施硫酸铵 15～20 千克或尿素 10 千克、硫酸钾 5 千克。及时追肥可防止植株脱肥早衰和促进发生 2 次花、荚。7 月份以后,雨量增加,应及时搞好田间排水,否则植株易早衰。

(四)夏豇豆栽培技术

夏豇豆生长期高温多雨,病虫害及杂草发生严重,必须采取相应栽培措施,才能获得优质和丰产。

1. **选地、整地施肥和做畦** 宜选择地势高燥、通风凉爽、排灌方便、前作多为早春菜或小麦、大蒜等的地块。基肥应优质、适量,采用集中条施。前作为麦茬时,可提前刨穴点播或育苗移栽,待苗出齐或移栽缓苗后,在行间开沟补施有机肥。夏豇豆须采用高畦栽培,也可利用前茬平畦改成半高畦,做到能灌能排。在菜田实行间作套种时,可用小高垄栽培。

2. **播种、定植** 播前若底墒不足,为防种子落干,可刨浅穴,点浇水,再播种,并浅覆土,以利出苗。播种密度可比春豇豆小,一般行距 60 厘米,穴距 30 厘米,每穴留苗 3 株,以利通风透光。每亩用种子 3 千克。麦茬或大蒜茬倒茬晚,可提前15～20 天平畦方块育苗,前作腾茬后立即整地、施肥、定植。

3. **田间管理** 夏季风雨多,宜用比较坚固的四角架,并及时引蔓上架。中耕除草5～6次,以保持全生育期无杂草危害。夏豇豆生长前期注意施肥,并适当增加氮肥用量,以利于及早长成强大植株,提高抗逆力和增加产量。一般在定植后和插架后,每亩各施尿素10千克,开花结荚时每亩再施尿素15千克。由于伏季多雨,肥料易流失,因此,结荚期采用每次少施、多次施肥的追肥方法,以利于提高肥效和防止脱肥。但生长期不宜用有机肥追肥,以免引起病害。第一次采收高峰过后,常有发育减退、停止开花的"歇伏"现象,应及早追肥,促使形成第二次结荚高峰。夏豇豆的灌水视天气降雨情况而定。雨季来临前要做好排水渠道。遇雨天要确保田间不积水。

(五)采 收

豇豆开花后第十四天,豆荚最长,鲜重最大,此时采收产量最高而又品质最佳。荚果柔软饱满,籽粒未充分显露时为采收适期。采收应及时进行,以防荚变老和植株早衰。采收初期3～5天采收1次,盛期2～3天采收1次。豇豆的每1个花序上有两对以上花芽,但通常只结1对荚。在植株生长良好,营养水平高时,可使大部分花芽发育成花朵,开花结荚。所以,采收豆荚时,不要损伤花序上其他的花蕾,更不可连花序柄一起摘下。保护好花序,可继续增加开花结荚。

第三节 豌豆(荷兰豆)

豌豆亦称荷兰豆、青斑豆、荷豆、金豆等。属豆科1～2年生草本植物。豌豆的嫩梢、嫩荚和籽粒均可食用。其适应性广,可在全国各地栽培。

一、类型与品种

(一)类 型

豌豆依其用途分为粮用豌豆和菜用豌豆。

1. 粮用豌豆 通常为紫花,也有红花或灰蓝色花。在托叶和叶腋间,茎秆和叶柄上带紫红色。种子有斑纹、灰褐、灰青等颜色。耐寒力强,能抵抗不良环境。可作粮食或制淀粉及绿肥用。

2. 菜用豌豆 多数为白花,也有紫花的。有软荚种和硬荚种。软荚种采收嫩豆荚,硬荚种以食用鲜嫩种子为主。种子有各种颜色如白色、黄色、绿色、粉红色及其他颜色。耐寒力较弱,植株比较柔弱。

(二)主要品种

1. 大荚豌豆 又名荷兰豆、广东大荚等,蔓生种,茎叶粗大,株高 200 厘米左右。第一花在 17~19 叶腋,花紫红色,荚长 13~14 厘米,宽 3~4 厘米,淡绿色,凹凸皱弯不平。每荚种子 5~7 粒。荚脆、清甜、纤维少,品质极佳。

2. 白花大荚 植株半蔓生,株高 66~100 厘米,叶小、淡绿色,花白色,荚粒大、结荚多,早熟。品质优,早期产量高,经济效益高。较耐寒。

3. 法国大荚 茎蔓粗壮,叶形较大,可供作豆苗食用。株形中等高,花紫红色,嫩荚特别大,长可达 12 厘米、宽 2.5 厘米,重 8 克,采收省工,荚质清脆。

4. 农友大荚 3 号 株形中矮,适于家庭园艺及钵栽用。分枝性强,节间短、茎蔓粗壮,主枝通常在第十节起开花结荚,白花,花单生,栽培适期早熟,播种后约 1 个月可开始采收,豆荚淡绿色、荚长 10 厘米、宽 2.8 厘米,重 5.5 克,品质脆嫩。种子淡黄白色,皱粒。

5. **台中 11 号** 为台中区农业改良场育成的优良品种,早生节间较短,但分枝较多,花淡粉红色,大部花穗只有一花结一荚,因此荚形较大且较平直整齐,适收时荚长约 9 厘米,荚宽约 1.6 厘米,荚重约 3.3 克。

二、特征与特性

豌豆为直根系,并具有根瘤菌。直根深入土中 1～2 米,根部的根瘤菌多集中于土壤表层 1 米以内。茎一般为圆形,中空而脆嫩,矮生种节间短,直立,分枝 2～3 个。蔓生种节间长,半直立或缠绕,需立支架,分枝性强。叶互生,淡绿至浓绿色,或兼有紫色斑纹,具有蜡质或白粉。羽状复叶,具有 1～3 对小叶,顶生小叶变为卷须,能互相缠茎。叶柄与茎相联处,附生有大的叶状的托叶两片,包围茎部。始花节位,矮生种 3～5 节,蔓生种 10～12 节,高蔓种 17～21 节。始花后一般每节都有花。花白色或紫色,单生或对生于叶腋处。蝶形花,瓣内有 10 个雄蕊,其中 9 个连合,1 个分离。雌蕊 1 枚,子房 1 室,完全自花授粉。荚果浓绿色或黄绿色,荚长 5～10 厘米,宽 2～3 厘米。种子单行互生于腹缝两侧,依品种有皱粒和光滑两种,色泽白、黄、绿、紫、黑等。每荚的粒数,依品种而异,少者 4～5 粒,多者 7～10 粒。

三、栽培技术

(一)栽培季节

我国冬麦种植区,均可在秋季播种,春季收获。西北东部地区冬前 11 月份播种,幼苗在地膜下越冬,来年 4 月份收获。西北区大部分和东北区,因冬季寒冷,幼苗不宜越冬,只能春播秋收。北方地区利用日光温室可行越冬栽培。

(二)适期播种

南方地区冬季温度较高,秋播种在 9～10 月份,大苗越冬。北方冬播区在 11 月份播种,地膜覆盖,小苗越冬。若播种过早,秧苗过大,越冬能力差,死苗较多。日光温室可在 9～10 月份播种,冬春收嫩荚上市。

播种方法:施足底肥后,整成 1.3～1.5 米宽平畦或半高垄。在垄坡两旁开沟,沟距 50 厘米。行点播,蔓生种每亩播量 7～8 千克,半蔓生种播量 15～18 千克。穴距 10～15 厘米,每穴 2～3 粒。播后覆地膜。冬季压好地膜防止被风吹走。

(三)田间管理

一是秋播区越冬管理主要是保墒防寒、安全越冬。一般在冬至前后灌 1 次大水,覆地膜区压好地膜。也有用麦草、马粪覆盖过冬的。

二是开春返青生长后,及时破膜放苗,以防膜下出现高温烧苗。苗高 30 厘米时,揭去地膜,除净杂草,追肥、中耕、灌水。并结合保墒插竹竿搭架,每穴插 1 根,两行对接成人字架,顶部和腰部各绑一道横拉杆。蔓生豌豆生长期长,架一定要插结实牢固。

(四)采 收

以采收鲜嫩荚食用的,一般在开花后 12～14 天采收。以采收嫩豆粒及制罐头用的豌豆,一般在花后 18～20 天采收。

第四节 毛 豆

毛豆又名黄豆、枝豆,属豆科毛豆属 1 年生草本植物。毛豆是以采收绿色嫩豆粒为蔬菜食用的大豆。原产于我国,自古以来就有栽培。毛豆营养丰富,滋味鲜美,又是秋淡季的主要蔬菜。

一、类型与品种

(一)类　型

根据毛豆的生长习性可分为无限生长型和有限生长型。无限生长型的毛豆,茎蔓性,叶小而多,1株上所结的种子大小差异较大,开花期较长,产量较高。此类型品种多分布在我国东北、华北雨量较少地区。有限生长型毛豆,茎直立,叶长而小,顶芽为花芽,1株上的种子大小差异较小,成熟较早。此类品种多分布于长江以南多雨地区。

菜用的品种常以成熟早晚来分。早熟品种生育期90天左右,如上海三月黄、四月寿等。中熟品种生育期90～120天,如杭州的六月拔等。晚熟品种生育期120～170天,如上海的浆油豆等。

(二)品种介绍

1. **富贵**　生长势强,容易栽培,耐热性强,花白色。株高约57厘米,叶中等大小,分枝多,容易坐荚。坐荚数多、早熟、丰产,播种后72天可以收获。荚为大荚型,3粒率特别高。荚色浓绿色,着生白茸毛,豆粒大,品质好,很受市场欢迎。

2. **铃成白鸟**　生长旺盛,结荚多而容易,荚茸毛茶色,荚大,3粒荚较多,结荚紧凑而密,熟性早熟,播后70天可以采收,花白色,株高一般为55厘米左右,叶片中等大。

3. **五月枯**　植株中等高,有12～14节,分枝3～5个。叶淡绿色,花紫红色。荚上茸毛为棕色,多数荚含种子3粒,青色,品质优。老熟种子淡绿色,脐浅黄色。一般每亩产鲜荚400～500千克。生长期90天左右。

4. **五香毛豆** 株高约 110 厘米,分枝 4～6 个,豆荚宽大,荚茸毛棕褐色。多数荚含种子 2 粒。青豆百粒重约 80 克,易煮酥,有香味,品质很好。老熟种子棕褐色并有紫黑云纹。每亩产鲜荚 400～500 千克。在浙江杭州广泛栽培。

5. **六月白** 株高 60～70 厘米,分枝 4～5 个。花白色,荚茸毛灰白色,多数荚含种子 2 粒。青豆百粒重 44 克,品质好。老熟种子淡黄色。每亩产鲜荚 400～500 千克。生育期 100 天左右。

二、特征与特性

毛豆的根系发达,直播的植株主根深可达 1 米以上,侧根开展度可达 40～60 厘米。毛豆根部有根瘤菌共生,形成根瘤。根瘤菌的繁殖需要从毛豆植株得到碳水化合物和磷。施用磷肥,培育壮苗,则根瘤形成早,数量多,从而固氮量多,植株生长旺盛。

毛豆第一对真叶是单叶,以后是三出复叶。茎坚韧直立,花小,白色或紫色,着生在总状花序上。花序梗从叶腋抽生,多数品种为有限生长型,在主茎和分枝的顶端着生花序。也有些品种为无限生长型,其顶端无顶生花序。有限生长型是在主茎的叶部偏上处先发生花序开花,然后分别向上和向下逐节开花。无限生长型是在接近主茎基部的叶腋先抽生花序,以后向上逐节抽生花序开花。毛豆在开花前完成自花授粉,天然杂交率在 1% 以下。一般每 1 个花序有 8～10 朵花,结 3～5 个荚,每荚含种子 2～3 粒。嫩荚绿色,被有白色或棕色茸毛。种子老熟后呈黄、青、紫、褐、黑等色。种子形状有圆球、椭圆、扁圆等。

三、栽培技术

(一)育　苗

春季早熟栽培时,应于终霜前 20～25 天播种育苗。采用阳畦营养土方育大苗时,于 3 月下旬阳畦播种,营养土方规格为 8 厘米×8 厘米×9 厘米,每土方上播 2～3 粒种子。苗龄20～30 天,苗床温度控制可参照豇豆育苗。第二片复叶出现时露地定植。为防止床土温度过低造成烂种,阳畦应提早翻晒床土提温和进行"烤畦"。

(二)整地施肥与做畦

毛豆不能连作,宜实行 3～4 年轮作。早熟栽培宜用冬闲地,冬前深耕 20～30 厘米,定植前结合春耕施基肥。春播若用倒茬地时,应在前作收后及早清洁田园、耕翻晒土。夏播用麦茬地时,需抢墒争时播种,故夏播毛豆不强调深耕。但若倒茬早时,应以播前深耕为好。毛豆增施基肥可以高产,一般每亩施腐熟堆肥 5 000 千克,过磷酸钙 20～30 千克,硫酸钾可视土壤含钾情况决定用量,一般可施 25～30 千克。将基肥撒施后再浅耕,耙平后做畦。早熟栽培用平畦,宽 1.2 米;春播栽培用平畦或垄作,夏播用垄作,垄距均为 60 厘米。

(三)播种、定植

毛豆条播密植是主要增产措施之一。早熟栽培可按行距30～45 厘米,穴距 10～20 厘米定植;春播行距 40～60 厘米,穴距 15～30 厘米,每穴 2～3 株;夏播按垄距 50～60 厘米条播.播量一般每亩 5～8 千克。播种深度 3～5 厘米。若土壤墒情好,开穴浇底水栽苗。

(四)田间管理

出苗后,苗高 6～7 厘米,第一真叶出现时进行补苗,随后中耕。苗高 15 厘米时第二次中耕,开花前进行第三次中耕,结合中耕根际带土。

直播出齐苗 1 周左右,出现 2 片真叶时,或定植缓苗后,开始适量追肥。一般每亩施硫酸铵 10 千克。结荚时进行第二次追肥,每亩施硫酸铵 15 千克,硫酸钾 7~8 千克。

直播后出苗前一般不再浇水。苗期若遇土壤干旱,可浇小水发根。开花初期不浇水,结荚后逐渐增加浇水,使见湿见干。遇连续阴雨天应及时排水。夏毛豆栽培,应选不易受涝的地块,以利排水。

毛豆一般在开花盛期至后期,将主茎顶心摘去 1~2 厘米,以利于荚果优质、丰产。

(五)采 收

应在籽粒充实而荚变黄前采收。采收后放阴凉处。整株采收时可将植株于根部割下,株顶留 2~3 片叶,其余摘去,按 1 千克一把捆好。

第五节 扁 豆

扁豆原产亚洲,印度自古有栽培,汉、晋时代传入我国,山东各地农村多庭院栽植。

一、品种与类型

扁豆依荚的颜色分为白扁豆、青扁豆和紫扁豆 3 个类型;依种子颜色分为白、黑和紫黑 3 种;依花色分为白花和紫花。一般白花,白籽、白荚品种最佳。

(一)紫扁豆

济南市地方品种。蔓生,紫花,荚扁形、绿色带紫盘。荚长

10～11厘米,宽1.9厘米,单荚重6.6克。种子黑色,浅花纹,扁椭圆形,籽粒大小中等。纤维多,中熟。

(二)玉梅豆

泗水县地方品种。蔓生,花白色,荚眉形、白绿色。荚长8.2厘米,宽2.1厘米,厚0.29厘米,单荚重3.6克。种皮乳白色,种子扁圆形,中等大。中早熟。

(三)紫皮大荚

淄博市博山区地方品种。蔓生,花紫色。荚长眉形、绿色,长11.3厘米,宽2.5厘米,厚0.63厘米,单荚重10克。种子红褐色,扁椭圆形,中等大。早熟。

(四)阳信扁豆

阳信县地方品种。蔓生,花白色或紫色。荚长眉形、绿色,长17厘米,宽3厘米,厚0.47厘米,单荚重14.5克。种皮有浅花纹。种子扁椭圆形,中等大。晚熟,丰产。

二、特征与特性

扁豆为豆科一年生草本植物。在冬季温暖的地区,可作多年生栽培。为直根系,根系发达,主根入土深可达80厘米以下,侧根横向伸展达60～70厘米,根群主要分布在30厘米厚的土层内。根系发生根瘤,根瘤菌有固氮作用。因此,耐旱性强,比较耐瘠薄;对土壤的适应性强,适应地区范围广。

扁豆种子无胚乳,而有贮存养分较多的发达子叶。子叶出土后不进行光合作用,靠先出的对生真叶进行光合作用,制造营养,使幼苗由异养转变为自养。对生真叶之上的真叶为三出复叶,叶面光滑,无毛。花序腋生,为无限花序,每花序有4～14朵花,结荚3～7个。豆荚扁平粗硬。每荚含种子3～5粒。种子扁椭圆形,千粒重300～500克。

扁豆喜温怕冷，生长温度为 $12\sim30℃$。种子发芽的适温为 $20\sim25℃$。播种出苗的温度为 $14\sim25℃$。地温低于 $16℃$ 时,幼苗出土缓慢,以 $18\sim25℃$ 为出苗适温。幼苗期至抽蔓期的适宜生长温度为白天 $20\sim28℃$,夜间 $16\sim20℃$,低于 $16℃$ 时生长受到抑制。开花结荚期适宜温度为 $18\sim25℃$,高于 $28℃$,生殖生长受抑制,易落花落荚。

扁豆喜光耐弱光,光饱和点 $25\sim40$ 千勒,补偿点为 $1.5\sim2$ 千勒。应合理确定种植密度和架蔓,改善通风透光条件。

扁豆耐旱而不耐涝,涝时要及时排除积水。在低洼地区种植,宜行垄作。

扁豆有根瘤菌固氮,需氮肥较少。但因前期根瘤少,固氮能力弱,需要在基肥中施适量氮肥。扁豆喜磷、钾肥,磷肥能促进发生根瘤菌,增强固氮作用,促进花芽分化,加快生长发育进程。钾肥能促进根系发展和茎蔓生长,增强抗病能力,减少落叶,延缓衰老,延长开花结荚期和提高商品豆荚品质。

扁豆是自花授粉作物,但自然杂交率高达 10% 以上。其落花落荚现象也相当严重,一般结荚率仅 $30\%\sim40\%$。扁豆荚的生理成熟期为 $30\sim35$ 天,开花后 25 天采收的豆荚,经过 10 天以上的后熟期,其种子发芽率也可达 100%。

三、栽培技术

扁豆适应性强,多用于庭院栽培,放任生长。田间栽培较少。可在断霜后至 6 月下旬期间露地直播,以 5 月上旬播种最适宜,过晚则采收期短,产量低。一般用穴播,每穴播种 3 粒,留苗 2 株。穴距 $40\sim50$ 厘米。播前充分灌水,播后覆土勿过深。田间栽培时,为提早收获,可采用育苗移栽。技术要点如下:

（一）育 苗

苗龄 30～35 天,定植时有真叶 3～4 片。可用阳畦内营养土方或育苗钵育苗,播前浇透底水,每钵播种子 3 粒,播后浅覆土 1～2 厘米。床土配制和钵大小可参照果菜育苗要求。苗床温度不要低于 12～14℃,发芽期床温 25～28℃为宜。出苗后通风降温,半月内子叶可展开。3～4 叶前数日锻炼秧苗,及时定植。

（二）整地、施肥和做畦

田间种植,宜用平畦栽培,畦宽 1.2 米。扁豆对磷要求高,增施磷肥效果显著;氮肥在结荚以后追施效果好。施用有机肥做基肥时,可同时将全部磷肥和 40％的钾肥作基肥施入。

（三）定植和田间管理

地温达 12℃以上时可露地定植,一畦栽两行,穴距 45～50 厘米。缓苗后每穴留壮苗 2 株。伸蔓后及时插架。由于生长期长,搭架必须坚固。扁豆整枝可提早成熟。方法为在主枝 3～6 节时摘心,留 3 侧枝;随后再发生的各级侧枝,均留 3 叶摘心,并适当引蔓。用蔓生品种时,此法可提早采收,但结荚少而产量低。一般的简单整枝法是在主蔓长至架高时摘心,主蔓上各级侧枝留 3 叶摘心。放任生长的庭院栽培不必整枝。

扁豆生长期的肥水管理原则与豇豆等类似。

（四）采 收

开花后 10～15 天,当荚已长成而尚未变硬时,为嫩荚采收适期。采收时勿伤花序轴,因同一花序轴在收嫩荚后还可着生新荚。每亩产量可达 400～1000 千克。

第九章　薯芋类

薯芋类蔬菜包括马铃薯、生姜、芋、山药、豆薯、菊芋、葛、草石蚕等，是以块茎、根状茎、球茎、块根为产品的一类蔬菜。其产品耐贮藏运输，适于加工，在调节蔬菜淡旺季供应中具有重要地位。其中许多种类为我国特产，享誉中外。如台湾、广东、广西等地的槟榔芋，山东、河南、河北等省的长山药，云南、四川、贵州等省的豆薯，山东莱芜的片姜等等。

薯芋类蔬菜除豆薯用种子繁殖外，其他都是利用营养器官进行无性繁殖，用种量大，繁殖系数低。种块在栽培过程及贮藏期间易于感染病害及衰老而影响生产，因此要有完善的保种留种制度。另外，无性器官作繁殖材料，先有芽的萌发，然后才有根的生长。发芽期很长，因此，一般要对播种材料进行催芽。

薯芋类蔬菜的产品器官都位于地下，要求土壤富含有机质，疏松透气，排水良好。产品器官形成盛期，要求阳光充足和较大的昼夜温差，以利产量积累。

第一节　马铃薯

马铃薯又名土豆、地蛋、洋芋、山药蛋等，茄科茄属中能形成地下块茎的 1 年生草本植物。原产于秘鲁和玻利维亚的安第斯山区，哥伦布发现美洲大陆后才陆续传播到世界各地。

一、类型与品种

(一)分类形式

马铃薯按块茎皮色分为红色、紫色、黄色、白色等品种;按肉色分为黄肉、白肉2种;按块茎形状分,有圆形、扁圆形、椭圆形、卵圆形等品种。

马铃薯按照块茎成熟期分有早熟、中熟和晚熟3种。早熟种出苗后见光50~70天成熟;中熟种80~90天;晚熟种100天以上。高产和贮藏栽培应选中熟、晚熟品种;提早供应,二季作和间套栽培应选早熟矮秧品种。

马铃薯还可根据块茎休眠的强度和长短分为休眠期短(1个月左右)、休眠期中等(2个月左右)和休眠期长(3个月以上)3种。二季作地区栽培宜选用早熟、休眠强度弱和休眠期短的品种。

(二)适合二季作地区栽培的主要品种

1. 东农303 东北农业大学育成的品种。株高45厘米左右,茎直立、绿色,复叶较大,生长势强,花冠白色,花药黄绿色,雄性不育。块茎长圆形,黄皮黄肉,表皮光滑,芽眼浅,结薯集中,块茎中等大小而整齐,休眠期70天左右,二季作栽培需要催芽。块茎形成早,出苗后50~60天即可收获。产量高,一般每亩产量约2000千克,高产可达3500千克。品质较好,淀粉含量13%左右,粗蛋白含量2.52%,维生素C含量14.2毫克/100克(鲜薯),还原糖0.03%,适合食品加工和出口。

植株抗花叶病毒,易感晚疫病和卷叶病毒。耐涝。株型较小,宜密植,每亩4000~4500株为宜。要求土壤有中上等肥力,生长期需肥水充足,不适于干旱地区种植。适应性广,在东北、华北、中南及广东等地均可种植。

2. **鲁马铃薯 1 号**　山东省农科院蔬菜研究所育成的品种。株高 60 厘米左右,株型开展,分枝数中等,茎绿色,生长势较强,叶绿色;花冠白色,花药黄绿色,花粉少,无天然结果;块茎椭圆形,黄皮黄肉,表皮光滑,芽眼中等深度;结薯集中,块茎中等大小而整齐,休眠期短,耐贮藏,适合二季作区种植。食用品质较好,淀粉含量 13% 左右,粗蛋白质含量 2.1%,维生素 C 19.2 毫克/100 克(鲜薯),还原糖 0.1%,可用于食品加工炸片和炸条用。

植株抗皱缩花叶病毒,耐卷叶病毒,较抗疮痂病。一般每亩产量约 1500 千克,高产可达 3000 千克左右。可适当密植,每亩以 4000～5000 株为宜。适合中原二季作地区种植,在山东省已大量推广。

3. **泰山 1 号**　山东农业大学选育的品种。株型直立,分枝少,株高 60 厘米左右,茎绿色,基部有紫褐色斑纹,复叶中等大小,叶深绿色,生长势中等。花冠白色,花药黄色,花粉量少,一般无浆果。块茎椭圆形,皮肉均为淡黄色,芽眼较浅;结薯集中,块茎大而整齐,休眠期短,较耐贮藏。块茎蒸食品质较好,淀粉含量 13%～17%,粗蛋白质含量 1.96%,维生素 C 14.7 毫克/100 克(鲜薯),还原糖 0.4%。

植株较抗晚疫病,抗疮痂病,对 Y 病毒过敏,耐花叶病毒,易感卷叶病毒。一般每亩产量约 1500 千克,高产可达 3500 千克。适合二季作和间套作。每亩种植 4500～5000 株为宜。春季种植要注意水肥充足,秋季种植要事先催芽并注意排水。目前在山东、河南、江苏、安徽等省均有种植。

4. **克新 4 号**　黑龙江省农科院马铃薯研究所育成的品种。株型直立,分枝较少,株高 65 厘米左右,茎绿色,复叶中等大小,叶色浅绿,生长势中等。花冠白色,花药黄绿色,芽眼中等深度;结薯集中,薯块中等大小,较整齐,休眠期短,耐贮藏。块茎风味好,淀粉含量 13% 左右,粗蛋白质含量 2.23%,维生素 C 14.8 毫克/100 克(鲜薯),还原糖 0.13%。

植株易感晚疫病,但块茎抗病性好,对 Y 病毒过敏,轻感卷叶病毒。一般每亩产量约 1500 千克,高产可达 2500 千克。适合二季作栽培,每亩种植 4000~5000 株为宜。秋播需要催芽。在黑龙江、吉林、辽宁、河北、山东等地均可种植。

另外,生产上常用的品种还有鲁引 1 号、津引 8 号等。

二、特征与特性

(一)特　征

马铃薯的根系为须根系。块茎发芽后,先从种薯上幼芽基部发出初生根,然后在茎的叶节处抽出匍匐茎,发出 3~5 条匍匐根。主要根系分布在土壤表层下 40 厘米到 70 厘米的土层中。马铃薯的茎有地上茎、地下茎、匍匐茎和块茎。地上茎为绿色或着生紫色斑点,节部膨大。节处着生复叶,复叶基部有小型托叶。茎高多在 40~100 厘米之间,少数中晚熟品种在100 厘米以上。

地下茎一般有 8 节,节上着生退化的鳞片叶,叶腋中形成匍匐茎。匍匐茎尖端短缩膨大形成块茎。块茎具有茎的各种特性,与匍匐茎相连的一端叫薯尾或脐部,另一端叫薯顶。块茎表面分布着许多芽眼,每个芽眼由 1 个主芽和两个副芽组成。副芽一般处于休眠状态,只有当主芽受到伤害时才萌发。薯顶芽眼分布较密,发芽势较强,这种现象叫顶芽优势。

块茎表面还布满着许多皮孔,是块茎与外界进行气体交换的通道。若土壤积水、通气状况差,皮孔外面就会产生许多小疙瘩,它们是由许多薄壁细胞堆砌而成的,这不仅影响块茎的商品质量,而且为土壤病菌的侵染打开了方便之门。

马铃薯最先出土的叶叫初生叶,为单叶,心脏形或倒心脏形,全缘。以后发生的叶为奇数羽状复叶。顶端叶片单生,顶生小叶之下有4~5对侧生小叶。叶片表面密生茸毛,复叶叶柄基部与主茎相连处着生的裂片叶叫托叶,其形状可作为识别品种的标志。

马铃薯的花序着生于株顶,伞形或复伞形花序。当早熟品种第一花序开放,中晚熟品种第二花序开放时,地下块茎开始膨大,是结薯期的重要形态标志。

马铃薯属于自花授粉作物,果实为圆形,少数为椭圆形,前期绿色,接近成熟时顶部变白,逐渐转为黄绿色。有的品种浆果带褐色、紫色斑纹或白点等。有的浆果很大,直径2厘米以上,有的较小,品种间差异很大。

马铃薯的种子一般为扁平近圆形或卵圆形,浅褐色,种皮密布细毛。种子很小,多数品种千粒重0.5~0.6克。通常情况下,马铃薯很难结种子。

(二)生长过程

1. **发芽期**　从萌芽到出苗,是主茎的第一段生长,大约需要25天的时间。这一时期,块茎利用种薯本身的营养生长茎、叶和根,要求土壤湿润,疏松透气,并且有适宜的温度。

2. **幼苗期**　从出苗到团棵(6片叶或8片叶展平),是马铃薯的第二段生长。幼苗期根系继续扩展,匍匐茎先端开始膨大,块茎雏形初具。与此同时,第三段的茎叶逐渐分化完成。幼苗期时间很短,只有15~20天。但幼苗期是进一步发棵和旺盛结薯的基础。因此,幼苗期应加强追肥、浇水和中耕,以达到促根、壮棵的目的。

3. **发棵期**　从团棵到开花(早熟品种第一花序开放;晚

熟品种第二花序开放),是马铃薯的第三段生长。

第三段生长过程中,茎急剧增高达到总高度的50%左右,主茎叶已全部形成功能叶,分枝叶也相继扩大,叶面积扩展到总面积的50%～80%以上。与此同时,根系继续生长,块茎逐渐膨大至鸽子蛋大小,其干物质量已超过此期植株总干物质量的50%以上。所以在发棵期,必须建立起强大的同化系统,并保证生长中心由茎叶向块茎的转移。发棵前期可施肥浇水促进生长,继而进行深中耕结合大培土控秧、促根,保证生长中心由茎叶迅速转向块茎。

4 结薯期　从开花到结薯。第三阶段生长结束后,生长以块茎膨大增重为主,进入结薯期。

结薯期要求土壤水分供应充足和均匀,适宜的土壤相对含水量为80%～85%。结薯前期块茎对缺水十分敏感,哪怕短期发生干旱都会造成减产。干旱后降雨或浇水,易造成块茎发芽,或产生畸形薯。若结薯期土壤板结潮湿,则块茎皮孔突出,导致块茎表面粗糙,甚至因高湿缺氧而使块茎死亡,造成烂薯。

5. 休眠期　实际上,自马铃薯块茎开始膨大时,即进入了休眠期,但一般来讲,块茎的休眠期是按收获到幼芽萌发的天数来计算的。块茎休眠期的长短因品种而异。在温度0～4℃的条件下,块茎可以长期保持休眠状态。马铃薯块茎的休眠属生理性自然休眠,处于休眠状态的块茎即使在适宜的发芽条件下也不能发芽。块茎休眠期的长短关系到消费和生产。食用的块茎要求低温2℃左右贮藏,控制休眠进程,避免发芽。生产上如二季作区收获后不久即需播种,为了出苗早而整齐,要选用休眠期短的品种,并设法打破休眠。

（三）特　性

马铃薯喜冷凉气候,不耐高温和霜冻。当 10 厘米地温达 7～8℃时,幼芽即可生长,10～12℃时幼芽可苗壮成长并很快出土。若出苗后遇到－1℃的低温时,幼苗即受到冷害,气温降到－2℃时幼苗受冻害,部分茎叶枯死,但在气温回升后还能从节部发出新的茎叶,继续生长。气温在－1.5℃时,茎部受冻害,－3℃时茎叶全部枯死。植株生长最适宜的温度为 21℃左右。于 42℃高温下,茎叶停止生长。开花最适温度为 15～17℃,低于 5℃或高于 38℃则不开花。马铃薯块茎生长发育的最适温度为 17～19℃,温度低于 2℃和高于 29℃时,块茎停止生长。但在生产实践中常遇到块茎生长的反常现象。

第一种现象是春季播种后幼芽不出土而变成小块茎,习惯上称之为梦梦薯。这种现象是由于播种后土壤温度低,块茎内养分向幼芽转移时遇到阻碍形成的。

第二种现象是在块茎膨大期,块茎遇到长时间高温后停止生长,浇水或降雨后土壤温度下降时又恢复生长,在这种情况下形成的块茎,有的像哑铃状,有的像念珠状,出现各种畸形。

马铃薯是喜光作物,在生长期间日照长,光照强,有利于光合作用。光照充足时枝叶繁茂,生长健壮,容易开花结果,块茎大,产量高。特别在高原与高纬度地区,光照强、温差大,适合马铃薯的生长和养分积累,一般都能获得较高的产量。相反,在树荫下或与玉米等作物立体种植时,如果间隔距离小,共生时间长,玉米遮光,使植株较矮的马铃薯光照不足,养分积累少,茎叶嫩弱,不开花,块茎小,产量低。即使在马铃薯单作的条件下,如果植株高大的品种,密度大、株行距小时也常出现下部枝叶交错,通风、透光差,影响光合作用和产量的现象。

光照还可明显地抑制块茎上芽的生长。窖内贮藏的块茎在不见光的条件下，通过休眠期后由于窖温高，发出的芽又白又长，如把萌芽的块茎放在散射光下，即使在 15～18℃ 的温度下，芽也长得很慢。我国南方架藏种薯和北方播种前催芽，都是利用这一特点来抑制芽子过度生长的。在散射光下对种薯催大芽，是一项重要的增产措施。

三、栽培技术

中原二季作地区，马铃薯都以春作为主，近几年，随着保护地的发展，马铃薯也开始进行保护地栽培，并且取得了较好的经济效益。

(一)春薯栽培技术

1. **整地施基肥** 马铃薯根系和块茎的生长都需要足够的氧气。因此，要求土地平整，土壤耕作层深厚和疏松透气。土壤最好在冬前深耕，春季播种前耙细整平。或者在土地解冻后立即进行深耕细耙。基肥要求富含有机质，充分腐熟。骡马牛羊粪及杂草秸秆沤制的堆肥，肥效完全而持久，最适宜使用。特别是骡马粪，有减轻疮痂病的作用。基肥充足时，可结合耕地将基肥的 1/2 或 1/3 翻入耕作层，厩肥用量为 1000～1200 千克/亩。基肥不足时，应全部沟施以发挥肥效。

播种前再沟施化肥作为种肥，这对发芽期种薯中的养分迅速地转化并供给幼芽和幼根的生长，有很大的促进作用。如穴施种肥过磷酸钙，种薯中的淀粉在播种后 20 天转化为糖者 9.3%；穴施过磷酸钙和硝酸铵者为 6.7%；穴施过磷酸钙、硝酸铵和氯化钾者为 4.6%，而不施种肥的只有 1%。对土壤中氮素利用的能力以不施种肥者作为 100%，则穴施磷肥的为

106%;穴施磷氮混合种肥时猛增到345%。施用种肥的同时,可拌以农药,以防治地下害虫。每亩种肥用量为:尿素2.5~5.0千克、复合肥10~15千克、草木灰25~50千克。

2. **种薯处理** 为提早生育和使出苗整齐,没有通过休眠的种薯需进行播前处理,这在二季作区尤为重要。有时为了接早春蔬菜茬口,或为了节约种薯,可进行育苗移栽。

(1)暖种晒种:于播种前30~40天,选择健壮种薯,置于黑暗中20℃的条件下,直到顶部芽有1厘米大小时为止,约需10~15天。然后将发芽后的种薯放在散射光下,保持15℃左右的温度,让芽绿化粗壮,约需20天左右。在这个过程中幼芽伸长停止,却不断地发生叶原基和形成叶片,以及形成匍匐茎和根的原基,使发育提早。同时,晒种能限制顶芽生长而促使侧芽的发育,使薯块上部的芽都能大体发育一致。

南北各地多年试验结果证明,暖晒种薯一般增产20%~30%。但暖晒种薯不应时间过长,否则造成芽衰老,将来引起植株早衰,而易受早疫病侵染。

为了降低成本,节约种薯用量,要将催好芽的种薯切块,切块呈立体三角形,每块25克左右,带1~2个芽为宜。切块时应淘汰病薯。如切到病薯,应立即用75%酒精消毒切刀,然后再切。没有进行暖种晒种的种薯,切块完毕后,可用赤霉素浸种催芽10分钟,赤霉素浓度为0.5毫克/升,整薯为10毫克/升。浸种后催芽或立即播种。暖种晒种后的种薯,如果中下部芽很小,不到2毫米以上时,为使其出苗快,可于切块后用低浓度赤霉素液0.1~0.2毫克/升浸泡切块10分钟。

(2)育苗:于断霜前20天进行。种薯最好进行一段暖晒。用冷床密挤排列种薯育苗。种薯单芽切块,种薯不足时,可将1个芽眼对破为二。播后覆盖土3~4厘米;土温保持15~

20℃。栽植前低温锻炼幼苗几天。

如果长期贮存而早已通过休眠的种薯,则可将整薯密挤排列于苗床,覆以盖土7～10厘米。待苗高20厘米以上时,起出种薯,扒取带根的苗栽植。种薯可再用于培养第二批苗或直接种于大田。

3. **播种(栽植)** 春季播种时,应以当地断霜之日为准向前推35～45天作为适宜播种期,二季作地区一般在3月5日至3月15日播种,在此范围内播种期宁早勿晚。多年来的经验证明,播种期每推迟5天,产量降低10％～20％。6月上旬收获。产量约2000～2500千克/亩。

播种时,首先按行距60厘米开深10厘米的小沟,然后将催好芽的种薯按20厘米的株距排于沟中,再覆土起大垄,垄高20厘米。若机械化播种,可用犁开沟后播种薯,再盖一犁覆土。为提早出苗,需采用东西向的朝阳坡,并进行地膜覆盖,这样可提早出苗10天,增产20％左右,效果显著。播种完毕后,1次性浇透水。

栽植密度,切块栽植每亩5000～6000块;整薯栽植时应视萌芽成苗数多少决定。要求每亩7000～8000苗,一般等于播整薯3000块左右。

秧苗栽植采用开沟贴苗法,盖土至初生叶处。然后浇透水1～2次,浇后随即中耕松土,促使根系生长。在浇第二水时结合追肥,以后还得分次追肥来提苗发棵。秧苗栽植密度为每亩6000～8000苗。

4. **管理** 春薯管理要点在于贯彻一个“早”字,围绕土、肥、水进行重点管理,并满足一个“气”字。

(1)发芽期的管理:出苗前的土壤墒情既然已在播种前造好,发芽期的管理就在于始终保持土壤疏松透气,逢雨后应耙破土壳。

(2)幼苗期的管理：出苗到团棵应紧密配合马铃薯苗期短促和生长快这一特点，力求早施速效氮肥，可每亩施尿素15～20千克，紧接浇水与中耕，以促进发根和发棵。第一遍中耕后深锄垄沟，使垄土疏松透气；垄的中上部则应浅锄，以把草除尽为准。

(3)发棵期的管理：团棵到开花，浇水与中耕应紧密结合，土壤不旱不浇，而只进行中耕来保墒。结合中耕逐步浅培土，直到植株拔高即将封垄时才进行大培土。培土时应注意不埋没主茎的功能叶。

发棵期的追肥应慎重，需要补肥时可放在发棵早期，或等到结薯初期。假若发棵中期追肥或虽早施肥但肥效迟，则会引起植株徒长。植株封垄后，用100毫克/升的PPP_{333}进行叶面喷施，可起到抑制植株徒长，促进光合产物向块茎转移的作用。

(4)结薯期的管理：这是块茎产量形成的重要时期，土壤应始终维持湿润状态，尤其是开花期的头三水更属关键。所谓"头水紧、二水跟、三水浇了有收成"。结薯前期对缺水有3个敏感阶段，早熟品种在初花、盛花及终花期；中晚熟品种在盛花、终花及花后1周内。如果在这3个阶段依次分别地停止浇水9天，等到土壤水分降至饱和持水量的30%时再浇水，则分别减产50%、35%和31%。

5.**收获** 6月上旬，选择晴天，土壤适当干爽时收获。收获时要避免损伤薯块。因为受伤的薯块容易腐烂，不易存放，同时也影响商品价值。损坏薯块的愈伤条件是摊晾薯块，温度20℃，空气相对湿度90%，48小时即可。

(二)秋薯栽培

1. **播期确定原则**　确定秋薯播期的原则,应以当地马铃薯苗的枯霜期为准,向前推一个生长期。中原二季作地区多在8月上旬播种,10月下旬至11月上旬收获。产量每亩1000～1500千克。

目前,二季作地区的秋薯栽培,种薯多来自于当年的春薯,栽培过程中,技术要求严格而且繁杂,切块栽培,极易烂块死苗,造成减产或绝产。

秋薯栽培成功的技术要点是:①春薯早收,种薯通气贮藏。②严格选种,淘汰退化种薯。③做好催芽保苗工作。④加强田间管理。下面着重叙述催芽保苗技术。

2. **打破种薯休眠期处理方法**　马铃薯二季作区,春薯一般在6月上中旬收获。秋薯8月上旬播种,播种时种薯尚处于休眠状态。因此栽植前必须设法打破休眠,才能保证按期出苗。

(1)切块处理法:先仔细挑选种薯,选择凉爽晴朗天气或在清晨傍晚时刻,于阴凉通风处切块。闷热无风天气,午时前后时刻,不宜进行切块。切块时应边切块、边浸种、边晾干;否则,切口感染空气中的酵母菌,使切面发粘,浸种后不易晾干。这样就为病菌入侵切块开了方便之门,从而引起烂块死苗。因此,应注意严格淘汰病薯和切刀消毒。

切块晾干后,即可置于土床上分层催芽。床应设在通风阴凉避雨处,床宽1米,长随意。床土以砂壤土、壤土最适宜。在催芽床上每铺满一层切块,盖一层湿润细土,可如此排放3～5层,最上层和床四周应盖土5～6厘米,以防床土干燥。切块上床后经6～8天,芽长达3～4厘米时,扒出切块,堆放在原地经散射光照射1～3天,使幼芽绿化变壮。

（2）整薯赤霉素处理法：利用整薯播种是当前控制细菌病害所导致的烂块死苗最有效的措施。整薯有完整的周皮保护，不容易吸收赤霉素，因此处理时药液浓度要大，时间应长。可用 10 毫克/升的赤霉素溶液浸种 10 分钟，以打破种薯休眠。

整薯甘油赤霉素水溶液处理法：赤霉素进入整薯必须借助水这个媒介物，整薯有周皮包被，要使赤霉素经薯皮渗入，必须让赤霉素在薯面能长期维持水浸状态。亲水保水性的甘油，可以完全满足这个要求，作为赤霉素进入整薯的引子（花生油也同样有效）。

赤霉素浓度为 50 或 100 毫克/升，配制时甘油与水的比例为 1∶4。处理在种薯收获后 20 天进行，用棉花球蘸药液涂抹薯顶部芽眼或用喷雾法喷布块茎。每隔 15 天处理 1 次，直到播种。

（3）秋薯安全播种和保证苗早苗齐的要点：在于保证土壤具备发芽生根所需的凉爽、湿润、透气条件。具体做法是：浅开沟播种，后培土覆盖形成大垄，以利保墒、降温、透气。播种后应连续浇水直至出苗；雨后则要立即松锄垄沟，使垄土疏松透气。

(三) 保护地栽培

马铃薯保护地栽培是近年刚刚兴起的一种栽培模式，若大拱棚里面加小拱棚，覆盖地膜并且夜晚覆盖草苫，可在 1 月上旬播种，4 月中下旬收获。若为小拱棚加地膜覆盖栽培，则 2 月中下旬播种，5 月中下旬收获。栽培时，起一高而宽阔的大垄，每垄播种两行催好芽的块茎，株行距 50 厘米 × 20 厘米。产量每亩 1000～1500 千克。

(四)马铃薯抱窝栽培

抱窝栽植法的技术要点:①选用高产抗病品种;②整薯进行暖种晒种,培养苗壮大芽和一薯多芽,以促使早结薯和多结薯,并充分利用顶部芽的生长优势;③适期早种,利用朝阳坡或利用地膜覆盖早播种;④深翻土地,集中沟施有机肥和氮磷钾全量的种肥;⑤分次培土,形成高而宽阔的大垄,以保证根系发展和块茎膨大对土壤氧气的要求;⑥根据马铃薯生长规律进行相适应的管理。抱窝栽植的密度,在于充分发挥个体的产量潜力,使每窝块茎数多而且大。通过高产的个体,取得群体的最高产量。影响单窝块茎数和块茎大小的因素,最主要的为每窝的发苗数或茎数,这也是确定密度的重要依据。一定的品种,一定的生长日数和一定的土壤肥力等,必然相应地有着一定的合理密度。每亩具体播种薯数,可根据每亩应具有的总茎数和种薯平均发苗数来确定。一般小秧棵的总茎数在9 000茎/亩;大秧棵在5 500茎/亩。设每窝为5茎,则每亩需播数,小秧棵为1 800个,大秧棵为1 100个。

四、种薯退化

(一)退化原因

马铃薯用块茎繁殖,在连续生产的过程中,植株生长势逐年衰弱、矮化,分枝变少,茎叶出现皱缩、花叶,产量逐年下降的现象,称为马铃薯的种薯退化。

关于马铃薯的退化原因,有过3种学说。

一是年龄衰老说。这是最早期对退化的认识。认为马铃薯长期用无性繁殖,生理年龄逐渐增加,最后逐渐衰老,导致种性退化。

二是生态说(阶段衰老学说)。这种学说认为,马铃薯的退化是由于块茎上的芽在生长或贮藏过程中受到了高温的影响，高温破坏了马铃薯的正常生理过程，从而导致种性退化。

三是病毒学说。认为马铃薯的退化是受了病毒的侵染。病毒通过块茎逐代传递，毒量增加，最终导致种性退化。

近年来，国内外的研究资料表明，马铃薯的退化是综合因素造成的，包括内因和外因两个方面。内因是品种的抗逆性，外因是环境因素，其中导致退化的主要原因是品种抗性不强和病毒侵染加上高温影响。

(二)防止措施

1. **茎尖脱毒** 自从 1974 年以来，茎尖组织培养脱毒的方法已在我国推广，但是，试管苗不管是在移栽、运输、贮藏方面，还是在品种资源的交换方面，都存在着许多缺点；同时，使用试管苗所要求的技术较高，这就给基层的脱毒薯生产带来了很大困难。因此，人们开始研究一种可以代替试管苗的形式——脱毒薯。

马铃薯脱毒薯的研究，是继试管苗后世界各国又一感兴趣的课题之一。实际上，脱毒薯包括两种，即微型薯和脱毒小薯。微型薯是指用组织培养的方法在培养容器中培养脱毒苗，通过诱导在叶腋内形成的小薯，叫微型薯，直径在 $2\sim10$ 毫米之间。脱毒小薯是把试管苗扦插在温室或大棚内的消毒基质上形成的小薯，直径在 $10\sim20$ 毫米之间。有时又称其为迷你薯。

2. **调整栽培季节** 调整栽培季节的目的是避开高温影响和蚜虫传毒，从而防止马铃薯的退化。

(1)栽培设施：利用温室、冬暖大棚、阳畦均可。生产上多用阳畦栽培。

(2)种薯来源：脱毒小薯或当年秋田中选择的健壮小薯。

（3）播种时期：阳畦培育种薯的播种期确定原则是"宁早勿晚"，主要目的是提前收获，避开蚜虫传毒。阳畦又分为冬阳畦和春阳畦2种。

①冬阳畦：11月上中旬播种，第二年2月中下旬收获，整个生长期以防冻保温为主，密封的薄膜直到收获时才启封，并且夜间要加盖草苫，以防冻害。

②春阳畦：1月下旬或2月上旬播种，4月下旬收获。

栽培阳畦薯的目的是得到种性好的种薯，切不可贪图当代阳畦薯的产量而推迟收获期，致使种性降低，得不偿失。

（4）种植密度：阳畦栽培的目的是获得大量的小整薯，因为小整薯在秋季栽培时，可不用切块而直接播种，从而避免烂块死苗的问题。要获得大量小整薯，就要高度密植，一般采取单垄双行播种法，垄距60～65厘米，垄内小行距10厘米，株距8～10厘米。

利用阳畦薯作秋季栽培的种薯，首先从季节上避开了高温影响和蚜虫传毒；其次，阳畦薯的收获期大大提前，到播种时，种薯已顺利地通过了休眠期；再次，阳畦薯是在高度密植的种植条件下培育出的小整薯，秋播时可以不用切块而直接用整薯播种，从而解决了秋薯栽培中的烂块死苗问题。出苗快且整齐，增产幅度可达30%～300%。

五、马铃薯立体种植

在我国中南部地区，马铃薯常和玉米、棉花等作物立体种植。由于马铃薯植株矮小，生长期短，播种早，收获时粮棉作物才进入生长盛期，共生期无明显不良影响。马铃薯收获后，田间通风透光好，反而对玉米、棉花等作物的生长有利。农民的经验是"粮棉不少收，多收一季薯"。据统计，马铃薯与农作物立体种植,收入可增加 30%～40%。

(一)玉米、马铃薯、大白菜三作三收

1.**模式规格**　按 2.4 米为一播种带,春分前在大行 1.8米内按 60 厘米行距条播马铃薯 3 行。清明后于 0.6 米小行内按小行距 33 厘米条播玉米 2 行。6 月中旬马铃薯收获后,薯秧给玉米压青追肥。春玉米 7 月收获,立秋按 70 厘米×60 厘米株行距,垄播大白菜。

2.**技术要点**　马铃薯选用早熟品种。玉米选双交种,大白菜选中晚熟品种,加强田间管理,马铃薯早追肥、浇水、中耕,发棵中后期及时大培土,结薯期保证不缺水。

3.**经济效益**　玉米 400 千克/亩,马铃薯 2000 千克/亩,大白菜 5000 千克/亩。

(二)棉花、西瓜、马铃薯、大白菜四作四收

1.**模式规格**　3 月上旬按 2.2 米为一带,依 0.6 米行距开两条沟,按 0.2 米株距播马铃薯。4 月中旬于带的另一侧按宽 50 厘米做两个畦,外畦播棉花两行,小行距 35～40 厘米,株距 20 厘米,合 3032 株/亩。内畦于 4 月 15 日左右播 1 行西瓜,株距 40 厘米,合 757 株/亩。6 月上旬收马铃薯。7 月底收完西瓜。8 月下旬于棉花行间定植大白菜两行,株距 60 厘米,合 1010 株/亩。

2.**技术要点**　西瓜采用早熟小秧品种,小拱棚前期保护。马铃薯采用早熟品种,脱毒种薯 2～3 代,催大芽早播。大白菜育苗移植。棉花绝对禁用剧毒农药。

3.**经济效益**　棉花皮棉 75 千克/亩,马铃薯 1000～1500千克/亩,西瓜 2500 千克/亩,大白菜 3000～4000 千克/亩。

以上只是马铃薯立体种植的两种模式。在实际生产过程中,还可以与其他许多农作物或蔬菜等立体种植,从而增加复种指数,提高土地利用率。

第二节 生 姜

生姜为多年生宿根草本植物,是我国重要特产蔬菜之一。因其具有特殊的香辣味,是我国人民普遍食用的香辛调味蔬菜,亦是化工上提取香精的原料,而且还是良好的中药材。

一、类型与品种

目前生姜栽培均以种植当地地方品种为主,我国地方品种很多,多以其地名和形态特征而取名。如山东莱芜小姜,安徽铜陵白姜等。

(一)山东(莱芜)小姜

株高 85 厘米左右,叶色翠绿,分枝力强,通常每株有15～20 个分枝。根茎黄皮黄肉,姜球数多而排列紧密,节多而节间较短,姜球顶端鳞片呈淡红色。根茎肉质细嫩,辛香味浓,品质佳、耐贮运。单株根茎重 300～500 克,亩产量达 2500 千克左右。

(二)山东(莱芜)大姜

植株高大粗壮、生长势强,一般株高 80～100 厘米。叶片大而肥厚,叶色浓绿。茎秆粗但分枝数少,通常每株具有 10～15 个分枝。根茎黄皮黄肉,姜球数少而肥大,节少而稀。一般单株根茎重 500 克左右,重者可达 1000 克以上。一般亩产3 000 千克左右,高产者可达 5 000 千克以上。

(三)铜陵白姜

生长势强,株高 70～90 厘米,分枝力强,嫩芽粗壮,深粉红色。根茎肥大,皮淡黄色,纤维少,肉质脆嫩、香气浓郁、辣味适中,品质极佳,宜进行腌渍、糖渍加工。一般单株根茎重500克左右,每亩产量可达2000千克。

(四)红爪姜

南方各地常用品种,因分枝基部呈浅紫红色,外形肥大如爪而得名。其植株生长势强,株高70～80厘米,分枝数较少。根茎皮淡黄色,姜芽带淡红色,肉质鲜黄,纤维少,辛辣味浓,品质佳,嫩姜可腌渍、糖渍加工。一般单株根茎重可达500～1000克,每亩产量2000千克。

(五)疏轮大肉姜

广东省地方品种。株高60～70厘米,叶色深绿,分枝较少,呈单层排列。根茎肥大,表皮淡黄,芽粉红色,肉黄白色,纤维少,辛辣味淡,组织细嫩,品质优良,一般单株根茎重1000～2000克,每亩产量约3000千克。

(六)密轮大肉姜

广东省地方品种。株高60～80厘米,叶色青绿,分枝较密而呈双层排列。根茎较疏轮大肉姜小,皮肉均为淡黄色,嫩芽紫红色,肉质致密,纤维较多,辛辣味浓。一般单株根茎重750～1500克,每亩产量约2500千克。

(七)红芽姜

分布于福建、湖南等省。植株生长势强,分枝多。根茎皮淡黄色,芽淡红色,肉蜡黄色,纤维少,风味品质佳。一般单株根茎重可达500克左右,每亩产量2500千克。

二、生姜的生物学特性

(一)植物学特征

生姜为多年生宿根草本植物,现作为1年生蔬菜栽培。

生姜根不发达,根数少且短,纵向分布主要在30厘米深的土壤内,横向扩展半径 30 厘米。生姜的茎包括地上茎和地下茎两部分。地上茎直立、绿色,为叶鞘所包被。地上茎的发生顺序性强,种姜发芽后所形成的第一支苗称为主茎,以后在主茎两侧依次形成一次分枝、二次分枝和三次分枝。生姜侧枝发生往往对称生长。生姜的地下茎为根状茎,简称根茎,为食用器官,由若干个分枝基部膨大而形成的姜球构成。主茎的姜球称姜母,一次分枝的姜球为子姜,二次分枝的姜球为孙姜。生姜叶片披针形,叶片中脉较粗,叶片下部有不闭合的叶鞘,叶鞘绿色,狭长抱茎,具有支持和保护作用。生姜花为穗状花序,橙黄色或紫红色,花茎直立,从根茎上长出。但在我国生姜极少开花。

(二)生育周期

生姜为无性繁殖的蔬菜作物,它的整个生长过程基本上是营养生长的过程,因而其生长虽有阶段性,但划分并不严格。现多根据生长形态及生长季节将其划分为发芽期、幼苗期、盛长期、休眠期等几个时期。

1. **发芽期** 种姜通过休眠幼芽萌动,至第一片姜叶展开为发芽期。此期主要靠种姜贮藏的养分分解供幼芽生长之需。此期生长量虽小,但对以后整个植株器官发生、生长以及产量形成有重要影响,因而播种时需精选姜种,科学催芽。

2. **幼苗期** 由展叶至具有两个较大的一次分枝,亦即"三股杈"时,为幼苗期结束的形态标志。这一时期由完全依靠母体养分供应幼苗生长转到新株可吸收和制造养分进行自养。这一时期形成的一次分枝是以后制造养分、形成产量的主要器官。因而生产管理上应采取促进发根,清除杂草,使形成强健的一次分枝,为盛长期的生长打下良好基础。

3. **旺盛生长期** 从"三股杈"直至收获。此期地上茎分枝大量发生,叶数迅速增加,叶面积急剧扩大,根系大量发生,同时姜球数随分枝的增多而增加,因而应加强肥水管理,促其形成较大的叶面积,提高光合能力,防止后期早衰,延长生长天数,以最大限度地提高产量。

4. **根茎休眠期** 收获后入窖贮存,保持休眠状态的时期。此期常因窖中贮存条件的不同而异,短者几十天,长者几年。

生姜不耐霜,不耐寒,一般在霜降之前便收获贮藏,使其保持休眠状态。贮藏期间的环境条件对贮藏时间长短影响极大。一般要求保持 11～13℃ 的温度、近乎饱和(>96%)的空气相对湿度。

(三)对环境条件的要求

1. **温度** 生姜喜温而不耐寒,在 15℃ 以上,幼芽可萌动,但在低于 20℃ 的条件下发芽缓慢。幼芽萌发的适宜温度为 22～25℃,若超过 28℃,发芽速度变快,但往往造成幼芽细弱,影响播后植株的生长。生姜茎叶生长时期以 20～28℃ 为宜,温度过高过低均影响光合作用,减少养分制造量。根茎旺盛生长期要求有一定的昼夜温差,白天 25～28℃,夜间 17～18℃,以利于养分的制造和积累。

2. **光照** 生姜为弱光性作物,在不同时期对光照的要求不同。发芽时要求黑暗,幼苗期要求中强光,不耐强光,因而生产上应采取遮荫措施造成花荫状,以利幼苗生长。盛长期因群体大,植株自身互相遮荫,故要求较强光照。

3. **水分** 生姜属浅根性作物,根系极不发达,而其地上部叶面积大,保护组织亦不发达,因而水分消耗多,所以对水分要求严格。幼苗期生长量小需水少,盛长期则需大量水分,为了满足其生育之需,要求土壤始终保持湿润,使土壤水分维持在田间最大持水量的 70%～80%最为适宜。

4. **土壤** 生姜对土壤质地适应性强,不论沙土、壤土或粘壤土均可良好生长,但不同土质对生姜的产量与品质都有一定的影响。土壤酸碱性的强弱,对生姜地上茎及地下根茎的生长均有显著影响。生姜喜微酸性土壤,pH 5～7 范围内均生长良好,但当 pH＞8 时则植株矮小,根茎发育不良。因此,在种姜选地时,应选择土层深厚、土质疏松透气、有机质丰富、能灌能排、呈微酸性反应的肥沃壤土,盐碱涝洼地不适于种姜。

5. **矿质营养** 生姜为喜肥耐肥作物,据作者试验测定,每生产 1000 千克鲜姜约吸氮 6.34 千克、磷 0.57 千克、钾9.27 千克、钙 1.30 千克、镁 1.36 千克。生姜对氮素最敏感,若生姜缺氮,则植株矮小,叶色黄绿,叶片薄,分枝少,长势弱,对产量及品质有极大影响。钾供应充足表现为生姜叶片肥厚、茎秆粗壮、分枝多、根茎肥大、品质良好。缺钾则植株下部叶片早衰,影响光合作用,降低产量和品质。

三、生姜栽培技术

(一)栽培季节

生姜为喜温暖、不耐寒、不耐霜的作物,因而要将生姜的整个生长期安排在温暖无霜的季节。我国地域辽阔,各生姜产区的气候条件相差很大,因而播期也有较大的变化。华北一带多在立夏至小满播种,霜降收获。

生姜应适时播种,不可过早或过晚。若播种过早,地温低,热量不足,播种后种姜迟迟不能出苗,极易导致烂种或死苗;播种过晚,则出苗迟,从而缩短了生长期,造成减产。

目前采取保护地栽培,可提前播种延迟收获,提高产量。一般地膜覆盖可较常规栽培提早 25 天左右播种,拱棚覆盖可提早 50 天左右播种;后期拱棚覆盖可延迟 15 天收获。

(二)培育壮芽

培育壮芽,是获得生姜丰产的首要环节。因为只有健壮的幼芽才能长出苗壮的幼苗,也才能为植株的旺盛生长奠定基础,所以各姜区均对种姜进行必要处理,以培育壮芽。

1. **晒姜与困姜** 于适期播种前 20～30 天,从贮藏窖内取出种姜,稍稍晾晒后,用清水冲洗去掉姜块上的泥土,平铺在草席或干净的地上晾晒 1 天后,收进室内堆放 1～2 天(称困姜),如此经过 1～2 次重复,种姜晒困结束。

2. **选种** 晒姜困姜过程中及催芽前需进行严格选种。应选择姜块肥大、丰满,皮色光亮,肉色新鲜,不干缩,不腐烂,未受冻,质地硬,无病虫害的健康姜块做种,严格淘汰姜块瘦弱干瘪,肉质变褐及发软的种姜。

3. **催芽** 催芽可促使种姜幼芽尽快萌发,使种植后出苗快而整齐,因而是一项很重要的技术措施。

催芽的方法各地也大不相同,现介绍几种如下:

(1)室内催芽池催芽法:在室内一角用土坯建一长方形池,池墙高 80 厘米,长、宽依姜种多少而定。放姜种前先在池底及四周铺一层已晒过的麦穰 10 厘米,或贴上 3～4 层草纸。选晴暖天气在最后一次晒姜后,趁姜体温度高,将种姜层层平放池内,盖池时先在上层铺 10 厘米麦穰,再盖上棉被或棉毯保温。保持池内 20～25℃温度。

(2)室外土坑催芽法:选择房前院内光照充足的地方建姜坑催芽,姜坑用土坯在地面以上垒成一个四周墙高 80 厘米的池子,池长、宽依姜种多少而定。放姜种前将干净无霉烂的麦穰晒一中午后喷洒开水把麦穰调湿,在坑底铺放 10～15 厘米;后将姜种层层放好,随放姜随在四周塞上 5～10 厘米厚的麦穰。姜种铺放好后,上层再盖5~10厘米麦穰,顶部用麦穰泥封住。为了方便,亦可不事先垒池,而将姜种堆放好后四周盖麦穰,最后全用麦穰泥封好。

(3)阳畦催芽法:先挖阳畦宽1.5米,深0.6米左右,长以姜种多少而定。在畦底及周围铺10厘米左右的麦穰,将晒好的姜种排放其中,姜块上部再盖15厘米厚的麦穰,保持黑暗,疏松透气,上部插上拱架,盖好塑料薄膜,夜间可加盖草苫御寒,有条件者还可在阳畦内铺电热线加温。

(三)整地施肥

选定姜田后,在耕翻土壤时施入大量农家肥,一般应每亩施土杂肥1万千克以上,过磷酸钙50~75千克。第二年土壤解冻后,整平耙细,起垄。沟距50~55厘米,沟宽25厘米,沟深15厘米左右。最后将肥料施入沟内,用二齿钩将肥料与土壤混匀。施肥量为每亩75千克左右的饼肥、25千克尿素、50千克过磷酸钙,或换之以50千克复合肥。

(四)播　种

1. 播前的准备

(1)掰姜种:掰成姜块的大小,经作者多年试验,认为50~75克为宜,若姜块太小,单株产量低。掰姜时一般要求每块种姜上只保留一个壮芽,其余的芽全部去除,以便使养分能集中供应主芽,保证苗全、苗旺。

(2)浇底水:因生姜出苗慢,出苗时间长,如土壤水分不足,即会影响幼芽的生长。为保证姜芽顺利出土,必须浇透底水。

2. 播种方法
底水浇透后,即可把选好的种姜按一定株距排放沟中。排放姜种有两种方法。一是平播法,即将姜块水平放在沟内,使幼芽方向保持一致。放好姜种后用手轻轻按入泥中,使姜芽与土面相平即可。另一种方法为竖播法,即不管什么方向的沟,芽一律向上。

种姜播好后可用镢或二齿钩将垄上部的湿土扒下,盖住种姜,而后用搂地耙子搂平即可。一般要求覆土的厚度为4～5厘米,若覆土太厚,则下部地温较低,不利发芽。若覆土太薄,则因土壤表层易干,同样影响发芽。

3. 播种密度与播种量 生姜产量除受肥水条件及地力制约外,种植密度对产量亦有较大影响。若种植太稀,密度过小,虽然单株根茎可能大些,但总产量不会高;反之,种植太密,姜田内通风透光不良,严重影响个体发展,同样不能获得高产。一般认为7000～8000株/亩最为适宜。但密度还受许多因素的制约,如土壤肥力、肥水条件、播期早晚、姜块大小、种芽大小,管理水平及品种等。

生姜用种量由种姜块大小与播种密度决定。一般情况下,高产田每亩用种量达500千克左右。而一般地块用种量可略少,但最少也应在300千克左右。

(五)田间管理

1. 遮荫 生姜为耐阴性作物,但生姜的幼苗期正处在炎热的夏季,阳光强烈,因而必须对其采取遮荫措施,遮荫时用谷草插成稀疏的花篱,为姜苗遮荫。在生姜播种后,趁土壤湿润,在姜沟的南侧(东西向沟)或西侧(南北向沟),插影草为生姜遮阴,遮光率50%左右,高度为60～70厘米,稍稍向姜沟倾斜。

8月上旬立秋之后,群体扩大,天气转凉,光照渐弱,为促进光合作用,可拔除姜草(影草)。

2. 中耕除草 生姜根系浅,主要分布于土壤表层,因此不易多次中耕,以免伤根。一般应在幼苗期结合浇水进行1～

2 次中耕,一方面松土保墒,另一方面清除杂草。

生姜苗期长,植株生长缓慢,又恰在高温多雨季节,杂草萌发力强,若管理不及时,极易造成草荒,影响姜苗生长。所以幼苗期及时除草,是保证苗全苗旺的重要措施。但人工除草是一项繁重的体力劳动,费工多,况且杂草再生力强,除草效果差。近年来化学除草已在多种作物上应用,具有简便易行,操作方便,既减少劳动强度又节约用工等良好效果。姜田普遍采用的除草剂有除草醚、除草通、拉索、氟乐灵、胺草膦及扑草净。

3. **合理浇水**　生姜根系浅,对水分吸收力弱,要求土壤湿润,故应经常灌溉,但它又不耐涝,土壤又不能积水,所以要解决这一矛盾,必须根据其不同生长阶段的特点进行合理浇水。

(1)发芽期:为保证生姜顺利出苗,在播前浇透水的情况下,一般在出苗前不浇水,而要等幼芽 70%出土后再浇水。但还应根据天气情况、土壤质地及土壤水分状况而灵活掌握。

(2)幼苗期:生姜苗期长,幼苗生长慢,生长量少,因而需水不多,但因其根系不发达,吸水力弱,再加苗期地面裸露,尤其是幼苗后期气温高,土壤水分蒸发快,若不及时浇水,会造成土壤干旱,影响幼苗正常生长,但若幼苗期浇水过大,又易降低土壤通透性,影响根系发育。因而苗期尤其是幼苗前期,以浇小水为主,浇水后土壤不粘时即进行浅中耕,以促根壮棵;幼苗后期天气炎热,土壤水分蒸发量加大,应根据天气情况合理浇水。夏季浇水时以早晚为好,不要在中午浇水。另外,暴雨过后注意排水防涝,有条件者可在暴雨后用水透地降温,以防引发病害。

必须说明,幼苗期供水要均匀,若土壤供水不匀,植株生长不良,姜苗矮小,新生叶片常常不能正常伸展而呈扭曲状,造成所谓"挽辫子"现象,影响姜苗正常生长。

（3）旺盛生长期：立秋后,天气转凉,生姜进入旺盛生长期,地上茎叶迅速生长,地下根茎开始膨大,此期生长速度快,生长量大,需水量多,为满足其对水分的要求,促进植株生长,要求土壤始终保持湿润状态,每4～5天浇1次水。为了保证生姜收获后根茎上能粘带泥土,便于贮藏,可在收获前2～3天浇最后1次水。

4. **追肥与培土**　生姜发芽期生长量极小,主要以种姜贮藏的养分供应其生长,从土壤中吸收的养分极少,况基肥充足,因而不需追肥。

幼苗期虽生长速度慢,吸肥量不多,但其生长期长,为了提苗壮棵,应在苗高30厘米左右,发生1～2个分枝时追1次小肥,以氮素化肥为主,每亩施用20千克左右的硫酸铵或掺施少量磷酸二铵。

立秋前后,姜苗生长速度加快,由幼苗期转入旺盛生长期,是生长的转折时期。为了满足其迅速生长的需要,应在此期结合拔除姜草(影草)进行追肥。此期的追肥量要大,养分全面,一般每亩应施饼肥75千克,三元复合肥50千克,或磷酸二铵30千克、硫酸钾25千克。追肥时可在拔除姜草后开深沟,将肥料施入沟中,而后覆土封沟培垄,最后灌透水。

9月上中旬后,植株地上部的生长基本稳定,主要是地下根茎的膨大。为保证根茎膨大的养分供应,可在此期追部分速效化肥,尤其是土壤肥力低、保水保肥力差的土壤,一般每亩用量为硫酸铵10～15千克,硫酸钾15～20千克或复合肥25千克。追肥时可在垄下开小沟施入,亦可将肥料溶解在水中顺水冲入。

生姜根茎生长要求黑暗湿润的环境,因此应随生姜的生长进行培土。第一次培土是在拔除姜草大追肥后进行,以后可结合浇水施肥,视情况进行第二次、第三次培土。若培土过浅,就会降低产量。

四、生姜收获贮藏技术

(一)收 获

一般待初霜到来之前(华北地区多在 10 月中下旬),生姜停止生长后及时收获,收获前 2～3 天浇 1 次水,使土壤湿润、土质疏松。收获时可用手将生姜整株拔出,或用镢整株刨出,轻轻抖落根茎上的泥土,然后自地上茎基部将茎秆用手折下或用刀削去,保留 2 厘米左右的地上残茎,摘去根,将种姜与新姜分开,随即趁湿入窖,勿需晾晒。

(二)贮 藏

生姜贮藏多采用井窖,井窖位置应选在地势高燥、地下水位低、背风向阳处。

井窖由井筒与贮姜洞组成,井窖的深度一般为 5～7 米。建井窖时,先挖一个直径 80 厘米左右的圆井筒,由上至下渐粗,底部直径可达 1.1～1.2 米。井筒挖好后,在井筒底部侧旁挖 2～3 个贮姜洞,洞口宽与高各 80 厘米左右,洞口里面逐渐扩大,宽可达 1.2～1.4 米,高为 1.4～1.8 米,长依贮姜量而定,一般为 2～3 米,井窖挖好后,还需用砖、石砌建井口,使井口高出地面 40～50 厘米,以防雨水灌入井窖内。

生姜入窖前,应彻底清扫贮姜洞及窖底,若里面太干,可适当洒水保持湿润,可提前施用百菌清、多菌灵等杀菌剂及敌敌畏等杀虫剂对井窖进行杀菌及杀虫处理,而后在洞底铺厚约 5～6 厘米的湿沙,随即将带着潮湿泥土的姜块放入洞内。

贮姜洞内生姜的排放可随意进行,姜块可平放,亦可竖放,但堆顶应距离贮洞顶30厘米左右,以利通气。若有条件者,亦可在姜堆顶再盖上5~10厘米的湿沙以保持姜块的水分。

收获的鲜姜入窖后,暂不封口,任其放置10~15天,在此期间可用席子或草苫稍加遮盖。尔后用砖或土坯将贮姜洞口封住,称之为封洞口。封洞口时,应保留20~30厘米见方的小窗,以便通气。封洞口后,随外界气温的降低还应对井口密封,一般于小雪前后,可用大石板盖住井口,四周用土封严,若天气寒冷时,其上还可加盖柴草。

五、轮作换茬与间作套种

(一)轮作与茬口安排

合理轮作能充分利用和培养地力,减少病害,提高单产。种植生姜,最好选用新茬地,前茬作物以葱、蒜和豆茬为最好。其次是花生和胡萝卜茬。凡种过茄子、辣椒等茄科作物并发生过青枯病的地块,以及连作并已发病的地块,均不宜种植生姜。北方各姜区主要有以下几种轮作方式:

1. 生姜、大蒜、玉米、小麦轮作 第一年立夏前后,在小麦田里套种生姜,秋季收获生姜以后种大蒜;第二年春季在大蒜地里套种玉米,秋季玉米收获以后种小麦;第三年春天再在小麦地里套种生姜。

2. 玉米、大蒜、生姜轮作 第一年春季种玉米,秋季玉米收获以后种大蒜;第二年立夏前后在大蒜行间套种生姜,生姜收后冬季休闲;第三年春季再种玉米。

3. 生姜、菠菜、甘薯轮作 第一年春季种生姜,生姜收后种越冬菠菜;第二年春季菠菜收后种甘薯。甘薯收后冬季休闲;第三年春季再种生姜。

4. 生姜、菠菜、玉米、大蒜、白菜（或萝卜）轮作　第一年春季种生姜,生姜收后种越冬菠菜;第二年春季菠菜收后种玉米,秋季玉米收后种大蒜;第三年芒种前后收大蒜。夏季种植大白菜或萝卜。收后冬季休闲;第四年春季再种生姜。

5. 生姜、青蒜轮作　第一年春季种生姜,收获后地膜覆盖种大蒜;第二年5月上中旬收获青蒜后再种生姜。

6. 生姜、大棚黄瓜轮作　第一年秋季在冬暖型大棚内种黄瓜;第二年5月份,黄瓜拉秧以后,将塑料薄膜揭去种生姜,10月份生姜收获后再盖上薄膜种黄瓜。

(二)间作套种方式与栽培技术要点

1. 小麦田套种生姜　首先,选好小麦品种。由于小麦收获以后需要留下麦秸做影草,故应选择秸秆粗硬,抗倒伏,丰产性好,株高80～85厘米,适于晚播早熟的弱冬性品种为宜。

其次,要适期播种。即于9月底或10月初播种小麦。小麦畦宽1.5～1.65米,每畦播3行,行距50～55厘米。播种量为4～6千克/亩。第二年5月上旬,在小麦行间套种生姜。6月上旬,小麦成熟时,只收获麦穗,留下麦秸作影草为生姜遮荫。10月中下旬,初霜到来之前收获生姜。

2. 大蒜田套种生姜　9月下旬播种大蒜,第二年5月上旬,在大蒜行间套种生姜,5月中下旬收获蒜薹,6月上中旬收获大蒜。大蒜收获以前,以其植株为生姜遮荫,大蒜收获以后,需要重插姜草。蒜姜套种有以下两种方式:

一种方式是大蒜畦宽1.5米,每畦播3行,行距50厘米,株距7～8厘米。在大蒜的行间套种生姜。生姜行距50厘米,株距18～20厘米。

另一种方式是大蒜畦宽1.2米,每畦播4行大蒜,分大小行播种,大行距40厘米,小行距20厘米,株距7～8厘米。在大蒜大行的行间套种生姜,生姜行距 60 厘米,株距 16～18 厘米。

大蒜播种后管理方法同单作大蒜。第二年春季在套种生姜以前,先清除大蒜田里的杂草,然后,在大蒜行间及畦埂处开姜沟,并施足基肥,于 5 月上旬用"干播法"播种生姜。

5 月中下旬开始收获蒜薹时,部分生姜已出苗。因此,在田间操作时应特别注意,以免损伤姜芽。6 月上中旬收获蒜头以后,应随即在姜沟南侧(东西向沟)或西侧(南北向沟)插草遮荫。

3. 果树与生姜间作 幼龄果树及进入初果期的果树,树干较矮,株行间空隙地面较大,通风透光条件较好。利用生姜耐阴这一特性,在幼龄果园(包括山楂、苹果和桃树等)中间作生姜,可提高土地利用率,增加收入。

果树间作生姜的主要方式是带状间作,即首先留出树盘,给果树生长发育以足够的营养面积,一般与树冠大小大致相等即可。树盘面积随树冠和根系的扩展而增加,1～3 年生果树,树盘直径为 1.5～2.0 米,3～5 年生果树,树盘直径为 2.5～3.0 米。在果树行间间作生姜的行数,通常 1～3 年生幼树,可根据树体的大小间作 5～7 行,3～5 年生果树可间作 4～6 行。

第三节 其他薯类

一、山 药

山药别名薯蓣、白苕、大薯等,是薯蓣科、薯蓣属缠绕性藤本植物,原产于我国及印度、缅甸一带。产品器官为肥大的块茎。块茎富含淀粉,耐贮耐运,营养丰富,被视为珍品,是馈赠亲友的高级保健食品。

(一)类型与品种

我国栽培的山药有田薯和普通山药两个种。

1. **田薯**　又名大薯,原产于我国热带地区,如福建、广东、台湾及东南亚一带,茎部有翅翼。

2. **普通山药**　又名家山药,原产于我国亚热带地区,按块茎形态可分为 3 个变种。

(1)扁块变种:形似脚掌,分布于南方,如脚板薯。

(2)圆筒变种:块茎长 15 厘米,粗 10 厘米左右。分布于南方。

(3)长柱变种:块茎长 60～100 厘米以上,直径 3～6 厘米,华北各地栽培,主要品种有河南怀山药、山东济宁米山药等。

(二)特征与特性

1. **特征**　山药茎草质蔓性,细长右旋,长可达 3 米以上。块茎圆柱状、掌状或团块状。薯皮褐色,表面密生须根,肉色洁白。长柱形山药的块茎具有明显的垂直向地性,上端较细,先端有一隐芽和茎的斑痕,可做种繁殖,俗称"山药栽子"。块茎供作食用。栽子不足时,也可切成小段栽植,称"山药段子"。叶为单叶互生,至中部以上对生,极少轮生。叶卵形而先端三角形尖锐,有长叶柄。叶腋处发生侧枝,或形成气生块茎,称"零余子",可用来繁殖和食用。雌雄异株,花序穗状,2～4 对,腋生。花小,白色或黄色,蒴果,具 3 翅,翅半月形。

2. **特性**　山药茎叶喜高温干燥,怕霜冻。生长最适温为 25～28℃。块茎极耐寒,在土壤封冻的条件下,也能越冬。块茎的生长适温为 20～24℃,20℃以下生长缓慢。

山药能耐阴,但块茎积累养分仍需强光。种植时,以排水良好的肥沃砂壤土最适宜,这样形成的块茎光滑,形正,根痕小。粘土易使块茎扁头或分杈,且须根多,根痕大。

山药喜有机肥,但粪肥必须充分腐熟并与土壤掺匀,否则块茎先端的柔嫩组织一旦触及生粪或粪团,会引起分杈,甚至因脱水而发生坏死。生长前期宜供给速效氮肥,以利茎叶生长;生长中后期,除适当供给氮肥以保持茎叶不衰外,还需磷钾肥,以利块茎膨大。

山药发芽期,需土壤有足够的底墒,以利发芽和扎根。出苗后,块茎生长前期需水分不多,块茎生长盛期不能缺水。

(三)栽培技术

1. **整地做畦** 山药块茎生长于深土层之中,一般采用开沟法进行局部深翻,按 1 米距离开沟,沟宽 25 厘米,深 0.5～1.0 米,因品种而异。沟应冬翻,随解冻随填土,最后做成平畦,以备栽植。

2. **栽植方法**

(1)山药栽子繁殖法:于畦中央开 10 厘米深沟,施少量种肥后,将栽子平放沟中。株距 15 厘米,最后覆土 10 厘米。

(2)山药段子繁殖法:在正常播期前 15～20 天,将块茎切割成 4～7 厘米的小段,于温室或冷床中催芽,见芽后按上述方法播种。

(3)零余子繁殖法:选大型零余子按 1 米畦两行,株距 8～10 厘米栽植。第一年形成小山药,30 厘米长。第二年全块茎栽植,用于更换老山药栽子。

3. **田间管理** 山药藤条细长脆嫩,遇风易折断,出苗后需及时支架扶蔓。常用人字架、三角架或四角架。架高 1.5 米左右。

播种后直到发棵都可施铺粪,铺粪不仅可陆续提供营养,而且有降低土温,保持墒情,稳定土壤透气、防除杂草之效。从而利于块茎形成。除铺粪外,在整个生长期中,应分 2～3 次施用追肥。

二、芋

芋别名芋头、芋艿、毛芋。天南星科芋属中能形成地下球茎的栽培种,多年生草本植物,作 1 年生栽培。球茎供菜用或粮用,也是淀粉和酒精的生产原料。世界各国均有分布,以中国、日本及太平洋诸岛栽培最多。

(一)类型与品种

栽培用芋分叶用芋和茎用芋两个变种,主要品种有 60 余个。

1. **叶柄用芋变种**　以涩味淡的叶柄为产品,如广东红柄水芋,四川武隆叶菜芋等。

2. **球茎用芋变种**　以肥大的球茎为产品,该变种以母芋、子芋的发达程度及子芋的着生习性又可分为 3 种类型:

(1)魁芋型:母芋大,重量可达 1.5～2.0 千克,占球茎总重的 1/2 以上,品质优于子芋,粉质,香味浓。喜高温,在中国南部地区栽培。主要品种有福建槟榔芋、广西荔浦芋、湖南桃川香芋、浙江奉化大芋艿等。

(2)多子芋类型:子芋多,无柄,易分离,产量和品质超过母芋,一般为粘质。根据生育期需水分的多少又可分为水芋、旱芋、水旱兼用芋 3 种。

(3)多头芋类型:球茎丛生,母芋、子芋、孙芋无明显差别,相互密接重叠成整块,质地介于粉质与粘质之间,一般为旱芋。如广东九面芋,四川莲花芋,山东莱阳芋、滕县芋等。

（二）特征与特性

根为弦状,白色,须状肉质,着生在球茎下部节位上。大部分分布在深 25 厘米的土层内,根毛少,肉质不定根上的侧根代替根毛的作用。真正的茎缩短形成地下球茎。球茎圆、椭圆、卵圆或圆筒形,白色或紫色。球茎节上有棕色鳞片毛,为叶鞘残迹。球茎节上有腋芽,能形成侧球茎,有的品种可形成匍匐茎,匍匐茎顶端可膨大成球茎。播种时的球茎称为母芋,萌发的小芋称为子芋,有时子芋上的芽也能萌发小芋,称为孙芋。叶互生,叶片盾状卵形或略呈箭头形,先端渐尖,叶片大小因品种而异。花为佛焰花序,长 6～35 厘米,花大部分为白色,少数为粉红色。花为两性花,萼片多为 4 枚,花瓣多数,长椭圆形,自花授粉,多不结籽。

芋喜温暖,13～15℃时,球茎发芽,生长期中要求 20℃ 以上温度,以 27～30℃ 为最好。芋也喜潮湿,生长盛期不可缺水,且喜氮、钾肥料。短日照可促进球茎形成。

（三）栽培技术

1. 种芋的处理　芋的休眠期一般为 2～3 个月,打破休眠的方法主要是以下两种:

（1）晾晒种芋:在播前 1 个月,将种芋晾晒 3～5 天,从而使芋失水,以增强酶的活性及呼吸强度,打破芋的休眠。

（2）药剂处理:播种前用 300～500 毫克/升的乙烯利溶液浸泡后,将芋种成堆码放,上盖塑料薄膜密封 12～24 小时,即可完全打破休眠。

2. 播种　华北地区一般在 4 月下旬播种。芋较耐阴,应适当密植。为了便于培土,可采用宽行距窄株距播种法。多子芋以垄距 80 厘米、株距 20 厘米为宜,每亩栽 3 500～5 000 株,产量 3 000～4 500 千克。

3. 田间管理

(1)施肥：芋生长期长，需肥量大，耐肥力强，除施足基肥外，必须多次追肥。芋苗期生长慢，需肥不多，种芋所含养分还可转化供幼苗需要，所以只施少量肥料促根生长即可。以后随着地上部生长逐渐旺盛，结合培土追肥 3～4 次，以促进球茎淀粉的形成及积累。

(2)浇水：芋喜湿、忌干旱。芋生长前期气温不高，生长量小，维持土壤湿润即可；中后期及球茎形成发育时需充足水分，若气候干旱，尤需加强灌溉。

(3)培土除侧芽：子芋及孙芋是从母芋中下部发生的，而无论母芋、子芋或孙芋都不断增加茎节，向上生长，若新芋抽出叶片，或者露出土面，则变长变绿，消耗养分，降低品质，因此要适时培土。培土可促进发生不定根，提高抗旱力，抑制顶芽生长。在较低温度和湿润的环境中，培土还有利于球茎的发育肥大。一般在 6 月份地上部迅速生长、芋头迅速膨大、子芋和孙芋开始形成时，开始培土，每 20 天左右培土 1 次，厚 5～7 厘米，一般培土 2～3 次，结合中耕锄草进行，每次培土做到四周均匀，芋形才能端正。

多头芋多为丛生，侧芽发达，萌蘗成长起来可增加同化面积，提高产量，所以不必除其侧芽。

4. 采收及留种

芋的收获期受品种、自然条件、市场需求等因素的影响。芋叶不耐霜，下霜前芋叶变黄衰败，根系枯萎，这是球茎成熟的象征，此时为最佳收获期。球茎淀粉及各种营养含量最高，风味好，产量高。在长江流域一般每亩产量为 1500～2500 千克，丰产的可达 4000～5000 千克。

留种的芋头，应选无病健壮植株，芋形完整，组织充实者，待充分成熟后采收，采收前 6～7 天在叶柄基部 6～10 厘米处割去地上部,伤口干燥愈合后在晴天采收,采收时整株挖起,晾干表面水分,除去残叶和须根,然后晾晒 1～2 天,选择高燥温暖贮藏窖,用干土层积堆藏,堆顶盖以隔热的谷糠、麦穰等,最后封土 35 厘米左右,使堆内温度稳定在 10～15℃。我国南方及冬季较温暖地区,种芋可在田间越冬。

三、菊 芋

菊芋别名洋姜、鬼子姜。多年生菊科、向日葵属、能形成地下块茎的栽培种。块茎含有丰富的菊糖,多炒食或盐渍加工,还可制造果糖和酒精。原产于北美洲,我国各地有零星栽培。

(一)特征与特性

菊芋按块茎的皮色可分为白皮和黄皮两个品种。地上茎直立,高 2～3 米,块茎扁圆形,有不规则突起,无周皮,不耐贮藏。叶长卵圆形,先端尖,绿色,互生。头形花序,花黄色。瘦果楔形、有毛。

菊芋既耐寒也耐旱,块茎在 6～7℃时即可萌动,8～10℃出苗,18～22℃、12 小时日照有利于块茎形成。菊芋幼苗能耐 1～2℃低温,块茎在 −25～−30℃的冻土层内可安全越冬。

(二)栽培技术

春季解冻后,选 20～25 克的块茎播种,株行距 50 厘米,播种深度 7～10 厘米,播后 30 天左右出苗,齐苗后追肥浇水、中耕锄草并培土成低垄。块茎膨大期摘顶,并且要勤浇水,以促进块茎膨大。秋季下霜后收获。采收时可将小块茎留在土中,待翌年萌发出苗,并及时间苗补栽。

四、豆 薯

豆薯别名沙葛、凉薯、地瓜。豆科豆薯属能形成块根的栽培种,1 年生或多年生草质藤本植物。

豆薯块根肥大,肉洁白脆嫩多汁,富含糖、淀粉和蛋白质,既可生食,也可熟食。豆薯块根耐贮藏,可调节蔬菜供应。种子和茎叶含鱼藤酮,对人畜有害,但可从中提取杀虫剂。

(一)特征与特性

豆薯属于直根系,须根较多。主根上端逐渐膨大成为扁圆形或纺锤形肉质块根。茎蔓生,右旋缠绕,横切面圆形,有黄褐色茸毛,每节都可发生侧蔓。叶为三出复叶,互生。顶生小叶棱形,深绿色,具托叶。蝶形花,总状花序,腋生。荚果扁平条形,长 7～13 厘米,内含种子 8～10 粒,千粒重 200～250 克。

(二)栽培技术

选有机质丰富、排水良好的砂壤土或壤土栽培,忌连作。当地温稳定在 15～20℃时,用种子直播繁殖。豆薯生长期要进行植株调整,包括摘心、去侧蔓和摘除花蕾。摘心一般在 20 叶节左右进行,以控制顶端生长,促进块根形成。

留种时,选植株中上部 1～2 个花序开花结籽。必须控制每株的花序数和结荚数,才不致影响产量。晚熟品种选中部花序采种,其余花序摘除。

第十章 多年生蔬菜

多年生蔬菜包括一部分多年生宿根草本和少数木本植物。它们有的以地下根或地下茎越冬,有的以整个植株越冬,一般是一次栽种多年收获。其种类很多,主要有芦笋、香椿、金针菜、竹笋、百合、草石蚕和食用大黄等,这些蔬菜在我国已有悠久的栽培历史。多年生蔬菜分属不同的科、属,其生物学特性、食用器官以及栽培方法都存在差异。本章将主要介绍芦笋、香椿和金针菜 3 种。

第一节 芦 笋

芦笋又称石刁柏,系百合科多年生草本植物,原产于地中海和小亚细亚地区,以其嫩茎作为食用器官、营养丰富,含有多种维生素和氨基酸特别是大量的天门冬酰胺和天门冬氨酸,有很高的药用价值,是加工出口的重要原料。

一、特征与特性

芦笋的地上部分每年冬季遇霜枯死,以其地下茎和根越冬。翌年春天由地下茎部的鳞芽萌发产生新的地上茎,一年可发生两次以上的新茎。嫩茎萌发时,当其未出土前采收称白芦笋,而当嫩茎出土但顶端鳞芽尚未展开时采收称绿芦笋。植株的叶子退化成鳞片状小枝呈变态的针状"拟叶",蒸腾量少,喜干燥空气。其旺盛根群为从地下茎上发生的肉质根,分布很广。其上生有纤细根,是吸收水分和矿质养分的重要器官,一般每年春季从肉质根上发生大量纤细根,冬季枯萎,次年春季再发新根。

芦笋是雌雄异株植物,两者数量大致相等。雄株发生的地下茎虽然比雌株弱小,但数量多,产量比雌株高 20%～30%。雌株因每年结果需消耗较多养分,所以比雄株早衰。

夏季温暖、冬季冷凉的气候最适宜芦笋生长。在气候适宜的地区,嫩茎采收后地上茎及枝有长时间恢复生长和发生株丛。幼茎伸长以 15～17℃为最适宜。在此温度下抽生的嫩茎肥大,顶端鳞片紧密,产品品质好。温度过高或过低都会导致嫩茎品质下降。

芦笋对土壤的适应范围很广,除强酸、强碱及地下水位较高的土壤外,都可生长。为使根系发育旺盛,应选土层深厚,土质疏松,通气性良好和保水保肥力强的土壤。芦笋有强大的根系,耐旱力强。以微酸性至微碱性土壤(pH 6.5～7.5)为适宜。

二、类型和品种

芦笋品种可分为白笋和绿笋两类。优良的品种应是优质高产,植株生长旺盛,抗病性强,嫩茎抽生早,数量多,肥大,呈圆柱形,上下粗细均匀,顶端圆钝且鳞片紧密,高温下不易松散,见光后呈淡绿色或淡紫色。

目前我国栽培的芦笋多是从美国、日本及法国等国引进的品种,主要有玛丽·华盛顿 252(Mary Washington 252)、玛丽·华盛顿 500W(Mary Washington 500W),UC 72,UC 87,UC 157 和 UC 800 等,这些都是高产优质、抗锈病的优良品种,适于采收白芦笋。采收绿芦笋的有日本瑞洋和 UC 309

等。

三、栽培技术

（一）育　苗

以地下 4～5 厘米处土温达 10℃以上时为播种适宜期。也可进行保护地育苗，再移植到苗圃地生长。在生长期长的地区，以芦笋苗生长 5～6 个月为定植苗标准，来推算播种期。在芦笋没有休眠期的南方地区，除夏季暴雨期外均可播种；但以春季 3～4 月份，秋季 9～10 月份为最适宜。

苗圃地宜选砂壤土，施足基肥。每亩用腐熟堆肥 3500～4000 千克。以宽 150～180 厘米，高 15～18 厘米的畦作为苗床。沿畦长开沟条播，沟距 40～45 厘米，深 2～3 厘米。在沟内施入充分腐熟的厩肥 1500～2000 千克，过磷酸钙 25 千克，氯化钾 15 千克，和土充分混匀。为促进芦笋种子发芽，可用 25～30℃的温水浸种 3～5 天，沥干拌以少量干沙或细土即可播种。在播种沟内每 5～7 厘米播 1 粒。种子播后稍镇压，然后盖松土 2～3 厘米，再稍盖一层草。出苗前要及时浇水，维持床土湿润。出苗后，立即将草揭除。齐苗后疏苗，保持苗距 7～10 厘米。

当苗呈绿色时，用充分腐熟的人粪尿或尿素及氯化钾等加水稀释施入。秋季长江流域的芦笋苗，又有旺盛生长过程，必须及时施 1～2 次追肥，促进株丛茂盛。但最后一次追肥应在霜降前 2 个月左右进行，使苗在生长后期能充分积累同化养分培育壮苗。育苗期间要勤除草，及时中耕松土。做好排灌工作，适当培土，使鳞芽发育粗壮，防止苗株倒伏。

（二）整地和定植

定植前每亩用堆肥 2500～3000 千克，地面整平后开定植沟。采收白芦笋的沟距 180 厘米左右,采收绿芦笋的沟距约 150 厘米左右。沟宽约 40 厘米,深 25～30 厘米。再用堆肥每亩 2000 千克左右均匀地施于沟底,与土拌匀。其上撒施过磷酸钙每亩 30 千克,氯化钾 6.5 千克及人粪尿 500～1000 千克。肥料上铺一层土,使沟内土面距地面约为 8～10 厘米,即可栽苗。定植应在休眠期进行。长江流域宜在秋末冬初秧植株地上部枯黄时栽植,或在春季栽植。秋栽的苗子比春栽的抽生地上茎早。在冬季严寒地区,不可秋栽,以免冻害。南方无休眠期的地区,应避免高温多雨时定植,一般以 3～4 月份或 10～11 月份定植为好。

起苗时应尽量少伤根、不伤根。苗挖起后,逐株分开。再按苗的肉质根多少和鳞芽大小分级,分别栽植,以便管理。按一般标准,凡肉质根不足 10 条的为小苗,肉质根 20 条以上的为壮苗。起苗分级后立即栽植,避免肉质根系失水。栽植时按株距 30～40 厘米将苗摆放在沟中,苗地下茎上着生鳞芽的一端应顺沟朝同一方向并将肉质根展开,以便于培土。栽后稍盖土镇压。成活后结合追肥中耕,每半个月覆土 1 次,每次覆土 3～5 厘米,使根盘埋入土下 10～15 厘米。

(三)定植后管理

定植后苗高约 10 厘米时施 1 次粪肥。以后视生长情况,再施 1～2 次追肥。夏季高温干旱,要及时灌水。入秋后结合灌水,施 1～2 次人粪尿或速效化肥,使株丛茂盛。田间要做好开沟排水和防治病虫害等工作。降霜后地上茎枯萎,但不宜去除,既有保暖作用,又可避免雨水、雪水从残株侵入,伤害地下茎。春季抽生幼茎前再将枯茎齐土面割除。定植后的第二年,虽抽生的地上茎增多,也不应采收嫩茎,应保证植株生长茂盛。只有在生长期较长和栽培管理好的条件下,才可适当采收少量嫩茎。为保证株丛发展,施肥量应比第一年增多。

(四)施　肥

栽培芦笋要多用有机肥料,使土质疏松肥沃,以利于地下茎及根系生长。肥料用量依植株生长量的大小、土壤的肥沃程度及利用率等因素综合考虑。植株的生长量包括嫩茎产量、地上茎的重量和地下茎及肉质根的生长量。以每亩产嫩茎400千克计,芦笋对三要素的吸收量为:氮6.96千克,磷1.8千克,钾6.2千克。施肥时氮与钾的利用率约50%,磷20%。此外植株所需养分的20%已在土壤中存在,故实际施肥量应为氮11.1千克、磷7.2千克、钾9.9千克。三要素的比例为5∶3∶4。定植后的第一年植株较小,只施标准量的50%,第二年施标准量的70%,第三年起按标准量施肥。秋末冬初之后植株进入休眠期,基本不吸收矿质养分。第二年春季幼茎依靠肉质根中贮藏着的养分抽生新芽。到嫩茎采收结束后,长出绿色的地上茎,根的吸收机能开始旺盛。随着地上茎的发展,形成繁茂的株丛,新根大量发生,吸收机能愈来愈强。由此可见,施肥的重点应安排在发生绿色株丛时进行。

采收白芦笋时,在苗定植后第一年的5～8月间结合中耕松土,在植株周围施稀薄人粪尿3～4次,促株丛旺盛生长。翌年春季在植株两侧距植株30～40厘米处开沟,每亩施入堆肥1500～2000千克,过磷酸钙25千克,尿素12千克,与土拌匀后再用土盖好。定植后的第三年开始采收嫩茎。春季培土前在植株旁浅耕松土,每亩施用人粪尿500千克,然后培土。嫩茎采收后,在畦沟中央施堆肥每亩2000～2500千克、人粪尿1200千克、过磷酸钙35千克、氯化钾15千克。夏秋间于中耕松土后施2～3次稀薄人粪尿和氯化钾。追肥的重点应在秋季植株生长旺盛时,4年以后的施肥方法与第三年相似。随着株丛的发展,肥料用量要适当增加。

采收绿芦笋的,定植后第一年的施肥方法与采白芦笋相同。从第二年起施肥的重点在春季,其次为秋季。第二年春季在抽生幼茎前,于畦沟中间挖深沟,施入堆肥、人粪尿、过磷酸钙和氯化钾等。各种肥料的用量约为白芦笋第三年采收后的1次施肥量的70%。夏秋间在植株周围施稀薄人粪尿和氯化钾2～3次。第三年春季的施肥量比第二年增加30%。第四年以后的肥料用量还要适当增加。

(五)培　土

采收白芦笋的,在春季幼茎抽生前进行培土,使幼茎不见光,成为白色柔嫩的产品。培土适宜期在预计出笋前1～2周。培土过早则土层升温慢,以致出笋迟。定植后第三年培土宽度为20厘米左右,第四年以后培土宽度为40厘米左右。培土的厚度,以使植株的地下茎埋在土面下25厘米处为宜。培土时要求土面平整并稍压紧,防止漏光和塌陷。采笋期间必须经常保持培土的厚度。若由于土壤沉实或暴雨冲刷,土垄的高度降低,应立即加高。嫩茎采收后,应将培高的土垄耙平,使畦面回复到培土前的高度,保持地下茎位置在土面下15厘米处。如用黑色塑料薄膜覆盖,同样可造成畦面黑暗,使抽出地面的幼茎不见光而呈白色柔嫩状态。同时盖黑色薄膜后土温比培土的易升高,可提早出笋,采笋也较方便。另外,用黑色薄膜覆盖代替培土,可节约大量劳力。

(六)采　收

采收白芦笋应在清晨8时前或傍晚进行,盛收期早晚各收1次。垄面突起或有裂痕,则表明此处有可以采收的嫩茎。先扒开土层,使笋尖露出3～5厘米,确定笋位后将笋刀斜插入土中,在离茎基部2～3厘米处将嫩茎切断、拔出,不要伤及其他茎,然后将扒开的土填回、压实。采下的嫩茎需遮光保湿。

采收绿芦笋不培土,只要嫩茎长至18～20厘米时,在茎基部留茎1～2厘米割下即可。

第二节　香　椿

香椿属楝科香椿属落叶乔木,原产于我国,是我国特有的名贵蔬菜和速生树种,南北各地均有分布。其芽和嫩叶是上等蔬菜,香味浓郁,含有糖、蛋白、脂肪、粗纤维等多种营养成分,可以生食或腌制。其叶、芽、根、皮、果实均可入药。香椿全身是宝,具有很高的经济价值、食用价值和药用价值。

长期以来,香椿主要以农户零星种植为主,只有春季能吃到香椿芽。90年代以来,山东、河南和河北等地大量兴起香椿的日光温室冬季生产,使收获期提前至元旦前后,效益也显著提高。

一、特征与特性

香椿根系发达,主根可深达10米以上,易发生侧根,以侧根的水平生长为主,主要根群分布在10～30厘米的土层中,耐移植。根上有不定芽,受母树的影响多处于抑制状态,一旦根系受损后就会萌发成新株。

茎干的顶端优势很强,生长迅速。一般播种当年树干就能长到1.0～1.5米。主干顶芽肥大,对下部侧芽萌发的抑制作用较强,使下部侧芽处于潜伏状态。当主干摘心或顶芽受到伤害时,主干断头处侧芽萌发和侧枝生长。侧枝多直立生长,开展度较小,适宜密植。子叶呈椭圆形,两片初生叶对生,幼叶4～6片,为奇数羽状复叶,成株叶一般是偶数羽状复叶(这是与苦木科臭椿的区别),有披针形小叶 8～14 对左右,幼叶叶面皱缩,粗纤维含量少,叶柄的木质化程度低,质地鲜嫩,香味浓郁,是香椿的主要食用部分。花为复总状花序,长可达 30 厘米,完全花,花萼短小,花瓣 5 片,退化的和正常的雄蕊各 5 枚。6 月份开花,果实为木质蒴果,10 月份成熟。种子为椭圆形,扁平,有膜质长翅,发芽能力可以保持半年以上。1 年后完全丧失发芽力。种子千粒重 8～9 克。

香椿喜温怕寒,种子发芽适温为 20～25℃,茎叶生长适温 25～30℃,嫩芽生长的适温为 20～25℃。进入休眠期的香椿树较耐低温,但其耐寒力因树龄和品种不同而有差别,成株和北方品种耐寒力较强。香椿喜光照,一般适宜的光照强度 40～50 千勒,但幼芽在强光下易受灼伤,所以育苗时应合理密植。香椿喜湿怕涝,适宜的土壤含水量 70%左右,湿度过大,易烂根。对空气湿度的要求中等,相对湿度为 70%左右。其根系发达,吸收能力强,对土壤要求不严格。

二、类型与品种

根据初生嫩芽和幼叶的颜色不同,可将香椿分成红椿和绿椿两种类型。红椿树冠开阔,树皮灰褐色,初生芽绛红色,有光泽,香味浓郁,纤维少,含油脂多,品质好,可食;绿椿树冠直立,树皮绿褐色,嫩叶很快变成浅黄绿色,叶片含油脂较少,香味淡,纤维较多,品质一般,多做用材林栽培。目前生产上所用的香椿品种主要是各地的地方品种,比较好的有以下几个品种:

(一)黑油椿

初生芽和嫩叶紫红色,油亮,8～13 天长成商品芽,嫩叶长 6～10 厘米。枝条较开张,每芽有叶 7～8 片。10 年生树 1

次可采椿芽 10 千克左右。产品香味特浓,脆嫩多汁,含油脂多,味甜无渣,生食无苦涩味,品质极佳。

(二)褐油椿

初生芽和嫩叶褐红色,鲜亮,芽粗短。小叶叶片较短大,肥厚,叶面皱缩,微披白色茸毛。5～12 天长成商品芽。嫩芽脆嫩,多汁无渣,香味极浓,略有苦涩味。不耐瘠薄,耐寒性较差,主干粗壮而矮,枝条开张,有的植株树形可以自然矮化,2 年生时只有 40 厘米高,适合温室栽培。

(三)红香椿

初生芽和嫩叶棕红色,鲜亮,较长时间不褪色,6～8 天长成商品芽。嫩芽和小叶的柄粗壮。产品脆嫩多汁,渣少,香味浓,味甜,无苦涩味,适合腌制。喜肥水,较耐低温,适于保护地栽培。

(四)红芽绿香椿

初生芽和嫩叶为浅棕红色,鲜亮,5～7 天后除尖端为淡红色外,其余部分均变成黄绿色。长成的商品芽整体均为绿色。叶形与褐香椿相似,但基部圆,皱缩极浅。嫩芽粗壮、鲜嫩、味甜多汁,渣少,香味较淡。

此外,红油椿和蔓椿在生产上也有种植。

三、繁殖方法

香椿可利用种子繁殖或利用根蘖繁殖和扦插繁殖。前者繁殖量大;后者繁殖量小,大量生产时不能及时满足生产需要。

(一)种子繁殖

采种要适时,采收过早,种子未成熟,播种后出苗率极低;采收过晚,种皮开裂,种子散失。北方干燥地区,一般 10 月中旬为适宜采收时间,当果皮颜色由绿变黄尚未开裂时,内部种胚已经成熟,应及时采收。收后晒干,果皮开裂后种子自行脱出,经去杂后备用。香椿种子发芽率只有 60% 左右,种子保存不当易丧失发芽能力。通常保存是以两倍于种子量的细沙与种子混合,装入缸或罐中,置 1～5℃下贮藏,可使种子安全越冬。

播种前先将种子在 30～35℃温水中浸种一昼夜,然后置于 25℃催芽,胚根有小米粒大时即可播种。播种应在日平均温度稳定在 1～5℃以上时进行,平畦或高畦均可,播前施足基肥,调好床土,灌足底水,按 25～30 厘米的行距开 3～4 厘米浅沟,将种子条播到沟中,然后覆土,耙平畦面,地表微干时可稍加镇压以保持土壤水分。每亩播种量 1.5 千克左右。幼苗 2～3 叶时按株距 7～8 厘米间苗。4～5 叶片展开时按 15 厘米株距定苗。间苗时可将间拔的幼苗移栽到它处培育。定苗后及时浇水,保持土壤湿润。苗高 20 厘米时,结合浇水每亩施硫酸铵 2.5～3.5 千克。这样先在苗圃培养 1 年,再在移植圃内培养 2～3 年,即可定植。

(二)根蘖繁殖

香椿根部有许多不定根,能萌发出幼小苗木,经移栽可长成新株。根据这一萌蘖特性,可采用断根分蘖法进行繁殖。应在春季土壤解冻后,新叶萌发之前,在母树树冠外缘正下方挖 1 个深 60 厘米的环形深沟,将露出的根系的末梢切断,然后用土重新埋好。这样,根的先端就可萌发新苗,第二年即可移栽。

(三)扦插繁殖

香椿根部和茎部都有潜伏不定芽,可以插根也可以插茎。插根是在秋季落叶后表土冻结前进行。先做好苗床,然后在母树周围选取直径 5～6 毫米和长 25 厘米的细根,按行距 30 厘米、株距 15 厘米在畦内扦插,地面覆草或 5～10 厘米土以防冻害。次年新芽萌发后移至苗圃培养,第三年即可定植。插茎是在秋季落叶后,选 1～2 年生枝条,剪成长约 2 厘米的插条,插入土中 10 厘米,株行距与插根相同,保护过冬,翌年春天即可萌芽。

四、温室栽培技术

(一)前期准备

深翻土壤,施足基肥,做成宽 1.5 米、长 4.5 米的畦,苗木入室前用高锰酸钾溶液消毒。

(二)定　植

采用高 50～60 厘米、茎粗 1 厘米左右的一年生香椿苗。在 11 月中旬,即在香椿落叶之后起苗,按苗木大小定植,南边植小苗,北边植大苗,密度控制在每平方米 100 株左右。定植后浇 1 次透水。

(三)栽培后管理

温室栽培香椿定植后到春节,不浇水,不施肥,主要是控制室内温度和光照等。定植后 10～15 天为缓苗期,白天温度控制在 10℃以下。从椿芽萌动到采芽之前为萌发期,白天温度控制在 15℃左右。此后到采芽期间白天温度控制在 18～23℃,夜晚 13～15℃,以保证椿芽正常生长。控温措施为通风、揭盖草帘和生火加温。

草苫应早揭晚盖,阴天时上午也要打开草苫,以增加室内光照。薄膜上吸附的水珠,会对室内光照及香椿生长有一定影响,要及时清除膜上的水滴,最好选用无滴膜覆盖以增强光照,使室温回升加快。

香椿一般要求相对湿度为 60％～70％。湿度过大,椿芽萌发迟缓,且香味大减。降湿的措施:一是经常通风,在中午放风 2～3 小时,使室内空气流通,促进水分散发。二是控制浇水,保持地面疏松,并覆盖地膜减少土壤水分蒸发,从而降低室内空气湿度。

(四)采 收

当香椿芽长到 12～15 厘米时,可进行第一次采收,将顶芽全部采下,以促进侧芽萌发快长。以后均按此法采收,一般每隔 7～10 天采收 1 次,直至 3 月下旬,可采 60 天。

椿芽采下后要注意保鲜,采收 3 茬后应喷施 0.5％尿素 1次。采芽结束后,将苗木移出温室植于露地。待冬季落叶后,再移入温室培育椿芽。

五、矮化密植栽培

(一)土壤选择

香椿是速生阔叶树,虽然适应性强,但作为商品蔬菜生产,要求生长快、产量高、质量好,因此,应选择疏松肥沃的壤土,并要有良好的排灌条件。

(二)播 种

播种时间在 3 月中旬。每亩播种量 1.5～2.0 千克。播前先浸种催芽,用 30℃左右的温水浸种 24 小时,捞出淘洗干净,在 20～25℃的温度条件下催芽,每天用温水淘洗 1～2次,当有 1/3 种子露白时即可播种。为了使苗木健壮生长和便于管理,在选好的地块上,施足底肥进行精耕细作,再做畦开沟条播。畦宽 1.0～1.3 米,播种沟距 35 厘米,深 5 厘米左右,浇小水润湿后,把种子均匀撒入,覆土、平沟,然后覆盖地膜。

（三）管　理

幼苗出土后,将薄膜划破,露出幼苗,并把破口用土压实,以防灼伤幼苗。当幼苗长出真叶后开始间苗。苗高5厘米左右时定苗,株距16厘米左右,每亩留苗1万株以上。浇水不宜大水漫灌。幼苗根部吸收营养能力较弱,可进行根外追肥,喷0.5%~1.0%的尿素液。经3~5个月,生长加速时喷3%~5%的尿素液。6个月后控制浇水和施用氮肥,喷施3%~5%的硫酸钾,防止徒长,并促使根和地上部的木质化以及顶芽的充实饱满。香椿顶端优势强,只有顶芽饱满才可以萌发。为了增加分枝和侧芽数,在苗高40~50厘米时摘心,以增加分枝。长势弱的早摘心,长势强旺的晚摘心、重摘心。在摘心后长势仍过旺的,把树干下部1/3的老叶去掉,或从心叶以下2~3片开始截去每叶的1/3,使组织发育充分。

（四）采　摘

一般在谷雨前椿芽长至10厘米以上时便可采摘上市,这时椿芽鲜香脆嫩。若长到26厘米以上,品质变差不宜食用。椿芽加工一般在谷雨前后10天,采摘嫩芽腌制。头3~4天所采嫩芽加工制成品的质量最好,称头水货。中间3~4天质量次之,后3~4天质量最差。制成品可以久存,运销各地,食用时仍鲜香脆。

第三节　金针菜

金针菜又称黄花菜、萱草,属百合科多年生草本植物,其花蕾可供食用,营养丰富。另外,其肉质根也可食用或酿酒,其叶可做造纸和人造棉的原料或做饲料,也能用来做绳索和麻袋,是一种很有用的经济作物。

一、特征与特性

金针菜在开花前只有短缩的茎,由此萌发产生叶。每1个芽上发生的叶对生,叶鞘抱合成扁阔的假茎,叶片狭长成丛(每1个假茎及其叶丛称作1片,实际为短缩茎上的1个分蘖,分蘖繁殖时按片分割)。叶色的深浅、叶质的软硬、叶的长度和宽度等因品种而异。长江流域每年抽生两次新叶,在2～3月份抽生春苗,8～9月份春苗枯死,长出新叶即冬苗,霜后枯死。5～6月间叶丛间抽生花薹,其上分生侧枝,着生花蕾,成伞房花序,花期可持续数十天。花一般在傍晚开放,授粉后40～60天种子成熟。

金针菜的地上部不耐寒,遇霜枯死,但短缩茎和根在严寒地区也能在土中安全越冬。叶丛生长适温14～20℃。抽薹和开花期间在较高温度和昼夜温差大的条件下,植株生长旺盛,抽薹粗壮,发生花蕾多。植株有发达的根系,并有吸收能力强的肉质根,所以耐旱力很强。若土壤中积水会影响根系生长,并引起病害。

金针菜对光照条件的适应范围较广,对土壤肥力和酸碱性的适应性也很强。

二、品　种

(一)湖南荆州花

植株生长势强。叶片较软而披散。花薹高160～190厘米,花蕾黄色,顶端略带紫色,长约13厘米,下午7时左右开放。花被厚,干制率高。采摘期可持续60～70天。植株抗病和抗旱性强,不易落蕾。分蘖较慢,分株栽植要经5年才能进入盛产期。干制品色泽较差。

(二)湖南白花

植株发棵快,分蘖多。生长旺盛的植株每丛能抽花薹20条左右,每薹能生花蕾约80个,花薹高150厘米左右。6月上旬开始采摘,可持续80~90天。花蕾干制后淡黄色,品质好。耐旱力强,不易落蕾。叶较坚硬,虫害较少。

(三)江苏大乌嘴

植株分蘖较快,分株栽植3~4年即进入盛产期。花薹粗壮,高120~150厘米。花蕾大,干制率高。6月上旬开始采摘花蕾,花期持续50天左右。植株抗病性强。

三、栽培技术

(一)繁殖方法

1. **分株繁殖** 选生长旺盛、花蕾多、品质好、无病虫的株丛,在花蕾采收后至冬苗抽生前挖取株丛的一部分分蘖作为种苗。挖出的部分按分蘖连同根从短缩茎上割开,剪除已衰老的根和块状肉质根,并将根适当剪短即可栽植。也可在冬苗枯萎后到春苗抽生前的一段时间内进行分株繁殖。挖取时应尽量避免伤及株丛的余下部分。为使株丛第二年保持较高产量,一般挖取的分株部分约占整丛的1/4~1/3。经几年后可再在株丛的另一侧挖取分株。

2. **种子繁殖** 选盛产期的优良植株,于盛花期每薹留5~6个粗壮的花蕾使其开花结果。其他花蕾仍按一般方法采摘。在蒴果成熟、其顶端稍裂开时摘下脱粒,晒干备用。从秋季至翌年春季播种。苗床地先施足基肥,做成130~170厘米宽的苗床,其上每17~20厘米开深约3厘米的浅沟。浇透水后,把种子均匀播入沟中。播后盖一层松土,再薄铺一层疏松的农家肥或草,保持床土湿润。为促进种子吸水膨胀而及早发芽,播前可用 25～30℃的温水浸种 1～2 天。播种到出苗前要勤浇水和除草。

(二)整地和定植

整地前要深翻土地 30 厘米以上。深耕能使植株根系发达,叶茂,分蘖多,花薹粗壮,花蕾多。地面平整后按一定的株行距开栽植穴。大行距 110 厘米,小行距 80 厘米,穴距 40～45 厘米,或按 90 厘米等行距栽植,穴距 45～45 厘米,一般每亩开 1500～2000 穴,穴深约 25 厘米,直径约 30 厘米。每亩施入 4000 千克堆肥、厩肥等作为基肥,并施入过磷酸钙 40～50 千克,硫酸钾 20～25 千克。在基肥上加一层 6～7 厘米厚的细土,然后将种株或秧苗用 40%多菌灵悬浮剂 800 倍液或50%甲基托布津可湿性粉剂 1000 倍液浸根,捞出晾干后栽下,使根部埋入土下 10～15 厘米。盖土后浇水。一般每穴栽2～4 株。

从花蕾采收后到抽生冬苗,或冬苗干枯后到翌年发出春苗前都可进行栽植。长江流域秋季栽植的,当年即可发生冬苗,抽生新根,并积累养分,为翌年春苗发生奠定良好的营养基础。延迟到春季栽植的,春苗发生较迟,生长缓慢,而且当年抽薹少。

(三)田间管理

1. **春苗培育** 春季出苗前进行第一次中耕,把冬季所培的肥泥打碎耙平,在行间进行中耕深约 13 厘米,并施 1 次速效肥料,称为催苗肥。抽薹前于行间进行深 6～7 厘米的浅中耕,并施第二次速效追肥。称为催薹肥。在采收旺期施第三次速效追肥,以促使后期多发花蕾减少脱落,延长采摘期,称为催蕾肥。每次追肥以速效氮肥为主,配合磷、钾肥。但不可偏氮肥,以免叶丛过嫩引起病害。抽薹和采摘花蕾期间,如遇干旱应及时灌水,使花数增多、花蕾增大、花期延长、提高产量。

2. 冬苗培育

秋季花蕾采收完毕,应立即拔掉枯薹和割除老叶,并在行间进行深翻 30 厘米以上。深翻后,在冬苗未抽生前浇人粪尿每亩 2500～3000 千克,过磷酸钙 30～40 千克,硫酸钾 10～15 千克,促使早发冬苗,并使其生长旺盛。这次施肥对翌年产量影响很大,要尽量多施。冬苗枯死后,随即用堆肥等进行培丛,以防新根露出土面。对新栽的 1～2 年植株可少培土。

(四)采 收

6 月中下旬,花蕾尚未绽开,色黄绿,蕾尖紫色斑点褪去,在花蕾开放前 1～2 小时采收,每天早晨 10 时前采完,此时产量高、品质好。采收过早过迟都将影响其品质。

第十一章　水生蔬菜

水生蔬菜种类很多,主要包括莲藕、茭白、慈姑、荸荠、菱、莼菜、蒲菜、芡实等。全国各地分布较广,尤以南方为多。北方地区以莲藕、荸荠、茭白栽培为主。

水生蔬菜有以下共同特点:①生长期长,多在 150～200 天以上。②喜温暖气候,不耐低温和霜冻。一般在无霜期内生长。③组织多孔,不耐干旱,多在水中生长。④根系弱,根毛退化,吸收能力差,要求肥水充足。⑤产品营养丰富,淀粉、蛋白质含量较高,还有多种矿物质和维生素,具有很高的食用价值。⑥收获期长,且耐贮耐运,可 1 季生产,周年供应。

第一节　莲　藕

莲藕属于睡莲科莲属水生草本植物,以根茎为主要产品。原产于中国和印度,在我国已有约 3000 多年的栽培历史。现在各地均有栽培。

莲藕营养丰富,食法多样,鲜藕生食、熟食皆宜,还可加工成藕粉、糖藕片、蜜饯等;莲子可做汤菜、甜食;莲梗、莲蓬可以入药。

一、类型与品种

莲藕按产品器官的利用价值可分为藕莲、子莲和花莲 3 种类型。

(一)藕　莲

根茎肥大,肉质细嫩,开花结实少或不开花结实,以根茎为主要产品。藕莲品种很多,按对水层深浅的适应性可分为浅水藕和深水藕。浅水藕适于30～50厘米水层的浅塘或水田栽培,多属于早熟品种,生长期80天左右。藕节及茎叶比较短小,适于密植。喜土层深厚,肥沃的土壤。如北京白花藕、苏州花藕、杭州白花藕、湖北六月报、济南幸城种、小粗脖子、小红刺及武莲2号、武莲5号等。深水藕适于70～100厘米深水池塘或湖泊栽培,多属中晚熟品种。荷叶高大繁茂,藕节较细长。如江苏美人红、小暗红,湖南泡子,广东丝苗,北京麻花藕、大卧龙、绵藕等。

(二)子　莲

以采收莲子为主,花多,结实多,莲子大,藕细小,品质差。能耐深水,成熟较晚。如湖南湘莲、江西鄱阳红花、白花子莲、江苏吴江的青莲子等。

(三)花　莲

供观赏及药用,很少结子,藕细质劣。

二、特征与特性

(一)特　征

不定根较短。茎分匍匐茎和根状茎。匍匐茎由种藕顶芽萌发伸长,条形似鞭,称莲鞭。莲鞭节上发根抽生分枝、长叶和抽生花薹。到结藕季节,莲鞭先端的几节积累养分,形成肥大的根茎,称母藕或亲藕。亲藕一般有3～5节,全长1.0～1.5米。顶芽最肥大,发育成"藕头",其后1～2节也较肥大,称为"藕身",最后1节细长,称为"后把"。亲藕节上可发生子藕和孙藕。主鞭节上可以发生1次分枝,称"一次侧鞭",一次侧鞭又可发生 2 次侧枝,即二次侧鞭。一次侧鞭 6~8 节后可形成新藕,二次侧鞭有的形成新藕,有的只能形成芽。叶,又称荷叶,圆盘形,全缘,绿色,叶片顶生于叶柄上。初生荷叶最小,叶柄短而细弱,不能直立,沉于水中,称"钱叶",主莲鞭上的 1~2 叶比初生叶大,柄也细软,浮于水面,称"浮叶";其后,随着植株生长,叶柄粗硬直立,支撑叶片高出水面,称"立叶"。立叶高度先逐渐增加,后逐渐降低。最后长出一小一大两片叶子。前边 1 片叶片细小,向前方卷合,叶色浓绿,叶柄短而光滑,称"终止叶";后边 1 片叶柄高大粗硬,叶面宽阔,称"后把叶"。终止叶和后把叶出现时,标志着地下茎开始结藕。花单生、两性,白或淡红色,萼片 4~5 枚,花瓣 20~25 片,卵形。子房上位,心皮多数、散生,陷入肉质花托内,花谢后即为莲蓬。每个心皮形成 1 个坚果,椭圆形,内含 1 粒种子,即莲子。生长过程见图 11-1。

(二)生长发育及藕的形成

莲子可以繁殖,但生长期长,当年不能结藕,且变异性大。生产上多用根茎进行无性繁殖。从种藕萌芽至新藕形成可分为萌芽期,茎叶生长期和结藕期。

1. **萌芽期** 从种藕萌芽至立叶开始发生。气温上升至 15℃时,种藕开始萌发幼芽,抽生莲鞭和浮叶。此期主要依靠种藕贮藏的养分供其生长,因此要求种藕肥大,基肥充足,水位浅,土温高,以促进植株早抽莲鞭和生长立叶。

2. **茎叶生长期** 植株抽出立叶至出现后把叶。气温达到 20℃以上时,莲鞭迅速延伸,长出立叶和须根,植株开始旺盛生长。主鞭开始分枝形成侧鞭,4~5 天长出 1 片新叶。此期是营养生长的主要时期。

3. **结藕期** 后把叶出现到收藕,为结藕期。此时,植株体

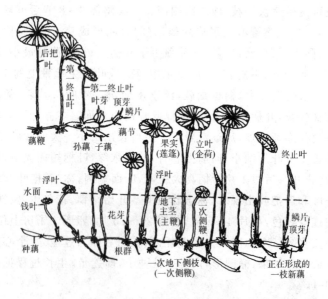

图 11-1　莲藕生长过程示意图

内吸收和制造的养分除少部分输向莲子外,其余都向藕内集中。藕身逐渐充实长圆,淀粉含量亦逐渐增加,形成肥大根茎。

秋霜后,植株停止生长,叶、花、藕鞭逐渐枯死腐烂,以地下新藕越冬。

三、栽培技术

(一)栽培季节

莲藕要求温暖多湿的环境,适于在炎热多雨季节生长。北方多于终霜后栽植,7～8月份成藕,立秋前后开始采收;南方多于3～4月上旬栽种。

（二）整　地

种植莲藕应选择土层深厚，土质疏松，腐殖质丰富的肥沃土壤。湖泊中应在水流缓慢，涨落和缓，水位适宜，土壤较肥沃且淤层较厚的地方栽培。池塘和水稻田改种莲藕，水深宜在35厘米或35厘米以上。藕田在冬季要排水深翻，深度50～70厘米，而后施基肥，每亩施用大粪干1000～1500千克，鸡粪100～150千克。最后灌水。翌年春季栽植前耙平并清除杂草，做好畦埂。

（三）栽　植

选择具有本品种性状、藕头饱满、顶芽完整、藕身肥大、藕节细小、后把粗壮和色泽光亮的母藕或充分成熟的子藕作为种藕。种藕宜随选、随挖、随栽，也可先挖起催芽后栽植。挖藕时应注意保护顶芽。种藕一般有3节：藕头和两节充分成熟的藕身。挖出后在第二节节后半寸处切断，勿用手掰，以防泥水灌入藕孔引起烂种。

栽植密度因品种而异，一般早熟品种行距1.3～1.6米，株距0.65～1.0米；晚熟品种行距1.30～1.65米，株距1.2～1.3米。

为了提高地温和便于操作，栽植时池水不宜过深，保持7～10厘米即可。先按一定距离扒一个斜形浅沟，深13～17厘米，将种藕藕头朝下倾斜埋入泥中，后把稍微露出水面。栽藕的方向要交互排列，一株向南，一株向北，第二行与第一行株间应相对栽植，使其分布均匀。靠田埂的边行，藕头应向田内，以免莲鞭伸出埂外。

（四）藕田管理

1. 追肥　莲藕根系弱，需供应充足的肥料。施足基肥后，在生长期间一般还需追施两次肥料。第一次在3～4片立叶时每亩施大粪干750千克;第二次在后把叶出现前施用,用量与第一次相同。施肥应选晴朗无风的天气;清晨或傍晚进行。每次施肥前应放浅田水,让肥料吸入土中,然后再灌至原来的深度,追肥后泼浇清水冲洗荷叶。

2. **水位调节** 藕田在栽藕后十余天内至萌芽阶段保持浅水,以利于提高地温,促进发芽。随着植株的生长发育,水位可逐渐加深。浅池藕一般应保持水深20～25厘米,深池藕可保持30～35厘米。不需换水,水可有微小流动,但不可过大,以防肥料流失。若天气干燥,可以叶面喷水,以增加空气湿度,促进生长,增加分枝。暴雨后,若水面漫过荷叶,须立即排水,并保持原有水位。采收前1个月应放浅水位,促进结藕。

湖泊水位受气候条件特别是降雨量影响较大,一般春季水位较浅,夏季和秋季较深。夏秋季应防止湖水猛涨淹没立叶,如有可能需及时排水。若有台风发生时,可灌深水稳住风浪,保持荷叶,但水位不应超过叶片,台风过后立即排去,保持原来水位。

3. **其他管理** 荷叶未封行前,杂草滋生,应及时拔除,拔下的杂草可塞入藕头下的淤泥中,作为肥料,有利于植株生长。荷叶封行后,植株进入旺盛生长期,地下早藕开始结藕,不宜再下水除草,以防藕株受到损伤。

栽植后1个月左右,浮叶渐萎,为增加阳光透入,提高水温,应摘去。

藕莲以采藕为目的,开花结子消耗很多养分。因此,若有花蕾发生时,通常将花梗曲折阻止养分上运,但不可折断花梗,以防雨水从通气孔浸入引起腐烂。

莲藕旺盛生长期,莲鞭伸长较快,当卷叶将近田边时,应及时将藕头向田内拨转,以防藕头穿越田埂。此乃"转藕头",又称"回藕"。生长盛期,一般每隔2～3天转1次,若天气不好,生长缓慢,则每隔7～8天转1次,共5～6次。藕头很嫩,转头时应将后把节一起托起,转头后再将泥土压好。回藕应在中午进行,避免折断。

(五)采收与留种

1. **摘荷叶** 藕达采收时期后,可将部分老叶摘去,晒干作为包装材料。摘叶方法为:将荷叶于叶、梗连接处用手捏扁,摘下后将正面向外对折,晒1天后再将叶面向内对折,然后一张张脐对脐叠齐,使脐露在外面晒干。藕生长过程中,空气中氧气与土壤中铁反应生成三氧化二铁而产生红褐色锈斑附在藕表皮上。当荷叶枯萎,藕的呼吸作用变缓,锈斑因还原作用而逐渐减少。因此,于采收前摘叶,锈斑易洗除。叶脐、叶柄和地下茎有通气组织相连,因此不能折断叶柄,以免进水引起植株腐烂。

2. **挖藕** 当终止叶出现,叶背呈微红色时,表示藕已成熟。植株多数叶片青绿时可采收嫩藕,一般自处暑至翌年春季可随时采收。收嫩藕时要先把水排浅而不宜排干,找到终止叶和后把叶,其下便是新藕,将藕身下面的泥掏空后,将整藕慢慢向后拖出。叶片枯黄后采收老藕,收前把田水排干,用铁锹挖出。

湖泊及深水塘藕先将近田埂1.5米范围内的藕全部挖出,田中间每隔2米留30厘米不挖,或将亲藕前二节采去,留最后一节子藕作为下一年的藕种。

藕的产量因品种和栽培条件而异。田藕早熟种一般产量为700～1000千克/亩;晚熟深水藕产量约为750～900千克/亩;湖泊新藕田第一年收获量为250～300千克/亩,第二年可收 500 千克左右,第三年产量最高,可达 750 千克/亩,5 年以后,又逐渐降低,到 7～8 年时藕株衰老,须换茬重栽。

(六)贮　藏

藕不耐贮藏,低温时可贮一个多月。贮藏时,要求老熟、完整、藕身带泥,无损伤。贮藏时宜用泥埋藏,保持冷凉湿润。

四、水稻秧田植藕技术

利用水稻秧田植藕,是一种很好的粮菜立体种植模式。在山东省的沿黄稻区、滨湖稻区和临沂稻区均有较大面积推广。秧田藕与稻秧共生期为 30～40 天。处理好共生期稻秧与莲藕的生长矛盾,首要措施是合理的秧藕配置。一种方式是原来的秧田方式不变,秧板为合式秧田,秧板 150 厘米,沟宽 30 厘米,在秧板一侧种藕。另一种是大小秧板式,做法是在两个宽 100 厘米的大秧板中间增加 1 个宽 50 厘米的小板,大小板之间留 20 厘米宽的秧板沟,大板播种秧苗,小板栽藕。以上两种方式各有利弊。前者优点是秧田面积不减少;缺点是管理不便,易伤藕苗。后者则相反,即管理方便,但秧田面积减少。

稻田耕层较浅,不能满足莲藕生长之需,因此,若用秧田植藕,必须加深稻田耕层。一般冬季翻耕深度 30～35 厘米,春季结合施基肥再次翻耕,以促使土壤熟化和达到全层施肥的要求。

秧田藕在秧藕共生期以稻秧苗用水为主,拔秧后不要抽水。前期水层深度以 5～10 厘米为宜;7～8 月份高温季节水层 10～20 厘米,后期再恢复到前期水平。留种田冬季要冬灌,并盖碎草保温。其他管理与单作相同。

第二节　其他水生蔬菜

一、荸荠

荸荠别名地栗、马蹄,属莎草科、荸荠属多年生浅水草本植物。原产我国,主要分布在江苏、浙江、广东等南方诸省,北方沼泽、水田地区少有栽培。

(一)特征与特性

荸荠以球茎为食用器官和繁殖材料。球茎扁圆形,皮深栗色或枣红色,肉白色,其上有一顶芽,顶芽周围各节有数个侧芽。

春季转暖,气温升至10～15℃时,球茎顶芽开始萌发,抽生短缩茎。短缩茎向下发生须根,向上生出一丛细长的叶状茎,并不断分蘖,形成母株。叶状茎细长、直立、中空,高60～100厘米,直径0.6厘米,绿色,可进行光合作用,基部环生膜状退化叶。母株基部的侧芽向四周抽生匍匐茎,水平伸长10～20厘米后,顶芽萌生叶状茎,形成分株,分株侧芽再萌发抽生匍匐茎,又可形成分株,如此继续生长。8月份以后,天气转凉,日照渐短,分蘖基本停止,植株中心抽出花茎,匍匐茎先端膨大,形成球茎(图11-2)。

荸荠喜温暖、湿润的气候条件。生长前期温度稍高(20～30℃),有利于叶状茎等营养器官的旺盛生长;生长后期,即球茎膨大期,气候温和凉爽,有利于养分积累和球茎膨大,15～20℃比较适宜。

荸荠对土壤的适应性较广,但以肥沃的砂壤土为宜,土质过粘,或施肥过多,球茎颜色变黑,肉质粗硬,品质下降。

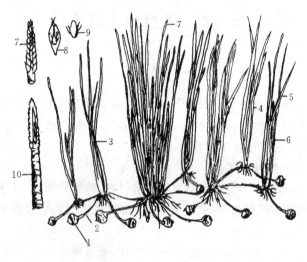

图 11-2 荸荠植株

1. 球茎 2. 匍匐茎 3. 第一分株 4. 第二分株 5. 叶状茎；
6. 叶鞘 7. 花穗 8. 花 9. 种子 10. 横隔膜

(二)栽培技术

荸荠生长期 210～240 天,一般于春分至谷雨育苗。育苗前 40 天左右挖起种荠,选个大、色鲜、顶芽充实的荸荠球茎催芽。催芽方法:先用苇席围 1 圈,圈内铺湿稻草,将荸荠顶芽向上交替叠放两层,上面用稻草覆盖,每日洒水保持湿润。当叶状茎开始生长并有 3～4 个侧芽萌发时,将种荠排列按入泥中。株行距 8～10 厘米,使芽头高低一致,保持 1.5～3.0 厘米浅水。苗高 25～30 厘米,并有 5～6 根叶状茎时即可定植。

定植前深翻土 25～30 厘米,并施腐熟厩肥 4 000～5 000千克/亩。然后将地整平,按行距 40～50 厘米,株距 28～30 厘米栽植。栽植时将母株上的分株和分蘖自匍匐茎中部切断,去梢,留 25 厘米高的叶状茎栽入田中。每穴一株或具有 3~5 个叶状茎的分株一丛。栽植深度为母株 9~10 厘米,分株 12~15 厘米。

栽植成活后,应中耕除草 2~3 次。荸荠不耐深水,一般在分蘖期保持 2~3 厘米水层;球茎膨大期可保持 5~6 厘米水层。追肥宜在分蘖分株期进行,一般 2~3 次,每次施尿素 7~10 千克/亩,最后一次再施氮、磷、钾复合肥 20~25 千克/亩,以促进球茎膨大。

初霜到来时,可开始采收,但此时的荸荠肉质嫩而味不甜;冬至前后,球茎表皮变红,肉质中淀粉转化成糖,此时采收品质最佳,采收后可带泥堆贮藏于室内,陆续上市。一般产量 1000~1250 千克/亩,高者可达 1750 千克/亩。

二、茭 白

茭白别名茭笋,属禾本科菰属多年生宿根草本植物。原产中国和东南亚。主要分布在我国长江流域以南各地,华北有零星栽培。

(一)类型和品种

根据成熟期不同,可分为一熟茭和两熟茭两种。

1. 一熟茭 又称单季茭,为严格的短光性植物。春季栽植,秋季采收。主要品种有杭州一点红,广州大苗茭、小黄苗、大青秸等。

2. 两熟茭 又称双季茭。对日照长短要求不严。栽植当年秋季和翌年初夏各收 1 次。主要品种有刘潭茭,广益茭,小蜡台,中秋茭和梭子茭等。

(二)特征与特性

茭白须根发达,主要分布在地表 30 厘米的土层内。茎分为地上茎和地下茎。地上茎在营养生长期短缩,部分埋入土中,其上发生多数分蘖,形成株丛,称"茭墩"。地下茎匍匐状,横走土中,其先端数节的芽,可向上抽生分株,称"游茭"。主茎及早期的分蘖,常抽生花茎,但因受黑穗菌的寄生和刺激,花茎不能正常抽薹开花,其先端数节膨大充实,形成食用的肉质茎。叶片披针形,长100~160厘米,由叶鞘和叶身两部分组成,各叶互相抱合,形成"假茎"。肉质茎在假茎内膨大,始终保持洁白,故称"茭白"。冬季地上部枯死,以根株留地下越冬。

(三)栽培技术

1. **整地、施基肥** 茭白适应性强,对土壤要求不十分严格,但以土层深厚,有机质丰富,肥沃疏松的土壤为最好。华北茭白多栽于湖畔、沟边及藕田边缘,因此多不进行冬耕,只于栽植前结合除草施2500~3000千克/亩圈肥作基肥,然后将地整平。

2. **栽植** 茭白不耐霜,喜温暖湿润气候。一般于终霜后越冬植株地下匍匐茎萌生新苗至45~60厘米时栽植。行距1.0~1.2米,墩距0.6米,每墩3~5株,栽植深度7~10厘米。栽后7天左右,即可缓苗成活。如果为留苗地,则不需重新栽植,越冬后苗高60~100厘米时定苗,按一定距离选留壮苗,去除细弱分蘖。

3. **水位调节** 早春气温低时,水位宜浅,一般从春栽至分蘖前期保持水层3~5厘米,分蘖后期适当灌水至10~12厘米,孕茭期宜深灌,保持水层15~25厘米,使茭白在水中软化,充实而细嫩,从而提高产品品质。孕茭后期水层应逐渐落浅至3~6厘米越冬。

4. **追肥** 新栽茭田当年于分蘖期与孕茭期分别追施粪肥1000~1500千克/亩和1500~2500千克/亩。

5. **其他管理** 栽植成活后开始中耕,促进茭白发根和分蘖。秋茭分蘖后期应及时除掉下部黄叶,通风透光,保护绿叶。

茭白栽植第二年春季,幼苗常稀疏不匀,当苗高 15～20 厘米时,应补墩或疏苗,每墩保留壮苗 20 株左右。

6. **收获** 当假茎中部开始膨大时,叶鞘被挤向左右,茭肉外露,称露白,为采收适期,北方地区一般于 9～10 月份进行。收获时,用镰刀自茭白以下 10 厘米处割下,切去上部叶片、即可捆把出售。

收获茭白必须及时,过晚会使肉质松软,纤维粗硬,菌丝体产生厚垣孢子,形成灰茭不堪食用。

三、菱

菱,别名菱角、水栗,属菱科菱属 1 年生草本植物。原产欧洲和亚洲温暖地区,我国栽培历史悠久,分布甚广,长江以南各地均有栽培,华北地区有零星栽培。

(一)类型与品种

按菱果实外形角数分为 3 种类型:一是四角菱,果实 4 个角,肩角平伸,腰角前后下弯,果皮较薄,品质较好,如苏州水红菱、馄饨菱、小白菱等;二是两角菱,果实有两个角,肩角平伸或下弯,腰角退化,果皮较厚,如扁担菱,广州五月菱、七月菱等;三是无角菱,又称圆角菱,果角退化,如嘉兴南湖菱等。

(二)特征与特性

菱根有两种,一种着生在胚根和植株基部茎节上,为弦线状须根,伸入土中,是主要吸收根系;另一种着生在茎中部各节上,每节两条,左右对称,内含叶绿素,兼营吸收和光合作用,称"叶状根",或"同化根"。茎蔓生,长 2～5 米,多分枝。叶有两种:水中叶狭长,互生,无叶柄,称"菊状叶";出水叶菱形至近三角形,长、宽均为 5～9 厘米,具叶柄,柄中部膨大,组织疏松、内贮空气,托叶浮出水面,称"浮器"。出水叶轮生,形成叶盘,称"菱盘",每盘由 40～60 片叶组成,直径达 30～40 厘米,为主要光合器官。花腋生于菱盘内,由下而上每隔 3～4 叶着生 1 花。花小,乳白色或淡红色。果实菱角,果皮坚硬,绿或紫红色,内含 1 粒种子。

(三)栽培技术

菱喜温暖,水温 15℃ 左右即可发芽。北方多在 4 月下旬至 5 月上旬播种。根据水位深浅,分别采用直播或育苗移栽。水深在 1.5 米以下的湖塘,多采用直播,播前清除水中杂草,待种菱露芽时,按行株距 1 米左右均匀撒播。播后 45～50 天即可出苗。水深在 1.5～2.0 米的深水塘宜采用育苗移栽。选水深 0.5～1.0 米的池塘作育苗床,施足基肥后撒播。播种后 50～60 天,菱苗长大并形成小的菱盘时定植。栽时 8～10 株为 1 束,用草绳结扎基部,再用长柄铁杈叉住苗束绳头,插入水底泥中固定,行株距 2～3 米。待缓苗后应及时建造防护网带,以防风消浪。

菱塘一般施用吸附力强的粘性河泥或泥粪混合物作基肥。在土质贫瘠的菱塘,如见茎叶发黄时,应及时追肥,前期多施人粪尿等农家肥,也可用硫酸铵或尿素等化肥与河泥混合,做成泥团投入水中,使其逐渐溶解。开花结果期追施氮、磷、钾复合肥可促进结果。

菱苗栽植初期需经常除草。菱叶布满水面后,需进行翻叶和整理,即翻动菱盘并将缠绕的枝叶理顺,促进气体交换,一般每 7～10 天进行 1 次。

菱花陆续开放,陆续结果,因此要分批采收。通常每 8～15 天采摘 1 次。自菱花开放至菱果成熟需 30 天左右,应及时采收,否则菱果自行脱落。若欲采收嫩菱生食,一般于开花后20天左右为宜,过晚,糖分已转化成淀粉,不宜生食。

留种应选具有本品种特征的植株和中期充分成熟的果实,果形整齐,左右对称,并经水选的沉果作种。菱种需放在活水中贮藏,活水温度 2～10℃为宜,翌年播种前取出。

第十二章　蔬菜病虫草害
及其防治

第一节　蔬菜病虫草害防治的基本原则

病虫草害的防治应贯彻"预防为主、综合防治"的植保方针。预防为主，就是从农业生产的整体出发考虑问题，根据病虫草与农作物、耕作制度、有益生物与环境条件等各因素间的辩证关系，制定一整套防治措施；综合防治就是在进行蔬菜病虫草害防治时，首先解决面临的主要病虫草害问题，同时也要注意某些可能或正在发生的病虫草害，提出防治的具体措施。具体来说，综合防治途径可归纳为以下 4 个方面：①消灭病原物的来源，切断传病途径；②控制病原物在田间扩散和再次侵染；③加强栽培管理，为蔬菜作物创造适宜的生长条件，提高其抗病性；④从栽培措施上提供不利于病原物活动和传播的条件，抑制病害的发生和蔓延。

一、农业防治

农业防治就是利用农业生产技术来消灭、避免或减轻病害的方法。

（一）选用抗病品种

蔬菜的种类和品种很多，不同品种的抗病能力各异。在蔬菜生产中，选用适合当地栽培的、抗病性强的优良品种，对防病抑病有明显效果。

(二)实行轮作换茬

许多蔬菜病害的病原菌,都在土壤中越冬,如在同一地块上连续种植一种蔬菜,病原菌就会逐年在土壤中大量繁殖和积累,使病害逐年加剧。实行不同种类蔬菜的合理轮作,就可能大大减少土壤菌源,起到防病或减轻病害的作用。

(三)适当调整播种期

蔬菜播种期的早晚,除了影响产量外,与病害的发生亦有极为密切的关系。

(四)及时除草,清洁田园

许多杂草经常带有病毒,是蔬菜病毒病的初侵染来源,因此,及时除草对防治病毒病有重要意义。在蔬菜生长期间,应将病叶、病果或病株及时摘除或拔除,以免病菌在田间扩大蔓延。由于许多病原物在病残体内越冬或越夏,所以在蔬菜收获后,应及时清洁田园,把病残体集中深埋或烧毁,对防病有一定效果。

(五)改进土壤耕作

前茬作物收获后,及时耕翻土地,一方面可以把遗留在地面上的病残体翻入土中,使病残体内的病菌加速死亡;另一方面,土壤耕翻后,由于土表干燥和日光照射,也能使一部分病菌失去生活力。

(六)合理施肥及灌溉

施肥和灌水与蔬菜的生长和病害的发生都有密切关系。如偏施氮肥,往往植株徒长,组织柔嫩,则抗病性差。如施用完全肥,尤其增施磷、钾肥,可使蔬菜生长健壮,增强抗病能力。另外,施用的有机肥料必须充分腐熟。因有机肥中常包藏大量的病原物,如未经腐熟,就会把大量的病原物带到地里引起发病。合理灌溉也是蔬菜栽培的一项重要技术措施。灌水要以有利于作物生长,不利于病菌生存为原则。

(七)建立无病留种田

有许多病害是通过种苗传播的,因此,建立无病留种田,播种和栽植无病种苗,对防病有重要作用。

二、物理机械防治

物理机械防治法就是利用各种物理因素及机械设备或工具防治病虫草害。这种方法具有简单方便,经济有效,副作用少的优点。但有些方法较原始,效率低,只能作为辅助措施或应急手段。

(一)机械防治

采用人工或机具器械防治病虫草害。

1. **清除法**:田间初现中心病株时,立即拔出病株。杂草长出后,及时人工拔草或机械中耕除草,控制草害发生。

2. **捕杀法**:当害虫发生面积不大,或不适用其他措施时,人工捕杀很有效。

3. **诱杀法**:利用害虫的某些生活习性,诱而杀之。

4. **隔离法**:在地面、畦面覆地膜,或地面覆草,可以阻隔土中害虫潜出为害,也可阻挡土中病原物向地面扩散传播和杂草出土。

(二)物理防治

利用病虫草对光、热、色、射线、高频电流、超声波等物理因素的特殊反应来防治病虫草害。

1. **利用光防治病虫害**

(1)灯光诱杀害虫:许多夜间活动的害虫都有趋光性,可以用灯光诱杀。

(2)阳光杀虫、灭菌:强光晒种,增加光照强度,可抑制番茄灰霉病、叶霉病、黄瓜黑腥病病情的发展。

(3)遮阳网抑病作用。

2.利用颜色防治病虫草害

(1)黄板诱蚜:利用蚜虫趋黄色的习性,诱集有翅蚜加以杀灭。

(2)银灰膜驱蚜:利用蚜虫避银灰色的习性,减少蚜虫危害。

3.利用热防治病虫草害

(1)高温杀灭种子所带病虫:晒种是利用高温直接杀死种子所带病菌和混杂的害虫。热水烫种是消灭种子内部潜伏病菌常用的有效方法。

(2)高温杀灭土壤中的病虫杂草:育苗床土壤,可用烘土、热水浇灌、土壤蒸气、地热线加温处理,消灭土壤中的病原菌、线虫及害虫。

(3)高温闷棚抑制病情:保护地蔬菜病害中,有些病害的致病菌对高温敏感,在一定高温下短时间即可死亡。如黄瓜霜霉病用44~46℃闷棚2小时,可控制病情7~10天不发展。对黄瓜黑星病、番茄叶霉病也可用高温闷棚抑制病情。

三、生物防治

生物防治就是利用有益生物及其产品来防治病虫草害的方法。生物防治具有范围广阔、自然资源丰富,可就地生产就地应用,特别是它不污染环境,对人、畜和蔬菜安全的特点。除具有一定的预防性外,有的连续使用后对一些病虫草害的发生有连续的、持久的抑制作用。

四、化学防治

化学防治就是利用化学农药防治病虫草害及其他有害生物的方法。化学防治使用方便,防治对象广泛,防治效果快,能迅速地控制住病虫草害的蔓延危害,对暴发性的病虫害可作为应急措施收到立竿见影的效果。

(一)农药的类别及作用原理

1. 农药的类别

农药种类很多。农药可按其成分、来源分类,但最常用的是根据防治对象分为杀虫剂、杀螨剂、杀菌剂、杀线虫剂、除草剂、杀鼠剂、植物生长调节剂等。

2. 农药的作用原理

(1)杀菌剂作用原理:保护性杀菌剂,施于植物体表直接与病原菌接触,杀死或抑制病原菌,使其不能侵入植物体内而保护植物;内吸性杀菌剂,施于植物表面而被植物吸收,并能被传导到其他部位直至整株,发挥杀菌作用,起到治疗效果;免疫性杀菌剂,施用后可使植物获得或增强抗病能力。

(2)杀虫剂作用原理:胃毒剂,药剂经害虫口器进入虫体内,被消化道吸收后引起中毒死亡;触杀剂,药剂与虫体接触,经体壁渗入虫体内,使害虫中毒死亡;熏蒸剂,药剂通过气门进入虫体内,使害虫中毒死亡;内吸剂,药剂被植物的根、茎、叶或种子吸收并传导到其他部位,当害虫咬食植物或吸食植物汁液时,引起中毒死亡。

(3)除草剂作用性质:选择性除草剂,药剂在常用剂量下,只对一些植物敏感,有毒杀作用,而对其他植物安全;灭生性除草剂,药剂没有选择性,凡是与之接触的植物都能被杀死。除草剂按作用方式有:内吸传导型除草剂,药剂施入土壤中或施于植物上,能被植物的根、茎、叶吸收并传导到全株,破坏植物的正常生理功能,使植物生长受到抑制而死亡;触杀型除草剂,药剂不能被植物吸收和体内传导,只能把接触到药剂的部分组织杀死。

(4)植物生长调节剂对植物进行化学调控:已开发应用的品种有促进生根、疏花疏果或防止采前落果,抑制萌芽,矮化植株,控制生长,防止倒伏,增加产量,催熟,增糖,防腐保鲜等调控作用。

一种药剂,通常具有一种作用;也有的以一种作用为主,兼有一二种其他作用。

(二)农药主要剂型

1. **粉剂**:喷粉或撒粉用的剂型。由原药加填充剂经研磨而成的细小粉末。

2. **粉尘**:用于保护地喷粉的剂型,如粉剂一样,但要研磨成极微细的粉末。

3. **可湿性粉剂**:喷雾用的剂型。原药、填充剂、湿润剂混合研磨而成的细小粉末。

4. **胶悬剂**:喷雾用的剂型。原药加适量水和一定助剂湿磨而成的细粒粘稠物。

5. **乳油**:喷雾用的剂型。原药溶于有机溶剂中,加入乳化剂制成的油状物。用时加水后成白色乳剂。

6. **油剂**:超低容量喷雾用的剂型。原药加油质溶剂和助剂制成的油状物。不加水直接使用。

7. **微胶囊剂**:喷雾或直接施用的剂型。农药的微粒或液滴外面包上1层塑料外衣而成,药剂可通过胶囊缓慢地释放扩散出来。

8. **颗粒剂**:直接施用的剂型。原药或某种剂型农药与载体混合制成的颗粒状物。颗粒较大的叫颗粒剂,颗粒较小的叫微颗粒剂(简称微粒剂)。

9. 烟剂:保护地熏烟的剂型。原药加燃烧剂、助燃剂、稳定剂等混合而成。点燃熏烟后药剂汽化,在空中遇冷凝成极小烟(药)粒沉降落下。

10. 种衣剂:是将水溶性的粘着剂、表面活性剂、着色剂、悬浮剂和溶剂等组成载体。选择适宜的高效肥、杀菌剂、杀虫剂、微量元素、植物激素等作为被载体,制成种子包衣材料,通过机械把包衣材料均匀地包在种子表面,干燥后固化成膜。

(三)农药的使用方法

1. **喷雾法** 利用喷雾器械将药液分散成极细小的雾滴喷洒出去的方法。喷雾的技术要求是使药液雾滴均匀覆盖在病、虫及植物体上。对常规喷雾而言,一般使叶面充分湿润而不使药液从叶上流下为度。对钻蛀性或卷叶为害的害虫应喷得湿透,效果才好。对叶背侵入的病菌和为害的害虫还应注意叶背喷药。喷药量多少视蔬菜植株大小而定,一般苗期每亩30~50 千克,成株期 50~100 千克左右为宜。

2. **喷粉法** 利用喷粉器械将药粉喷布出去的方法。喷粉必须均匀周到,使带病虫的植物表面均匀覆盖一层极薄的药粉为度。可用手捺在叶片上检查,如看到有点药粉蘸在手指上即为合适,如看到叶片发白说明药量过多。常规喷粉一般每亩1.5~2.5 千克,喷粉尘每亩 0.8~1.0 千克。

3. **种苗处理法** 用药剂处理种子和块根、块茎、鳞茎等无性繁殖材料,消灭种子表面和内部所带的病虫。种苗处理常用以下方法:

(1)浸种:就是把种子浸到一定浓度的药液里,经过一定时间后取出晾干。

（2）拌种：就是把药粉拌到种子上，使种子表面粘附一层药粉。

（3）闷种：就是把较浓的药液喷洒到种子上，然后覆盖熏闷一定时间，揭除覆盖物翻动种子，散去多余药剂气体。

（4）种子包衣：就是将含有药剂的种衣剂包于种子表面形成包衣。

4. **土壤处理法**　将药剂施到土壤里，消灭土壤中的病菌、害虫和杂草。土壤处理要使药剂均匀混入土壤中，与植株根部接触的药量不能过大。

5. **熏蒸法**　利用挥发性较强的药剂，在密闭环境下使药剂挥发，杀死病菌、害虫。

熏蒸一般要求室温在 20℃ 以上，土壤温度 15℃ 以上。

6. **施毒土或颗粒剂**　将毒土或颗粒剂直接撒布在作物上，或作物根际周围，或施入土壤中。用于防治地下害虫、苗期害虫或蚜虫，也可用于防治根部病害及杂草。毒土配制一般将一定用量药剂与 10～15 千克干细土拌匀而成毒土。撒施要到位、均匀。

7. **施毒饵、毒谷**　将药剂与害虫喜食的饵料混拌在一起，撒入菜田，诱引害虫取食而发挥杀虫作用。主要用于防治地下害虫和活动性强的害虫。

8. **熏烟**　烟剂点燃后药剂固体的小粒子分散在空中，飘移、沉降在植物表面，发挥杀菌、杀虫作用。

烟剂熏烟，只能在温室、大棚等保护地内使用。露地高棵，生长郁蔽的蔬菜也可使用，但效果下降。

9. **涂抹**　将内吸性药剂的高浓度药液，或再加入矿物油，涂抹在植株茎秆上，使植物内吸这些药剂后达到防治病虫的目的。也可将药剂加固着剂或水剂制成糊状物，涂抹在刮后的病斑上。

(四)合理用药,发挥药剂的防治效果

1. **选准药剂,做到对症下药** 在使用某种农药时,必须了解该农药的性能及具体防治对象。就杀虫剂来讲,胃毒剂只对咀嚼式口器害虫有效;内吸剂一般只对刺吸式口器害虫有效;触杀剂则对各种口器害虫都有效。熏蒸剂只能在保护地密闭后使用,露地使用效果不佳。

2. **适时用药** 严格掌握用药时机,不能单纯强调"治早、治小"而打"太平药";也不应错过有利时期打"事后药"。

3. **严格掌握农药用量** 用药量要准确,不是越多越好,在一定范围内,浓度高些,每亩用药量大些,药效会高些;但超过限度,防效并不按正比提高,甚至反而会下降,并易出现药害。

4. **掌握配药技术** 配制乳剂时,应将所需乳油先配成10倍液,然后再加足全量水。稀释可湿性粉剂时,先用少量水将可湿性粉剂调成糊状,然后再加足全量水。配制毒土时,先将药剂用少量土混匀,再用较多的土混拌,经过几次加土并充分翻混,药剂才能与土混拌均匀。

5. **掌握使用方法,保证施药质量** 农药种类及剂型不同,其使用方法也不同。如可湿性粉剂不能用于喷粉;相反,粉剂不能用于对水喷雾。胃毒剂不能用于涂抹,内吸剂一般不宜制毒饵。

6. **看天气情况,科学用药** 一般应在无风或微风天气用药,同时,注意气温的高低。气温低时,多数有机磷制剂效果差,应在中午左右用药。但气温高虽可提高药效,但也易产生药害,因此多数药剂还是应避免在中午用药,或者这时适当减少用药量。刮风、下雨可使喷布的药剂很快流失,降低药效。雨

水多,湿度大,有利于病势发展,应在雨后及时用药,最好使用内吸杀菌剂,其次是乳剂,施用水溶性大的药剂易被冲刷,效果不好。

7. **合理混合用药**　合理的混用,可以扩大防治的范围,提高防治效果,并能防止病菌、害虫、杂草产生抗药性,有时还有促进蔬菜生长发育的作用。但也应注意,混用不当也会发生问题。轻者降低防效,出现药害;重者甚至毁田。因此,药剂混用要慎重。

第二节　蔬菜病害及其防治

蔬菜在生长过程中,常因寄生物的侵害或不良环境的影响,使作物生长发育不正常,出现病害症状,致使产量下降,品质降低。根据发病原因和寄生物的不同,可分为传染性病害和非传染性病害。传染性病害又可分为真菌病害、细菌病害、病毒病害等。

一、真菌病害

真菌病害在植物病害种类中约占 80% 以上,蔬菜被真菌侵染所致的病害相当严重。真菌可以直接由表皮侵入寄主,也可从伤口或自然孔口侵入。病菌多在病残体、种子、土壤、留种植株或温室蔬菜上越冬,主要借风雨传播,落到蔬菜上,遇适宜条件便可侵入寄主危害。

(一)真菌病害的症状

真菌病害的症状多种多样,较常见的症状有以下几种:

1. **猝倒**　如茄子、辣椒的猝倒病,即在幼苗期茎基部呈水浸状、淡褐色,缢缩变细,猝然倒伏地面。

2. **果实腐烂** 如黄瓜疫病,茎基部软化缢缩,地上部萎蔫下垂;果实被害时,病部水渍状,凹陷并迅速腐烂,表面有白色霉状物,有腥臭味。

3. **萎蔫** 如瓜类枯萎病,成株发病时,先是部分叶片萎蔫下垂,似缺水状,之后全株萎蔫枯死。主蔓基部纵裂,潮湿时有白色或粉红色霉状物。茎基部维管束变褐色。

4. **病斑枯干坏死** 如黄瓜霜霉病、大白菜霜霉病等,先是中、下部叶初生水渍状多角形病斑,逐渐变黄色,继而病斑扩大连成一片,严重时全叶变黄枯干。在潮湿条件下,叶背面密生白色或紫灰色霉状物。再如瓜类炭疽病及辣椒炭疽病等,叶上生近圆形或不规则形黄褐色病斑,后期斑面上轮生小黑粒点同心轮纹,干燥时病斑破裂。

5. **病叶现白色霉层** 如瓜类白粉病,先在叶正面或背面长出小圆形白粉状霉斑,逐渐扩大,增厚连成一片,发病后期整叶布满白粉,最后整叶变黄褐色而干枯。

6. **枯焦** 如马铃薯晚疫病,多从叶尖或叶缘开始发病,病斑黑褐色,后期局部组织或全部组织坏死,严重时全株一片焦黑。

(二)真菌主要病害及防治

1. **霜霉类病害** 霜霉类病害是蔬菜最重要的一类病害,在瓜类、葱类、莴苣、菠菜以及白菜、甘蓝、萝卜等十字花科蔬菜上普遍发生。其中黄瓜霜霉病、大白菜霜霉病、菠菜霜霉病、莴苣霜霉病、葱霜霉病,都是这些蔬菜危害最重的病害。

(1)症状识别:一般以成株期发病为主,症状最明显。主要危害叶片,发病初期,在叶片上出现水浸状浅绿色斑点,迅速扩展,因受叶脉限制而呈多角形水浸状病斑,随后病斑变成黄褐色或淡褐色。湿度大时,病斑背面出现霜霉状霉层,病重时,叶片布满病斑或病斑相互连片,致使病叶干枯、卷缩,最后枯黄而死。

(2)发病规律:霜霉菌存活在田间或保护地内发病菜株上。病害发生及流行与气候条件最为密切,尤其决定于温度、湿度等条件。霜霉菌不抗高温,不耐低温,而喜温暖及高湿条件,因此生产上遇阴雨天,或昼夜温差大,结露时间长,或灌水过多,排水不畅,通风不良,则病害严重。此外,植株营养不良,生长势衰弱,发病严重。

(3)药剂防治:初见发病,及时用药剂防治。药剂可选用瑞毒霉、乙磷铝、代森锰锌、加瑞农、杀毒矾、普力克、乙锰、甲霜灵锰锌、甲霜铜喷雾。保护地还可选用百菌清烟剂熏烟,或喷布百菌清、防霉灵粉尘剂。

2. 疫病类病害 疫病类病害是一类发展迅速,流行性强,毁灭性大的病害,故称之为“疫病”。茄果类、瓜类、葱类、韭菜、芋等多种蔬菜,都有疫病发生。其中辣椒疫病、黄瓜疫病、韭菜疫病,都是发生普遍、危害严重的病害。

(1)症状识别:苗期、成株期均可发病。苗期发病,多是子叶、胚茎暗绿色水浸状,很快腐烂而死。成株期发病,茎部多在茎基部或节部、分枝处发病。先出现褐色或暗绿色水浸状斑点,迅速扩展成大型褐色、紫褐色病斑,表面长有稀疏白色霉层。病部缢缩,皮层软化腐烂。病部以上茎叶萎蔫、枯死。叶片发病产生不规则形、大小不一的病斑,似开水烫状,湿绿色,扩展迅速可使整个叶片腐烂,湿度大或阴雨时病部表面生有轻微的霉。辣椒、黄瓜果实发病,很快就发展成整个果实呈暗绿色或褐色水浸状腐烂。

(2)发病规律:病菌主要随病残体遗留在土壤中越冬。土壤中病菌主要靠水流传播,尤其是下雨时地面积水形成径流,或灌溉、排水时病菌随流水扩散传播,也可借雨水反溅作用传及植株下部。被病菌污染的土壤,或带土移栽菜苗也可传播。带菌种子、幼苗调运可将疫病扩散传播到更大的范围。此外,被污染的工具、车轮以及人畜活动等也都存在极大的传播机会。

疫病发生与温湿度关系极为密切。病菌对温度要求范围较宽,7~39℃均可活动,但其适温要求较高。因此,夏季多雨,特别是雨后暴晴,病势发展极为迅速。一般重茬地发病早,病情重,蔓延快。雨季早,降雨次数多,雨量大,发病早而重。田间发病高峰往往紧接雨量高峰之后 2~3 天。

(3)药剂防治:发病前或初见中心病株用药剂防治,药剂可选用乙磷铝、甲霜灵、杀毒矾、甲霜灵锰锌、百菌清、克露、瑞毒铜、倍得利喷雾。

3. 灰霉类病害 灰霉类病害是蔬菜的一类重要病害,几乎所有种类蔬菜都有灰霉病发生。番茄、茄子、辣椒、黄瓜、韭菜、芹菜的灰霉病,都是当前保护地生产中最重要的病害。

(1)症状识别:幼苗、成株期均可发病。苗期发病,多为子叶和刚抽出的真叶变褐腐烂,重时幼茎软化腐烂,表面生有灰色霉层,幼苗死亡。成株期发病,植株地上部的花、果、叶、茎等各部位都可发病。病部呈浅褐色或灰白色,似水烫状,后软化腐烂。湿度大时长满灰色霉层,病果最后失水僵化留在枝头或脱落。叶片发病,多由叶缘向内呈"V"形扩展,形成圆形或梭形病斑。病斑淡褐色,边缘不规则,有深浅相间轮纹,后干枯表面生灰霉。

(2)发病规律:病菌主要在土壤中或病残体上越冬,借气流、雨水或露珠传播。灰霉病菌较喜低温、高湿、弱光条件。一般过于密植,氮肥施用过多或缺乏,灌水过多、过勤,棚膜滴水

（漏水），叶面结露，通风透光不好，均易发生病害并流行。

（3）药剂防治：田间初见发病后立即用药剂防治。药剂可选用多菌灵、苯菌灵、速克灵、扑海因、农利灵、利得可、多霉灵、武夷霉素喷雾。也可用速克灵烟剂或灰霉净烟剂熏烟。

4. 根腐类病害　根腐类病害是蔬菜成苗和定植不久菜苗常见的病害，成株期也能发病。多种蔬菜都有根腐病发生，尤以瓜类、茄果类、豆类蔬菜根腐病分布广，发生普遍，危害严重。

（1）症状识别：根腐病主要受害部位是根和根茎（地表以下的茎）。病部初呈水浸状，后变浅褐色至深褐色腐烂。病部缢缩不明显或稍缢缩，病部腐烂处的维管束变褐，但不向上部发展，有别于枯萎病。后期病部多呈糟朽状，仅留丛状维管束，或皮层易剥离露出褐色的木质部。最后病株多萎蔫、枯死。

（2）发病规律：病菌在病残体、土壤、粪肥中越冬，其腐生性很强，在土壤中可营腐生生活，存活 10 年以上。一般种子不带菌，在田间病菌主要靠病土移动、施用带菌粪肥、雨水及灌溉水流、农具等传播。

根腐病菌的温限为 10～35℃。发病对温度要求不严格，多发生在菜苗温度不适的情况下，尤其土壤高湿有利于病菌传播活动，不利于根部及根茎伤口愈合。因此，阴湿多雨，地势低洼，土质粘重，易于发病。此外，粪肥带菌，施肥不足，连作地块也易诱发病害。地下害虫多，或农事操作造成伤根等，均能加重发病。

（3）药剂防治：发病初期及时用药剂防治，药剂可选用多菌灵、甲基托布津、双效灵、敌克松、多硫悬浮剂、可杀得喷洒菜株基部和地表面，也可灌根。

5. 白粉类病害　白粉类病害是蔬菜发生普遍的一类病

害,瓜类、豆类白粉病危害较重。

(1)症状识别:主要危害叶片,偶尔也危害叶柄、茎梢。初时在叶片正、背面出现白色小粉点或白色丝状物,逐渐扩展呈大小不等的白色圆形粉斑,后向四周扩展成边缘不明显的连片白粉,严重时整个叶片布满白粉。白粉初期鲜白,逐渐转为灰白色。抹去白粉可见叶面褪绿,枯黄变脆。重时病叶枯死。

(2)发病规律:白粉病菌在田间或温室内生长的寄主植株活体上越冬,越冬病菌翌年侵染寄主使之发病。病部产生大量分生孢子,借风、雨传播。白粉病菌喜高温、高湿,但耐干燥。因此表现为田间荫蔽,昼暖夜凉和多露潮湿情况下发病重,较干旱时也能发病。植株生长不良,抗病力下降,病情加重。

(3)药剂防治:发病初期及时用药剂防治。药剂可选用武夷霉素、农抗120、粉锈宁、特富灵、加瑞农、多硫悬浮剂、硫磺悬浮剂、敌菌酮、嗪胺灵、敌唑酮、敌力脱、速保利喷雾。保护地还可喷布多百粉唑剂或用粉锈宁烟剂熏烟。

二、细菌病害

这类病害多在高温、高湿条件下发生。借助风雨、流水、昆虫等传播,从伤口、气孔、水孔、皮孔侵入。病菌在病残体、种子、种株、土壤中越冬。

(一)细菌病害的症状

1. **萎蔫**　萎蔫是蔬菜被细菌侵染后,维管束组织受到破坏引起的症状。发病初期,病株中午萎蔫,傍晚恢复,几天之后,全株便萎蔫死亡。但植株仍为绿色,切断病茎,可见维管束变褐并有乳白色菌脓溢出。

2. **腐烂**　蔬菜作物柔嫩多汁,尤其是贮藏器官,受细菌侵害后往往发生腐烂。

3. 斑点或病斑 蔬菜的局部细胞或组织受到破坏而死亡,表现的症状是斑点或病斑。潮湿时,叶背病斑处常有白色粘液。病斑干枯后易穿孔破裂。粘液即菌脓,是细菌性病害的重要病症,尤以萎蔫类型的细菌病最为显著。

(二)细菌主要病害及防治

1. 细菌性软腐类病害 细菌性软腐类病害是蔬菜上普遍发生,危害较重的一类病害。如大白菜软腐病,番茄、辣椒等茄果类蔬菜软腐病,芹菜软腐病,莴苣软腐病,胡萝卜软腐病等,都是生产中的重要病害。

(1)症状识别:细菌性软腐病的共同特点是病部呈粘滑软腐状,并往往伴有臭味。不同蔬菜软腐症状有所不同。大白菜多从包心期发病,病株叶片基部腐烂,并延及心髓,充满黄色粘稠物或植株外部边缘湿腐,重时整个外叶腐烂,干旱时烂叶干枯呈薄纸状。番茄、辣椒软腐病多为果实发病。一般先由虫伤口、日烧伤处发病。病部组织软化腐烂,迅速扩展,最后病果整个果肉腐烂成浆,只外边一层果皮兜着,丧失果形。芹菜、莴苣软腐病多是叶柄基部初期变褐,软化腐烂,后期除残留表皮外其余均腐烂。胡萝卜软腐病主要危害地下肉质根,多从根头部发病,水浸状,灰色或褐色,内部组织软化溃烂,汁液外溢。

(2)发病规律:病菌可在田间病株,窖藏种株,土壤中未腐烂的病残体及害虫体内越冬。病菌主要通过雨水、灌溉水、带菌粪肥、昆虫等传播。从菜株的自然裂口、虫伤口、病痕、机械伤口等处侵入。软腐病菌虽然发育适温较高(25～30℃),但因其温limits广,为 2～40℃,所以高温、低温都能发病。而高湿、多雨对发病影响较大,95%以上相对湿度,雨水、露水对病菌传播、侵入有重要作用。伤口是病菌侵染的门户,茄果类蔬菜果实棉铃虫、烟青虫虫伤多,发病重。连作栽培,地势低洼,土壤粘重,雨后积水,大水漫灌,均易发病。久旱突降大雨或灌大水也可加重发病。施用未腐熟粪肥,追肥不当烧根,发病明显加重。

(3)防治措施:发病初期用农用链霉素、新植霉素、可杀得、络氨铜、细菌灵、敌克松、代森铵、401抗菌剂,喷洒菜株基部及地表,要使药液流入菜心效果为好。

2. 细菌性青枯类病害 细菌性青枯病主要有番茄、辣椒、茄子、马铃薯青枯病,都是生产中的毁灭性病害。

(1)症状识别:青枯病一般多在植株进入开花期显露症状。先是顶端叶片萎蔫,继之下部叶片萎蔫,中部叶片最后萎蔫。萎蔫有时只是1侧叶片萎蔫,多数是整株叶片同时萎蔫。开始时只是病株白天萎蔫,傍晚时可以恢复。在晴天高温时,病株在2～3天内便垂萎枯死,但阴雨天时则可延迟到7～8天才枯死。此病的特点是病株垂萎枯死,叶片仍保持绿色或浅绿色,故称青枯病。纵切病茎可见维管束变褐色,用手挤压切口处可渗出有污白色细菌溢滴。

(2)发病规律:病菌主要随病残体留在田间或在马铃薯种薯内越冬,粪肥也可带菌。病残体分解后无寄主存在时病菌可在土壤中营腐生生活,在土壤中可以存活1～7年之久,而且还可以进行少量繁殖。病菌主要借雨水和灌溉水传播,工具、人、畜也有一定的传播作用。病菌从根部或茎基部伤口侵入,进入菜株维管束内繁殖、扩展,造成导管堵塞和分泌毒质,使寄主细胞中毒,失去吸水机能而使菜株萎蔫。病菌喜高温、高湿、偏酸条件。病菌10～40℃均能发育,30～37℃为最适宜温度。所以久雨或雨后转晴,土壤温湿度均较高,往往发病更重。

(3)防治措施：发病初期及时用药剂防治,药剂可用农用链霉素或新植霉素,或401抗菌剂、络氨铜、可杀得、琥胶肥酸铜、1：1：200波尔多液喷雾或灌根。每株灌药液0.25～0.5千克,10天1次,连灌2～3次。

3. 细菌性叶斑类病害

(1)症状识别:细菌性叶斑病是指主要危害叶片,产生病斑的细菌性病害,偶尔也能危害果实。黄瓜细菌性角斑病叶片上病斑初为油浸状褪绿斑点,扩展后呈角状、黄褐色,病斑边缘往往有油浸状晕区。湿度大时,病斑背面溢出乳白色菌脓,干后菌脓呈一层白色膜或白色粉末。后期病斑干枯、质脆,易穿孔或从病健交界处开裂。

辣椒细菌性疮痂病,叶片上病斑初为水浸状黄绿色小斑点,逐渐扩展成大小不等的不规则形病斑,病斑边缘暗褐色,稍隆起,中部浅褐色,稍凹陷,表面粗糙呈疮痂状。病重时,叶片上病斑连片,或叶尖、叶缘变黄干枯破裂,造成落叶,重病时植株叶片几乎落光。

菜豆细菌性疫病,叶片多在叶尖或叶缘发病。初期呈暗绿色油浸状小斑点,后扩展为不规则形大的褐色斑,边缘有鲜黄色晕圈。病部组织变薄,近透明,质脆易破裂穿孔。严重时病斑连合,甚至全叶枯焦,远看似火烧状,故有叶烧病之称。

(2)发病规律:病菌主要随种子和病残体在土壤中越冬,由气孔、水孔、伤口侵入,借风雨、灌溉水、虫传播,农事操作也可传播。远距离传播则靠带菌种子调运而实现。病害侵染发病较快,在条件适宜时潜育期仅3～5天。因此,再侵染频繁,易于造成流行。

黄瓜细菌性角斑病发病适温为24～25℃,辣椒细菌性疮痂病发病适温为27～30℃,菜豆细菌性疫病发病适温为25～

28℃。温度要求虽有差异,但都要求85%以上的高湿度。多雨、大雾、重露是诱发病害的决定因素,尤其暴风雨不仅利于病菌传播,而且使叶片相互摩擦造成大量伤口,增加细菌侵入机率。地势低洼,管理不善,肥料缺乏,植株衰弱,或偏施氮肥,植株徒长,发病均重。

(3)防治措施:发病初期及时进行药剂防治,可用农用链霉素、甲霜铜、可杀得、络氨铜、百菌通、琥胶肥酸铜、1∶1∶200~240波尔多液喷雾。

三、病毒病害

病毒病在高温、干燥条件下易发生。病毒主要在活体组织,如杂草、块茎、昆虫体内越冬,借助蚜虫、叶蝉等昆虫和汁液接触传染。病毒病的主要症状有花叶、枯斑和畸形3种类型。畸形包括卷叶、皱缩、丛生、矮化、缩顶、线叶等。病毒病害的症状变化很大,同一种蔬菜作物受不同病毒的侵染,可发生不同的症状,如马铃薯病毒病种类较多,有时表现为花叶,有时表现为卷叶,有时也表现植株矮化丛生等症状。再如番茄病毒病,由于病毒种类不同,常表现为花叶、蕨叶和褐色条斑3种症状。瓜类病毒病,也因病毒种类不同,常表现症状各异,如花叶、皱缩、绿斑、黄化以及果实畸形等,严重时全株死亡。

病毒病的防治较为困难,应采取防与治的综合措施。具体方法有:①建立无病留种基地。②严格进行种子消毒处理。③生产期间做好除草和防蚜工作。④发病初期用药剂防治,可喷布磷酸二氢钾250倍液,或20%病毒A可湿性粉剂500倍液,或1.5%植病灵乳油1000倍液,或抗毒剂1号300倍液。7~10天喷1次,连喷2~3次。

四、根结线虫病

根结线虫可危害几十种蔬菜,尤其在黄瓜、番茄、茄子、胡萝卜等蔬菜上是一个毁灭性病害。

(一)症状识别

发病轻微时,菜株仅有些叶片发黄,中午或天热时叶片显现萎蔫。发病较重时,菜株矮化,瘦弱,长势差,叶片黄萎。发病重时,菜株提早枯死。症状表现最明显的是菜株的根部。把菜株连根挖出,在水中涮去泥土后可见主根朽弱,侧根和须根增多,并在侧根和须根上形成许多根结,俗称"瘤子"。根结大小不一,形状不正,初时白色,后变淡灰褐色,表面有时龟裂。较大根结上,一般又可长出许多纤弱的新根,其上再形成许多小根结,致使整个根系成为一个"须根团"。剖视较大根结,可见在病部组织里埋生许多鸭梨形的极小的乳白色虫体。

(二)发病规律

病原线虫常以卵或 2 龄幼虫随病残体在土壤中越冬。翌春环境条件适宜时,越冬卵孵化出幼虫或越冬幼虫继续发育。传播途径主要是病土和灌溉水,使用病苗和人、畜、农具等也可携带传播。线虫借自身蠕动在土粒间可移行 30～50 厘米短距离。2 龄幼虫为侵染幼虫,接触寄主根部后多由根尖部侵入,定居在根生长锥内。线虫在病部组织内取食,生长发育,并能分泌吲哚乙酸等生长素刺激虫体附近细胞,使之形成巨形细胞,致使根系病部产生根结。幼虫在根结内发育成为成虫,并且雌、雄虫开始交尾产卵。在一个生长季里根结线虫可繁殖3～5 代,在保护地内甚至可以终年繁殖。条件适宜,17～20 天繁殖 1 代,繁殖数量很大。一旦根结线虫带入,很快就会大量繁殖,积累起来造成严重危害。

根结线虫多分布在 20 厘米浅土层内,以土层 3～10 厘米范围内数量最多。土温 20～30℃,土壤湿度 40%～70%,适合线虫繁殖。土温超过 40℃大量死亡。致死温度 55℃,10 分钟。一般土质疏松,湿度适宜(不过干、不过湿),盐分低的地块适于线虫存活。重茬地病重。一旦进入保护地往往重于露地。

(三)防治措施

防治措施有:①无病土育苗。苗床使用充分腐熟的粪肥,有预防苗期侵染的良好作用。②重病地与抗线虫蔬菜石刁柏和耐线虫蔬菜韭菜、大葱、辣椒,及非寄主禾本科作物轮作,尤以水旱轮作效果更好。③发病地夏季深翻并大水漫灌,可显著减少虫口。保护地可在春茬拉秧后挖沟起垄,沟内灌满水然后覆地膜,密闭温室或大棚 15～20 天,杀灭土壤中线虫效果很好。④收获后进行 20 厘米以上深翻,可把大量活动于土壤表层的线虫翻在底层。这样,不仅可消灭部分越冬的虫源,同时深翻后表层土疏松,日晒后易干燥,也不利于线虫活动。⑤多施有机肥,不仅可增强植株抗性,而且能增加土壤中天敌微生物数量。⑥药剂防治。可在播种或定植前 15 天,每公顷用 33%威百亩水剂 45～60 千克 1125 千克,开沟浇施,然后覆土踏实。定植时,可用 10%力满库颗粒剂每公顷 75 千克穴施。田间线虫病发生后,可对发病部位用 50%辛硫磷乳油 1500 倍液,或 80%敌敌畏乳油 1000 倍液,或 90%晶体敌百虫 800 倍液灌根,每株灌药液 0.25～0.5 千克。

第三节 蔬菜虫害及其防治

一、主要蔬菜害虫及为害特点

(一)地下害虫

主要有小地老虎、蝼蛄、蛴螬、金针虫等。小地老虎食性极杂,可为害茄果类、瓜类、豆类及十字花科蔬菜的幼苗,咬断嫩茎及嫩梢,造成缺苗断垄。蝼蛄以成虫、幼虫在地上和地下为害,吃发芽种子,咬断幼苗嫩茎,造成缺苗断垄,严重时幼苗成片死亡。蛴螬亦为杂食性害虫,可为害多种蔬菜,幼虫直接咬断幼苗,致使全株死亡,或啃食块根块茎,使作物生长衰弱,影响蔬菜的产量和质量。

(二)根 蛆

又叫地蛆,常见的是种蝇和葱蝇的幼虫。种蝇为害瓜类、豆类、菠菜、葱蒜类及十字花科蔬菜,葱蝇只为害葱、洋葱、大蒜和韭菜。种蝇和葱蝇以幼虫为害,可将葱蒜类的鳞茎蛀成孔道,引起腐烂,叶片枯黄以至成片死亡。幼虫钻入瓜类、豆类的种子和幼芽,可引起烂种造成缺苗。

(三)十字花科蔬菜害虫

主要包括菜蚜、菜青虫、菜螟、甘蓝夜蛾、猿叶虫等。菜蚜在菜叶上刺吸汁液,形成褪色斑点,使叶片变黄,卷缩变形,植株矮小,白菜、甘蓝常不能包心结球,使留种植株花梗扭曲畸形,不能正常抽薹、开花和结荚。此外,蚜虫可传播多种病毒病,造成极大危害。菜青虫最喜食甘蓝和花椰菜,以幼虫从叶背啃食皮肉,3龄以后可将叶子吃成孔洞或缺刻,严重时仅留叶脉,同时排出大量虫粪污染叶面和菜心,影响蔬菜的产量和商品质量。幼虫造成的伤口,有利于软腐病菌侵入而引起病害。菜螟以幼虫蛀食菜心,3龄后蛀食根部,受害苗因生长点受破坏而停止生长或萎蔫死亡,造成大量缺苗,还能传播软腐病,引起严重减产。

(四)茄科蔬菜害虫

主要包括棉铃虫、白粉虱、红蜘蛛、茶黄螨、烟青虫等。棉铃虫以幼虫蛀食花蕾和果实,花蕾受害后变黄脱落,幼果常被吃空或引起腐烂而脱落。果实被蛀后易流入雨水引起腐烂、脱落,造成严重减产。白粉虱吸食作物汁液,被害叶片退绿变黄,甚至全株枯死;还能分泌大量蜜液,污染叶片和果实,严重时使蔬菜失去商品价值。红蜘蛛群聚叶背吸取汁液,使叶面呈灰白色或枯黄色细斑,严重时叶片枯干脱落,造成减产。

(五)豆科及葫芦科害虫

主要有豆荚螟、黄守瓜、瓜蚜等。豆荚螟以幼虫取食豆叶及花,并蛀入荚内取食幼嫩的种粒,蛀孔处堆积粪粒,使豆荚不堪食用。黄守瓜成虫为害瓜苗和幼果,常使瓜苗死亡;幼虫咬食瓜根,使瓜苗黄萎以致死亡。

二、主要蔬菜害虫防治方法

因蔬菜生长周期短,加工、食用过程简单,故被污染的蔬菜对人体健康影响很大。因此在蔬菜害虫防治上应大力提倡综合防治,积极发展生物防治等无公害防治技术,尽量减少化学农药的用量。在目前防治蔬菜害虫仍以化学防治为主的情况下,应严格选用高效、低毒及选择性强的药剂品种,并改进施药技术,尽量保护天敌资源,充分发挥其自然控制作用,最大限度地降低农药对环境和蔬菜产品的污染,逐步实现蔬菜害虫的无公害治理。

(一)地下害虫防治

药剂防治可根据具体情况采取不同方法。

1. **药液喷布**　发现菜株上有幼虫为害时,及时喷药防治,药剂可选用 20％杀灭菊酯乳油 2500～3000 倍液,或 20％菊马乳油 3000 倍液,或 2.5％溴氰菊酯乳油 3000 倍液,或 21％灭杀毙乳油 8000 倍液,或 50％辛硫磷乳油 800 倍液,或 90％晶体敌百虫 1000 倍液,或 80％敌敌畏乳油 1500 倍液。

2. **撒施毒土、毒沙**　可用 50％辛硫磷乳油或 50％甲基异硫磷乳油 0.5 千克,加适量水后拌细土 50 千克做成毒土。或用 50％甲胺磷乳油或 50％敌敌畏乳油 0.5 千克,加适量水后喷拌 100 千克细沙做成毒沙。每公顷施毒土或毒沙 300～375 千克,顺垄撒施在幼苗根附近。

3. **毒饵诱杀**　在幼虫为害菜株近地表的根茎时,可用菜叶或鲜草毒饵诱杀。取地老虎幼虫喜食的莴苣叶(或其他菜叶)或者灰菜等杂草,切成 1.5 厘米长左右。用 90％晶体敌百虫 0.5 千克,加水 2.5～5.0 千克,拌菜叶或鲜草 50 千克制成毒饵,于傍晚撒施。每公顷施用毒饵 75～150 千克,每隔一定距离撒 1 堆。施用毒饵应在多数幼虫达 4 龄以上,整地后蔬菜出苗或移栽前进行。最好在施毒饵前清除田间杂草以减少害虫食料,增加毒饵诱杀效果。毒饵残效期 4～5 天,一般可连续施用 1～2 次。

4. **药液灌根**　在虫龄较大、为害严重的地块,可用 80％敌百虫可湿性粉剂 800 倍液,或 50％辛硫磷乳油 1000 倍液,或 50％二嗪农乳油 1000 倍液,或 80％敌敌畏乳油 1000 倍液灌根。

(二)根蛆防治

1. **施用腐熟农家肥** 禁用生粪,并应做到深施。种子与肥料要隔开,最好在粪肥上撒1层毒土。韭菜生蛆时,不要追施粪稀,可用化肥。韭菜在头刀、二刀后,蒜在烂母前,结合灌溉追施两遍氨水,可减轻危害。

2. **诱杀成虫** 韭菜地发生地蛆时,可用糖醋毒液诱杀成虫。诱杀液用糖0.5千克、醋1千克、水7.5~10.0千克,加0.1%敌敌畏或15~25克晶体敌百虫混匀后即可。做好测报,在掌握住田间成虫出现高峰时期进行诱杀。诱杀时选择背风向阳地段,在韭菜地头每隔8~10米挖1个碗口大小的坑,坑内铺塑料(代替大碗),每亩挖10~15个坑,填满诱杀液。诱杀期间经常观察,随时填加诱杀液。

3. **药液拌种和撒施毒土** 种子可用种子重量0.3%的40%二嗪农粉剂拌种。也可用每公顷2%二嗪农颗粒剂18.25千克,或5%辛硫磷颗粒剂15~22.5千克,与300~450千克细土混匀做成毒土。播种时撒施播种沟或定植穴内,或施底肥时撒施在粪肥上面。

4. **药剂防治** 掌握成虫产卵高峰期及幼虫孵化盛期,及时用药防治是关键。成虫发生期,可喷布21%灭杀毙乳油600倍液,或2.5%溴氰菊酯乳油3000倍液,或20%菊马乳油3000倍液,或20%氟杀乳油2000倍液,或10%溴马乳油2000倍液,或80%敌敌畏乳油1500倍液,或90%晶体敌百虫800~1000倍液,或40%二嗪农乳油1000~1500倍液,或50%马拉硫磷乳油1000倍液,每7天1次,连续喷2~3次。菜田发生地蛆,可用25%增效喹硫磷乳油1000倍液,或50%辛硫磷乳油800倍液,或50%乐果乳油1000倍液,或80%敌百虫可湿性粉剂1000倍液,或50%马拉硫磷乳油2000倍液

534

灌根。一般灌根要 2 次,中间隔 10 天左右。

(三)蚜类防治

因蚜虫繁殖速度快、危害重,应在寄主卷叶前用药,注意喷雾均匀。应大力提倡选用选择性杀虫剂以保护田间大量的天敌。可使用 2.5%蚜虱立克乳油 3000 倍稀释喷雾,这是威海农药厂生产的一种吡虫啉新制剂,使用方便,对蚜虫有特效,持效期可达 15 天以上,且对瓢虫保护性好,是防治菜蚜的首选药剂,也可使用 10%扑虱蚜可湿性粉剂 3000~5000 倍液、50%抗蚜威、2.5%溴氰菊酯等拟除虫菊酯类杀虫剂或20%灭多威等。保护地中可使用虱蚜克烟剂或敌敌畏烟剂熏杀。

(四)潜叶蝇类防治

此类害虫主要以幼虫潜叶为害,虫体隐蔽,难以防治,尤以蔬菜斑潜蝇耐药性强,发生世代多,繁殖力强,发育不整齐,防治难度更大。要注意实行综合防治。

1. **及时清洁田园,作物合理布局** 保护地种植的前茬不要种植其喜食寄主,种植前彻底清除大棚内的残株杂草。

2. **药剂防治** 防治美洲斑潜蝇要抓好"早"和"准",一定要掌握在成虫发生初盛期和初见小蛀道关键期用药,3~5 天1 次,连用 3 次,上午 8~11 点喷药效果最好,注意喷雾均匀,重点中、下部叶片正面。以使用 18%菜蝇敌 300 倍液效果最好,也可使用 1.8%爱福丁乳油、40%绿菜宝乳油。防治其他一般种类潜叶蝇亦可使用 20%甲氰菊酯等拟除虫菊酯类药剂、40%乐果或 90%晶体敌百虫。对潜叶蝇幼虫期防治,原则上应选用具内吸或内渗作用的药剂。蛹的耐药性很强,药剂防治效果差。

(五)甜菜夜蛾和小菜蛾的防治

由于甜菜夜蛾和小菜蛾耐药性强,防治困难,对之应特别注意采取综合防治措施:①合理轮作、换茬,并及时清理田间残株。②有条件的地区,实行灯光诱杀成虫,并指导田间用药。③使用生物制剂,如 B.t. 乳剂、爱福丁乳油等,并注意保护利用自然界天敌资源。④化学防治,5%夜蛾必杀乳油、25%喹硫磷、40%丙溴磷和特异性杀虫剂 5%卡死克和 5%抑太保、25%杀虫双水剂与 B.t.(1∶1)混用对小菜蛾防效好。在防治时间上要掌握在幼虫低龄期用药,并注意不同类型的药剂交替使用,以减缓抗性的发生,延长药剂的使用寿命。

(六)螨类的防治

螨类(也称红蜘蛛)是一类小型害虫,一般不易被人察觉,繁殖速度快。对这类害虫的防治,应在正确识别其为害症状的基础上,正确选用药剂,在点片发生期喷雾处理。可使用专一性杀螨剂:20%浏阳霉素乳油、20%双甲脒、73%螨特可湿性粉剂、5%噻螨酮乳油等。拟除虫菊酯类杀虫、杀螨剂,如 20%甲氰菊酯乳油、5%三氟氯氰菊酯乳油和 5%联苯菊酯乳油,杀成螨、若螨效果好,可虫、螨兼治。防治茶黄螨应集中喷嫩尖、花和幼果;防治棉叶螨重点喷中、下部叶背。另外在种植时尽量避免重茬,可减少发生量。

(七)其他一般性害虫的防治

对在表面为害的一般食叶类害虫,如菜青虫、大猿叶虫、二十八星瓢虫等,注意掌握在幼虫 3 龄前或成虫初迁入菜田为害时及时用药防治。蛀食性害虫如棉铃虫、豆荚螟、菜螟等,要在成虫产卵至孵化蛀食前连续用药防治。拟除虫菊酯类杀虫剂对这些害虫防效均好。

(八)保护地蔬菜害虫的防治

保护地为一半封闭的环境条件,棚内温度高,湿度大。为降低大棚湿度,减轻病害发生,在害虫防治上应尽量使用烟剂、粉尘剂或熏蒸方法。保护地中其他害虫的防治方法在前面已详述,此处仅介绍温室白粉虱和蓟马的防治。

温室白粉虱发育速度快、繁殖力强,各虫态混合发生,耐药性强,因此防治较为困难,必须实行农业防治为基础,辅以化学防治的综合防治措施。

1. **农业防治** 一是棚室种植前清洁大棚,做到"不见绿"。二是培育使用无虫苗。三是用50目尼龙网封通风口。

2. **药剂防治** 一是燃放烟剂。可使用虱蚜克和敌敌畏烟剂等,以成虫迁入初期用药效果好。二是喷雾防治。可使用10%噻嗪酮可湿性粉剂1000倍液、2.5%蚜虱立克乳油3000倍液、20%甲氰菊酯和5%三氟氯氰菊酯乳油2000倍液。

防治瓜亮蓟马可使用40%乐果、25%喹硫磷和拟除虫菊酯类药剂,或乐果与拟除虫菊酯类药剂混用,一般要连续2~3次才能明显见效。地膜覆盖可阻止老龄若虫入土变拟蛹,能明显减轻为害。

第四节 蔬菜草害及其防除

一、杂草的危害

杂草对蔬菜生产的危害主要表现在以下几个方面。

(一)降低产量和质量

在蔬菜生产中,杂草与作物共生,争夺养分、水分、阳光和空间,使蔬菜得不到需要的养料和水分,导致产量降低,质量下降。据有人在菜田实地调查,每亩韭菜田有杂草76万株,洋葱田29万株,菠菜地13万株。这样多的杂草如不及时防除,往往造成草荒。一般杂草可使蔬菜减产20%左右。

(二)蔬菜病虫害的媒介

农田杂草中有许多是害虫的中间寄主,如小旋花、马唐等140多种杂草是温室白粉虱的中间寄主,灰菜是桃蚜的中间寄主和媒介。还有很多杂草是病原菌的中间寄主,如车前草是霜霉病的中间寄主,豆瓣菜是白菜黑斑病的中间寄主等。

(三)耗费大量劳动力

除草是一项劳动强度较大的作业,杂草丛生不仅会影响作物正常生长,而且会增加管理用工和费用。

二、杂草的防除方法

一是人工除草法。即人工拔草或结合中耕进行锄草。这种方法劳动强度较大且费工较多。

二是农业防除法。即利用农业措施达到除草的目的,如轮作、深耕、合理安排茬口、施用充分腐熟的肥料等。

三是机械除草法。就是利用各中耕机械进行除草。这种方法对减轻劳动强度,提高工作效率有良好作用,但只能除去行间杂草,不能除去株间杂草。

四是化学除草法。这是目前世界上发展较快的一种方法,也是当前防除杂草的一种重要手段。除草剂的种类有3种:①土壤处理剂,适用于蔬菜播前或播后苗前,如氟乐灵、地乐胺、除草剂1号。②茎叶处理剂,这类除草剂只适用于某作物的某一生育期,使用时注意防止药害。③茎叶兼土壤处理剂,如降草醚、百草枯等。

目前菜田化学除草多采用土壤处理法,而茎叶处理很少应用。土壤处理法就是将药剂撒施到土壤表面,形成一个药剂封闭层,当杂草萌发时,幼芽、芽根接触药剂而被杀死,从而达到除草的目的。土壤处理的具体措施有喷雾法、喷洒法、随水浇灌法和毒土法等。其中喷雾法和毒土法防草效果较好,是目前菜田应用最广泛的方法。

蔬菜种类很多,其栽培方式、抗药能力各不相同。在进行化学除草时,应根据蔬菜种类及杂草生长情况,选择适宜的药剂及使用方法。①伞形花科蔬菜包括芹菜、胡萝卜、茴香、芫荽等,对多种除草剂有较强的抗药性,常用的除草剂有氟乐灵、地乐胺、除草醚、扑草净、胺草磷等。但芫荽是伞形科蔬菜中抗药性最弱的一种,因此,用药量不宜过大,也不宜做苗后处理,以免发生药害。②百合科蔬菜主要包括韭菜、葱、洋葱和大蒜,常用除草剂有除草通、地乐胺、除草剂 1 号、氟乐灵等,可在播种后出苗前处理土壤。对移栽洋葱、老根韭菜和大葱亦可使用。③十字花科蔬菜种类多,栽培面积大,各种蔬菜对除草剂的抗性差异较大。直播时,以萝卜抗药性最强,甘蓝和大白菜次之,小油菜抗药性较差,花椰菜抗性最差。胺草磷可在上述几类蔬菜上使用,除草醚和地乐胺可在前两类蔬菜上使用,除草通和拉索只能在萝卜上应用。④茄科蔬菜在移栽前后用氟乐灵和地乐胺效果较好。番茄在播后苗前还可用胺草磷、赛克津等处理土壤,防除苗期杂草。⑤葫芦科蔬菜主要包括各种瓜类作物,其中黄瓜抗药性最差,对多种除草剂都比较敏感,易发生药害。经初步试验,胺草磷、地乐胺、除草通对直播黄瓜比较安全。冬瓜和南瓜比黄瓜抗药性强,除可用上述除草剂外,还可用氟乐灵除草。

附表　蔬菜种子的重量、每克种子粒数和需种量参考表*

蔬菜种类	重　　量 （克/千粒）	每克种子粒数	需　种　量 （克/亩）
大白菜	2.8～3.2	313～357	125～150（直播）
小白菜	1.5～1.8	556～667	250（育苗）～1500（直播）
结球甘蓝	3.0～4.3	233～333	50（育苗）
花椰菜	2.5～3.3	303～400	50（育苗）
球茎甘蓝	2.5～3.3	303～400	50（育苗）
大萝卜	7～8	125～143	200～250（直播）
小萝卜	8～10	100～125	1500～2500（直播）
胡萝卜	1～1.1	909～1000	1500～2000（直播）
芹菜	0.5～0.6	1667～2000	1000（直播）
芫荽	6.85	146	2500～3000（直播）
小茴香	5.2	192	2000～2500（直播）
菠菜	8～11	91～125	3000～5000（直播）
茼蒿	2.1	476	1500～2000（直播）
莴苣	0.8～1.2	800～1250	50～75（育苗）
结球莴苣	0.8～1.0	1000～1250	50～75（育苗）
大葱	3～3.5	286～333	300（育苗）
洋葱	2.8～3.7	272～357	250～350（育苗）
韭菜	2.8～3.9	256～357	5000（育苗）
茄子	4～5	200～250	50（育苗）
辣椒	5～6	167～200	150（育苗）
番茄	2.8～3.3	303～357	40～50（育苗）
黄瓜	25～31	32～40	125～150（育苗）
冬瓜	42～59	17～24	150（育苗）
南瓜	140～350	3～7	150～200（直播）
西葫芦	140～200	5～7	200～250（直播）
丝瓜	100	10	100～120（育苗）

续附表

蔬菜种类	重　　量 （克/千粒）	每克种子粒数	需　种　量 （克/亩）
西　瓜	60～140	7～17	100～150（直播）
甜　瓜	30～55	18～33	100（直播）
菜豆（矮）	500	2	6000～8000（直播）
菜豆（蔓）	180	5～6	1500～2000（直播）
豇　豆	81～122	8～12	1000～1500（直播）
豌　豆	125	8	7000～7500（直播）
蚕豆（小粒种）	735	1.3	—
苋　菜	0.73	1384	4000～5000（直播）

＊ 本表系根据天津、辽宁、黑龙江省佳木斯等地的《蔬菜栽培技术手册》，以及山东农学院、浙江农业大学主编的《蔬菜栽培学》的有关资料编制

后　记

　　《蔬菜栽培实用技术》一书是山东农业大学在高等农业院校统编教材《蔬菜栽培学总论》、《蔬菜栽培学各论》(北方本)及《蔬菜保护地栽培学》基础上,针对当前蔬菜生产发展新形势的需要,融入新技术、新品种、新材料和新方法等编写而成。本书集理论性、实践性于一体,并将传统的总论、各论和保护地栽培有机结合,既保持了该书的系统性,又注重了栽培技术的可操作性,使理论更加简明扼要,技术更加翔实新颖,避免了重复。尤其新增的《蔬菜病虫草害及其防治》及新、稀、特蔬菜等,使其内容更加充实和完善。

　　本书绪论、第 1 章第 3 节及第 4 节、第 2 章由刘世琦编写,第 1 章第 1 节及第 2 节、第 9 章第 2 节和第 12 章由徐坤编写,第 3 章及第 11 章由艾希珍编写,第 4 章由傅连海编写,第 5 章由王学军编写,第 6 章由于贤昌和谢冰编写,第 7 章由马红编写,第 8 章由王秀峰编写,第 9 章第 1 节及第 3 节由郭洪云编写,第 10 章由李滨编写。

　　本书可作为农业院校园艺、农学类专业教学使用,也可供蔬菜科技工作者及广大菜农参考。

　　由于编者水平所限,加之时间仓促,书中缺点在所难免,望广大读者予以批评指正。

编著者

于山东农业大学

1998.7

主要参考文献

1. 山东农业大学主编:《蔬菜栽培学各论》北方本,农业出版社,1984 年第二版

2. 浙江农业大学主编:《蔬菜栽培学总论》,农业出版社,1984 年第二版

3. 北京农业大学主编:《蔬菜栽培学(保护地栽培)》,农业出版社,1987 年第二版

4. 中国农业科学院蔬菜研究所主编:《中国蔬菜栽培学》,农业出版社,1987

5. 中国农业百科全书编委会:《中国农业百科全书·蔬菜卷》农业出版社,1990

6. 何启伟等主编:《山东蔬菜》,上海科学技术出版社,1997

7. 蒋先明主编:《蔬菜栽培生理学》,农业出版社,1996

8. 邢禹贤编著:《无土栽培原理与技术》,农业出版社,1990

9. 张振贤等主编:《蔬菜生理》,农业科技出版社,1993

10. 何启伟等主编:《山东名产蔬菜》,山东科技出版社,1990

11. 苏崇森编著:《瓜类新优品种高效栽培技术》,农业出版社,1996

12. 浙江农业大学主编:《蔬菜栽培学各论》(南方本),农业出版社,1988 年第二版

13. 张真和主编:《高效节能日光温室园艺》,农业出版社,1995

14. 康立美等主编:《蔬菜高效栽培实用技术》,中国农业

科技出版社,1994

　15.吕家龙编著:《吃菜的科学》,农业出版社,1992

　16.李曙轩编著:《蔬菜栽培生理》,上海科学技术出版社,1979

　17.陈静芬等编著:《蔬菜高产优质高效栽培实用技术》,中国农业出版社,1994

　18.刘江等主编:《中国农业年鉴》,农业出版社,1995

　19.国家统计局农村社会经济调查总队编:《中国农村统计年鉴》,中国统计出版社,1996

　20.房德纯编:《蔬菜病虫草害防治》,农业出版社,1997

食用菌周年生产技术(修订
版) 13.00
食用菌病虫害诊断与防治
原色图谱 17.00
食用菌病虫害诊断防治技
术口诀 13.00
15种名贵药用真菌栽培实
用技术 8.00
名贵珍稀菇菌生产技术问
答 19.00
草生菌高效栽培技术问答 17.00
木生菌高效栽培技术问答 14.00
怎样提高蘑菇种植效益 9.00
新编蘑菇高产栽培与加工 11.00
蘑菇标准化生产技术 10.00
茶树菇栽培技术 13.00
鸡腿菇高产栽培技术(第2
版) 19.00
鸡腿蘑标准化生产技术 8.00
图说鸡腿蘑高效栽培关键
技术 10.50
蟹味菇栽培技术 11.00
白参菇栽培技术 9.00
白色双孢蘑菇栽培技术(第
2版) 11.00
图说双孢蘑菇高效栽培关
键技术 12.00

中国香菇栽培新技术 13.00
香菇速生高产栽培新技术
(第二次修订版) 13.00
香菇标准化生产技术 7.00
图说香菇花菇高效栽培关
键技术 10.00
怎样提高香菇种植效益 15.00
花菇高产优质栽培及贮
藏加工 10.00
金针菇高产栽培技术(第
2版) 9.00
金针菇标准化生产技术 7.00
图说金针菇高效栽培关
键技术 8.50
图说滑菇高效栽培关键
技术 10.00
滑菇标准化生产技术 6.00
平菇标准化生产技术 7.00
平菇高产栽培技术(修订
版) 9.50
图说平菇高效栽培关键技
术 15.00
草菇高产栽培技术(第2
版) 8.00
草菇袋栽新技术 9.00
竹荪平菇金针菇猴头菌
栽培技术问答(修订版) 12.00

怎样提高茶薪菇种植效益 10.00
黑木耳与毛木耳高产栽培
　技术 5.00
黑木耳标准化生产技术 7.00
中国黑木耳银耳代料栽培
　与加工 25.00
图说黑木耳高效栽培关键
　技术 16.00
图说毛木耳高效栽培关键
　技术 12.00
银耳产业化经营致富·福
　建省古田县大桥镇 12.00
药用植物规范化栽培 9.00
常用药用植物育苗实用技
　术 16.00
东北特色药材规范化生产
　技术 13.00
绞股蓝标准化生产技术 7.00
连翘标准化生产技术 10.00
西洋参标准化生产技术 10.00
厚朴生产栽培及开发利用
　实用技术200问 8.00
甘草标准化生产技术 9.00
天麻栽培技术(修订版) 8.00
天麻标准化生产技术 10.00
天麻灵芝高产栽培与加工

利用 6.00
当归标准化生产技术 10.00
肉桂种植与加工利用 7.00
北五味子标准化生产技术 6.00
金银花标准化生产技术 10.00
枸杞规范化栽培及加工技术 10.00
枸杞病虫害及防治原色图册 18.00
花椒栽培技术 5.00
草坪病虫害诊断与防治原
　色图谱 17.00
草坪地被植物原色图谱 19.00
草地工作技术指南 55.00
园艺设施建造与环境调控 15.00
园林花木病虫害诊断与防
　治原色图谱 40.00
绿枝扦插快速育苗实用技
　术 10.00
杨树团状造林及林农复合
　经营 13.00
杨树丰产栽培 20.00
杨树速生丰产栽培技术问
　答 12.00
长江中下游平原杨树集约
　栽培 14.00
银杏栽培技术 6.00
林木育苗技术 20.00

　　以上图书由全国各地新华书店经销。凡向本社邮购图书或音像制品,可通过邮局汇款,在汇单"附言"栏填写所购书目,邮购图书均可享受9折优惠。购书30元(按打折后实款计算)以上的免收邮挂费,购书不足30元的按邮局资费标准收取3元挂号费,邮寄费由我社承担。邮购地址:北京市丰台区晓月中路29号,邮政编码:100072,联系人:金友,电话:(010)83210681、83210682、83219215、83219217(传真)。